高等职业技术教育"十二五"规划教材
江西省省级精品课程配套教材

建筑绘图与识图

主　编　潘　展

副主编　向耘郎　潘　琳

王岚琪　吴　轩

西南交通大学出版社

·成　都·

内容简介

  本书是根据高职高专人才培养的基本要求及课程的教学标准组织编写的。本书由基础图样的绘制与识读、房屋建筑工程施工图的绘制与识读、装饰工程施工图的绘制与识读3个学习情境组成。内容包括：平面图形的绘制、简单立体三视图的绘制和识读、轴测图的绘制及三维建模、组合体三视图的绘制和识读、建筑施工图的绘制和识读、结构施工图的识读、住宅空间装饰工程施工图的绘制和识读7个教学项目和24个学习性工作任务。

  本书可作为高职高专建筑类各专业的建筑制图用书，也可作为有关工程技术人员、工程管理人员的培训教材和自学用书。

图书在版编目（CIP）数据

建筑绘图与识图 / 潘展主编. —成都：西南交通大学出版社，2012.8
高等职业技术教育"十二五"规划教材
ISBN 978-7-5643-1908-3

Ⅰ. ①建… Ⅱ. ①潘… Ⅲ. ①建筑制图 – 识别 – 高等职业教育 – 教材 Ⅳ. ①TU204

中国版本图书馆 CIP 数据核字（2012）第 194490 号

高等职业技术教育"十二五"规划教材
建筑绘图与识图
主编 潘 展

责 任 编 辑	杨 勇
特 邀 编 辑	曾荣兵
封 面 设 计	墨创文化
出 版 发 行	西南交通大学出版社 （成都二环路北一段 111 号）
发行部电话	028-87600564　028-87600533
邮 政 编 码	610031
网 址	http://press.swjtu.edu.cn
印 刷	成都蓉军广告印务有限责任公司
成 品 尺 寸	185 mm × 260 mm
印 张	23.875
字 数	596 千字
版 次	2012 年 8 月第 1 版
印 次	2012 年 8 月第 1 次
书 号	ISBN 978-7-5643-1908-3
定 价	38.50 元

前　言

　　"建筑绘图与识读"是高职高专建筑类各专业必修的重要技术基础课，也是从事建筑设计、建筑装饰设计、施工与管理工作的工程技术人员必须掌握的最基础的知识。本书由基础图样的绘制与识读、房屋建筑工程施工图的绘制与识读、装饰工程施工图的绘制与识读三部分组成。

　　我们根据《教育部关于加强高职高专教育人才培养工作的若干意见》等文件对高职高专人才培养的基本要求和课程教学标准，以及近几年编者从事高职工程制图与计算机绘图教学的经验和教学改革的体会，采用立体化的方式编写了本书。在编写过程中，充分考虑到高职教育的特点，以"必需"、"够用"为原则，运用项目引导、任务驱动的模式，力求内容精炼、重点突出、学用结合。本书配有课程网站，提供丰富的教学资源。在内容安排上，本书充分考虑教学、培训和自学的需要，每个学习任务均由情境导入、学习内容介绍、知识目标与能力目标、任务载体、知识导入、任务实施、巩固训练、思考题、知识拓展、技能拓展等若干栏目组成，使读者在学习时有很强的目的性，便于掌握学习重点以及自我检查是否掌握所学技能。

　　本书由九江职业技术学院潘展教授任主编，向耘郎、潘琳、王岚琪、吴轩任副主编，具体编写分工为：潘展编写情境1中的项目1~项目3，王岚琪编写情境1中的项目4，潘琳编写情境2中的项目1，吴轩编写情境2中的项目2，向耘郎编写情境3。课程网站的教学资源由潘展、潘琳、向耘郎、吴轩设计制作。

　　本书由合作企业九江信华集团装饰工程有限公司陆明难高级工程师主审，并提出了许多宝贵的意见，在此深表谢意。

　　本书在编写过程中，得到西南交通大学出版社及有关兄弟院校的大力支持和帮助，使本书得以更加完善，在此一并表示感谢。本书参考并引用了一些文献的内容和插图，在此向文献资料的作者表示衷心的感谢！

　　鉴于编者水平有限，书中不足之处在所难免，敬请广大读者批评指正。

编　者

2012 年 8 月

目 录

情境 1　基础图样的绘制与识读

情境 2　房屋建筑工程施工图的绘制与识读

情境3　装饰工程施工图的绘制与识读

情境 1　基础图样的绘制与识读

【情境导入】

工程图样是"工程技术界的语言",是指导工程建设的重要技术资料,是人们用来表达、构思、分析和交流的基本工具,是建筑设计的结果和施工依据。因此,每个工程技术人员和管理人员必须具备绘制和阅读工程图样的能力。为了保证建筑工程图样的基本统一、简明清晰,提高绘图和识图的效率,必须掌握绘制和识读基础图样的知识和技能。本情境主要介绍 13 个任务的实施,使学生掌握基本制图标准、制图工具使用、平面图形绘制、正投影法的基本原理、基本体及组合体的三视图、轴测图、建筑形体的表达方法及 AutoCAD 软件绘制平面图形和三维建模的基本技能。

项目 1　平面图形的绘制

【学习内容】

1. 房屋建筑制图国家标准的基本规定。
2. 尺规等绘图工具的使用、几何作图方法、平面图形的绘制及尺寸标注。
3. AutoCAD 软件的基本操作知识。
4. 运用 AutoCAD 软件绘制和编辑平面图形的知识、文字的输入与编辑、尺寸标注。

【学习目标】

1. 知识目标

（1）熟悉《房屋建筑制图统一标准》等国家制图标准和基本规范；熟悉平面图形的绘制方法和步骤。

（2）初步熟悉 AutoCAD 的基本操作，熟悉 AutoCAD 常用的绘图、编辑、文字输入、尺寸标注等命令的使用方法。

2. 能力目标

（1）会正确使用尺规等绘图工具；能运用 AutoCAD 软件正确设置绘图环境，掌握图形的显示控制方法和管理图形文件的方法。

（2）掌握常用的几何作图方法、尺寸标注及注写文字的方法；具有绘制中等复杂程度平面图形的能力（尺规工具绘图和计算机绘图）。

（3）初步掌握徒手绘图的基本方法。

任务 1.1　手柄平面图的绘制

【任务载体】

手柄平面图（见图 10101）

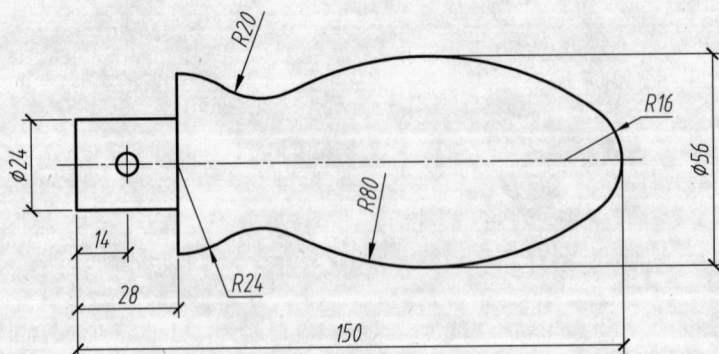

图 10101　手柄平面图

2

1.1.1 绘图工具和绘图用品

1. 绘图工具

（1）绘图板。

图板是绘图时的垫板，起固定图纸的作用，其表面要求光滑平整。图板一般是用胶合板制成，左右边为其工作边，必须要平直。图板有多种规格，常用的图板有 0 号、1 号和 2 号。图板用后注意保存，防止水浸、暴晒、重压，不要用坚硬的物件在板面上刻划。绘图时用胶带纸将图纸固定在图板的适当位置上，如图 10102 所示。

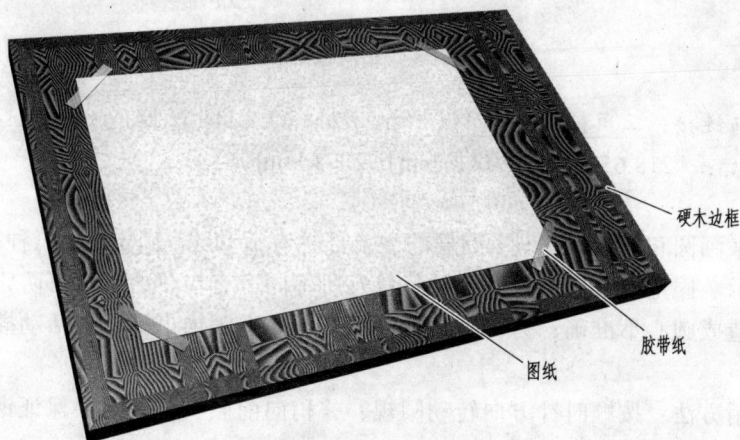

图 10102　绘图板

（2）丁字尺。

丁字尺由相互垂直的尺头和尺身组成。其尺头较短，固定在尺身的左端，内侧边与尺身上方的工作边垂直。丁字尺用于绘制水平线使用时将尺头内侧紧靠图板左侧导边上下移动，自左至右画水平线，如图 10103 所示。

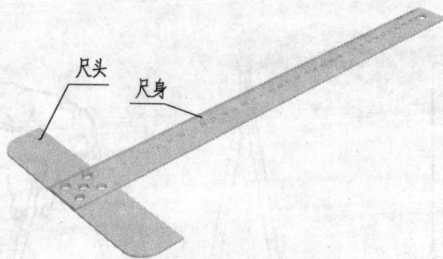

图 10103　丁字尺

※在线动画链接：丁字尺的使用（http：//218.65.5.218/jz/JZ17/xm1/JZ1-1.html）。

（3）三角板。

一副三角板由 45°等腰直角三角板和 30°、60°的直角三角板组成。三角板除可直接画直线外，还可配合丁字尺画出垂直线以及与水平线成 15°倍数角的倾斜线。用两块三角板配合可以画任意已知直线的平行线或垂直线，如图 10104 所示。

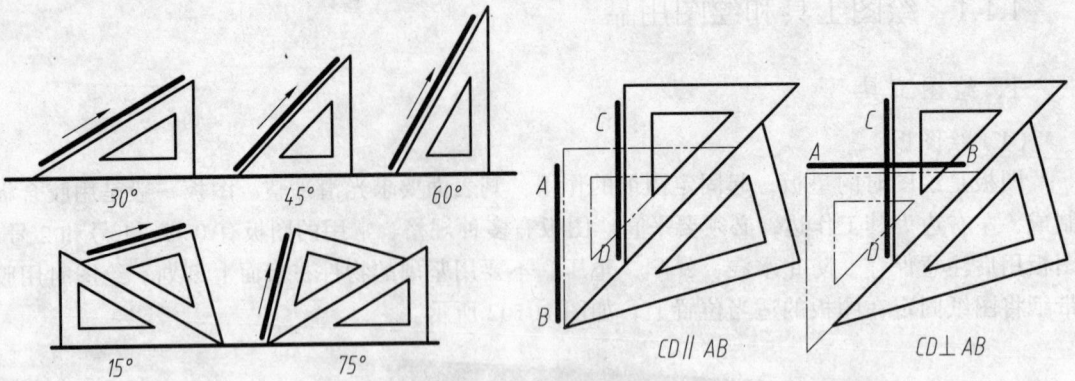

图 10104　三角板的使用

※在线动画链接：三角板的使用 1（http：//218.65.5.218/jz/JZ17/xm1/JZ1-2.html）、三角板的使用 2（http：//218.65.5.218/jz/JZ17/xm1/JZ1-3.html）。

（4）圆规。

圆规是用来画圆和圆弧的工具。圆规的主要部件有活动腿、固定腿、三种插脚和接长杆，如图 10105 所示。固定腿上的钢针两端的形状有所不同，有台阶的一端可防止画圆时图纸上的针眼扩大而造成圆心不准确；另一端是圆锥形，与装上圆锥形钢针的活动插脚配合可作分轨来使用。

圆规的使用方法：按顺时针方向转动圆规，并稍向前倾斜，此时要保证钢尖和笔尖均垂直于纸面。

※在线动画链接：圆规的使用 1（http：//218.65.5.218/jz/JZ17/xm1/JZ1-4.html）、圆规的使用 2（http：//218.65.5.218/jz/JZ17/xm1/JZ1-5.html）、圆规的使用 3（http：//218.65.5.218/jz/JZ17/xm1/JZ1-6.html）。

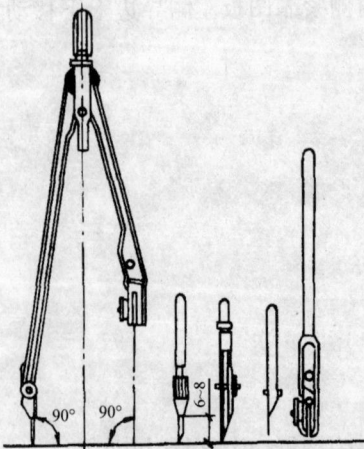

图 10105

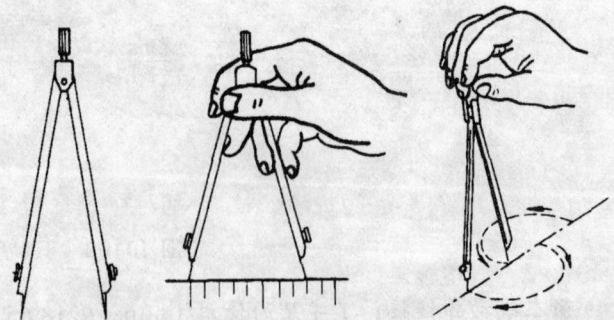

图 10106

（5）分规。

分规用来量取线段尺寸或等分线段，分规的两脚均为钢针，两针尖合拢时应对齐，如图10106所示。

2．绘图用品

（1）绘图铅笔。

绘图铅笔主要用于画底稿和描深图线。绘图铅笔有多种型号，分别用B和H代表铅芯的软硬程度：B（H）前的数字越大表示铅笔越软（硬）；HB表示软硬适中。2H或H的铅笔主要用于画底稿线；HB的铅笔用于写字或画细线或标注尺寸；B或2B的铅笔用于加深粗线。圆规所用的铅芯应比图线的铅芯软一号。

铅笔尖端根据作图线型不同可削成锥状和楔状，如图10107所示。铅芯一般用砂纸磨成所需的形状。圆锥形铅笔用于画底线、细线和写字，楔形铅笔常用软型铅芯，用于描深描粗实线。

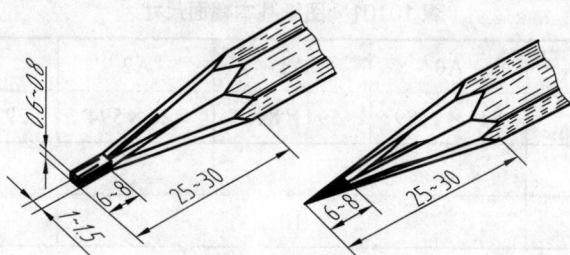
图10107　铅笔及其削法

画线时笔尖应与尺身靠紧，笔身垂直于纸面稍向运笔方向倾斜，用力要均匀。用圆锥形铅笔画长线时应转动笔杆，以使图线粗细均匀。画出的图线应清晰光滑，色泽均匀，同图线粗细一致。

（2）图纸。

图纸有绘图纸和描图纸两种。

绘图纸要求纸面洁白、质地坚硬，并以橡皮擦拭不起毛和上墨不易渗化为好。图纸有不同的规格尺寸，应根据需要进行选择。

描图纸专门用于墨水笔绘图，要求纸张透明度要好，画墨线时不洇，表面平整挺括，便于复制蓝图。

（3）其他用品。

制图时还需要的用品有：削铅笔的小刀、砂纸、固定图纸用的胶带纸、橡皮等。此外，为了保护有用的图线，可以使用由不锈钢薄片或透明胶片制成的擦图片，如图10108所示。

图10108　擦图片

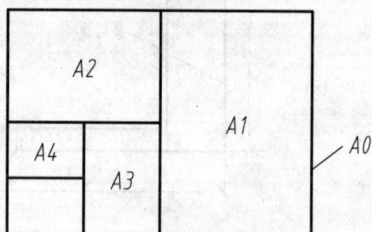
图10109　各种图纸图幅的尺寸关系

1.1.2 房屋建筑制图国家标准的基本规定

国家规定了全国统一的建筑工程制图标准，其中《房屋建筑制图统一标准》（GB/T5001—2001）是专业制图的通用部分，对房屋建筑制图中的线型、尺寸标注、字体、比例、图纸幅面和格式等作了基本规定。

1. 图纸幅面规定

（1）幅面尺寸。

图纸幅面简称图幅，是指图纸的大小，即图纸的长宽尺寸。绘制技术图样时，国标规定应优先使用所规定的基本幅面，其短边和长边之比是 1:1.414，其规格如表10101所示。

各种图幅的尺寸关系是：沿着大一号幅面的长边对裁即得次一号幅面的大小，如图10109所示。幅面在应用中若面积不够大，则可以选用国家标准所规定的加长幅面。

表 10101　图纸基本幅面尺寸

幅面代号		A0	A1	A2	A3	A4
$b \times l$		841×1189	594×841	420×594	297×420	210×297
周边宽度	e	20			10	
	c	10			5	
	a	25				

（2）图框规格。

在图纸上必须用粗实线画出图框来限定绘图区域，图框格式如图10110所示，图框尺寸如表10101所示。

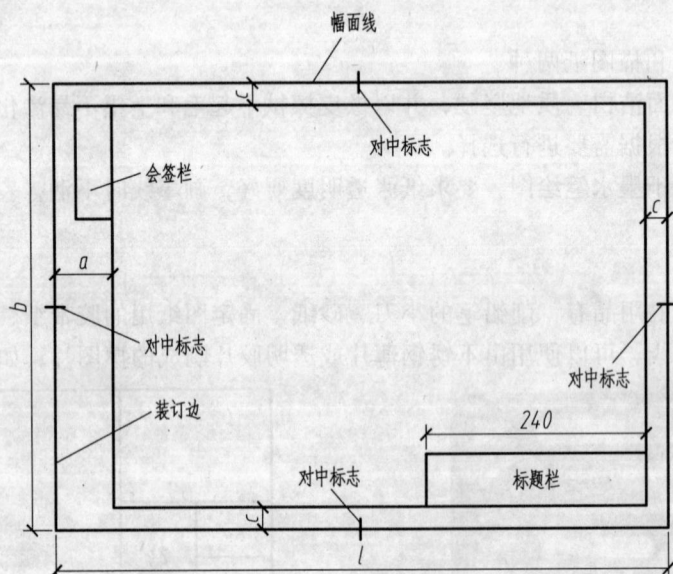

（a）A0~A3 横式幅面

6

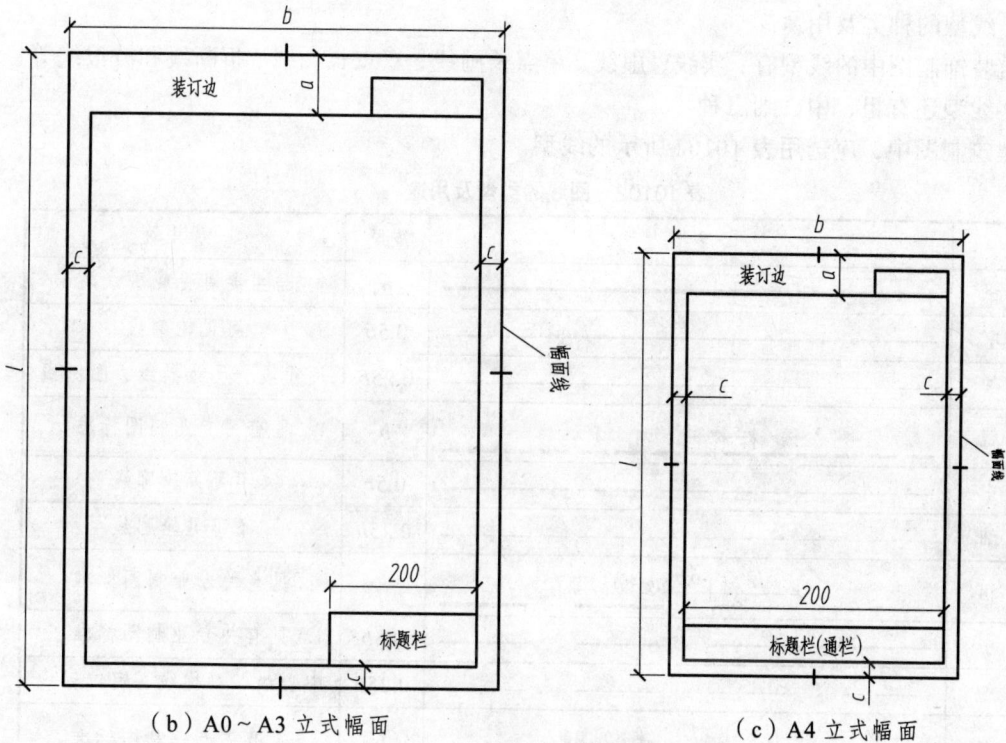

（b）A0～A3 立式幅面　　　　　　（c）A4 立式幅面

图 10110　图框格式

（3）标题栏。

每张图纸的右下角或下方都必须画出标题栏，用来填写工程名称、设计单位、图纸编号、设计人员等内容。标题栏的内容、格式和尺寸在《房屋建筑制图统一标准》（GB/T5001—2001）中已作了规定。在学生的制图作业中，建议采用如图 10111 所示的标题栏格式。

（4）会签栏。

会签栏是为各工种负责人签署专业、姓名、日期用的表格，一个会签栏不够时，可并列另加一个。会签栏绘在图纸左侧上方的图框线外，不需会签栏的图纸可不设会签栏，会签栏的格式如图 10112 所示。

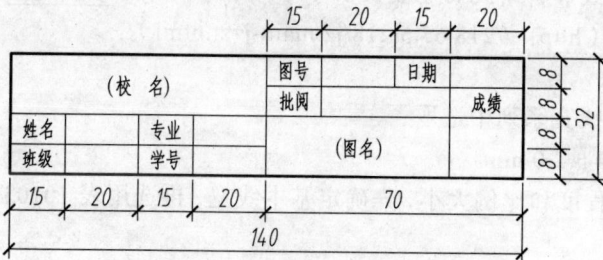

图 10111　制图作业用标题栏

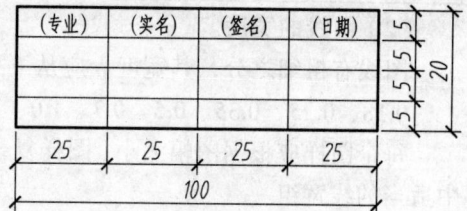

图 10112　会签栏

2. 图　线

图纸上绘制的线条称为图线，它是构成图形的基本元素。图样上需采用不同的线型和线宽来表达不同的内容，以使图样主次分明。

（1）线型的种类及用途。

建筑装饰制图中的线型有：实线、虚线、单点长画线、双点长画线、折断线和波浪线等，其中有些线型还有粗、中、细三种。

在建筑制图中，应选用表10102所示的线型。

表10102　图线的类型及用途

名称		线型	线宽	一般用途
实线	粗		b	主要可见轮廓线
	中		$0.5b$	可见轮廓线
	细		$0.25b$	尺寸线、尺寸界线、图例线
虚线	粗		b	见有关专业制图标准
	中		$0.5b$	不可见轮廓线
	细		$0.25b$	不可见轮廓线
单点画线	粗		b	见有关专业制图标准
	中		$0.5b$	见有关专业制图标准
	细		$0.25b$	中心线、对称线、定位轴线
双点画线	粗		b	见有关专业制图标准
	中		$0.5b$	见有关专业制图标准
	细		$0.25b$	相邻零件的轮廓线、移动件限位线
折断线			$0.25b$	断开界线
波浪线			$0.25b$	断开界线

说明：表中虚线、单点画线、双点画线和折断线的参数仅供学习时参考，详见**房屋建筑CAD制图统一规则**（GB/T 18112—2000）（http://218.65.5.218/jz/main-jzzt.html）。

（2）图线的宽度。

图线有粗细之分，其宽度b应从下列线宽系列中选取：

0.18、0.25、0.35、0.5、0.7、1.0、1.4、2.0 mm

每个图样应根据图幅大小、图样复杂程度和比例大小，先确定基本线宽，再选用表10103中适当的线宽组。

表10103　线宽组

线宽比	线宽					
b	2.0	1.4	1.0	0.7	0.5	0.35
$0.5b$	1.0	0.7	0.5	0.35	0.25	0.18
$0.25b$	0.5	0.35	0.25	0.18	—	—

（3）绘制图线时应注意以下几点：

① 同一图样中，同类图线的宽度与形式应保持一致。虚线、点画线的线段长度和间隔应大致相等。

② 单点长画线、双点长画线的两端是线段，而不能是点。点画线应超出轮廓 3 ~ 5 mm。

③ 虚线与虚线、点画线与点画线、虚线或点画线与其他图线相交时，应是线段交接；虚线与实线交接，当虚线在实线的延长线上时，不得与实线连接，应留有一间距，如图 10113 所示。

④ 在较小的图形中绘制单点长画线、双点长画线有困难时，可用细实线代替。

⑤ 两平行线之间的最小间隙不得小于 0.7 mm。

⑥ 图线不得与文字、数字或符号重叠、混淆，不可避免时，应断开相应的图线，保证文字等清楚。

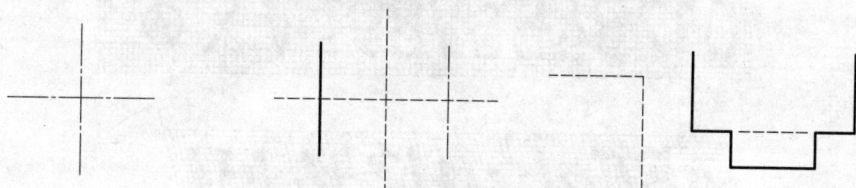

图 10113　图线交接的正确画法

3. 字　体

国标对图样上书写的字体（包括汉字、字母、数字和符号等）作了严格的规定，不得随意书写，必须做到：字体工整，笔画清晰，间隔均匀，排列整齐。

字体的号数由字体的高度表示（用 h 表示，单位为 mm），其系列为 1.8、2.5、3.5、5、7、10、14、20 共 8 种字号。当需要书写更大的字体时，其字体高度应按 $\sqrt{2}$ 的比值递增。

（1）汉字。

图样上的汉字应写成长仿宋字，并采用国家正式公布的简化字。汉字的高度 h 不应小于 3.5 mm，其字高与字宽的比例一般约为 $\sqrt{2}$: 1。

书写长仿宋字的要领是：笔画横平竖直、起落有锋、结构匀称、填满方格。书写长仿宋字时一定要严格要求、耐心细致、一笔一画、认真书写。长仿宋字的示例如图 10114 所示。

横平竖直　起落有锋　结构匀称　填满方格绘
制和阅读建筑工程图样交流技术思想指导生产施工

图 10114　长仿宋体示例

横平竖直：横笔基本要平，可稍微向上倾斜一点。竖笔要直，要刚劲有力。

起落有锋：做到起笔和落笔分明，特别是撇的起笔和钩的转角要顿一下笔，形成小三角。

结构匀称：字体各部分所占的比例合适，笔画布局均匀紧凑。

填满方格：上下左右的笔锋尽可能靠近资格，但日、口、月、二等字要略小于字格。

（2）数字和字母。

数字和字母在图样上的书写分正体和斜体两种，但同一张图纸上必须统一。在汉字中的阿拉伯数字、罗马数字或拉丁字母，其字高宜比汉字字高小一号，但不应小于 2.5 mm。

斜体字的斜度应从字的底线逆时针向上倾斜 75°，其高度与宽度应与相应的正体字相等。字母、数字的示例如图 10115 所示。

图 10115　字母、数字示例

4. 比　例

比例是图形与实物相应要素的线性尺寸之比。比例符号以"："表示，如 1：50、1：100 等。比例的大小是指比值的大小，如 1：50 > 1：100。根据比值与 1 的关系，比例可分为放大比例和缩小比例，即比值大于 1 的为放大比例，比值小于 1 的为缩小比例。建筑工程图上常采用缩小的比例，如表 10104 所示。但应注意的是，无论采用何种比例画出的图样，所标注的尺寸均为物体的实际尺寸，而不是图形的尺寸。

一般情况下，一个图样选用一种比例。根据专业制图的需要，同一图样可选用两种比例。比例一般注写在图名的右侧，其字高宜比图名的字高小一号或二号，如图 10116 所示。

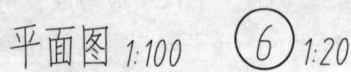

图 10116　比例的注写

表 10104　绘图常用比例

种　类	比　例				
原值比例	1：1				
放大比例	5：1	2：1	5×10^n：1	2×10^n：1	1×10^n：1
缩小比例	1：5	1：2	1：5×10^n	1：2×10^n	1：1×10^n

5. 尺寸标注

图样上的图形表明了物体的形状，而物体各部分的大小和相对位置需由尺寸标注来确定。尺寸标注是一项十分重要的工作，其基本原则是正确、完整、清晰、合理。"正确"，即符合"国家标准"中的有关规定；"完整"，即尺寸齐全，不得重复、遗漏；"清晰"，即尺寸要注在图形的明显处，且布局整齐；"合理"是既要保证设计要求，又要符合施工、维修等生产要求。

（1）尺寸的组成。

图样上的尺寸应包括四个要素：尺寸界线、尺寸线、尺寸起止符号和尺寸数字，如图10117所示。

① 尺寸界线。

尺寸界线用细实线画出，一般从被注图形轮廓线两端引出，并与所标注的轮廓线垂直。其一端应离开轮廓线不小于 2 mm，另一端宜超出尺寸线 2～3 mm。尺寸界线有时也可用轮廓线代替。

② 尺寸线。

尺寸线用细实线画出，应画在尺寸界线之间，画到与尺寸界线相交为止并与所标注的图形轮廓线平行。图样本身的任何图线均不得用作尺寸线。

③ 尺寸起止符号。

建筑图样的尺寸起止符号一般用中粗短斜线绘制，画在尺寸线与尺寸界线的相交处，长度 2～3 mm，宽为 $b/2$，其倾斜方向与尺寸线呈顺时针45°，如图10118（b）所示。

对于直径、半径及角度的尺寸起止符号用箭头表示，如图10118（a）所示。机械图样上的尺寸起止符号均用箭头表示。

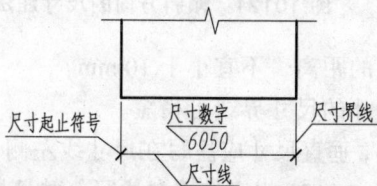

图 10117 尺寸标注的组成

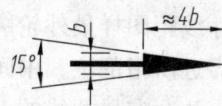

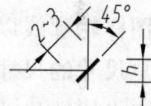

（a）箭头起止符　　　（b）中粗短斜线起止符

图 10118 尺寸起止符号

④ 尺寸数字。

尺寸数字一律用阿拉伯数字注写，单位一般用 mm（均不用标出）。所注尺寸数字是形体的实际大小与图形比例无关。尺寸数字一般注写在尺寸线的中部上方，也可将尺寸线断开，中间注写尺寸数字。

（2）常见的尺寸标注方法。

① 尺寸宜标注在图样以外，不宜与图线、文字及符号等相交，如图10119所示。

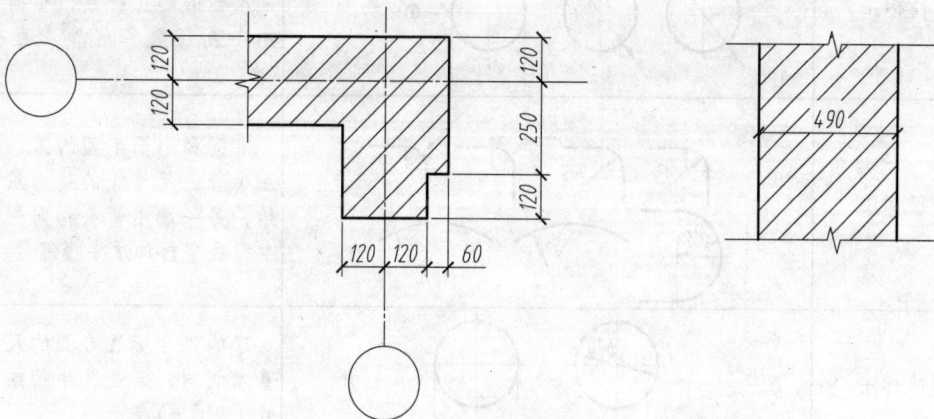

图 10119 尺寸数字的注写

② 互相平行的尺寸线应从被注的图样轮廓线由近向远整齐排列，小尺寸应离轮廓线较近，大尺寸线应离轮廓线较远。相互平行排列的尺寸线的间距，宜为 7～10 mm，并保持一致，如图 10120 所示。

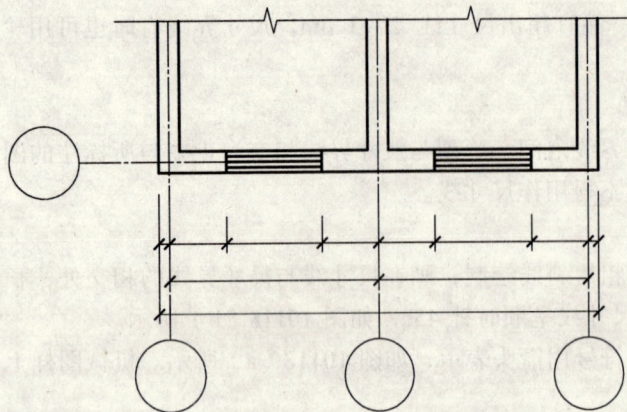

图 10120　尺寸的排列与布置

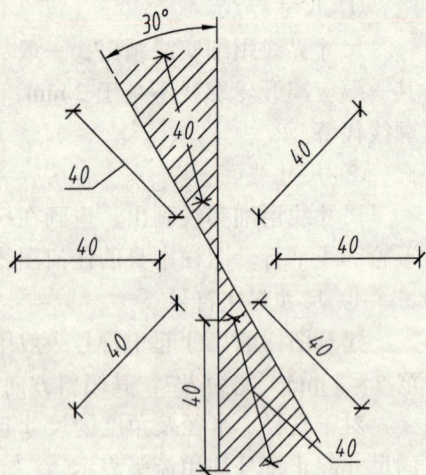

图 10121　倾斜方向的尺寸注法

③ 图样轮廓线以外的尺寸线距图样最外轮廓线之间的距离，不宜小于 10 mm。

④ 总尺寸的尺寸界线应靠近所指部位，中间的分尺寸的尺寸界线可稍短。

⑤ 水平线性尺寸的数字应注写在尺寸线的上方中部，垂直尺寸应注写在尺寸线左侧，字头向左，必要时也可引出标注。倾斜方向的尺寸标注按图 10121 规定的方向注写，并且尽量避免在所示 30°范围内标注尺寸。

⑥ 半径、直径、角度及小尺寸的标注如表 10105 所示。

表 10105　半径、直径、角度及小尺寸的标注示例

内容	图例	说明
直径标注		圆和大于半圆的弧，一般标注直径，尺寸线通过圆心，用箭头作尺寸的起止符号，指向圆弧，并在直径数字前加注直径符号"ϕ"
半径标注		半圆和小于半圆的弧，一般标注半径，尺寸线的一端从圆心开始，另一端用箭头指向圆弧，在半径数字前加注半径符号"R"
圆球标注		球的尺寸标注与圆的尺寸标注基本相同，只是在半径或直径符号（R 或 ϕ）前加注"S"

12

内容	图例	说明
角度标注		角度尺寸线以圆弧表示，圆弧圆心是该角的顶点，角的两边为尺寸界线，角度起止符号以箭头表示，如没有足够位置，可用小黑点代替。角度数字应水平书写
弧长标注		弧长的尺寸线为与该圆弧同心的圆弧，尺寸界线应垂直于圆国的弦，起止符号以箭头表示，弧长数字的上方应加注圆弧符号"⌒"
小尺寸标注		两尺寸界线之间比较窄时，尺寸数字可标注在尺寸界线外侧，或上下错开，或用引出线引出再标注

1.1.3 几何作图方法

几何作图就是依据给定的条件，准确地绘出预定的几何图形。熟练地掌握基本的几何图形的作图方法，才能够保证绘图的质量和提高绘图速度。

1. 线段等分法

运用平行线法，将线段 AB 五等分，如图 10122 所示。其步骤如下：

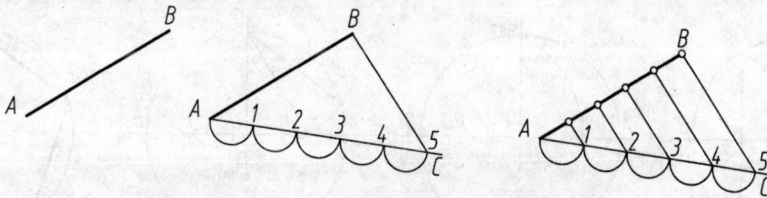

图 10122 五等分线段的作图步骤

过已知线段的一端点，画任意角度的射线，并用分规自射线的起点量取 5 个线段。将等分的最末点与已知线段的另一端点相连得线段 BC，再过各等分点作 BC 线的平行线，与已知线段 AB 相交的交点就是该线段的等分点。

※在线动画链接：平行线法等分线段（http：//218.65.5.218/jz/JZ17/xm1/JZ1-7.html）。

2. 六等分圆周

（1）用圆规六等分圆周。

操作步骤如图 10123 所示。

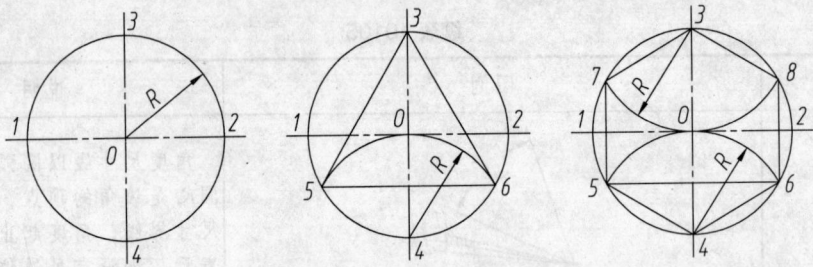

图 10123 用圆规六等分圆周

※在线动画链接：用圆规六等分圆周（http：//218.65.5.218/jz/JZ17/xm1/JZ1-8.html）、用圆规三等分圆周（http：//218.65.5.218/jz/JZ17/xm1/JZ1-9.html）。

（2）用丁字尺和三角板六等分圆周。

操作步骤如图 10124 所示。

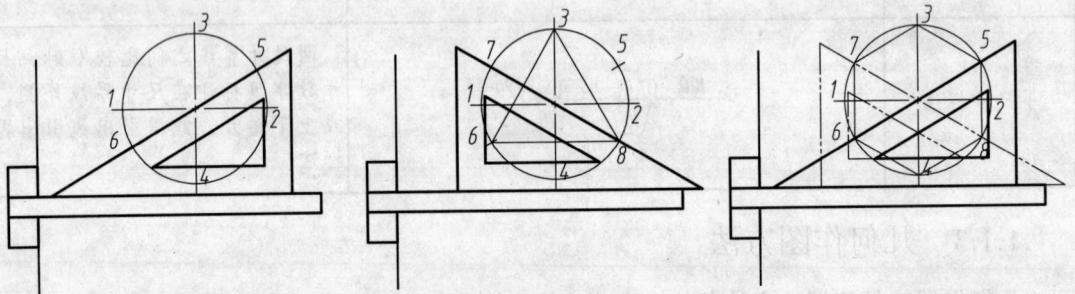

图 10124 用丁字尺和三角板六等分圆周

3. 五等分圆周

圆的五等分及内接正五边形的作图步骤如图 10125 所示。

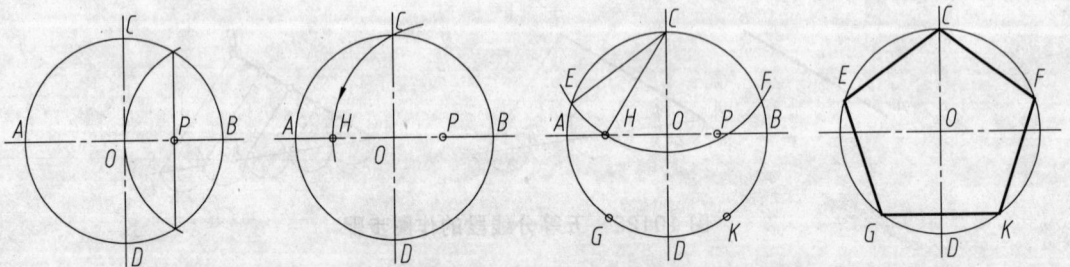

图 10125 五等分圆周及圆内接正五边形的绘制

（1）作 OB 的垂直平分线交 OB 于点 P。

（2）以 P 为圆心，PC 长为半径画弧交直径 AB 于点 H。

（3）CH 即为五边形的边长，等分圆周得五等分点 C、E、G、K、F。

（4）连接圆周各等分点，即为正五边形。

※在线动画链接：五等分圆周（http：//218.65.5.218/jz/JZ17/xm1/JZ1-10.html）。

14

4. 圆弧连接

（1）圆弧连接的概念。

半径已知的圆弧光滑地连接相邻两线段的作图方法，称为圆弧连接，其实质是连接圆弧与两条已知线段相切连接，如图 10126 所示。圆弧连接的关键问题是求连接圆弧的圆心位置。

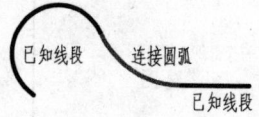
图 10126

（2）圆弧连接的基本轨迹。

① 与定直线相切的圆心轨迹。

与定直线相切的圆心轨迹为已知直线的平行线，其间距为 R，切点位置是连接弧圆心向已知直线所作垂线的垂足，如图 10127 所示。

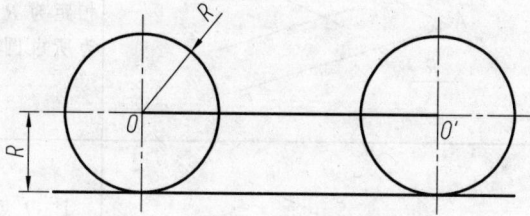
图 10127　与定直线相切的圆心轨迹

※在线动画链接：与定直线相切的圆心轨迹（http://218.65.5.218/jz/JZ17/xm1/JZ1-11.html）。

② 与定圆外切的圆心轨迹。

与定圆外切的圆心轨迹为已知圆 O_1 的同心圆，半径为 $R_1 + R$。切点是两圆弧的连心线与已知圆周的交点，如图 10128 所示。

※在线动画链接：与定圆外切的圆心轨迹（http://218.65.5.218/jz/JZ17/xm1/JZ1-12.html）。

③ 与定圆内切的圆心轨迹。

与定圆内切的圆心轨迹为已知圆的同心圆，半径为 $R_1 - R$。切点位置是两圆连心线的延长线与已知圆周的交点，如图 10129 所示。

※在线动画链接：与定圆内切的圆心轨迹（http://218.65.5.218/jz/JZ17/xm1/JZ1-13.html）。

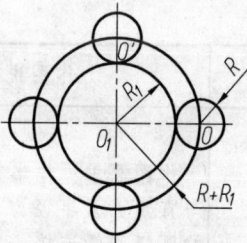
图 10128　与定圆外切的圆心轨迹

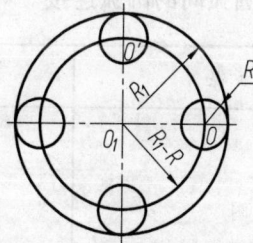
图 10129　与定圆内切的圆心轨迹

（3）圆弧连接的基本作图方法。

圆弧连接的作图步骤：求连接圆弧的圆心，找出连接点即切点的位置，在两连接点之间画出连接圆弧。

① 两直线间的圆弧连接。

作图步骤	图例	作图说明
题图		作图要求：作半径为 R 的圆弧与两斜交直线 AB、AC 光滑连接
1		分别作出与直线 AB、AC 平行，相距为 R 的两直线，其交点 O 即为所求圆弧的圆心
2		过 O 点分别作直线 AB、AC 的垂线，垂足 S、T 即为所求连接点；以 O 为圆心，R 为半径，作连接弧 ST
3		在上一步的基础上，对图形作进一步的修整

② 直线与圆弧间的圆弧连接。

作图步骤	图例	作图说明
题图		作图要求：作半径为 R 的圆弧与直线 L 及半径为 R_1、圆心为 O_1 的圆弧光滑连接
1		作与直线 L 平行，相距为 R 的直线 N；以 O_1 为圆心，$R+R_1$ 为半径，作圆弧交直线 N 于 O

作图步骤	图例	作图说明
2		连接 OO_1 交已知圆弧于连接点 T； 过 O 作直线 L 的垂线，垂足 S 为另一连接点； 以 O 为圆心，R 为半径，作连接弧 ST
3		在上一步的基础上，对图形作进一步的修整

③ 两圆弧间的圆弧连接（内接）。

作图步骤	图例	作图说明
题图		作图要求：作半径为 R 的圆弧与半径分别为 R_1、R_2，圆心分别为 O_1、O_2 的两圆弧光滑连接（内接）
1		以 O_1 为圆心，$R-R_1$ 为半径，作圆弧；以 O_2 为圆心，$R-R_2$ 为半径，作圆弧，两圆弧交于 O 点
2		连接 OO_1，并延长交已知圆 O_1 于连接点 S； 连接 OO_2，并延长交已知圆 O_2 于连接点 T； 以 O 为圆心，R 为半径，作连接弧 ST
3		在上一步的基础上，对图形作进一步的修整

④ 两圆弧间的圆弧连接（外接）。

作图步骤	图例	作图说明
题图		作图要求：作半径为 R 的圆弧与半径分别为 R_1、R_2，圆心分别为 O_1、O_2 的两圆弧光滑连接（外接）
1		以 O_1 为圆心，$R+R_1$ 为半径，作圆弧；以 O_2 为圆心，$R+R_2$ 为半径，作圆弧，两圆弧交于 O 点
2		连接 OO_1，与已知圆 O_1 交于连接点 S； 连接 OO_2，与已知圆 O_2 交于连接点 T； 以 O 为圆心，R 为半径，作连接弧 ST
3		在上一步的基础上，对图形作进一步的修整

⑤ 两圆弧间的圆弧连接（内、外接）。

作图步骤	图例	作图说明
题图		作图要求：作半径为 R 的圆弧与半径为 R_1、圆心为 O_1 的圆弧内接；与半径为 R_2、圆心为 O_2 的圆弧外接
1		以 O_1 为圆心，$R-R_1$ 为半径，作圆弧；以 O_2 为圆心，$R+R_2$ 为半径，作圆弧，两圆弧交于 O 点
2		连接 OO_1，并延长交已知圆 O_1 于连接点 S； 连接 OO_2，与已知圆 O_2 交于连接点 T； 以 O 为圆心，R 为半径，作连接弧 ST

作图步骤	图例	作图说明
3	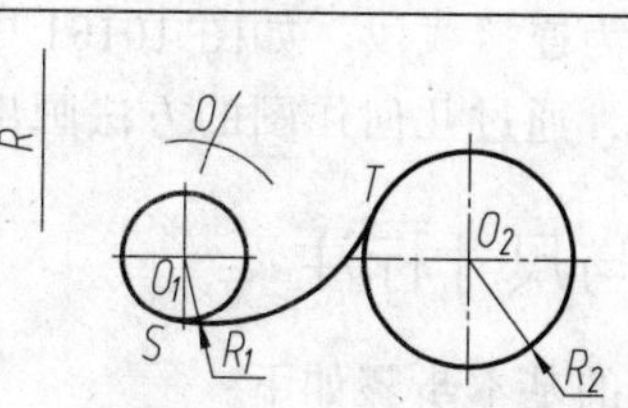	在上一步的基础上，对图形作进一步的修整

【任务实施】

1.1.4 手柄平面图的尺寸分析

1. 定形尺寸

定形尺寸是指平面上确定单一几何要素形状大小的尺寸。在图 10101 中，$\phi24$ 和 $\phi28$ 分别确定矩形的大小；$\phi6$ 确定小圆的大小；$R16$ 和 $R24$ 确定圆弧半径的大小，这些尺寸就是定形尺寸。

2. 定位尺寸

定位尺寸是指确定图形中各组成部分之间相对位置的尺寸。确定平面图形的位置需有两个方向（水平与垂直）的定位尺寸。在图 10101 中，尺寸 14 确定了 $\phi6$ 小圆的位置；$\phi56$ 是以水平对称轴线为基准定 $R80$ 圆弧的位置；150 是以中间的铅垂线为基准定 $R16$ 圆弧的中心位置，这些尺寸都是定位尺寸。

应该指出：有时一个尺寸同时具有定形和定位两种作用。

3. 尺寸基准

定位尺寸的起点叫尺寸基准。在平面图形中，应先确定水平和竖直两个方向的基准线，它们既是定位尺寸的起点，又是最先绘制的线段。尺寸基准通常是圆和圆弧的中心线、对称中心线、图形的底线及边线等。如图 10101 中的水平轴线是垂直方向的尺寸基准，中间铅垂线作为水平方向的尺寸基准。

1.1.5 手柄平面图的线段分析

平面图形的线段（直线、圆弧），一般根据其尺寸的完整程度将其分为 3 种：

1. 已知线段

定形、定位尺寸齐全的线段称为已知线段。如图 10101 中，$R24$ 和 $R16$ 是已知弧。已知线段可直接绘出。

2. 中间线段

具有完整的定形尺寸但定位尺寸不全的线段称为中间线段。如图 10101 中，$R80$ 是中间弧。中间线段必须依靠其与相邻线段的连接关系才能作出。

19

3. 连接线段

只有定形尺寸而没有定位尺寸的线段称为连接线段。如图 10101 中，R20 是连接弧。画该类线段应根据其与相邻两线段的几何关系，通过几何作图的方法画出。

1.1.6　手柄平面图的绘图步骤与尺寸标注

在上述分析的基础上，绘制手柄平面图的基本步骤如下：

（1）画基准线，并根据定位尺寸画出定位线，如图 10130a 所示。

（2）画已知线段，如图 10130b 所示。

（3）画中间线段，如图 10130c 所示。

（4）画连接线段，如图 10130d 所示。

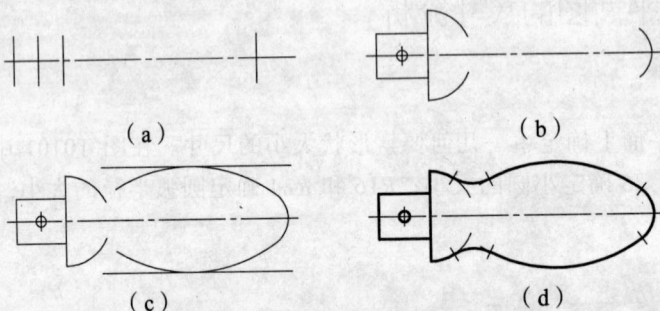

图 10130　手柄平面图的绘制步骤

（5）整理并检查全图后，加深相关图线。

（6）尺寸标注。

标注手柄平面图的尺寸首先应依据上述线段的分析结果，按先已知线段，再中间线段，后连接线段的顺序，逐个注出平面图形的全部定形尺寸和定位尺寸，做到尺寸不重复、不遗漏，校对全图，结果如图 10101 所示。

※在线动画链接：手柄平面图的绘制过程示意（http://218.65.5.218/jz/JZ17/xm1/JZ1-14.html）。

1. 图前的准备

阅读和收集与本次绘图相关的文件资料，熟悉所会图样的内容、要求及目的。一定要做到心中有数。

绘图前应准备好必需的绘图仪器、工具和用品，如图板、丁字尺、三角板、铅笔等。工具及用品应干净，置于桌面右边且不影响丁字尺的上下移动。

根据图形的大小和比例选取图纸幅面，将图纸固定在图板上，应使图纸左边离图板左边缘约 50 mm，上边与丁字尺工作边齐平，底边与图板底边的距离应大于丁字尺的宽度。

2. 画图框和标题栏

按国标规定或作业要求画出图框线和标题栏框格。

3. 图形布局

根据需画图形的大小、数量和比例，合理布置各视图及文字说明的位置，图形布置应留有标注尺寸的位置，布局应做到匀称适中，不偏置或过于集中。

4. 画底稿

底稿线应轻、细、准确、线型分明。画底稿线时，宜选用削尖的 H 或 2H 铅笔。

绘图时，先画基准线、对称中心线或轴线，再画主要轮廓线，按照由大到小、由外到内、由整体到局部、最后画细节的顺序，画出所有轮廓线。完成底图后，仔细检查全图，修正错误，擦去多余的线。

5. 描深图线

描深时，按线型选用铅笔，描深细实线以及线宽约 $b/3$ 的各类图线用削尖的 HB 铅笔，写字用 HB 铅笔；描深粗实线用 B 型铅笔；描圆弧所用的铅芯应比同类直线的铅芯软一号。

加深图线时，应是先曲线后直线；线型加深按细点画线、细实线、细虚线，然后到粗实线的顺序。同类图线应保持粗细、深浅一致。加深直线的顺序应是先横后竖再斜，按水平线从上到下、垂直线从左到右的顺序一次完成。

画出的图线应做到线型正确、粗细分明、连接光滑、图面整洁。

描深图线后，一次性画出尺寸界限、尺寸线、箭头，最后填写尺寸数值。

6. 全面检查，填写标题栏

描深后再次全面检查，确认无误后，填写标题栏及文字说明，完成全图。

【巩固训练】

按比例抄绘图样。

训练要求：

（1）用 A3 幅面绘图纸按比例抄绘图样，见图 10131。

（2）要求线型分明，交接正确，注写认真。

（3）汉字写长仿宋体。图名用 10 号字，说明文字用 5 号字。

（4）尺寸数字用 3.5 号字。

（5）图框标题栏达到学生练习用要求。

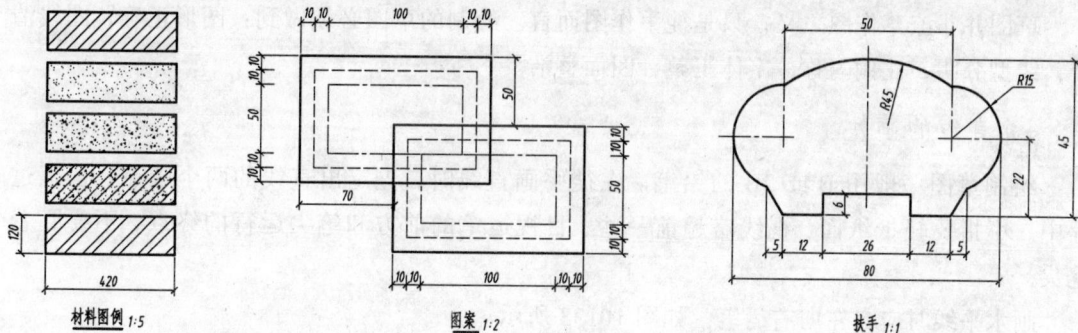

图 10131　训练用图

【思考与练习】

1. 在建筑制图中，常用的图幅有哪几种？各种图幅尺寸之间有什么样的关系？
2. 国家标准规定的常用图线有哪些？各自的用途是什么？
3. 图样的尺寸标注由哪些组成部分？
4. 平面图形的尺寸分类有哪几类？
5. 平面图形的线段有哪几种？
6. 检查图10132中尺寸注法的错误，将正确的注法标注在右图中。

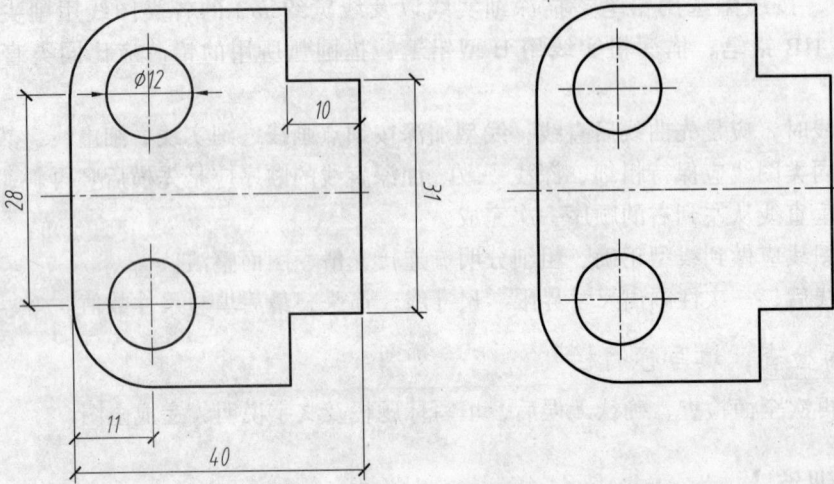

图 10132　练习用图

【技能拓展】

1.1.8　徒手草图的绘制

草图是工程技术人员创作、构思、交流和记录的有力工具。掌握徒手作图的技巧是我们学习建筑绘图的基本技能之一。

草图并非潦草作图之义，只是徒手作图而言。绘制的草图必须做到：图形正确，图线清晰，线型分明，比例匀称，字体工整，图面整洁。

1. 直线的画法

绘制草图一般用 B 或 2B 的铅笔。在徒手画直线时，先定出直线的两个端点，运笔过程中，小指要轻抵纸面，视线略超前一些，目视运笔的前方和笔尖运行的终点，不要盯着笔尖。

画水平线时应自左向右运笔，如图 10133 所示。

画垂直线时应自上而下运笔，如图 10134 所示。

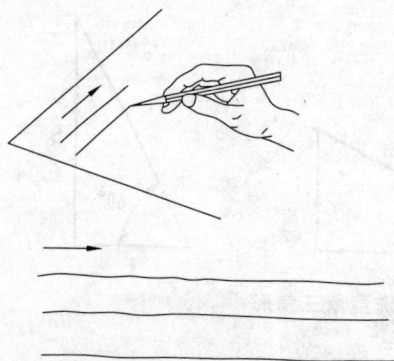

图 10133　徒手画水平线

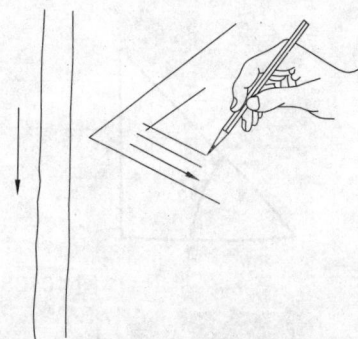

图 10134　徒手画垂直线

画斜直线的运笔方向以顺手为原则，若与水平线相近，自左向右；若与垂直线相近，则自上而向下运笔，如图 10135 所示。

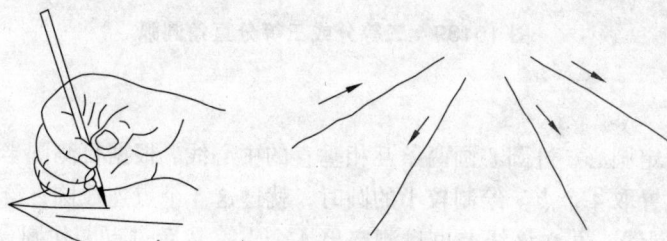

图 10135　徒手画斜直线

2. 等分线段

等分线段时，先凭目测等分成相等或成一定比例（需依据等分数确定）的两大段，再逐步分成符合要求的多个相等的小段。如：八等分线段（见图 10136），先目测取得中点 4、再取分点 2、6，最后取其余分点 1、3、5、7；五等分线段（见图 10137），先目测以 2：3 的比例将线段分成两段，然后将左右两段分别两等分和三等分。

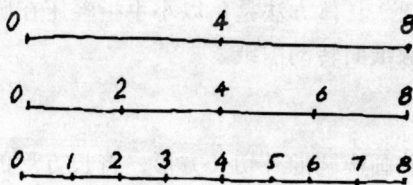

图 10136　八等分线段

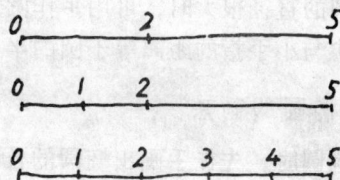

图 10137　五等分线段

3. 常用角度的画法

方法一：45°、30°和 60°等特殊角度，可通过徒手绘制特殊直角三角形的方法得到 45°或 30°和 60°的斜线，如图 10138 所示。

方法二：先徒手绘制一直角，接着在直角处作一圆弧，再将圆弧二等分或三等分画出 45°或 30°和 60°的斜线，见图 10139 所示。

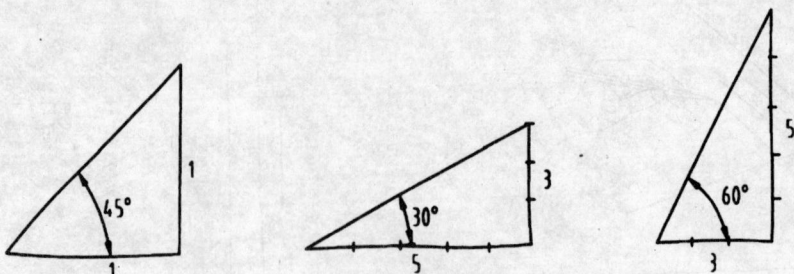

图 10138　徒手绘制特殊直角三角形

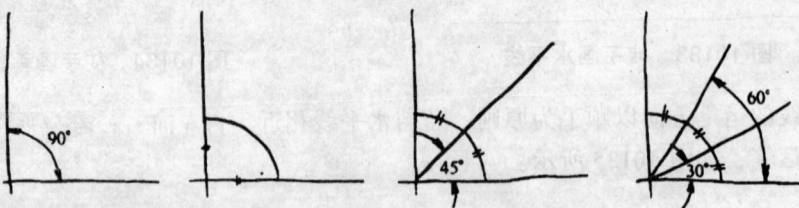

图 10139　二等分或三等分直角圆弧

4. 圆的画法

画圆时，应先定圆心，过圆心画两条互相垂直的中心线，根据目测圆半径大小，在中心线上与圆心等距离位置取 4 个点。绘制较小的圆时，就过这 4 个点连成圆；绘制较大的圆时，再过圆心作两条 45°斜线，并在该线上也目测定出 4 个点，然后过点 8 作圆，如图 10140 所示。

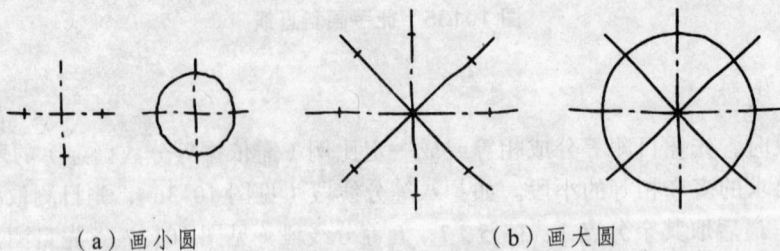

（a）画小圆　　　　　　　（b）画大圆

图 10140　圆的画法

当圆的直径很大时，可用手作圆规，画出大圆。具体方法是：以小手指轻压在圆心上，使铅笔尖与小手指的距离等于圆的半径，笔尖接触纸面转动图纸。

5. 椭圆的画法

画椭圆时，先徒手画出椭圆的长、短轴，接着画椭圆的外切长方形，将长方形的对角线 6 等分，过长、短轴端点及对角线上的最外等分点（共 8 个点）用圆滑曲线连接，就可画出所需的椭圆，如图 10141 所示。徒手画圆也可采用这种方法。

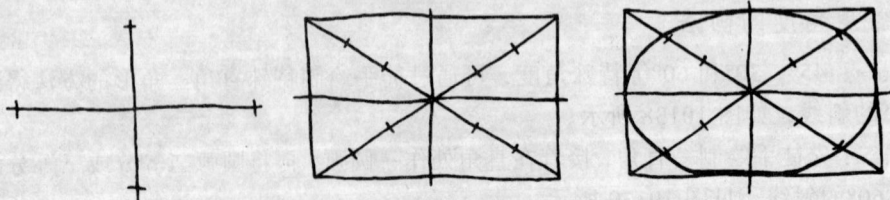

图 10141　椭圆的画法

24

6. 用坐标纸辅助作草图

条件许可时，可在现成的坐标纸或网格纸上作图，以提高草图绘制精度，如图10143所示。

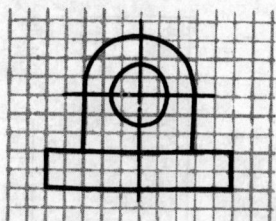

图 10142　坐标纸辅助作草图

任务 1.2　楼梯扶手截面图的绘制

【任务载体】

楼梯扶手截面图（见图10143）

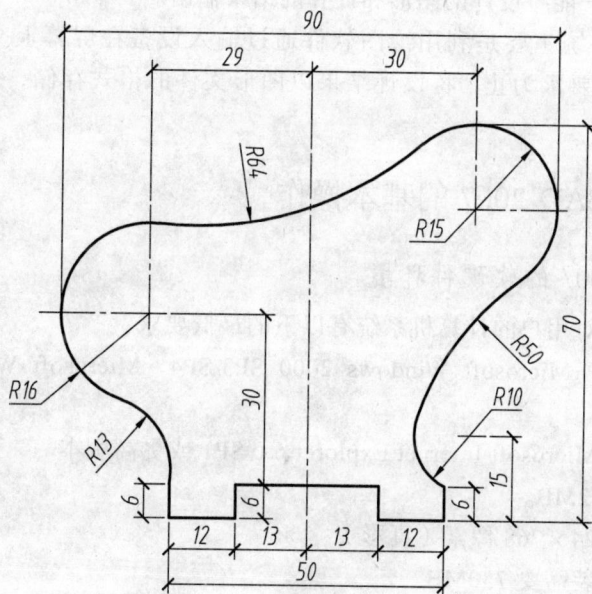

图 10143　楼梯扶手截面图

【知识导入】

1.2.1　计算机绘图系统的组成

计算机绘图系统是基于计算机的系统，由软件系统和硬件系统两大部分组成。其中，软件系统是计算机绘图系统的核心，而相应的系统硬件设备则为软件系统的正常运行提供了基础保障和运行环境。硬件设备主要有主机、输入设备和输出设备（见图10144），软件系统主要有绘图软件、数据库、应用程序和高级语言等。

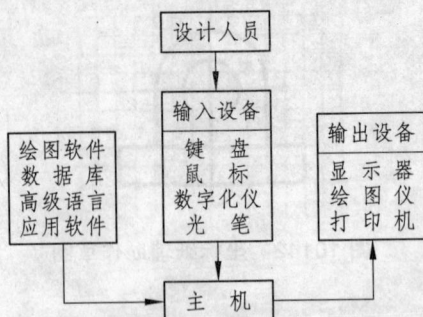

图 10144　计算机绘图系统示意图

计算机绘图软件应具备以下基本功能：

（1）绘图与编辑功能——能绘制和编辑多种基本图形。

（2）计算功能——能进行各种几何图形长度、面积、体积等的计算。

（3）存储功能——能将设计的图形以图形文件的格式存储。

（4）输出功能——能将设计的图形和计算的结果输出。

用户使用绘图系统主要是利用绘图软件通过输入设备在屏幕上交互绘制图形并进行编辑，直到符合设计要求为止。将设计结果以图形文件的格式存储，并用打印机或绘图仪输出。

1.2.2　AutoCAD 2007 的基本操作

1. AutoCAD 2007 的软硬件环境

AutoCAD 2007 对用户的计算机系统有以下的最低要求：

（1）操作系统——Microsoft Windows 2000 SP3/SP4、Microsoft Windows XP Home 或 Professional SP1/SP2。

（2）浏览器——Microsoft Internet Explorer 6.0 SP1 或更高版本。

（3）RAM——512MB。

（4）视频——1024×768 像素（真彩）。

（5）硬盘——安装需要 750MB。

（6）定点鼠标——MS 兼容鼠标。

（7）安装介质——CD-ROM（任何速度）。

2. AutoCAD 2007 的操作界面简介

（1）安装 AutoCAD 2007。

AutoCAD 2007 安装软件包中，有名为"SETUP.EXE"的安装文件，执行该文件时会弹出图 10145 所示的"媒体浏览器"窗口。从中选择单机安装方式后，界面就切换到图 10146 所示的窗口，单击其中的"确定"按钮，就可开始软件的安装，其他选项应根据提示操作。

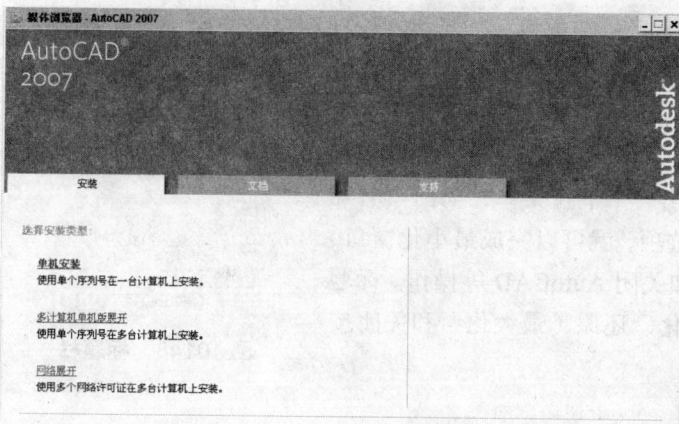

图 10145 "媒体浏览器"窗口　　　　图 10146 "Autodesk 安装程序"窗口

（2）启动 AutoCAD 2007。

AutoCAD 2007 通常使用桌面快捷方式启动。安装 AutoCAD 2007 后，系统会自动在 Windows 的桌面上生成对应的快捷方式图标，双击该图标，就可启动 AutoCAD 2007。还可通过点击任务栏上的"开始"按钮，在弹出的菜单中选择命令："所有程序"|"Autodesk"|"AutoCAD2007-Simplified Chinese"|"AutoCAD2007"来启动 AutoCAD 2007。

（3）AutoCAD 2007 的操作界面。

启动 AutoCAD2007 后，将进入图 10147 所示的工作界面。

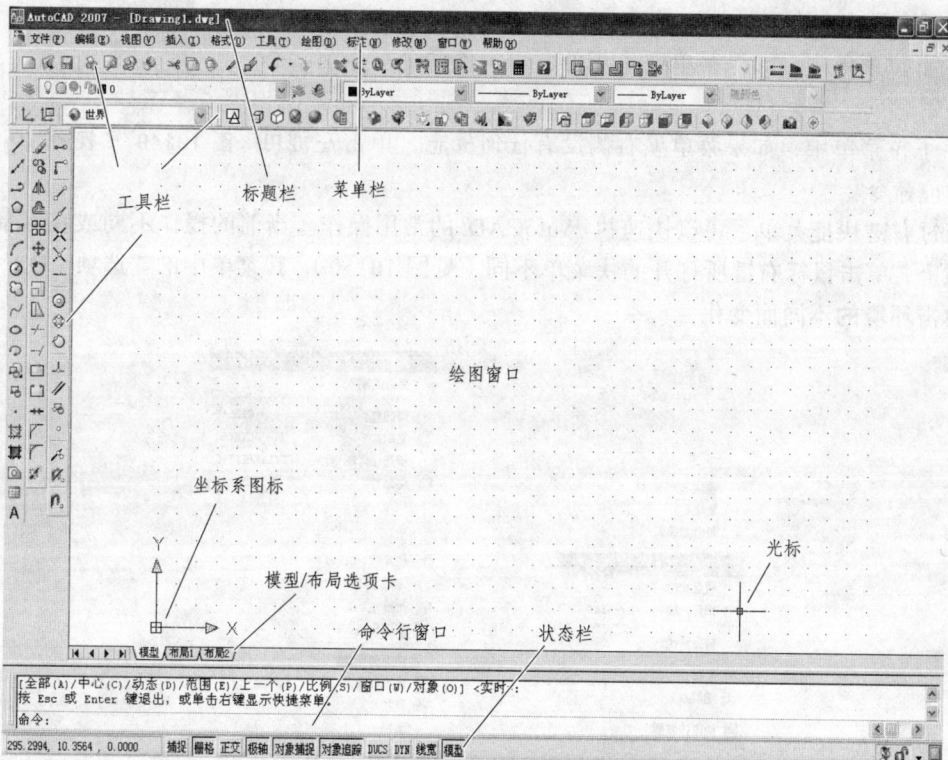

图 10147　AutoCAD2007 的工作界面

27

AutoCAD2007 的工作界面由标题栏、菜单栏、工具栏、绘图窗口、光标、坐标系图标、模型/布局选项卡、命令行窗口、状态栏等组成。下面简要介绍它们的功能。

① 标题栏。

标题栏位于工作界面的最上方，其左端是软件图标，单击它或在标题栏上单击鼠标右键，会弹出一个下拉菜单，如图 10148 所示。在该下拉菜单中选择相应的选项，就可以完成最小化窗口、最大化窗口、恢复窗口、移动窗口和关闭 AutoCAD 等操作。标题栏的右端有三个按钮，依次为最小化、还原（最大化）和关闭按钮，单击它们可以完成相应操作。

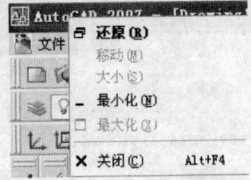

图 10148　标题栏

② 菜单栏。

位于标题栏的下方，菜单栏中集合了 AutoCAD2007 中的大部分命令，这些命令被放置在不同的菜单中供用户选择使用。单击菜单栏中的某一项就可打开对应的下拉菜单，如图 10149 所示。

下拉菜单具有以下特点：

a. 下拉菜单中，右侧带有"▶"符号的菜单项，表示它还有子菜单。

b. 下拉菜单中，如果命令后带有快捷键，表示直接按该快捷键也可以执行该命令。

c. 下拉菜单中，右侧后带有"…"符号的菜单项，表示执行该命令时会弹出一个对话框。

d. 下拉菜单中，如果菜单项呈灰色，表示该命令在当前状态下不可用。

e. 下拉菜单中，如果菜单项右侧没有任何标志，单击左键可执行对应命令。

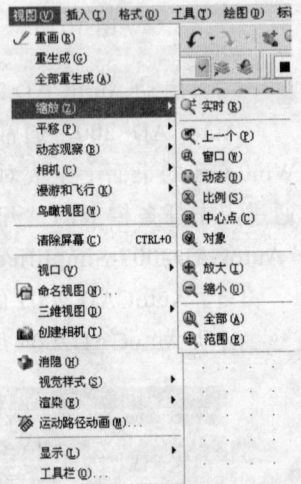

图 10149　"视图"下拉菜单

通过右键快捷菜单，可以快速执 AutoCAD 的常用操作。当前的操作不同或在屏幕的不同区域上，单击鼠标右键所打开的快菜单不同（见图 10150），其菜单中的"选项（O）"命令还因单击环境的不同而变化。

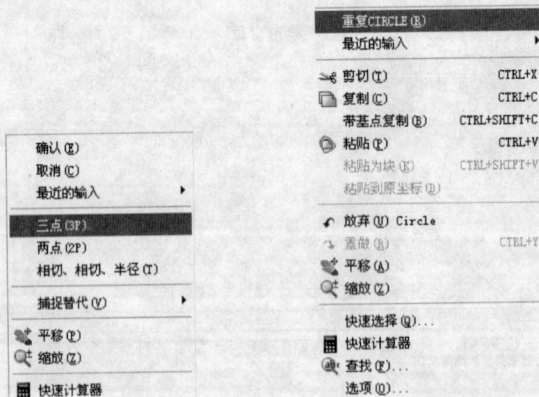

（a）快捷菜单 1　　　（b）快捷菜单 2

图 10150　快捷菜单

③ 工具栏。

通过单击工具栏上的按钮是执行 AutoCAD 命令的另一种方法。在 AutoCAD2007 中，系统共提供了近 40 个工具栏。有关工具栏的操作，简介如下：

a. 在任意工具栏上单击鼠标右键，弹出快捷菜单，执行其中的命令即可打开相应的工具栏，单击工具栏右上角的"×"按钮，可关闭工具栏。

b. 将光标放到工具栏按钮上停留一段时间，AutoCAD 就会弹出一个提示标签，说明按钮所代表命令的名称。在出现提示的同时，状态栏上也显示出该命令功能与作用的描述。

c. 在右下角有小黑三角形的工具栏按钮上单击，可引出一个包含相关命令的弹出式工具栏。

d. AutoCAD 的工具栏是可变动的，绘图时可根据需要打开或关闭相应的工具栏，并将其放到绘图窗口的适当位置。

④ 绘图窗口。

绘图窗口也称绘图区，是用来绘制和显示图形的地方。

⑤ 光标。

AutoCAD 的光标用于绘图、选择对象等操作。当光标位于绘图窗口时，为十字形状，其中央是光标当前所在的位置。

⑥ 坐标系图标。

坐标系图标用于表示当前绘图所用的坐标系形式及坐标的方向。关于坐标系的概念将在本章任务六中叙述。

⑦ 模型/布局选项卡。

模型/布局选项卡用于模型空间与图纸空间之间的切换。

⑧ 命令行窗口。

命令行窗口也称命令行，是键盘输入命令、数据等信息显示的地方。通过菜单和工具栏执行的操作也在命令行中显示。在默认状态下，命令行是一固定窗口，位于系统窗口的下方，用户可根据需要将命令行窗口拖动到屏幕的任意位置，成为浮动窗口，也可通过快捷键"Ctrl + 9"打开或关闭命令行窗口。

⑨ 状态栏。

状态栏用于显示或设置 AutoCAD 当前的绘图状态，位于 AutoCAD 工作界面的最底部。状态栏的左边用于显示在绘图窗口当前光标的坐标，右边是 10 个功能按钮，每个按钮的作用将在本项目的其他任务中介绍。

（4）初步设置操作界面。

在 AutoCAD 2007 默认的操作界面上，绘图窗口呈黑色，十字光标太短，不利于用户操作。因此可根据自己的个性，在 AutoCAD 2007 安装完后，修改操作界面。

① 命令执行方式。

命令：Options（快捷形式：Op）。

下拉菜单："工具" | "选项" | "显示"。

② 相关说明。

a. 修改作图窗口的颜色。

执行 "Options" 命令,弹出 "选项" 对话框,如图 10150 所示。选择 "显示" 选项卡,单击 "颜色" 按钮,弹出 "图形窗口颜色" 对话框。在 "背景" 栏内,单击 "二维模型空间",然后在 "颜色" 下拉列表框中,选择自己需要的颜色,最后单击 "应用并关闭" 按钮。

b. 调整十字光标的大小。

在图 10151a 所示的 "十字光标大小" 栏内,输入合适的数值或拖动滑块就可调整十字光标的大小,最后单击 "确定" 按钮。

※在线动画演示:修改作图窗口的颜色(http://218.65.5.218/jz/JZ17/xm1/JZ1-15.html)、调整十字光标的大小(http://218.65.5.218/jz/JZ17/xm1/JZ1-16.html)。

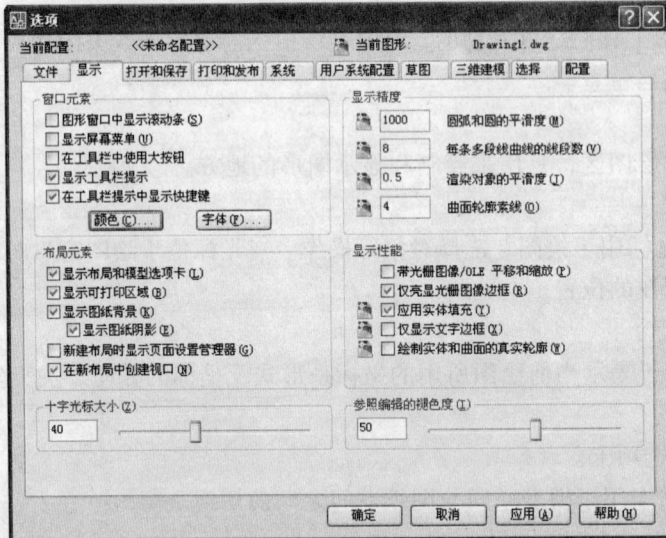

(a) "选项|显示" 对话框

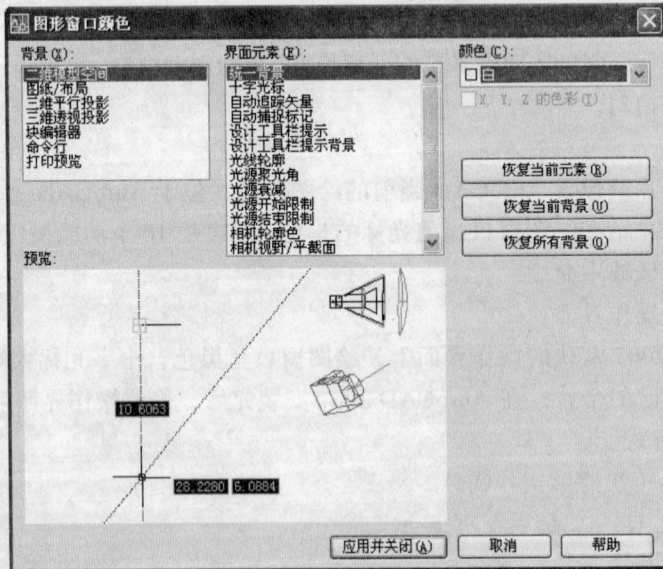

(b) "图形窗口颜色" 对话框

图 10151 "选项" 对话框

30

（5）退出 AutoCAD 2007。

① 命令执行方式。

命令：Quit 或 Exit（快捷命令：Ctrl + Q）。

下拉菜单："文件" | "退出"。

② 相关说明。

a. 执行"Quit"命令，即可退出 AutoCAD 2007。如果在退出时，当前图形文件修改后没有存盘，系统则会给出一个提示，询问是否将当前文件存盘。点击"是"，则保存；点击"否"，则不保存；点击"取消"，则取消退出 AutoCAD 2007。

b. 单击 AutoCAD 2007 窗口右上角的"×"按钮，也可退出。

3. 管理图形文件

（1）建立新图形文件。

① 命令执行方式。

命令：New（快捷命令：Ctrl + N）。

下拉菜单："文件" | "新建"。

工具栏："标准" | 。

② 相关说明。

a. 通过菜单执行"New"命令，AutoCAD 弹出"选择样板"对话框（见图 10152），建议初学者选择样板文件 acadiso.dwt，单击"打开"按钮，就会以对应的样板为模板创建新文件。

b. 可通过执行"Options"命令，在"系统"选项卡中从"启动"选项组中选择"显示'启动'对话框"。然后每次通过菜单创建新文件时，就会显示"创建新图形"对话框（见图 10153）。通过该对话框可创建新图形文件。通过"选项"对话框的"文件"选项卡可调整默认的样板文件及其位置。

※在线动画演示：调整默认的样板文件（http：//218.65.5.218/jz/JZ17/xm1/JZ1-17.html）。

图 10152 "选择样板"对话框

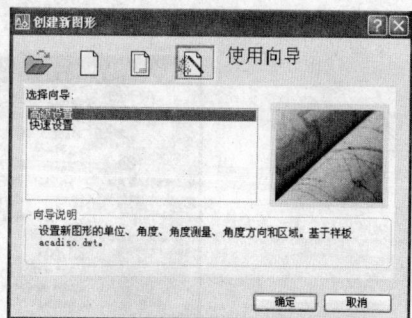

图 10153 "创建新图形"对话框

（2）打开已有的图形文件。

① 命令执行方式。

命令：Open（快捷命令：Ctrl + O）。

下拉菜单："文件"|"打开"。

工具栏："标准"|。

② 相关说明。

执行"Open"命令，AutoCAD 弹出"选择文件"对话框（见图 10154），选择要打开的图形文件后，单击"打开"按钮即可打开该图形文件。

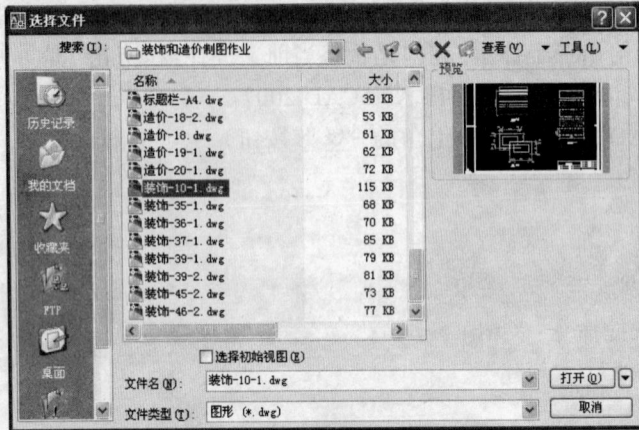

图 10154 "选择文件"对话框

（3）存储图形文件。

① 命令执行方式。

a. 命令：Qsave（快捷命令：Ctrl + S）。

下拉菜单："文件"|"保存"。

工具栏："标准"|。

b. 命令：Saveas（快捷命令：Ctrl + Shift + S）。

下拉菜单："文件"|"另存为"。

② 相关说明。

a. 执行"Saveas"命令，AutoCAD 会弹出"图形另存为"对话框（见图 10155），通过该对话框确定文件的保存位置和名称，单击"保存"按钮，就可实现文件的换名保存。

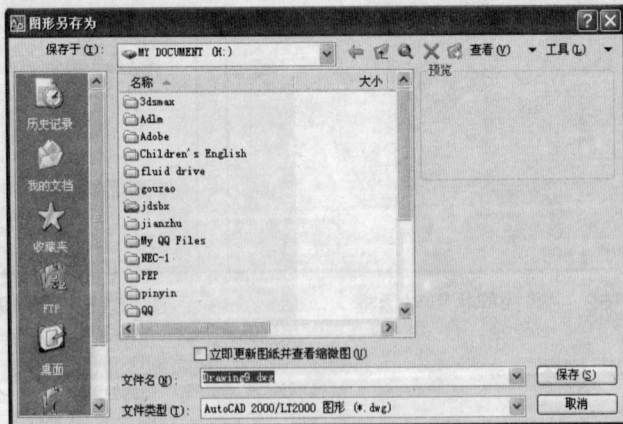

图 10155 "图形另存为"对话框

b. 执行"Qsave"命令是直接以源文件名保存图形，不会弹出"图形另存为"对话框。如果在执行该命令前，没有命名保存过，就如同执行"Saveas"命令。

4. 设置 AutoCAD 的基本绘图环境

（1）利用"格式"菜单设置绘图环境。

① 设置绘图单位和精度。

a. 命令执行方式。

命令：Units（快捷形式：Un）。

下拉菜单："格式"|"单位"。

b. 相关说明。

执行"Units"命令，AutoCAD 弹出"图形单位"对话框（见图 10156），用户在选项组内选择所需要的类型和精度（通常使用默认值）。

② 设置绘图界限。

a. 命令执行方式。

命令：Limits

下拉菜单："格式"|"图形界限"。

b. 相关说明。

执行"Limits"命令，命令行提示如下：

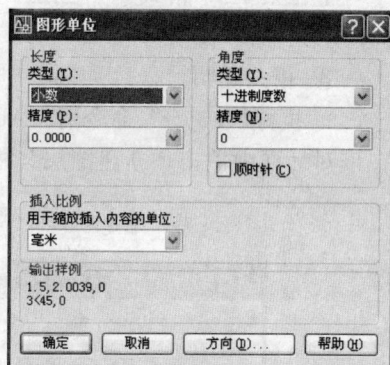

图 10156 "图形单位"对话框

重新设置模型空间界限：

指定左下角点或[开（ON）/关（OFF）] <0.0000，0.0000>：（直接回车，确定左下角），

指定右上角点<420.0000，297.0000>：（输入右上角点的坐标，如使用默认界限就直接回车）

为便于将所设图形界限全部显示在屏幕上，建议执行"Zoom"命令的"全部（A）"选项，或单击菜单"视图|缩放|全部"。

※在线动画演示：利用"格式"菜单设置绘图环境

（http：//218.65.5.218/jz/JZ17/xm1/JZ1-18.html）。

（2）使用向导设置绘图环境。

a. 命令执行方式。

命令：New（快捷命令：Ctrl + N）。

下拉菜单："文件"|"新建"。

工具栏："标准"|📄。

b. 相关说明。

在通过"选项"对话框设置"显示'启动'对话框"后，按上述方式执行"New"命令或启动 AutoCAD 时，就会显示"创建新图形"对话框。在对话框中点击"使用向导"按钮，在"选择向导"区，选择"高级设置"，再点击"确定"按钮，就会显示出"高级设置"对话框。用户根据需要一步一步选择类型和精度（通常使用默认值），最后点击"完成"按钮，即完成新图形的创建并完成了初步的绘图环境设置。

※在线动画演示：使用向导设置绘图环境（http：//218.65.5.218/jz/JZ17/xm1/JZ1-19.html）。

（3）设置图层。

① 图层的概念。

图层可想象成一些没有厚度且相互重叠在一起的透明薄片，用户的绘图是在不同的图层上进行的。

图层具有关闭/打开、冻结/解冻、锁定/解锁等特性。图层本身具有颜色、线型和线宽，为了便于对图形进行管理和输出，可以将不同特性的对象放在不同的图层上。

② 命令执行方式。

命令：Layer（快捷形式：La）。

下拉菜单："格式" | "图层"。

工具栏："图层" | 🗂。

③ 相关说明。

a. 执行 "Layer" 命令后，AutoCAD 会弹出 "图层特性管理器" 对话框（见图 10157），在该对话框中单击 "新建图层" 按钮，可创建出默认名为 "图层 n" 的新图层。

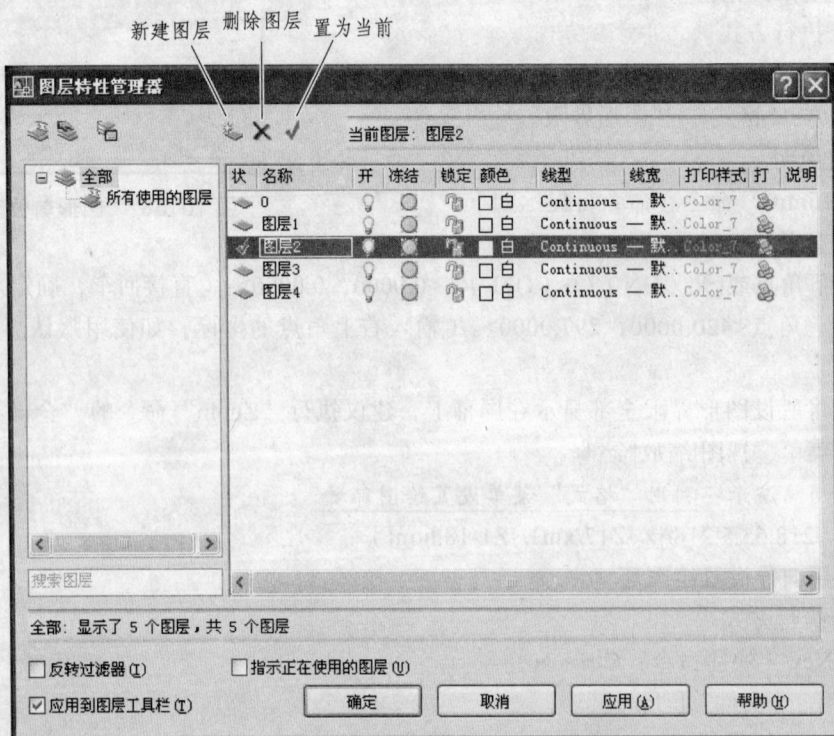

图 10157 "图形特性管理器" 对话框

b. 更改图层名称。首先选中 "图层 n"，再单击图层名称 "图层 n"，然后输入所需的名称。

c. 删除图层。选中要删除的图层，再单击 "删除图层" 按钮，就可删除该图层（注意要先删除图层上的对象）。

d. 设置当前图层。选中要绘图的某一图层，然后点击 "置为当前" 按钮，就可将该图层设置为当前图层，同时在对话框顶部的右侧显示出 "当前图层：图层名"。也可双击该图层与 "状态" 列对应的图标，直接将该图层置为当前层。

e. 设置对象的颜色。单击需设置颜色图层的颜色图标，就会弹出"选择颜色"对话框（见图 10158），从中选择所需的颜色，然后单击"确定"按钮，就可关闭该对话框。

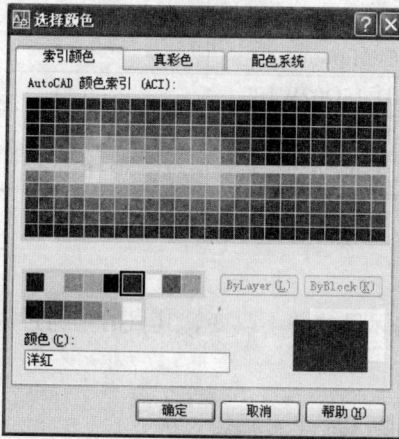

图 10158 "选择颜色"对话框

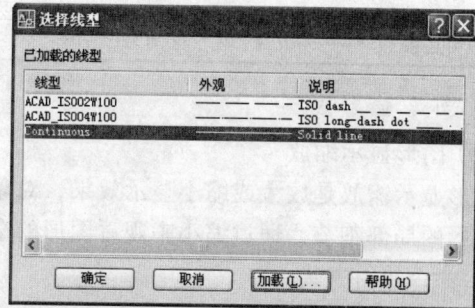

图 10159 "选择线型"对话框

e. 设置对象的线型。单击需设置线型图层的线型名称，就会弹出"选择线型"对话框（见图 10159），从中选择所需的线型，然后单击"确定"按钮。但虚线、单点画线、双点画线应单击"加载"按钮，通过弹出的"加载线型"对话框（见图 10160）加载该线型。

f. 设置对象的线宽。单击需设置线宽图层的线宽名称，就会弹出"线宽"对话框（见图 10161），从中选择所需的线宽，然后单击"确定"按钮。

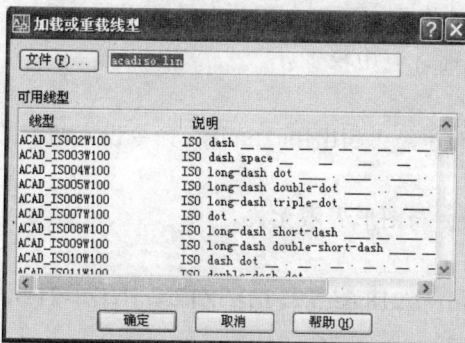

图 10160 "加载线型"对话框

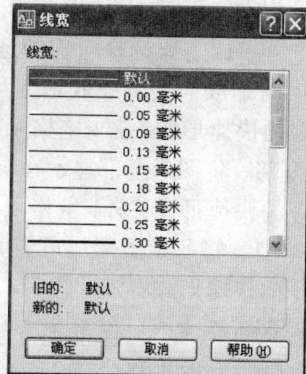

图 10161 "线宽"对话框

※在线动画演示：创建图层及图层设置（http://218.65.5.218/jz/JZ17/xm1/JZ1-20.html）。上述的在线动画演示是按表 10106 要求设置图层及对象的颜色、线型和线宽。

表 10106 图层名及对象的颜色、线型和线宽

图层名	颜色	线型	线宽/mm
图框标题栏	白	Continuous	0.13
标注	131	Continuous	0.13
文字	黄	Continuous	0.13

图层名	颜 色	线 型	线宽/mm
粗实线	白	Continuous	0.5
细实线	绿	Continuous	0.13
虚 线	洋红	ACAD_ISO02W100	0.13
单点画线	红	ACAD_ISO04W100	0.13
双点画线	青	ACAD_ISO05W100	0.13

5. 图形显示控制

（1）图形显示缩放。

图形显示缩放是放大或缩小显示效果，对象的实际尺寸并不改变，其目的是通过放大来显示图形的局部细节，通过缩小来观看图形的全貌。

① 命令执行方式。

命令：Zoom（快捷形式：Z）。

下拉菜单："视图"｜"缩放"。

工具栏："缩放"，如图 10162 所示。

② 相关说明。

执行 "Zoom"，命令行提示如下：

指定窗口的角点，输入比例因子（nX 或 nXP），或者[全部（A）/中心（C）/动态（D）/范围（E）/上一个（P）/比例（S）/窗口（W）/对象（O）] <实时>：

图 10162 "缩放"菜单和工具栏

用户可根据需要选择对应的选项来实现缩放操作。下面介绍几个最常用的选项：

a. 实时缩放。实时缩放是交互性的缩放功能，应用较多。

命令的快捷形式：Z + 空格 + 空格。

b. 全部。将图形全部显示在屏幕上，无论对象是否超出用 "limits" 命令设定的绘图界限。

命令的快捷形式：Z + 空格 + A。

c. 范围。将所绘图形尽可能大地显示出来，与图形界限无关。

命令的快捷形式：Z + 空格 + E。

※在线动画演示：图形显示缩放操作（http：//218.65.5.218/jz/JZ17/xm1/JZ1-21.html）。

（2）图形实时平移。

图形实时平移是移动图形，使图形的全部或某一部分显示在屏幕上。

① 命令执行方式。

命令：Pan（快捷形式：P）。

下拉菜单："视图"｜"平移"｜"实时"。

工具栏："标准"｜。

② 相关说明。

命令执行时，十字光标变成手形光标。按住左键并拖动鼠标，图形便随鼠标移动；松开鼠标左键，便会停止移动。敲空格键、回车键或 Esc 键可退出实时平移模式。

实时缩放和实时平移是控制图形显示的主要方法。在图形窗口，利用右键快捷菜单可快速交替执行这两项命令。

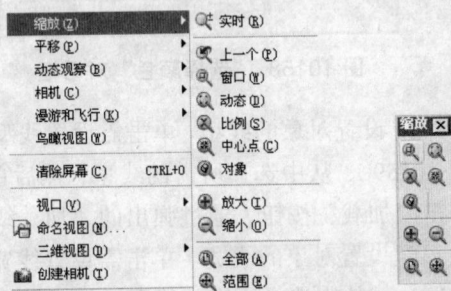

※在线动画演示：图形实时平移操作（http：//218.65.5.218/jz/JZ17/xm1/JZ1-22.html）。

6. 认识 AutoCAD 2007 的坐标和坐标系

（1）AutoCAD 2007 的坐标。

a. 绝对坐标。

绝对坐标是指相对于当前坐标系原点的坐标，其坐标形式有直角坐标和极坐标。

直角坐标是以（X，Y，Z）的形式表现一个点的位置。绘制二维图形时，只需输入（X，Y）坐标。

AutoCAD 的坐标原点（0，0）默认时是在图形屏幕的左下角，以原点作为 X 和 Y 位移的基础。使用键盘输入点的坐标时，X 和 Y 之间使用半角逗号","隔开，不能加括号。

极坐标是以（距离<角度，Z）的形式表现一个点的位置，其角度方向以逆时针为正。如输入 50<30，则表示该点到原点的距离是 50，该点与原点的连线与 X 轴正向夹角为 30°。

b. 相对坐标。

相对于前一点的坐标称为相对坐标，也有直角坐标和极坐标的形式。其输入格式与绝对坐标相似，但在坐标前加一个"@"符号。例如：已知前一个点的绝对坐标为（80，60），如在点的提示后输入"@50，30"，则新确定点的绝对坐标为（130，90）。

※在线动画演示：用直线命令体会 AutoCAD 的坐标（http：//218.65.5.218/jz/JZ17/xm1/JZ1-23.html）。

（2）理解 AutoCAD 2007 的坐标系。

① 世界坐标系。

世界坐标系（WCS）是 AutoCAD 默认的坐标系。当用户在开机进入 AutoCAD 开始绘新图时，系统的坐标系就是 WCS，图形界面的左下角为坐标系的原点，水平向右为 X 轴的正向，垂直向上为 Y 轴的正向。对于二维图形，点的坐标用（X，Y）表示，AutoCAD 只要求用户输入（X，Y）坐标。

② 用户坐标系。

为便于绘制图形特别是三维图形，AutoCAD 允许用户根据需要定义自己的坐标系，称为用户坐标系（UCS）。UCS 的原点可以在 WCS 内的任意位置上，其坐标轴可以任意旋转和倾斜。这样用户可以根据特定的对象确定坐标系，使绘图或编辑非常方便。

③ 坐标系图标。

坐标系的图标指明了（X，Y）的正方向。若图标的底部中央有"+"符号，则表明图标位于当前坐标系的原点位置上，如图 10163 所示。

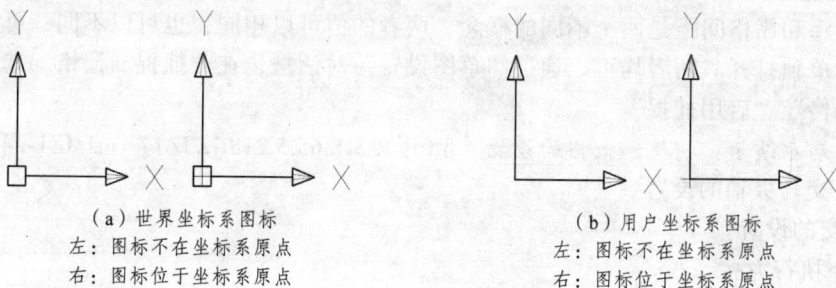

（a）世界坐标系图标
左：图标不在坐标系原点
右：图标位于坐标系原点

（b）用户坐标系图标
左：图标不在坐标系原点
右：图标位于坐标系原点

图 10163　坐标系图标

7. 精确绘图

（1）栅格与捕捉的设置。

① 栅格的设置。

a. 命令执行方式。

命令：Dsettings（快捷形式：Ds）。

下拉菜单："工具"|"草图设置"。

还可在状态栏上的"栅格"处单击鼠标的右键，从弹出的菜单上选择"设置"，可快速执行命令。

b. 相关说明。

命令执行时，将弹出"草图设置"对话框，如图 10164 所示。在"捕捉和栅格"选项卡内的栅格区，设置 X 方向、Y 方向的栅格间距（默认间距为 10）。

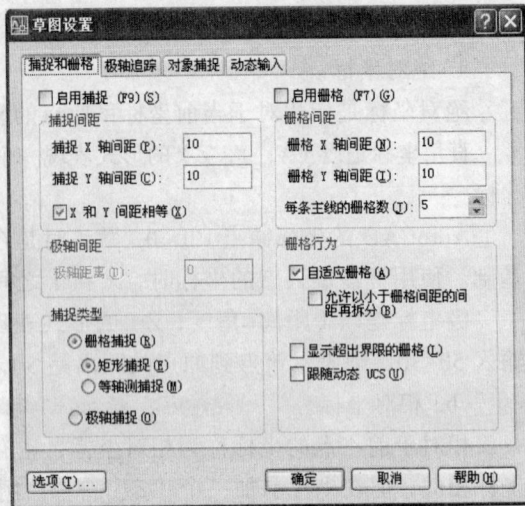

图 10164 "草图设置"对话框

② 启用栅格功能的方法。

a. 命令执行方式

命令：Grid（功能键：F7）。

在状态栏上单击"栅格"按钮，可快速执行命令。

b. 相关说明。

栅格功能启用后，将在绘图区显示行和列间距均匀的小黑点，用于表示绘图时的坐标位置，其作用类似于坐标纸。

③ 捕捉的设置。

与设置栅格间距的方法相同，在"捕捉和栅格"选项卡内的捕捉区，设置 X 方向、Y 方向的捕捉间距（默认间距为 10）。

捕捉功能可使光标按指定的步距移动，以便提高绘图的精度。该功能启用后，光标将跳跃式移动，通常将捕捉与栅格配合使用。绘图过程中，应根据需要启动或关闭捕捉功能。

④ 启用捕捉功能的方法。

a. 命令执行方式。

命令：Snap（快捷形式：Sn；功能键：F9）。

在状态栏上单击"捕捉"按钮可快速执行命令。

b. 相关说明。

捕捉间距和栅格间距是两个不同的概念，两者的值可以相同，也可以不同；可以同时打开，也可以单独打开。两者均可以通过"草图设置"对话框，在"捕捉和栅格"选项卡内选择"启用栅格"、"启用捕捉"。

※在线动画演示：捕捉和栅格的设置（http：//218.65.5.218/jz/JZ17/xm1/JZ1-24.html）。

（2）正交与极轴的设置。

① 正交的设置。

a. 命令执行方式。

命令：Ortho（功能键：F8）。

在状态栏上单击"正交"按钮，可快速启用或关闭正交功能。

b. 相关说明。

利用正交功能，用户可以方便地绘制出与当前坐标系 X 轴或 Y 轴平行的直线。

② 极轴的设置。

a. 命令执行方式。

命令：Dsettings（快捷形式：Ds）。

下拉菜单："工具"|"草图设置"。

在状态栏上的"极轴"处单击鼠标的右键，从弹出的菜单上选择"设置"可快速执行命令。

b. 相关说明。

命令执行时，将弹出"草图设置"对话框，在"极轴追踪"选项卡内的极轴角设置区，设置追踪方向的角度增量和附加角度。按 F10 功能键或在状态栏上单击"极轴"按钮，可启用极轴追踪，但极轴和正交不能同时启用。

极轴是按给定的角度增量来跟踪点，确定角度和极轴方向上的精确定位。AutoCAD 中的"自动追踪"有助于按指定角度或与其他对象的指定关系绘制对象。当"自动追踪"打开时，临时对齐路径有助于以精确的位置和角度创建对象。"自动追踪"包括两种追踪选项："极轴追踪"和"对象捕捉追踪"。可以通过状态栏上的"极轴"或"对象追踪"按钮打开或关闭"自动追踪"。与"对象捕捉"一起使用"对象捕捉追踪"时，必须设置为"对象捕捉"才能从对象的捕捉点进行追踪。

※在线动画演示：正交和极轴的设置（http：//218.65.5.218/jz/JZ17/xm1/JZ1-25.html）。

（3）对象捕捉。

使用对象捕捉可以使用户在绘图过程中精确定位，能直接利用光标来准确地确定目标点，如圆心、端点、垂足等。

用户可以通过"对象捕捉"工具栏和对象捕捉菜单（见图 10165）启用对象捕捉功能。

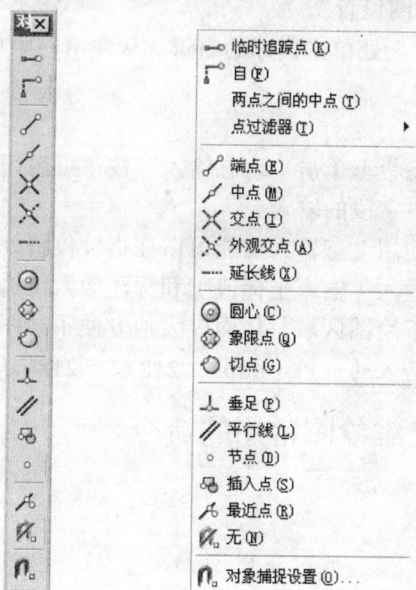

图 10165 "对象捕捉"工具栏和对象捕捉菜单

按下 Shift 键或 Ctrl 键后单击鼠标右键，可弹出对象捕捉菜单。

※在线动画演示：对象捕捉的应用（http：//218.65.5.218/jz/JZ17/xm1/JZ1-26.html）。

（4）自动对象捕捉的设置。

① 命令执行方式。

命令：Dsettings（快捷形式：Ds）。

下拉菜单："工具"｜"草图设置"。

在状态栏上的"对象捕捉"处单击鼠标的右键，从弹出的菜单上选择"设置"，可快速执行命令。

② 相关说明。

命令执行时，将弹出"草图设置"对话框，在"对象捕捉"选项卡内，设置对象捕捉默认的捕捉模式。自动对象的捕捉模式不可设置太多，否则将影响正常绘图。

按 F3 功能键或在状态栏上单击"对象捕捉"按钮，可启用或关闭自动对象捕捉。

※在线动画演示：自动对象捕捉的应用（http：//218.65.5.218/jz/JZ17/xm1/JZ1-27.html）。

（5）对象捕捉追踪。

对象捕捉追踪是自动对象捕捉和极轴追踪的综合，有助于通过追踪一些特殊点，以精确的位置和角度创建对象。

绘图过程中，用户可利用 F11 键或单击状态栏上的"对象追踪"按钮，启用或关闭对象追踪功能。但使用对象捕捉追踪功能时，应先启用极轴追踪和自动对象捕捉，并根据绘图的需要设置好极轴追踪的增量角和自动对象捕捉的默认捕捉方式。

※在线动画演示：对象捕捉追踪的应用（http：//218.65.5.218/jz/JZ17/xm1/JZ1-28.html）。

（6）动态输入设置。

① 命令执行方式。

命令：Dsettings（快捷形式：Ds）。

下拉菜单："工具"｜"草图设置"。

在状态栏上的"动态输入"处单击鼠标的右键，从弹出的菜单上选择"设置"，可快速执行命令。

② 相关说明。

按功能键 F12，或在状态栏上单击"动态输入"按钮可启用或关闭动态输入。使用动态输入时，需按 Tab 键进入下一字段的输入。

在 AutoCAD 2007 中，使用动态输入功能可以在指针位置处按命令行的提示输入相对坐标等信息。动态输入有指针输入（输入坐标值）和标注输入（输入距离和角度）两种。启用动态输入，可帮助用户专注于绘图区域，从而极大地方便了绘图。

※在线动画演示：动态输入的应用（http：//218.65.5.218/jz/JZ17/xm1/JZ1-29.html）。

1.2.3 AutoCAD 二维绘图常用的命令

1．绘制二维图形

（1）直线的绘制。

① 命令执行方式。

命令：Line（快捷形式：L）。

下拉菜单："绘图"|"直线"。

工具栏："绘图"|✏。

② 相关说明。

a."Line"命令的作用是创建直线对象，命令发布后命令行提示如下：

LINE 指定第一点：指定线段的起始点，若此时直接按回车键，AutoCAD 将以上一次绘制线段或圆弧的终点作为新线段的起点，如果是刚开始绘制图形，则会提示"没有直线或圆弧可连续"。

指定下一点或[放弃（U）]：指定直线段的终点，输入 U 并按回车键，将取消上一条线段，指定直线段的终点，系统默认该点是下一直线段的起点。

指定下一点或[闭合（C）/放弃（U）]：输入 C 并按回车键，将当前终点与最初的起点连接，使连续的直线段自动闭合。

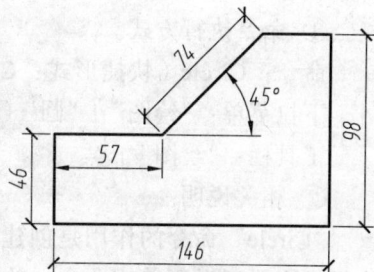

b.操作实例。绘制由直线构成的图形，如图 10166 所示。

图 10166 由直线构成的图形

※在线动画演示：用直线命令绘制 A4 图框标题栏（http：//218.65.5.218/ jz/JZ17/xm1/JZ1-30.html）、绘制由直线构成的图形（http：//218.65.5.218/jz/JZ17/xm1/JZ1-31.html）。

（2）矩形的绘制。

① 命令执行方式。

命令：Rectang（快捷形式：Rec）。

下拉菜单："绘图"|"矩形"。

工具栏："绘图"|▢。

② 相关说明。

"Rectang"命令的作用是创建矩形对象，命令发布后命令行提示如下：

指定第一个角点或[倒角（C）/高程（E）/圆角（F）/厚度（T）/宽度（W）]：

指定另一个角点或[面积（A）/尺寸（D）/旋转（R）]：

"倒角（C）/高程（E）/圆角（F）/厚度（T）/宽度（W）"等选项的意义如图 10167 所示。

"面积（A）"选项是在指定了矩形的第一个角点后，再输入矩形的面积，然后输入矩形的长度或宽度绘制矩形。

（a）倒角矩形　　（b）有宽度的矩形　　（c）圆角矩形　　（d）普通矩形

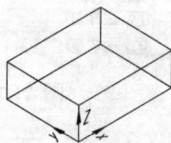

（e）有厚度的矩形　　　　　（f）有高程的矩形

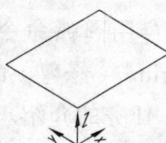

图 10167 各种矩形

"尺寸（D）"选项是在指定了矩形的第一个角点后，再分别输入矩形的长度和宽度。有4个位置可以定位矩形，最后确定放置位置。

"旋转（R）"选项是在指定了矩形的第一个角点后，再输入旋转矩形的角度，然后可以根据前面介绍的方法绘制具有一个旋转角度的矩形。

※在线动画演示：用矩形命令绘制A3图框（http：//218.65.5.218/jz/JZ17/xm1/JZ1-32.html）。

（3）圆的绘制。

① 命令执行方式。

命令：Circle（快捷形式：C）。

下拉菜单："绘图" | "圆"（见图10168）。

工具栏："绘图" | ⊘。

② 相关说明。

"Circle"命令的作用是创建圆对象。绘制圆时，

图 10168　绘圆菜单

应根据需要通过菜单或命令行的提示选择绘圆的方式。命令发布后命令行提示如下：

指定圆的圆心或[三点（3P）/两点（2P）/相切、相切、半径（T）]：

a. "圆心、半径"方法是用指定的圆心和给定半径值来绘制圆，这是绘圆的默认方式。

b. "圆心、直径"方法是用指定的圆心和给定直径值来绘制圆。

c. 用"三点（3P）"选项是用指定的圆周上的三点来绘制圆。

d. 用"两点（2P）"选项是用指定的圆直径上的两个端点来绘制圆。

e. 用"相切、相切、半径（T）"选项是用来绘制与两个已知对象相切，且半径为给定值的圆。

f. 用"相切、相切、相切"方法是用来绘制与三个已知对象相切的圆。

※在线动画演示：绘制圆弧连接类图形-1（http：//218.65.5.218/jz/JZ17/xm1/JZ1-33.html）、绘制与三角形三边相切的圆（http：//218.65.5.218/jz/JZ17/xm1/JZ1-34.html）。

（4）圆弧的绘制。

① 命令执行方式。

命令：Arc（快捷形式：A）。

下拉菜单："绘图" | "圆弧"（见图10169）。

工具栏："绘图" | ◠。

② 相关说明。

a. "Arc"命令的作用是创建圆弧对象。绘制圆弧的方法共有11种，用户可以根据需要及命令行的提示进行选择。

b. 有些圆弧不适合用圆弧命令绘制，而适合用"Circle"命令结合"Trim"（修剪）命令生成。"Trim"命令的使用方法见下一任务的介绍。

图 10169　绘圆弧菜单

c. AutoCAD采用逆时针绘制圆弧。

d. 直线和圆弧交替连续绘制或圆弧连续绘制，是在"Line"或"Arc"命令的提示下直接回车，其起点为上一线段的终点，并且与上一线段相切，连接点是切点。

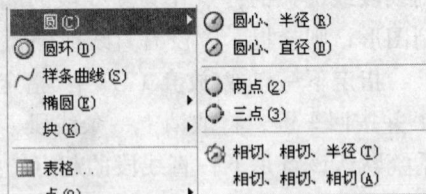

※在线动画演示：绘制圆弧连接类图形-2（http：//218.65.5.218/jz/JZ17/xm1/JZ1-35.html）。

（5）正多边形的绘制。

① 命令执行方式。

命令：Polygon（快捷形式：Pol）。

下拉菜单："绘图" | "正多边形"。

工具栏："绘图" | ⬠。

② 相关说明。

"Polygon"命令的作用是创建正多边形对象，命令发布后命令行提示如下：

Polygon 输入边的数目<4>：

指定正多边形的中心点或[边（E）]：

输入选项[内接于圆（I）/外切于圆（C）] <I>：

指定圆的半径：

选项"内接于圆"是根据多边形的外接圆确定正多边形；选项"外切于圆"是根据多边形的内接圆确定正多边形；选项"边"是由指定的两点确定正多边形的边长，并从第一端点向另一端点，沿逆时针方向绘制正多边形。

※在线动画演示：绘制正多边形（http：//218.65.5.218/jz/JZ17/xm1/JZ1-36.html）。

（6）椭圆的绘制。

① 命令执行方式。

命令：Ellipse（快捷形式：El）。

下拉菜单："绘图" | "椭圆"。

工具栏："绘图" | ◯。

② 相关说明。

"Ellipse"命令的作用是创建椭圆对象。

a. 用"轴、端点"方法绘制椭圆。

这是绘制椭圆的默认方法。先指定椭圆一条轴的两端点，然后再输入另一条半轴的长度。用这种方法绘制椭圆时，命令行提示如下：

指定椭圆的轴端点或[圆弧（A）/中心点（C）]：

指定轴的另一个端点：

指定另一条半轴长度或[旋转（R）]：

"旋转（R）"选项要求用户指定一个旋转角。这个角度是这样定义的：将已经确定好端点的那条轴定为长轴，并且以这为直径的一个圆绕着这条长轴旋转，这个圆与绘图区之间的夹角就是这里所指的旋转角。当指定一个角度的时候，圆在屏幕上的投影就是所定义的椭圆。显然，如果为"0"度，则投影后就是一个直径为长轴的圆；如果为"90"度，则投影后就是一个长度为长轴的线段。

b. 用中心点方法绘制椭圆。

用这种方法绘制椭圆要求用户先指定椭圆的中心，然后再确定一条轴的长度和另一条半轴的长度。其命令行提示如下：

指定椭圆的轴端点或[圆弧（A）/中心点（C）]：C（确定使用"中心点"选项。）

指定椭圆的中心点：

指定轴的端点：

指定另一条半轴长度或[旋转（R）]：

※在线动画演示：绘制椭圆图形（http：//218.65.5.218/jz/JZ17/xm1/JZ1-37.html）。

（7）点的绘制。

① 设置点的样式。

a. 命令执行方式。

命令：Ddptype。

下拉菜单："格式"|"点样式"。

b. 相关说明。

执行"Ddptype"命令时系统弹出"点样式"对话框（见图10170），用户可根据需要通过该对话框确定点的样式和点的大小。

② 绘制单点与多点。

a. 命令执行方式。

命令：Point（单点）[快捷形式：Po（单点）]。

下拉菜单："绘图"|"点"|"单点"或"多点"。

工具栏："绘图"| ■ （多点）。

图 10170 "点样式"对话框

b. 相关说明

"Point"命令是创建单点或多点对象。执行命令时，按提示指定所绘制点的位置。绘制多点时，按 Esc 键即可结束命令。

※在线动画演示：点样式的设置和点的绘制（http：//218.65.5.218/jz/JZ17/xm1/JZ1-38.html）。

③ 绘制定数等分点

a. 命令执行方式。

命令：Divide（快捷形式：Div）。

下拉菜单："绘图"|"点"|"定数等分"。

b. 相关说明。

"Divide"命令用于定数等分线段，执行命令时命令行提示如下：

选择要定数等分的对象：

输入线段数目或[块（B）]：

"块（B）"选项用于在分段处插入所定义的块（块的概念见任务五），否则在分段处放置点的对象。

※在线动画演示：绘制定数等分点（http：//218.65.5.218/jz/JZ17/xm1/JZ1-39.html）。

④ 绘制定距等分点。

a. 命令执行方式。

命令：Measure（快捷形式：Me）。

下拉菜单："绘图"|"点"|"定距等分"。

b. 相关说明。

"Measure"命令用于定距等分线段，即将点对象在指定的对象上按指定的间隔放置。执行命令时命令行提示如下：

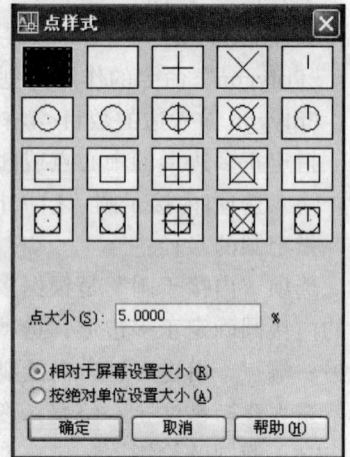

选择要定距等分的对象：

指定线段长度或[块（B）]：

应注意与定数等分点的区别。"块（B）"选项用于在分段处插入所定义的块（块的概念见本情境任务 1.5），否则在分段处放置点的对象。

※在线动画演示：绘制定距等分点（http：//218.65.5.218/jz/JZ17/xm1/JZ1-40.html）。

2．编辑二维图形

（1）选择对象。

用户执行编辑命令时，一般会首先要求要选择编辑操作的对象。熟悉并掌握选择方法，有利于提高绘图效率。

① 模式的转换。

在命令行提示"选择对象"时，输入"R＋空格"，就可将添加模式切换到扣除模式；输入"A＋空格"，就可将扣除模式切换到添加模式；也可直接按下 Shift 键切换选择模式。

② 选择对象的方法。

点选：这是默认的选择对象方法，用拾取框直接去选择对象。其过程是将拾取框放置在需要选择的对象上，按下鼠标左键，即选择了该对象，选中的目标以高亮显示。若要取消所选择的单个或多个对象，可直接按 Esc 键；若要取消多个选择对象中的某一个对象的选择，可按下 Shift 键并单击要取消选择的对象。执行"Options"命令，从弹出的"选项"对话框中点击"选择"卡，在拾取框区可调整拾取框的大小。

全部选择方式：在命令行提示"选择对象"时，输入 All 并回车，则全部对象被选中。

W 窗口选择方式：在命令行提示"选择对象"时，输入 W 并回车，系统要求输入矩形窗口的两个对角点。在窗口内的对象被选中，窗口外和被窗口压住的对象不能被选中。

C 交叉窗口选择方式：在命令行提示"选择对象"时，输入 C 并回车，系统要求输入矩形窗口的两个对角点。在窗口内和被窗口压住的对象被选中，窗口外的对象不能被选中。

默认矩形窗口选择方式：在命令行提示"选择对象"时，直接用拾取框在绘图窗口的空白处单击鼠标左键，然后继续用鼠标左键确定对角点，就确定出一个矩形选择窗口。从左向右的选择窗口为"W 窗口选择方式"，从右向左的选择为"C 交叉窗口选择方式"。

交替选择方法：当一个对象与其他对象相距很近或重叠时，可采用此方法。在命令行提示"选择对象"时，将拾取框放在对象上，按住 Shift 键后不停地按空格键，直到所需要的对象高亮时，松开 Shift 键和空格键，再按鼠标左键，就选中了所需的对象。

※在线动画演示：拾取框的调整和常见的选择方法（http：//218.65.5.218/jz/JZ17/xm1/JZ1-41.html）。

（2）删除命令。

① 命令执行方式。

命令：Erase（快捷形式：E）。

下拉菜单："修改" | "删除"。

工具栏："修改" | ✎。

② 相关说明。

a."Erase"命令的作用是删除对象。命令执行时，在"选择对象"提示下，选择需删除的对象，然后按回车键或空格键，就可删除对象。

b. 用"Erase"命令删除的对象，可以用"Oops"命令来恢复最后一次删除的对象。

c. 执行"U"命令（下拉菜单："编辑"|"放弃"、工具栏："标准"| ），可取消已执行的操作。

d. 执行"Redo"命令（下拉菜单："编辑"|"重做"、工具栏："标准"| ），可恢复刚刚取消的操作。

※在线动画演示：删除图形（http：//218.65.5.218/jz/JZ17/xm1/JZ1-42.html）。

（3）调整对象位置。

调整对象位置主要有移动、旋转等编辑操作。

① 移动对象。

a. 命令执行方式。

命令：Move（快捷形式：M）。

下拉菜单："修改"|"移动"。

工具栏："修改"|✛。

b. 相关说明。

"Move"命令的作用是移动对象位置。执行命令时命令行提示如下：

选择对象：（选择需移动的对象。）

指定基点或[位移（D）]<位移>：（确定对象位移的基点，如圆心、中点、图线的交点等。）

指定第二个点或<使用第一个点作为位移>：（指定第二位移点，系统默认基点为第一位移点。）

※在线动画演示：移动对象的位置（http：//218.65.5.218/jz/JZ17/xm1/JZ1-43.html）。

② 旋转对象。

a. 命令执行方式。

命令：Rotate（快捷形式：Ro）。

下拉菜单："修改"|"旋转"。

工具栏："修改"|↻。

b. 相关说明。

"Rotate"命令的作用是围绕基点旋转对象。执行命令时命令行提示如下：

选择对象：（选择需旋转的对象。）

指定基点：（确定对象旋转的基点，如圆心、中点、图线的交点等。）

指定旋转角度或[复制（C）/参照（R）]<0>：（指定对象绕基点旋转的角度。）

"参照（R）"选项的作用是将对象从指定的角度旋转到新的绝对角度。

"复制（C）"选项的作用是创建旋转对象的副本，如图 10171 所示。

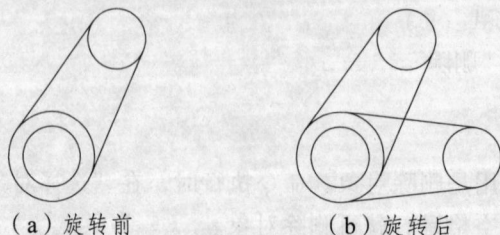

（a）旋转前　　　　　　（b）旋转后

图 10171　创建旋转对象的副本

46

※在线动画演示：旋转对象（http：//218.65.5.218/jz/JZ17/xm1/JZ1-44.html）、使用参照旋转对象（http：//218.65.5.218/jz/JZ17/xm1/JZ1-45.html）。

（4）利用一个对象生成多个对象。

利用一个对象生成多个相同对象或相似对象的方法有复制、镜像、偏移和阵列。

① 复制对象。

a. 命令执行方式。

命令：Copy（快捷形式：Co）。

下拉菜单："修改"|"复制"。

工具栏："修改"|∿。

b. 相关说明。

"Copy"命令的作用是将对象复制一次或多次，其操作类似于移动对象。

在不需要精确定位的情况下，也可以这样操作：不执行任何命令时，直接在绘图区选择要复制的对象，单击右键并按住不放，当光标变为一个箭头加一个小方框时，移动鼠标到所要的位置再松开右键，在弹出的快捷菜单中选择"复制到此处"。

※在线动画演示：复制对象（http：//218.65.5.218/jz/JZ17/xm1/JZ1-46.html）。

② 镜像对象。

a. 命令执行方式。

命令：Mirror（快捷形式：Mi）。

下拉菜单："修改"|"镜像"。

工具栏："修改"|◢◣。

b. 相关说明。

"Mirror"命令的作用是将对象按给定的对称轴作反向复制，对称轴称为镜像线。执行命令时命令行提示如下：

选择对象：（选择需镜像操作的对象。）

指定镜像线的第一点：指定镜像线的第二点：（分别确定镜像线上的两点。）

要删除源对象吗？[是（Y）/否（N）]<N>：（确定源对象是否删除。）

镜像操作适用于对称图形，但用"TEXT"或"MTEXT"命令创建的文本和用"ATTDEF"命令创建的属性文字镜像时，需将 Mirrtext 系统变量的值由 1 改为 0。但若这些文字是作为块的一部分，则不管 Mirrtext 的值如何，都按一般图形镜像规则来处理。

※在线动画演示：镜像对象（http：//218.65.5.218/jz/JZ17/xm1/JZ1-47.html）。

③ 偏移对象。

a. 命令执行方式。

命令：Offset（快捷形式：O）。

下拉菜单："修改"|"偏移"。

工具栏："修改"|⣎。

b. 相关说明。

"Offset"命令的作用是根据确定的距离和方向，创建与选定对象相似的新对象，如同心圆、平行线等。执行命令时命令行提示如下：

当前设置：删除源 = 否　图层 = 源　OFFSETGAPTYPE = 0

指定偏移距离或[通过（T）/删除（E）/图层（L）]<通过>：

选择要偏移的对象，或[退出（E）/放弃（U）]<退出>：

"通过（T）"选项的作用是将偏移的对象通过指定的一点。

"删除（E）"选项的作用是确定执行偏移后是否将源对象删除，默认情况下为不删除。

"图层（L）"选项的作用是设置将偏移对象创建在当前图层上还是源对象所在的图层上，默认情况下是源对象所在的图层。

※在线动画演示：偏移对象（http：//218.65.5.218/jz/JZ17/xm1/JZ1-48.html）。

④ 阵列对象。

a. 命令执行方式。

命令：Array（快捷形式：Ar）。

下拉菜单："修改"｜"阵列"。

工具栏："修改"｜ 🔠 。

b. 相关说明。

"Array"命令的作用是按环形或矩形形式复制对象。对于环形阵列，可以控制复制对象的数目和是否旋转对象；对于矩形阵列，可以控制行和列的数目以及它们之间的距离。执行命令时将弹出"阵列"对话框，如图 10172 所示。通过"阵列"对话框用户可对阵列类型及相关的各项进行设置。

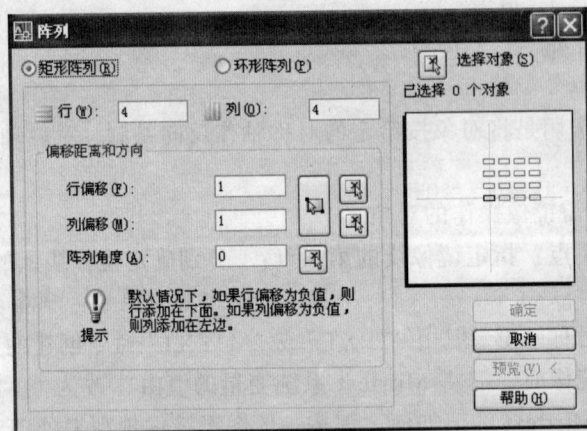

图 10172　"阵列"对话框

※在线动画演示：阵列对象（http：//218.65.5.218/jz/JZ17/xm1/JZ1-49.html）。

（5）调整对象尺寸。

调整对象尺寸的命令主要有缩放、拉伸、拉长、延伸、修剪、打断等操作。

① 缩放。

a. 命令执行方式。

命令：Scale（快捷形式：Sc）。

下拉菜单："修改"｜"缩放"。

工具栏："修改"｜ 🔲 。

b. 相关说明。

"Scale"命令的作用是按一定的比例整体放大或缩小对象。比例因子大于1将放大对象，小于1将缩小对象。执行命令时命令行提示如下：

选择对象：（指定缩放的对象。）

指定基点：（确定对象缩放的基点，如圆心、中点、图线的交点等。）

指定比例因子或[复制（C）/参照（R）]<1.0000>：（指定缩放的比例。）

"复制（C）"选项的作用是创建缩放对象的副本。

"参照（R）"选项的作用是按参照长度和指定的新长度缩放所选对象。

※在线动画演示：缩放对象（http：//218.65.5.218/jz/JZ17/xm1/JZ1-50.html）、使用参照缩放对象（http：//218.65.5.218/jz/JZ17/xm1/JZ1-51.html）。

② 拉伸。

a. 命令执行方式。

命令：Stretch（快捷形式：S）。

下拉菜单："修改"|"拉伸"。

工具栏："修改"| ⬚ 。

b. 相关说明。

"Stretch"命令的作用是移动对象指定的一部分图形，使之与这部分图形相连接的元素受到拉伸或压缩。选择拉伸对象要用交叉窗口，然后为拉伸对象选择基点和位移量。若在选择对象时，对象的全部图形都位于选择窗口内，将移动整个对象。

※在线动画演示：拉伸对象（http：//218.65.5.218/jz/JZ17/xm1/JZ1-52.html）。

③ 拉长。

a. 命令执行方式。

命令：Lengthen（快捷形式：Len）。

下拉菜单："修改"|"拉长"。

工具栏："修改"| ⬚ 。

b. 相关说明。

"Lengthen"命令的作用是改变直线、圆弧、非闭合的多段线的长度和圆弧的角度。执行命令时命令行提示如下：

选择对象或[增量（DE）/百分数（P）/全部（T）/动态（DY）]：

选择要修改的对象或[放弃（U）]：

"增量（DE）"选项用来指定一个增加的长度绝对增量或角度绝对增量。

"百分比（P）"选项用来按对象总长的百分比来改变对象的长度。

"全部（T）"选项用来按对象总的绝对长度来改变对象的长度。

"动态（DY）"选项用来动态地改变对象的长度。

※在线动画演示：拉长对象（http：//218.65.5.218/jz/JZ17/xm1/JZ1-53.html）。

④ 延伸。

a. 命令执行方式。

命令：Extend（快捷形式：Ex）。

下拉菜单："修改" | "延伸"。

工具栏："修改" |—∕ 。

b. 相关说明。

"Extend"命令的作用是将对象延伸到所定义的边界。如使用隐含边界，在选择要延伸的对象前，应先选择"边（E）"选项，设置为"延伸"。执行命令时命令行提示如下：

当前设置：投影 = UCS，边 = 无

选择边界的边…

选择对象或 <全部选择>：（选择延伸对象所要延伸到的边界。）

选择要延伸的对象，或按住 Shift 键选择要修剪的对象或[栏选（F）/窗交（C）/投影（P）/边（E）/放弃（U）]：（在绘图区直接选择要延伸的对象，则被选择的部分将延伸到与最近的边界相接。若此时要修剪与边界相交的部分，则可以在此提示下，按住 Shift 键，选择要修剪的部分，就可将所选对象伸出边界的部分剪切掉。）

"栏选（F）"选项用来选择与选择栏相交的所有对象。

"窗交（C）"选项用来选择由两点所定义的矩形区域内部或与之相交的对象。

"投影（P）"选项用来确定执行延伸的投影空间。

"边（E）"选项用来设置延伸边界属性，即延伸边界是否可以无限延长。

※在线动画演示：延伸对象（http：//218.65.5.218/jz/JZ17/xm1/JZ1-54.html）。

⑤ 修剪。

a. 命令执行方式。

命令：Trim（快捷形式：Tr）。

下拉菜单："修改" | "修剪"。

工具栏："修改" |—∕-- 。

b. 相关说明。

"Trim"命令的作用是用指定的边界修剪所选择的对象。如使用隐含边界，在选择要修剪的对象前，应选择"边（E）"选项，设置为"延伸"。执行命令时命令行提示如下：

当前设置：投影 = UCS，边 = 无

选择剪切边…

选择对象或 <全部选择>：（选择延伸对象所要延伸到的边界。）

选择要修剪的对象，按住 Shift 键选择要延伸的对象或[栏选（F）/窗交（C）/投影（P）/边（E）/放弃（U）]：（在绘图区域直接选择要修剪的部分，则被选择的部分被切掉。若需要修剪的部分没有和所选边界相交，此时若要将其延伸到边界，则可以在此提示下，按住 Shift 键，选择该部分，则所选部分的端点将延伸到最近的边界。）

"栏选（F）"等相关选项的作用与执行"Extend"命令中的选项相同。

※在线动画演示：修剪对象（http：//218.65.5.218/jz/JZ17/xm1/JZ1-55.html）。

⑥ 打断。

a. 命令执行方式。

命令：Break（快捷形式：Br）。

下拉菜单："修改"|"打断"。

工具栏："修改"|▱。

b. 相关说明。

"Break"命令的作用是通过指定点删除对象的一部分，或将对象打断，主要用于不能由"Erase"和"Trim"命令来完成的删除操作。执行该命令时命令行提示如下：

选择对象或：（选择要打断的对象，此时默认选择对象的点为对象被删除部分的第一点。）

指定第二个打断点或[第一点（F）]：（选取要删除部分的第二点或重新选择第一点。）

若第一点与第2点选择同一个点，则将这个对象从这点处断开，成为两个对象。

※在线动画演示：<u>打断对象</u>（http：//218.65.5.218/jz/JZ17/xm1/JZ1-56.html）。

（6）倒角及倒圆角。

① 倒角。

a. 命令执行方式。

命令：Chamfer（快捷形式：Cha）。

下拉菜单："修改"|"倒角"。

工具栏："修改"|◿。

b. 相关说明。

"Chamfer"命令的作用是给对象加倒角，使2个非平行的直线类对象以平角或倒角相接。执行命令时命令行提示如下：

（"修剪"模式）当前倒角距离 1 = 10.0000，距离 2 = 15.0000

选择第一条直线或 [放弃（U）/多段线（P）/距离（D）/角度（A）/修剪（T）/方式（E）/多个（M）]：

选择第二条直线，或按住 Shift 键选择要应用角点的直线：

"放弃（U）"选项用于恢复在命令中执行的上一个操作。

"多段线（P）"选项用于对多段线的每个拐角进行倒角。对于以"闭合（C）"方式进行封闭的多段线，则执行该命令会将多段线的各拐角进行倒角；若是以目标捕捉功能封闭的多段线，则在封闭角处不倒角，如图 10173 所示。

（a）以目标捕捉方式首尾相连　　　（b）以"闭合（C）"方式进行封闭

图 10173　对多段线进行倒角

"距离（D）"选项用于设置倒角距离。当两个倒角距离均为 0 时，执行该命令，则使两条被选择直线相交于一点，不生成倒角。当按住 Shift 键同时选择第二条直线时，其结果也是相交于一点。

"角度（A）"选项用于设置一个倒角距离和一个角度来进行倒角。

"修剪（T）"选项用于设置倒角后是否对倒角边进行修剪，如图 10174 所示。

"方式（E）"选项用于确定按什么方式进行倒角，即是用两个倒角距离还是一个距离一个角度来创建倒角。

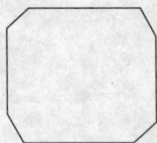

（a）倒角后修剪的效果　　　　　　（b）倒角后不修剪的效果

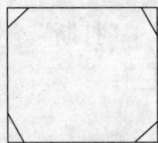

图 10174　对多段线进行倒角

"多个（M）"选项用于一次创建多个倒角，直到按回车键结束命令为止。

※在线动画演示：<u>倒角</u>（http：//218.65.5.218/jz/JZ17/xm1/JZ1-57.html）。

② 倒圆角。

a. 命令执行方式。

命令：Fillet（快捷形式：F）。

下拉菜单："修改"｜"倒圆角"。

工具栏："修改"｜。

b. 相关说明。

"Fillet"命令的作用是给对象加圆角，即用一个指定半径的圆弧光滑地连接两个对象。执行命令时命令行提示如下：

（"修剪"模式）半径 = 10.0000

选择第一条直线或 [放弃（U）/多段线（P）/半径（R）/修剪（T）/多个（M）]：

选择第二条直线，或按住 Shift 键选择要应用角点的直线：

"半径（R）"用于设置圆角半径。当圆角半径为 0 时，执行该命令，则使两条被选择直线相交于一点，不生成圆角。当按住 Shift 键同时选择第二条直线时，其结果也是相交于一点。

其他选项的功能与执行"Chamfer"命令中的选项的功能相同。

※在线动画演示：<u>倒圆角</u>（http：//218.65.5.218/jz/JZ17/xm1/JZ1-58.html）。

（7）使用夹点编辑对象。

使用夹点编辑对象是一种非常快捷的方法。选中要编辑的对象，在选择的对象上就会出现若干个小正方形，这些小正方形称为夹点，这是对象上特殊位置的点，标记对象上的控制位置。此时选择一个夹点作为基点（红色显示），并选择相应的编辑模式（拉伸、移动、旋转、比例），执行对应的操作。可以用空格键或回车键循环切换这些模式。

※在线动画演示：<u>使用夹点编辑对象</u>（http：//218.65.5.218/jz/JZ17/xm1/JZ1-59.html）。

3. 文字的输入

AutoCAD 2007 提供了强大的文字输入和文字编辑功能，其中输入方法有"单行文字"和"多行文字"两种。输入的文字较少时可采用"单行文字"，较多时使用"多行文字"。在输入文本之前应先定义文字样式。

（1）设置文字样式。

① 命令执行方式。

命令：Style（快捷形式：St）。

下拉菜单："格式"｜"文字样式"。

工具栏："文字"｜。

② 相关说明。

a. "Style" 命令的作用是创建、修改或重命名文字样式。执行命令时将弹出"文字样式"对话框，如图 10175 所示。

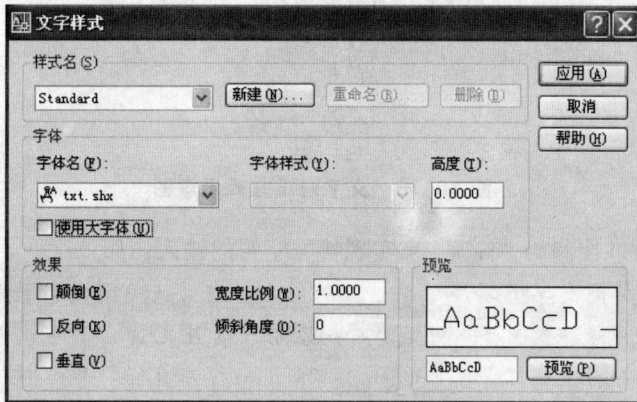

图 10175 "文字样式"对话框

b. "样式名"区，用于设置当前样式、建立新的文字样式、为已有的样式更名或删除不再使用的文字样式；"字体"区，用于设置中英文字体、字高，建议工程字选择"gbenor.shx"或"gbeitc.shx"，并勾选"使用大字体"，在"大字体"下拉列表中选择"gbcbig.shx"；"效果"区，用于设置字体的相关特性；"预览"区，用于显示设置的结果。

c. gbenor.shx 和 gbeitc.shx 分别用于标注直体和斜体字母与数字，gbcbig.shx 用于标注汉字。

d. 如将文字高度设为 0，注写单行文字时，系统会提示"指定高度"；否则不会提示"指定高度"，并按设置的高度标注文字。

※在线动画演示：新建和修改文字样式（http：//218.65.5.218/jz/JZ17/xm1/JZ1-60.html）。

（2）注写单行文字。

① 命令执行方式。

命令：Dtext 或 Text（快捷形式：Dt）。

下拉菜单："绘图" | "文字" | "单行文字"。

工具栏："文字" |**A**。

② 相关说明。

a. "Dtext" 命令的作用是创建单行文字对象。执行命令时命令行提示如下：

当前文字样式：Standard；当前文字高度：2.5000。

指定文字的起点或[对正（J）/样式（S）]：（在绘图区指定文本输入的起点。）

指定高度<2.5000>：（输入文本的高度。）

指定文字的旋转角度<0>：（输入文本的旋转角度。）

"样式（S）"选项的作用是选择文字样式。

"对正（J）"选项的作用是选择文字的对正方式，如图 10176 所示。

b. 注写文本时，无论采用哪种对齐方式，文本最初均按左对齐方式排列，结束命令时，文本才会按指定的对齐方式排列。

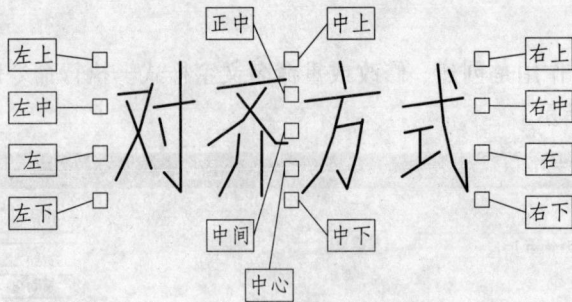

图 10176　文字对正方式示意图

c. AutoCAD 通过控制码 "%%" 来实现特殊字符的输入，如：

%%O—打开或关闭文字上划线　　　　%%U—打开或关闭文字下划线

%%D—标注度符号 "○"　　　　　　　%%P—标注正负公差符号 "±"

%%%—标注百分号 "%"　　　　　　　%%C—标注直径符号 "　"

※在线动画演示：注写单行文字及文字的修改(http://218.65.5.218/jz/JZ17/xm1/JZ1-61.html)。

（3）注写多行文字。

① 命令执行方式。

命令：Mtext（快捷形式：Mt）。

下拉菜单："绘图" | "文字" | "多行文字"。

工具栏："文字" 或 "绘图" |**A**。

② 相关说明。

a. "Mtext" 命令的作用是创建多行文字对象。执行命令时命令行提示如下：

当前文字样式：Standard　当前文字高度：2.5000

指定第一角点：

指定对角点或[高度（H）/对正（J）/行距（L）/旋转（R）/样式（S）/宽度（W）]：（通过两点确定一个矩形区域，以显示多行文字对象的位置和尺寸。矩形内的箭头指示段落文字的走向。）

"高度（H）" 选项的作用是指定用于多行文字字符的高度。

"对正（J）" 选项的作用是指定多行文字的对齐方式。

"行距（L）" 选项的作用是指定多行文字对象的行距。

"旋转（R）" 选项的作用是指定文字边界的旋转角度。

"样式（S）" 选项的作用是指定用于多行文字的文字样式。

"宽度（W）" 选项的作用是指定文字边界的宽度。

b. 通过两点确定一矩形区域后，AutoCAD 弹出在位文字编辑器，如图 10177 所示。通过在位文字编辑器编写文字时，用户可根据需要随意进行设置，所注写文字不受当前文字样式的限制。

注写分数和公差时，应使用堆叠，这是对分数和公差的一种控制方式。分隔符 "/"、"^"、"#" 代表了三种控制方式：水平分数、公差和斜分数。选择要堆叠的文字，然后单击在位文字编辑器上的控制按钮，就可启用堆叠。其效果如图 10178 所示。

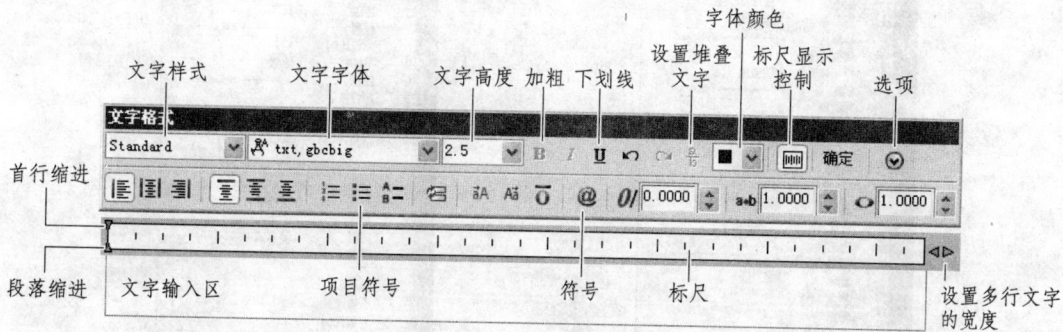

图 10177 在位文字编辑器

```
2/5                         2/5
1#3                         1/3
30+0.02^-0.01               30 +0.02 -0.01
（a）输入堆叠文字           （b）堆叠后的效果
```

图 10178 堆叠效果

※在线动画演示：注写多行文字及文字的修改（http://218.65.5.218/jz/JZ17/xm1/JZ1-62.html）。

（4）文字的编辑。

① 文字的修改。

a. 命令执行方式。

命令：Ddedit（快捷形式：Ed）。

下拉菜单："修改"|"对象"|"文字"|"编辑"。

工具栏："文字" **A/** 。

b. 相关说明。

执行命令，选择要编辑的文字或直接双击要编辑的文本，就可进入对应的编辑模式。对单行文字，四周显示出一个方框，用户可直接修改对应的文字；对多行文字，会弹出在位文字编辑器，在编辑器内显示对应的文字，供用户编辑、修改。

② 修改文字的特性。

a. 命令执行方式。

命令：Ddmodify 或 Properties（快捷形式：Mo 或 Ch）。

下拉菜单："修改"|"特性"。

工具栏："标准" | **🖌** 。

b. 相关说明。

选中需修改的文字对象，执行命令，通过弹出的"特性"对话框（见图 10179），可以对文字的插入点、样式、对齐、大小和方向等特性进行修改。

"Properties"命令很重要，还可用来修改任意对象的参数。用户所选择的对象不同，对话框的内容会有一些不同，但操作方法相同。

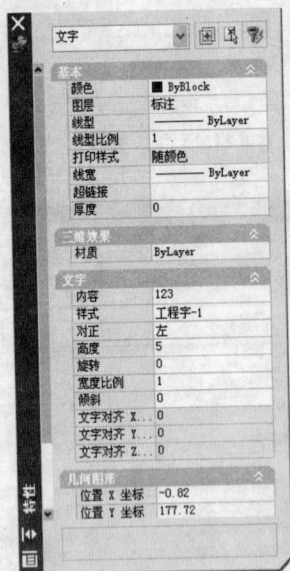

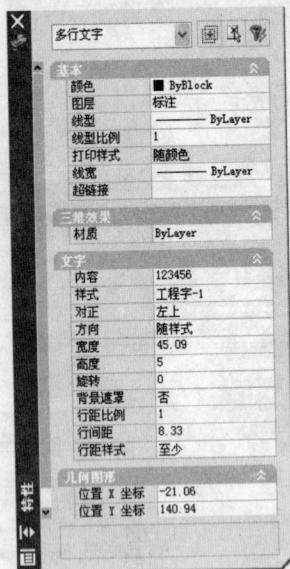

（a）编辑单行文字的"特性"对话框　（b）编辑多行文字的"特性"对话框

图 10179　"特性"对话框

4. 给二维图形标注尺寸

标注尺寸时，应先根据需要设置标注样式，并要符合《房屋建筑制图统一标准》（GB/T 5001—2001）中关于尺寸标注的相关规定。设置标注样式是标注尺寸的一项重要基础工作。

（1）设置标注样式。

① 命令执行方式。

命令：Dimstyle（快捷形式：Dst 或 D）。

下拉菜单："标注"或"格式"|"标注样式"。

工具栏："标注" |.

② 相关说明。

命令执行时，将弹出"标注样式管理器"对话框，如图 10180 所示。通过该对话框用户可根据需要完成相应的标注样式设置工作。

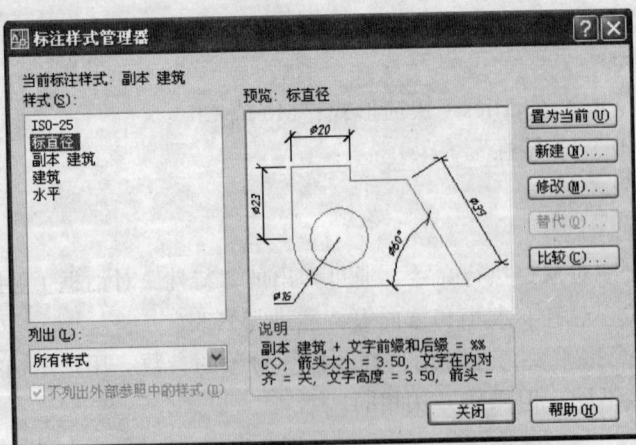

图 10180　"标注样式管理器"对话框

56

"样式"区列出标注样式名称,用户可在"列出"下拉列表框选择"所有样式"或"正在使用的样式"。

"预览"区用于显示列表框中所选中的标注样式的标注效果。

"置为当前"按钮用于将指定的标注样式设为当前样式。

"新建"按钮用于创建新的标注样式。

"修改"按钮用于修改已有的标注样式。单击此按钮将弹出"修改标注样式"对话框。建议设置标注样式时,首先在系统默认样式"ISO-25"的基础上创建新样式,并按国标对尺寸标注的要求作必要的修改,使之成为创建新样式的基础样式,然后再根据需要创建其他的新样式。

※在线动画演示:<u>新建和修改标注样式</u>(http://218.65.5.218/jz/JZ17/xm1/JZ1-63.html)。

(2)标注尺寸。

① 线性标注。

a. 命令执行方式。

命令:Dimlinear(快捷形式:Dli)。

下拉菜单:"标注"|"线性"。

工具栏:"标注"|⊢⊣。

b. 相关说明。

"Dimlinear"命令主要用来标注水平尺寸、垂直尺寸。执行命令时命令行提示如下:

指定第一条尺寸界线原点或 <选择对象>:(指定尺寸界线原点或要标注的对象。)

指定第二条尺寸界线原点:

指定尺寸线位置或[多行文字(M)/文字(T)/角度(A)/水平(H)/垂直(V)/旋转(R)]:

"多行文字(M)"选项的作用是显示在位文字编辑器,以编辑标注文字。

"文字(T)"选项的作用是在命令行自定义标注文字。

"角度(A)"选项的作用是修改标注文字的角度。

"水平(H)"选项的作用是创建水平方向的尺寸标注。

"垂直(V)"选项的作用是创建垂直方向的尺寸标注。

"旋转(R)"选项的作用是创建指定尺寸线角度的尺寸标注。

※在线动画演示:<u>线性标注</u>(http://218.65.5.218/jz/JZ17/xm1/JZ1-64.html)。

② 对齐标注。

a. 命令执行方式。

命令:Dimaligned(快捷形式:Dal)。

下拉菜单:"标注"|"对齐"。

工具栏:"标注"|↖。

b. 相关说明

"Dimaligned"命令主要用于斜线或斜面的尺寸标注。执行命令时命令行提示如下:

指定第一条尺寸界线原点或 <选择对象>:(指定尺寸界线原点或要标注的对象。)

指定第二条尺寸界线原点:

指定尺寸线位置或[多行文字(M)/文字(T)/角度(A)]:(各选项功能与前述相同。)

③ 角度标注。

a. 命令执行方式。

命令：Dimangular（快捷形式：Dan）。

下拉菜单："标注" | "角度"。

工具栏："标注" | ⬛。

b. 相关说明。

"Dimangular"命令主要用于角度尺寸的标注，如圆弧的包含角、两直线之间的夹角等。执行命令时命令行提示如下：

选择圆弧、圆、直线或 <指定顶点>：[直接回车进入三点标注模式，如图10181（d）所示。]

● 选择圆弧，命令行接着提示：

指定标注弧线位置或 [多行文字（M）/文字（T）/角度（A）]：

AutoCAD会自动将圆弧的圆心作为顶点，并将圆弧的两个端点分别设置为第一条尺寸界线和第二条尺寸界线的起始点，如图10181（a）所示。

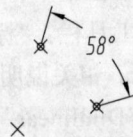

（a）圆弧的角度标注　　（b）圆的角度标注　　　（c）角的标注　　（d）三点方式角度标注

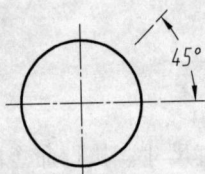

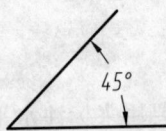

图10181　角度尺寸标注

● 选择圆，命令行接着提示：

指定角的第二个端点：

指定标注弧线位置或 [多行文字（M）/文字（T）/角度（A）]：

AutoCAD会自动将圆的圆心作为顶点，将选择圆时的点设置为角度标注的第一条尺寸界线的起始点，选择的第二个顶点（无需位于圆上）为第二条尺寸界线的原点，如图10181（b）所示。

● 选择直线，命令行接着提示：

选择第二条直线：

指定标注弧线位置或 [多行文字（M）/文字（T）/角度（A）]：

AutoCAD会自动标注由二条直线定义的角度，如图10181（c）所示。

※在线动画演示：对齐标注和角度标注（http：//218.65.5.218/jz/JZ17/xm1/JZ1-65.html）。

④ 半径标注。

a. 命令执行方式。

命令：Dimradius（快捷形式：Dra）。

下拉菜单："标注" | "半径"。

工具栏："标注" | ⬛。

b. 相关说明。

"Dimradius"命令主要用于为小于半圆的圆弧标注半径尺寸。执行命令时，如选择了"多行文字（M）"或"文字（T）"选项来重新确定尺寸文字，需在尺寸文字前加上前缀"R"。

※在线动画演示：半径标注（http：//218.65.5.218/jz/JZ17/xm1/JZ1-66.html）。

⑤ 直径标注。

a. 命令执行方式。

命令：Dimdiameter（快捷形式：Ddi）。

下拉菜单："标注"|"直径"。

工具栏："标注"|🚫。

b. 相关说明。

"Dimdiameter"命令主要用于为大于半圆的圆弧和圆标注直径尺寸。执行命令时，如选择了"多行文字（M）"或"文字（T）"选项来重新确定尺寸文字，需在尺寸文字前加上前缀"%%C"。

※在线动画演示：直径标注（http：//218.65.5.218/jz/JZ17/xm1/JZ1-67.html）。

⑥ 基线标注。

a. 命令执行方式。

命令：Dimbaseline（快捷形式：Dba）。

下拉菜单："标注"|"基线"。

工具栏："标注"|🗂。

b. 相关说明。

"Dimbaseline"命令主要用于以同一基线为基准的多个标注，但在标注前必须已经存在线性标注或角度标注，以便确定基线标注所需要的基准。执行命令时命令行提示如下：

指定第二条尺寸界线原点或[放弃（U）/选择（S）]<选择>：（默认与上一个尺寸标注共用第一条尺寸界线，并以此为基准标注一系列尺寸。如输入S，系统接着提示。）

选择基准标注：（重新选择基准标注）

※在线动画演示：基线标注（http：//218.65.5.218/jz/JZ17/xm1/JZ1-68.html）。

⑦ 连续标注。

a. 命令执行方式。

命令：Dimcontinue（快捷形式：Dco）。

下拉菜单："标注"|"连续"。

工具栏："标注"|📶。

b. 相关说明。

"Dimcontinue"命令主要用于首尾相连的多个标注。连续尺寸标注同基线尺寸标注类似，要标注一个连续尺寸，应先创建一个线性标注或角度标注，以确定连续标注的起点。

※在线动画演示：连续标注（http：//218.65.5.218/jz/JZ17/xm1/JZ1-69.html）。

⑧ 引线标注。

a. 命令执行方式。

命令：Qleader（快捷形式：Le）。

下拉菜单："标注"|"引线"。

工具栏："标注"|🐾。

b. 相关说明。

"Qleader"命令主要用于标注一些注释、说明等。引线可以是折线，也可以是样条曲线；起始端可以有箭头，也可以没有。引线和注释是相关联的，修改注释时，引线也会随之更改。执行命令时命令行提示如下：

指定第一个引线点或[设置（S）]<设置>：（直接回车，选择默认的"设置"选项，将弹出"引线设置"对话框，如图10170所示。）

指定下一点：

指定下一点：

指定文字宽度<0>：

输入注释文字的第一行<多行文字（M）>：

• "注释"选项卡用于设置引线标注的注释类型，如图10182（a）所示。"注释类型"区中的"多行文字"单选框用于由"文字格式"对话框输入注释文字；"复制对象"单选框用于从图形的其他部分复制文字到当前标注引线的终点；"公差"单选框用于在引线终点标注尺寸公差；"块参照"单选框用于在引线终点插入块；"无"单选框用于在引线终点不标注任何注释。"多行文字"区中的"提示输入宽度"复选框用于在执行标注文字选项时，提示用户输入文字宽度；"始终左对齐"复选框用于不设置宽度，快速引线总是使文字左对齐；"文字边框"复选框用于使文字四周出现边框。"重复使用注释"区中的"无"单选框用于不重复使用注释；"重复使用下一个"单选框用于以后所有的注释都使用下一个注释；"重复使用当前"单选框用于使用最近的注释。

• "引线和箭头"选项卡用于设置引线和箭头，如图10182（b）所示。"引线"区中的"直线"单选框用于设置引线标注使用直线；"样条曲线"单选框用于设置引线标注使用样条曲线。"箭头"区中的下拉列表框用于设置引线的起始符号。"点数"区中的下拉列表框用于确定引线的点数，也可选择"无限制"复选框。"角度约束"区中的下拉列表框用于设置引线的旋转角度，默认为任意角度。

• "附着"选项卡用于设置引线与"多行文字"类型注释的位置关系，如图10182（c）所示。"多行文字附着"区设置当注释文本位于引线的左侧或右侧时，多行文字与引线的上方对齐关系。"最后一行加下划线"复选框用于设置是否在多行文字最后一行加下划线。

※在线动画演示：引线标注（http：//218.65.5.218/jz/JZ17/xm1/JZ1-70.html）。

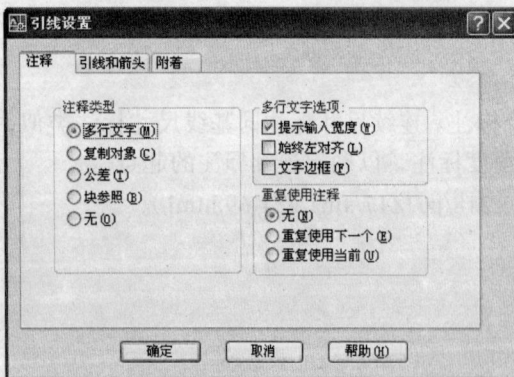

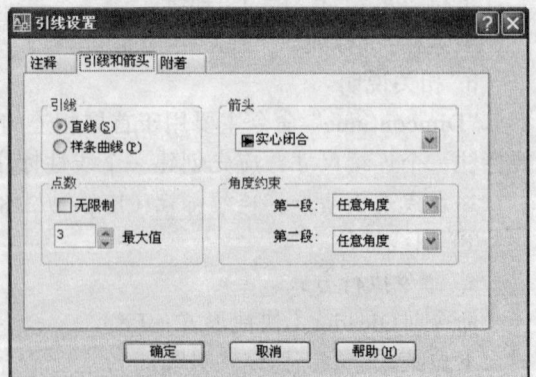

（a）注释选项卡　　　　　　　　　　（b）引线和箭头选项卡

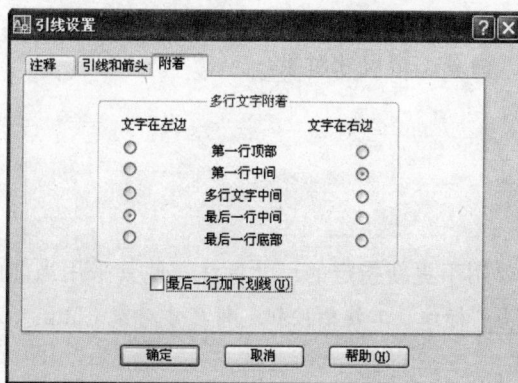

（c）附着选项卡

图 10182 "引线设置"对话框

（3）编辑尺寸标注。

① 利用"Dimedit"命令编辑尺寸对象。

a. 命令执行方式。

命令：Dimedit（快捷形式：Ded）。

工具栏："标注" |。

b. 相关说明。

"Dimedit"命令主要用于编辑标注。执行命令时命令行提示如下：

输入标注编辑类型[默认（H）/新建（N）/旋转（R）/倾斜（O）] <默认>：

"默认（H）"选项的作用是按默认位置、方向放置文字。

"新值（N）"选项的作用是更新标注文字。

"旋转（R）"选项的作用是旋转文字。

"倾斜（O）"选项的作用是倾斜尺寸界线。

② 利用"Dimtedit"命令编辑尺寸对象。

a. 命令执行方式。

命令：Dimtedit（快捷形式：Dimted）。

工具栏："标注" |。

b. 相关说明。

"Dimtedit"命令主要用于移动和旋转标注文字。命令执行后可直接拖动鼠标来更改尺寸线、尺寸界线及文字的位置，或通过选择相应的选项执行相关的操作。执行命令时命令行提示如下：

选择标注：

指定标注文字的新位置或 [左（L）/右（R）/中心（C）/默认（H）/角度（A）]：["默认（H）"选项的作用是按默认位置、方向旋转文字。]

"左（L）"选项的作用是将标注文字沿尺寸线左对齐。

"右（R）"选项的作用是将标注文字沿尺寸线右对齐。

"中心（C）"选项的作用是将标注文字沿尺寸线的中点对齐。

"默认（H）"选项的作用是将标注文字按默认位置放置。若对标注文字做了编辑，可用此选项将其恢复到系统默认位置。

"角度（A）"选项的作用是设置标注文字的倾斜角度。

③ 利用"-Dimstyle"命令编辑尺寸对象。

a. 命令执行方式。

命令：-Dimstyle。

工具栏："标注" |⊢┤|。

b. 相关说明。

"-Dimstyle"命令主要用于更新指定的尺寸标注，使其采用当前的标注样式。

※在线动画演示：利用"标注"工具栏按钮编辑尺寸对象（http://218.65.5.218/jz/JZ17/xm1/JZ1-71.html）。

④ 利用快捷菜单命令编辑尺寸对象。

选择需修改的尺寸对象，单击鼠标右键，通过弹出的快捷菜单可以很方便地修改标注文字位置、更新标注样式，如图 10183 所示。

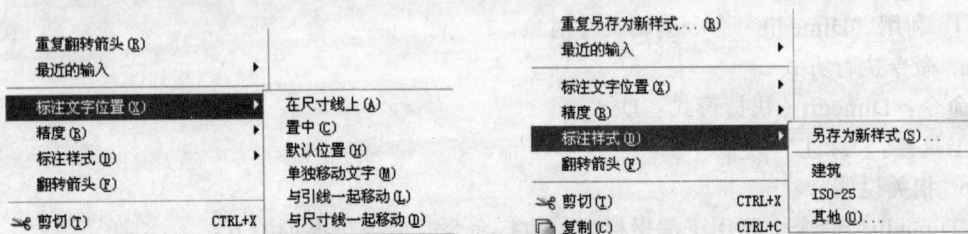

图 10183　快捷菜单

⑤ 利用"特性"对话框编辑尺寸对象。

选择需修改的尺寸对象，执行"properties"命令，通过弹出的"特性"对话框（见图 10184）可以很方便地修改对象的颜色、图层、线型、标注样式、标注文字等。

※在线动画演示：利用"特性"对话框编辑尺寸对象（http://218.65.5.218/jz/JZ17/xm1/ JZ1-72.html）。

⑥ 利用夹点编辑尺寸对象。

夹点编辑是编辑尺寸最快捷、简单的方法。利用夹点编辑尺寸，可以改变尺寸线和尺寸文字的位置。

※在线动画演示：利用夹点编辑尺寸对象（http://218.65.5.218/jz/JZ17/xm1/JZ1-73.html）。

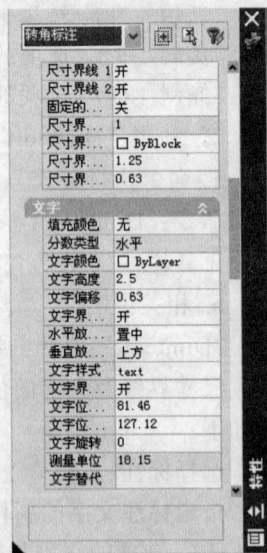

图 10184　编辑尺寸对象的
"特性"对话框

【任务实施】

1.2.4　尺寸分析及线段分析

1. 楼梯扶手截面图的尺寸分析

（1）尺寸基准。在图 10185 中竖直中心线是左右方向的尺寸基准，底边是高度方向的尺寸基准。

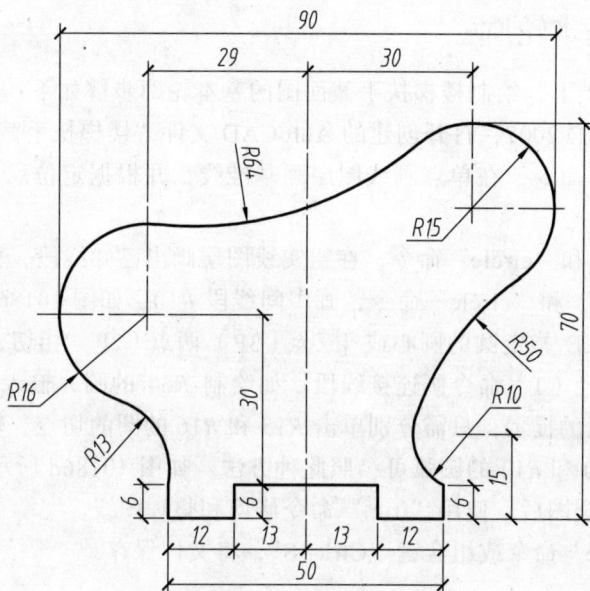

图 10185　楼梯扶手截面图

（2）定形尺寸和定位尺寸。在图 10185 中的 $R16$、$R15$ 等均是定形尺寸。图 10186 中的定位尺寸需经计算后才能确定，如半径为 16 的圆弧，其圆心水平方向距图形竖直中心线的距离为 29，距图形底边的距离为 30 + 6。从尺寸基准出发，通过各定位尺寸，可确定图形中各组成部分的相对位置，通过各定形尺寸，可确定图形中各组成部分的大小。

2．楼梯扶手截面图的线段分析

（1）已知线段。如图 10185 中，圆心位置由尺寸 70、36 和 90 确定的半径为 $R15$、$R16$ 的两个圆弧是已知线段（也称为已知弧）。

（2）中间线段。有定形尺寸，缺少一个定位尺寸，需要依靠两端相切或相接的条件才能画出的线段称为中间线段。如图 10185 中 $R10$ 的圆弧是中间线段（也称为中间弧）。

（3）连接线段。图 10185 中圆弧 $R64$、$R50$、$R13$ 的圆心，其两个方向定位尺寸均未给出，而需要用与两侧相邻线段的连接条件来确定其位置，这种只有定形尺寸而没有定位尺寸的线段称为连接线段（也称为连接弧）。

1.2.5　设置基本绘图环境

（1）启动 AutoCAD 2007，新建图形文件，并将其保存，文件名为"楼梯扶手截面图.dwg"。

（2）运行"Units"命令设置绘图精度、绘图单位等，运行"Limits"命令设置绘图界限，建议将绘图界限设为 420 × 297。

（3）运行"Layer"命令，打开"图层特性管理器"对话框，按表 10106 的要求完成新建图层、颜色、线型和线宽的设置工作。

（4）运行"Options"命令，打开"选项"对话框，在"系统"选项卡中从"启动"选项组中选择"显示'启动'对话框"，然后点击"确定"按钮，关闭该对话框。

（5）运行"Qsave"命令或组合键"Ctrl + S"，将文件保存。

1.2.6 绘制基本轮廓

在上述绘制的基础上，绘制楼梯扶手截面图的基本轮廓步骤如下：

（1）启动 AutoCAD 2007，打开创建的 AutoCAD 文件"楼梯扶手截面图.dwg"。

（2）使用"line"命令，在单点画线图层画基准线，并根据定位尺寸画出定位线，如图 10186a 所示。

（3）使用"line"和"circle"命令，在粗实线图层画出已知线段，如图 10186b 所示。

（4）使用"offset"和"circle"命令，画中间线段 $R10$，如图 10186c 所示。

（5）使用"CIRCLE 指定圆的圆心或 [三点（3P）/两点（2P）/相切、相切、半径（T）]:"中的相切、相切、半径（T）命令画连接线段。如绘制 $R64$ 的圆，输入"相切、相切、半径（T）"后，按照命令栏的提示，只需分别单击 $R15$ 和 $R16$ 的圆的切点，输入半径值 64，可自动进行圆弧连接。$R50$ 和 $R13$ 的圆弧可参照此种方法。如图 10186d 所示。

（6）整理并检查全图后，使用"trim"命令修剪和整理图线。

（7）运行"Qsave"命令或组合键"Ctrl + S"，将文件保存。

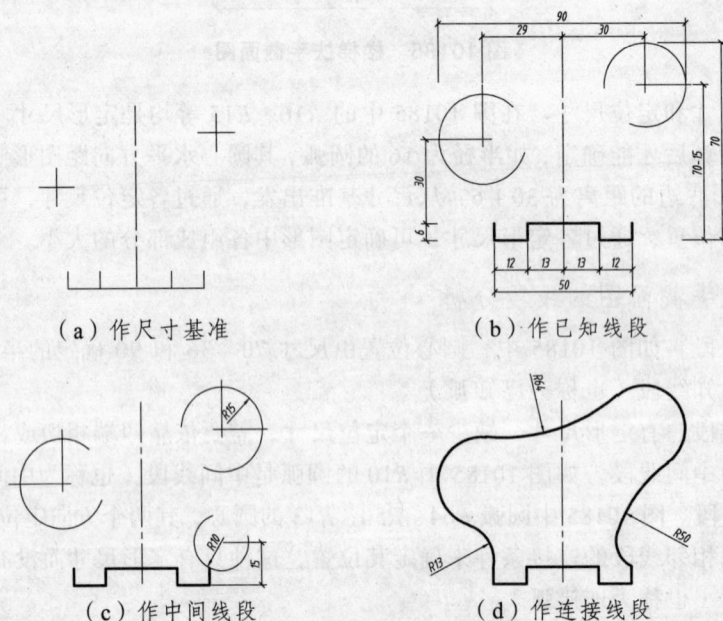

（a）作尺寸基准　　　　　　（b）作已知线段

（c）作中间线段　　　　　　（d）作连接线段

图 10186　楼梯扶手截面图的绘制步骤

1.2.7 标注尺寸及注写文字

在上述绘制的基础上，注写楼梯扶手截面图的尺寸标注及文字步骤如下：

1．尺寸标注

（1）设置标注样式。

① 执行"Dimstyle"命令，在弹出的"标注样式管理器"对话框中，点击"新建"按钮。

② 在弹出的"创建新标注样式"对话框中，给新建的标注样式命名为"建筑"，然后点击"继续"按钮。

③ 在弹出的"新建标注样式：建筑"对话框中，按表 10107 的要求完成相应的设置工作。

④ 在"建筑"标注样式的基础上，新建"箭头"标注样式。将起止符号更改为"箭头"，大小更改为 3 mm。

⑤ 运行"Qsave"命令或组合键"Ctrl + S"，将文件保存。

表 10107　标注样式设置

样式名：建筑		基础样式：ISO-25	
尺寸线	尺寸界线	文字	调整和主单位
颜色随层	颜色随层	文字样式：工程字	文字或箭头
线宽随层	线宽随层	颜色随层	尺寸上方带引线
线型随层	线型随层	文字高度 3.5 mm	在尺寸界线之间绘制尺寸线
尺寸线间距 8 mm	超出尺寸线 2 mm	位于尺寸线上方置中	
起止符号：建筑标记	起点偏移量 5 mm	对齐方式：ISO 标准	单位格式：小数
起止符号大小 2 mm		从尺寸线偏移 1 mm	精度：0
备　注	其他项目建议使用默认选项		

（2）标注图样尺寸。

① 执行"Dimlinea"命令，用"建筑"标注样式完成 29、30、6、15、70、50、90 等线性尺寸的标注。

② 执行"Dimcontinue"命令，用"建筑"标注样式完成连续标注。

③ 分别执行"Dimdiameter"命令和"Dimradius"命令，用"箭头"标注样式完成图中半径和直径等尺寸的标注。

④ 完成后的效果如图 10185 所示。运行"Qsave"命令或组合键"Ctrl + S"，将文件保存。

2. 文字的输入

（1）设置文字样式。

① 执行"Style"命令，弹出"文字样式"对话框。

② 按表 10108 的要求创建两种新的文字样式。

表 10108　文字样式设置

样式名	字体			效果		备　注
	shx 字体	大字体	字高	宽高比例	倾斜角度	
工程字-1	gbenor.shx	gbcbig.shx	0	1	0	勾选使用大字体
工程字-2	gbeitc.shx	gbcbig.shx	0	1	0	勾选使用大字体

（2）输入图样文字。

① 执行"Dtext"命令，依据命令行的提示选择文字样式，然后在绘图区指定文字的起点。

② 指定文字高度 10 mm，旋转角度 0°。

③ 按要求输入"楼梯扶手截面图"，注意按回车键换行及控制码的使用。

④ 完成后的效果如图 10185 所示。运行 "Qsave" 命令或组合键 "Ctrl + S"，将文件保存。

※在线动画演示：<u>楼梯扶手截面图的绘制</u>(<u>http://218.65.5.218/jz/JZ17/xm1/JZ1-75.html</u>)。

【思考与练习】

1. 简述计算机绘图系统的软件组成及绘图软件应具有的基本功能。
2. 简述计算机绘图系统的硬件系统的主要作用。
3. 如何存储 AutoCAD 的图形文件？如何打开样板文件？
4. 如何运用 AutoCAD 实现精确绘图？
5. 绘制圆的方法有哪些？
6. 如何进行绘图环境的设置？
7. 简述修改文字特性的步骤。
8. 调整对象尺寸的方法有哪几种？
9. 复制对象的方法有哪几种？它们之间有何区别？
10. 修剪和打断在功能上有何相似之处和不同之处？

【知识拓展】

1.2.8　计算机绘图的发展历程

1. 计算机绘图简介

计算机绘图是 20 世纪 60 年代发展起来的新型学科，是随着计算机图形学理论及其技术的发展而发展的。计算机绘图也称计算机图形学，英文名为 Computer Graphics，简称 CG，是相对于手工绘图而言的一种高效率、高质量的绘图技术。计算机绘图是应用计算机及图形输入、输出设备，实现图形显示、辅助绘图及设计的一门新兴边缘学科，其研究内容和应用范围正在不断拓展。

20 世纪 40 年代中期在美国诞生了世界上第一台电子计算机，这是 20 世纪科学技术领域的一个重要成就。

20 世纪 50 年代初在美国麻省理工学院诞生了第一台图形显示器，利用该显示器，使用者可以用光笔进行简单的图形交互操作，这预示着交互式计算机图形处理技术的诞生。后来人们又根据数控机床的原理，用绘图笔代替刀具而发明了第一台平板式数控绘图机，随后又发明了滚筒式数控绘图机。

20 世纪 60 年代是交互式计算机图形学发展的重要时期。1962 年，美国 MIT 林肯实验室首次提出了 "计算机图形学"（Computer Graphics）这个术语，开发的图形软件包可以实现在计算机屏幕上进行图形显示与修改的交互操作，在此基础上，美国的一些大公司和实验室展开了对计算机图形学的大规模研究。

20 世纪 70 年代是计算机绘图发展的重要阶段。这一时期交互式计算机图形处理技术日趋成熟，解决了消隐、体素造型、纹理显示等重要算法问题。

20 世纪 80 年代以后，随着计算机软、硬件的迅速发展，计算机图形学进入了一个新的发展时期。在此期间有关的图形标准相继推出，如计算机图形接口、程序员层次交互式图形系统，以及初始图形交换规范、产品模型数据转换标准等。此时计算机绘图已由二维图形发展到三维图形，由静态图形发展到动画，由线框图发展到真实感图形等。

2. 计算机绘图的应用

随着计算机技术的发展和生产实际的需要，计算机绘图的应用越来越广泛，作用越来越显著。利用计算机绘图可以完全取代手工绘图，使工程设计人员从手工设计绘图的繁琐、低效和重复工作中真正解脱出来。

AutoCAD 是微机中应用最广泛的设计与绘图软件之一，它提供了强大的作图功能，具有易于掌握、使用方便、绘图准确、图形编辑功能强大、体系结构开发完善等特点。AutoCAD 的应用领域非常宽广，主要有：

（1）机械设计类——设计机械产品、绘制零件图与装配图、开发某些产品的 CAD 软件。

（2）土木建筑类——设计房屋、绘制房屋建筑工程施工图、装饰工程施工图，开发建筑方面的 CAD 软件。

（3）电子类——设计集成电路、印刷电路板等。

（4）艺术类——图案设计、艺术造型等。

（5）商业类——服装设计、商标设计、贺卡制作等。

（6）其他——可用于地理、气象、航海、拓扑等特殊图形领域。

3. AutoCAD 计算机绘图软件的发展历程

AutoCAD 是美国 Autodesk 公司开发的绘图软件包，从 1980 年 12 月推出第 1 版 AutoCAD R1.0 起，至今已进行了 20 多次的升级，现已到 AutoCAD 2012。每一次升级都标志着技术上的重大突破和软件功能上的加强。

AutoCAD 的发展历程可分为初级阶段、发展阶段、高级发展阶段、完善阶段和进一步完善阶段五个阶段。

（1）在初级阶段主要有以下五个版本。

AutoCAD 1.0：1982 年 12 月推出，AutoCAD 软件正式出版，容量只有 360Kb，无菜单，所有命令的执行方式类似 DOS 命令。

AutoCAD 1.2：1983 年 4 月推出，具备尺寸标注功能。

AutoCAD 1.3：1983 年 8 月推出，具备文字对齐及颜色定义功能、图形输出功能。

AutoCAD 1.4：1983 年 10 月推出，加强了图形编辑功能。

AutoCAD 2.0：1984 年 10 月推出，进一步增加图形绘制及编辑功能。

（2）在发展阶段主要有以下五个版本。

AutoCAD 2.17：1985 年 5 月推出，出现了屏幕菜单，Autolisp 初具雏形，软件容量需两张 360K 软盘。

AutoCAD 2.5：1986 年 7 月推出，Autolisp 有了系统化语法，使用者可根据需要进行改进和推广，开始出现了第三开发商的新兴行业，软件容量需五张 360K 软盘。

AutoCAD 2.6：1986 年 11 月推出，新增 3D 功能

AutoCAD 3.0：1987 年 6 月推出，增加了三维绘图功能，并第一次增加了 Auto Lisp 汇编语言，提供了二次开发平台，用户可根据需要进行二次开发，扩充 CAD 的功能。

AutoCAD（Release）9.0：1988 年 2 月推出，出现了状态行下拉式菜单。至此，AutoCAD 开始在国外加密销售。

（3）在高级发展阶段里，AutoCAD 经历以下三个版本，使 AutoCAD 的高级协助设计功能逐步完善。

AutoCAD R10：1988 年 10 月推出，进一步完善 R9.0，开始出现图形界面的对话框，CAD 的功能已经比较齐全。

AutoCAD R11：1990 年 8 月推出，增加了 AME（Advanced Modeling Extension），但与 AutoCAD 分开销售。

AutoCAD R12：1992 年 8 月推出，采用 DOS（Dos 版的最高顶峰）与 WINDOWS 两种操作环境，出现了工具条。许多机械、建筑和电路设计的专业 CAD 就是在这一版本上开发的。

（4）在完善阶段中，AutoCAD 经历了以下三个版本，逐步由 DOS 平台转向 Windows 平台。

AutoCAD R13：1996 年 6 月推出，AME 纳入 AutoCAD 之中。

AutoCAD R14：1998 年 1 月推出，实现与 Internet 网络连接，操作更方便，运行更快捷，无所不到的工具条，实现中文操作。

AutoCAD 2000（R15.0）：1999 年 1 月推出，提供了更开放的二次开发环境，出现了 Vlisp 独立编程环境；同时，3D 绘图及编辑更方便。

（5）进一步完善阶段。

从 2001 年开始，基本上每年推出一个版本，功能不断完善和加强。

AutoCAD 2002（R15.6）：2001 年 9 月推出，新增检查标准、图层转换器等功能。

AutoCAD 2004（R16.0）：2003 年 5 月推出，在速度、数据共享和软件管理方面有显著的改进和提高，同时还发布了针对建筑业、基础设施和机械制造业的 10 个行业应用解决方案。

AutoCAD 2005（R16.1）：2004 年 3 月推出，提供了更为有效的方式来创建和管理包含在最终文档当中的项目信息，其优势在于显著地节省时间、得到更为协调一致的文档并降低了风险。

AutoCAD 2006（R16.2）：2005 年 3 月推出，增加了动态图块的操作、选择多种图形的可见性、使用多个不同的插入点、编辑图块几何图形等。

AutoCAD 2007（R17.0）：2006 年 3 月推出，拥有强大直观的界面，可以轻松而快速地进行外观图形的创作和修改，3D 设计效率明显提高。

AutoCAD 2008（R17.1）：2007 年 3 月推出，提供了创建、展示、记录和共享构想所需的所有功能，将惯用的 AutoCAD 命令和熟悉的用户界面与更新的设计环境结合起来，使您能够以前所未有的方式实现并探索构想。

AutoCAD 2009（R17.2）：2008 年 3 月推出，新增快速属性、动作录制器、3D 导航立方体、菜单浏览器、快速查看布局与图形等功能。

2009 年 3 月后，陆续推出了 AutoCAD 2010、AutoCAD 2011 和 AutoCAD 2012，新增参数化绘图工具，能够自动定义对象之间的恒定关系；延伸关联数组功能可以支持用户利用同一路径建立一系列对象，强化的 PDF 发布和导入功能，则可帮助用户清楚明确地与客户进行沟通。新增了更多强而有力的 3D 建模工具，提升曲面和概念设计功能。强化的设计和制图工具能协助使用者阅读并编辑各种文件格式、简化制图过程、提高设计精确度并缩短设计时间。其他的强化功能还加快了启动和命令速度、提升产品的整体性能，并展现了优良的图形和视觉体验。使用 AutoCAD 2012 系列产品和 Autodesk Design Suite 2012，使用者可直接存取 AutoCAD WS 网络和行动应用程序，并借助网络浏览器或行动设备随时随地查看、编辑和共享设计。AutoCAD WS 网络和行动应用程序现提供 AppleiOS 版本，可在 iPad 和 iPhone 等行动设备上运作。

【实训指导】

实训 1　AutoCAD 2007 的基本操作

1. 实训目的与要求

认识 AutoCAD 2007 的操作界面、掌握常用的显示控制操作、管理图形文件及设置基本的绘图环境。

2. 实训内容及操作指导

（1）启动 AutoCAD 2007，新建图形文件，并将其保存，文件名为"A3.dwg"。

（2）运行"Units"命令设置绘图精度、绘图单位等，运行"Limits"命令设置绘图界限，建议将绘图界限设为 420×297。

（3）运行"Layer"命令，打开"图层特性管理器"对话框，按要求完成新建图层、颜色、线型和线宽的设置工作。

（4）运行"Options"命令，打开"选项"对话框，在"系统"选项卡中从"启动"选项组中选择"显示'启动'对话框"，然后点击"确定"按钮，关闭该对话框。

（5）运行"Qsave"命令或组合键"Ctrl + S"，将文件保存。

（6）运行"Saveas"命令或组合键"Ctrl + Shift + S"，将文件换名保存为 AutoCAD 的样板文件，文件名"A3.dwt"，然后执行"Quit"命令，退出 AutoCAD 2007。

（7）再次启动 AutoCAD 2007，通过"启动"对话框打开随书配套光盘的图形文件"A3.dwg"。分别执行"Zoom"命令和"Pan"命令，对图形进行实时缩放和平移操作，然后退出 AutoCAD 2007。

（8）再次启动 AutoCAD 2007，通过"启动"对话框中的"使用样板"按钮，打开样板文件"A3.dwt"，来创建新文件。执行"New"命令，通过"创建新图形"对话框中的"使用向导"按钮，再次创建新文件。注意两者之间的区别。

（9）工具栏操作练习。在任意工具栏上单击鼠标右键，通过弹出的快捷菜单打开相应的工具栏，并放到绘图窗口的适当位置。选择其中一工具栏，单击右上角的"×"按钮，可关闭该工具栏。

※在线操作演示：实练 1（http：//218.65.5.218/jz/JZ17/xm1/JZ1-74.html）。

实训 2　基本绘图命令

1. 实训目的与要求

（1）熟悉并掌握精确确定点位置的方法和步骤。

（2）熟练掌握基本绘图命令。

2. 实例及操作指导

例题 1 使用"line"、"Rectang"命令，绘制 A4 图框和标题栏（见图 SX1）。

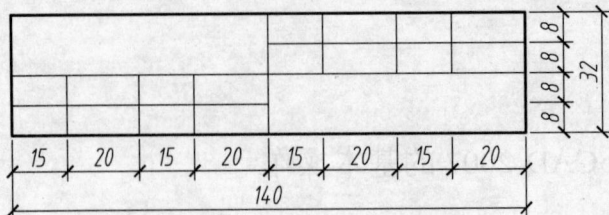

图 SX1　例题 1 图形

要求：综合运用对象捕捉功能、极轴追踪功能、对象捕捉追踪功能及坐标输入的方式，将文件保存为"A4.dwt"样板文件。

主要操作步骤如下：

（1）启动 AutoCAD 2007，通过"启动"对话框中的"使用样板"按钮，打开在实训 1 创建的样板文件"A3.dwt"。

（2）将绘图界限设为 297×210。

（3）使用"line"或"Rectang"命令，按国标要求分别在相应的图层绘制 A4 图纸的外框线和内框线。

（4）使用"line"命令，在标题栏图层按图 SX1 所示的格式绘制标题栏。

（5）将文件保存为"SX2-1.dwg"，将文件另存为样板文件"A4.dwt"。

※在线操作演示：实训 2-1（http：//218.65.5.218/jz/JZ17/xm1/JZ1-76.html）。

例题 2 使用"line"或"Rectang"命令，绘制图 SX2 所示的图形。

要求：调用 A4 样板，将文件保存为"SX2-2.dwg"。

主要操作步骤如下：

（1）通过例题 1 的样板文件"A4.dwt"，创建新文件。

（2）使用"line"或"Rectang"命令，在相应的图层绘制如图 SX2 所示的图形。应用相对坐标确定矩形角点的位置。

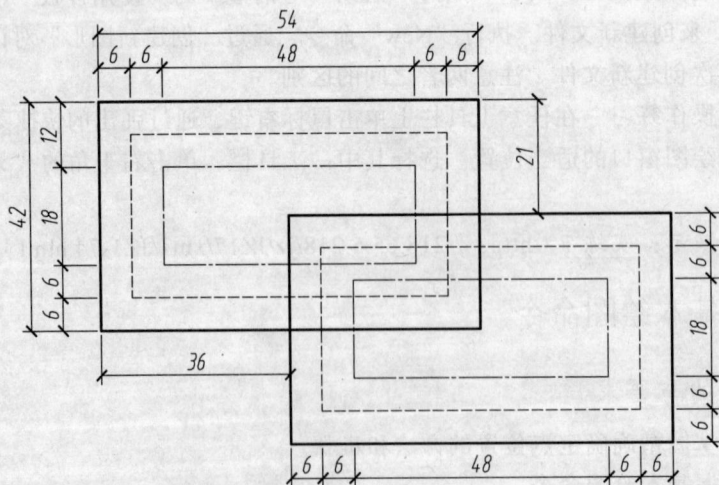

图 SX2　例题 2 图形

（3）调整显示比例。

（4）将文件保存为"SX2-2.dwg"。

※在线操作演示：实训 2-2（http：//218.65.5.218/jz/JZ17/xm1/JZ1-77.html）。

例题 3 使用"Line"、"Circle"命令，绘制图 SX3 所示的图形。

要求：调用 A4 样板，将文件保存为"SX2-3.dwg"。

主要操作步骤如下：

（1）通过样板文件"A4.dwt"创建新文件。

（2）综合运用对象捕捉、极轴追踪等功能精确绘制直线段。

（3）采用"起点、端点、半径"的方法绘制 R84 圆弧。

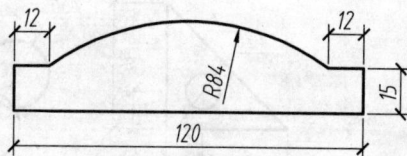

图 SX3 例题 3 图形

（4）将文件保存为"SX2-3.dwg"。

※在线操作演示：实训 2-3（http：//218.65.5.218/jz/JZ17/xm1/JZ1-78.html）。

例题 4 使用"Line"、"Rectang"、"Circle"命令，绘制图 SX4 所示的各图形。

要求：调用 A4 样板，将文件保存为"SX2-4.dwg"。

主要操作步骤如下：

（1）通过样板文件"A4.dwt"创建新文件。

（2）在图（a）中，用"圆心、半径"的方法绘制 φ80 圆，用"两点"的方法绘制里面的小圆。

（3）在图（b）中，先绘制长 75、高 12 的矩形，再用"圆心、半径"的方法绘制 φ24 圆和 φ45 圆，然后用对象捕捉功能（捕捉切点）绘制两侧的直线段，最后绘制间距为 9 的两直线段。

（4）将文件保存为"SX2-4.dwg"。

※在线操作演示：实训 2-4（http：//218.65.5.218/jz/JZ17/xm1/JZ1-79.html）。

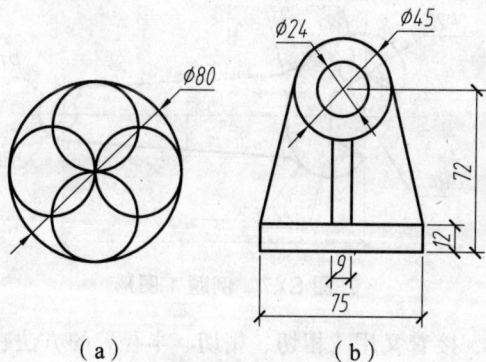

（a）   （b）

图 SX4 例题 4 图形

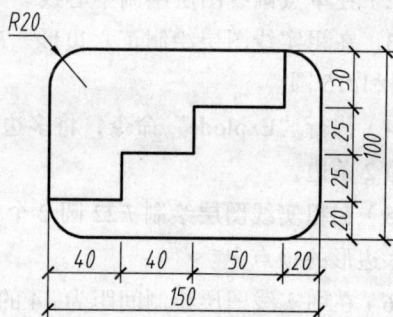

图 SX5 训练 2 图形

3. 实训内容

训练 1 使用"Line"、"Rectang"命令，绘制 A3 图框和标题栏（见图 SX1）。

要求：同例题 1 的要求，将文件另存为样板文件"A3.dwt"。

训练 2 使用 "line"、"Rectang" 命令，绘制图 SX5 所示的图形。

要求：调用 A4 样板，将文件保存为 "SX5.dwg"。

训练 3 使用 "Line"、"Rectang"、"Circle"、"Polygon" 命令，绘制图 SX6 所示的各图形。

要求：调用 A3 样板，将文件保存为 "SX6.dwg"。

操作提示：绘制正八边形时，选择 "边（E）" 选项。

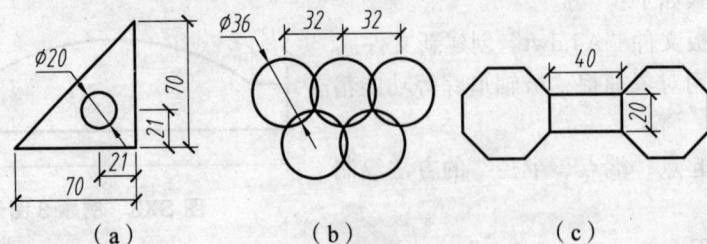

（a）　　　　　　　（b）　　　　　　　（c）

图 SX6　训练 3 图形

实训 3　基本编辑命令

1. 实训目的与要求

（1）进一步熟悉并熟练掌握基本绘图命令。

（2）熟练掌握基本编辑命令。

2. 实例及操作指导

例题 1 使用相应的绘图和编辑命令，绘制图 SX7 所示的图形。

要求：调用 A4 样板，将文件保存为 "SX3-1.dwg"。

主要操作步骤如下：

（1）通过样板文件 "A4.dwt" 创建新文件。

（2）在单点画线图层绘制中心线。

（3）在粗实线图层绘制正六边形、R44 圆、R14 圆和 ϕ15 圆。

（4）执行 "Explode" 命令，将多边形打散，并删除 2 条边。

（5）在粗实线图层绘制 R22 圆 2 个，圆心分别在六边形的顶点上。

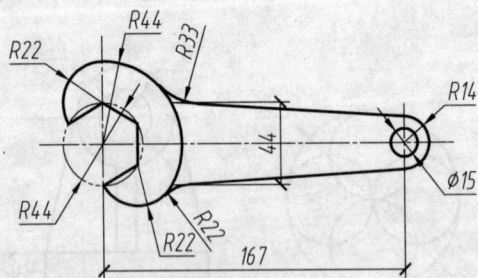

图 SX7　例题 1 图形

（6）在细实线图层绘制间距为 44 的 2 条直线，接着又用 "相切、相切、半径" 的方法在粗实线图层绘制 R22 圆和 R33 圆。

（7）在粗实线图层分别绘制 R22 圆与 R14 圆、R33 圆与 R14 圆的公切线。

（8）执行 "Trim" 命令，剪去多余的图线。执行 "Lengthen" 命令，调整中心线的长度。

（9）将文件保存为 "SX3-1.dwg"。

※在线操作演示：**实训 3-1**（http：//218.65.5.218/jz/JZ17/xm1/JZ1-80.html）。

72

例题 2 使用相应的绘图和编辑命令，绘制图 SX8 所示的图形。

要求：调用 A4 样板，将文件保存为"SX3-2.dwg"。

主要操作步骤如下：

（1）用"Line"命令，在单点画划线图层绘制中心线，在粗实线图层绘制中心线上方的直线段。

（2）在粗实线图层绘制左边第一个圆，然后矩形阵列，再绘制右边第一个圆。

（3）倒圆角后执行"Mirror"命令，就可获得完整的图形。

（4）将文件保存为"SX3-2.dwg"。

※在线操作演示：<u>实训 3-2</u>（http：//218.65.5.218/jz/JZ17/xm1/JZ1-81.html）。

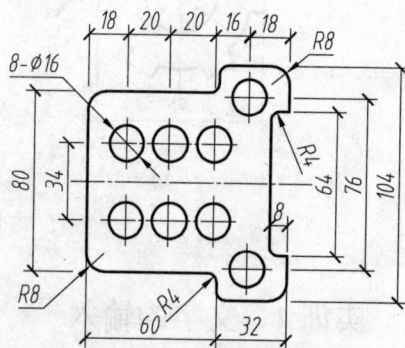

图 SX8 例题 2 图形

例题 3 使用相应的绘图和编辑命令，绘制图 SX9 所示的图形。

要求：调用 A4 样板，将文件保存为"SX3-3.dwg"。

主要操作步骤如下：

（1）按图（a）所给的尺寸，执行"Line"、"Circle"和"Trim"等命令，先绘制图（b）。

（2）执行"Array"命令，对图（b）进行环形阵列，就可得到图（a）。

（3）将文件保存为"SX3-3.dwg"。

※在线操作演示：<u>实训 3-3</u>（http：//218.65.5.218/jz/JZ17/xm1/JZ1-82.html）。

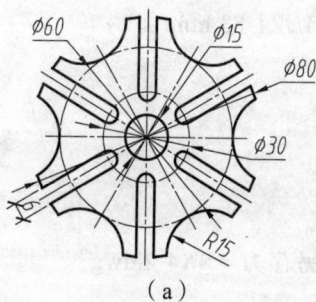 

（a） （b）

图 SX9 例题 3 图形

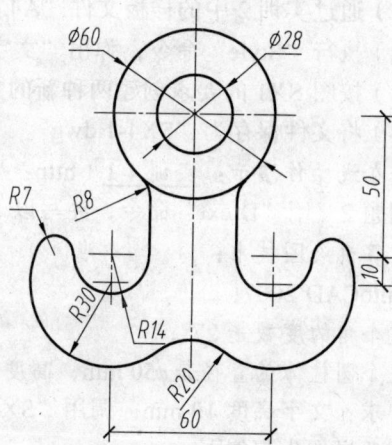

图 SX10 训练 1 图形

3. 实训内容

训练 1 使用相应的绘图和编辑命令，绘制图 SX10 所示的图形。

要求：调用 A4 样板，将文件保存为"SX10.dwg"。

训练 2 使用相应的绘图和编辑命令，绘制图 SX11 所示的各图形。

要求：调用 A3 样板，将文件保存为"SX11.dwg"。

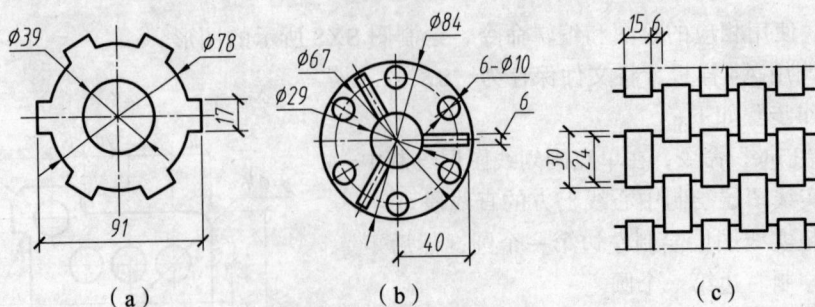

（a） （b） （c）

图 SX11 训练 2 图形

实训 4 文字的输入

1. 实训目的与要求

（1）能按《房屋建筑制图统一标准》对工程字的要求，正确设置文字样式。

（2）熟练掌握注写单行文字、多行文字的方法和步骤

2. 实例及操作指导

例题 1 按表 10108 的要求设置文字样式。

要求：调用在实训 2 中创建的 A4 样板，将文件保存为"SX4-1.dwg"。

主要操作步骤如下：

（1）通过实训 2 中的样板文件"A4.dwt"创建新文件。

（2）执行"Style"命令，弹出"文字样式"对话框。

（3）按图 SX1 的要求创建两种新的文字样式。

（8）将文件保存为"SX4-1.dwg"。

※在线操作演示：实训 4-1（http：//218.65.5.218/jz/JZ17/xm1/JZ1-83.html）。

例题 2 用"Dtext"命令，注写以下文本：

计算机绘图技术；

AutoCAD 2007；

这个角的度数是 27°；

这个圆柱体的直径是 ϕ50 mm，高度的允许误差是 ±0.05 mm。

要求：文字高度 10 mm，调用"SX4-1.dwg"文件，将文件另存为"SX4-2.dwg"。

主要操作步骤如下：

（1）执行"Dtext"命令，依据命令行的提示选择文字样式，然后在绘图区指定文字的起点。

（2）指定文字高度 10mm，旋转角度 0°。

（3）按要求输入指定的文本，注意按回车键换行及控制码的使用。

（4）将文件另存为"SX4-2.dwg"。

※在线操作演示：实训 4-2（http：//218.65.5.218/jz/JZ17/xm1/JZ1-84.html）。

例题 3 用"Mtext"命令，注写以下文本：

相关说明

（1）所有工程技术人员在设计、施工和管理中必须严格执行工程制图国家标准。

74

（2）注写多行文字时，使用堆叠是对分数和公差的一种控制方式。分隔符"/"、"^"、"#"代表了三种控制方式：水平分数、公差和斜分数。

（3）5/6、$25^{+0.003}_{-0.005}$、$\dfrac{7}{8}$

要求：标题文字高度 15 mm，正文文字高度 10 mm，调用"SX4-1.dwg"文件，将文件另存为"SX4-3.dwg"。

主要操作步骤如下：

（1）执行"Mtext"命令，依据命令行的提示指定对角点确定注写多行文字的矩形区域。

（2）通过系统弹出的在位编辑器输入上述文字。

（3）输入"5/6、$25^{+0.003}_{-0.005}$、$\dfrac{7}{8}$"时，应注意堆叠的使用。

（4）将文件另存为"SX4-3.dwg"。

※在线操作演示：实训 4-3（http：//218.65.5.218/jz/JZ17/xm1/JZ1-85.html）。

3．实训内容

训练 1 依据本人所在的院校和所学的专业，用单行文本完成标题栏单元格的文字输入，参见图 SX12。

图 SX12　训练 1 和训练 2 的图形

要求：调用在实训 2 中创建的 A4 样板文件，按例题 1 的要求设置文字样式。文字在单元格中居中，图名和院校名称的字高为 10 mm，其他为 5 mm。将文件保存为样板文件"A4.dwt"。

训练 2 依据本人所在的院校和所学的专业，用多行文本完成标题栏单元格的文字输入，参见图 SX12。

要求：调用在实训 2 中创建的 A3 样板文件，将文件保存为样板文件"A3.dwt"。其他要求同训练 1。

训练 3 分别用单行文字和多行文字完成例题 2 和 3 中的文本输入工作。

要求：调用在训练 2 中创建的 A3 样板文件，将文件保存为"SX4-文本.dwg"。

实训 5　图形尺寸的标注

1．实训目的与要求

（1）能按《房屋建筑制图统一标准》对尺寸标注的要求，正确设置标注样式。
（2）熟练掌握图形尺寸的标注方法和步骤。

2．实例及操作指导

例题 1 按表 10107 的要求设置标注样式。

要求：调用 A4 样板文件，新建两个标注样式，分别命名为"建筑"和"箭头"。将文件保存为样板文件"A4.dwt"。

主要操作步骤如下：

（1）执行"Dimstyle"命令，在弹出的"标注样式管理器"对话框中，点击"新建"按钮。

（2）在弹出的"创建新标注样式"对话框中，给新建的标注样式命名为"建筑"，然后点击"继续"按钮。

（3）在弹出的"新建标注样式：建筑"对话框中，按表 SX2 的要求完成相应的设置工作。

（4）在"建筑"标注样式的基础上，新建"箭头"标注样式。将起止符号更改为"箭头"，大小更改为 3 mm。

（5）将文件保存为样板文件"A4.dwt"。

※在线操作演示：实训 5-1（http：//218.65.5.218/jz/JZ17/xm1/JZ1-86.html）。

例题 2 完成图 SX7 的尺寸标注工作。

要求：调用在例题 1 中创建的 A4 样板文件，将文件保存为"SX5-2.dwg"。

主要操作步骤如下：

（1）通过 A4 样板文件创建新文件，并保存为"SX5-2.dwg"。

（2）打开"SX3-1.dwg"文件，将该文件中的图形复制到"SX5-2.dwg"文件中。

（3）执行"Dimlinea"命令，用"建筑"标注样式完成 167、44 等线性尺寸的标注。

（4）分别执行"Dimdiameter"命令和"Dimradius"命令，用"箭头"标注样式完成图中半径和直径等尺寸的标注。

※在线操作演示：实训 5-2（http：//218.65.5.218/jz/JZ17/xm1/JZ1-87.html）。

例题 3 完成图 SX8 的尺寸标注工作。

要求：调用在例题 1 中创建的 A4 样板文件。

主要操作步骤如下：

（1）通过 A4 样板文件创建新文件，将其保存为"SX5-3.dwg"。将"SX3-2.dwg"文件中的图形复制到"SX5-3.dwg"文件。

（2）执行"Dimlinea"命令，用"建筑"标注样式完成 64、76、104、34、80、60、18 等线性尺寸的标注。

（3）执行"Dimcontinue"命令，用"建筑"标注样式完成连续标注。

（4）分别执行"Dimdiameter"命令和"Dimradius"命令，用"箭头"标注样式完成图中半径和直径等尺寸的标注。

（5）执行"Properties"命令，通过"特性"对话框将"f16"替换为"8-f16"。

※在线操作演示：实训 5-3（http：//218.65.5.218/jz/JZ17/xm1/JZ1-88.html）。

3. 实训内容

训练 1 按图 SX 2 的要求设置标注样式。

要求：调用 A3 样板文件，新建两个标注样式，分别命名为"建筑"和"箭头"。将文件保存为样板文件"A3.dwt"。

训练 2 完成图 SX10 的尺寸标注工作。

要求：调用 A4 样板文件，将文件保存为"SX10-标注.dwg"。打开文件"SX10.dwg"，将该文件中的图形复制到"S10-标注.dwg"文件中，保存。

项目2　简单立体三视图的绘制和识读

【学习内容】

1. 正投影的基本特性和三视图之间的投影关系。
2. 点、直线和平面的投影规律。
3. 平面立体、回转体及简单立体三视图的绘制和识读。

【学习目标】

1. 知识目标

（1）熟悉正投影的基本特性、熟悉三视图之间的关系、三视图的作图方法与步骤以及点、直线、平面的投影规律。

（2）熟悉各基本几何体的三视图。

2. 能力目标

会正确运用尺规等绘图工具及 AutoCAD 软件绘制和识读简单几何形体的三视图、能绘制简单几何形体的草图。

任务 2.1　凸台三视图的绘制

【任务载体】

凸台三视图的绘制（见图 10201）

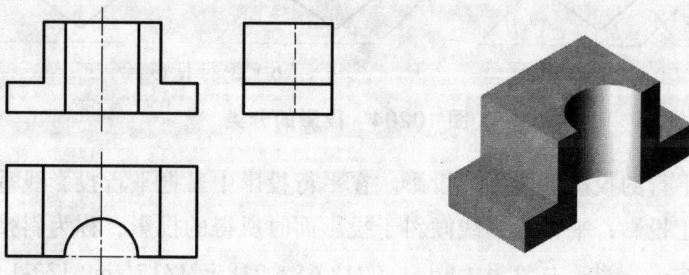

图 10201　凸台三视图的绘制

2.1.1 正投影的基本特性

1. 投影的基本概念和分类

（1）投影的基本概念。

我们在日常生活中经常看到在灯光或阳光的照射下，会在地面或墙面上产生影子，如图10202 所示。根据这种自然现象加以抽象研究，总结其中规律，创造了投影法。投影线通过物体向选定的平面进行投影，并在该平面上得到图形的方法称为投影法。其所得到的图形称为投影或投影图，选定的平面称为投影面，如图10203 所示。

（2）投影的分类。

根据投影线之间的相互关系，可将投影分为中心投影和平行投影，如图10204 所示。

① 中心投影。

投影线汇交于一点的投影称为中心投影。

② 平行投影。

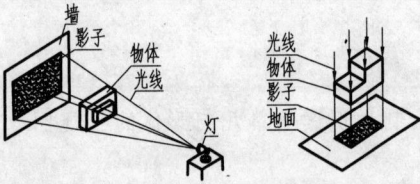

图 10202　影子　　　　　　　　　　　　图 10203　投影

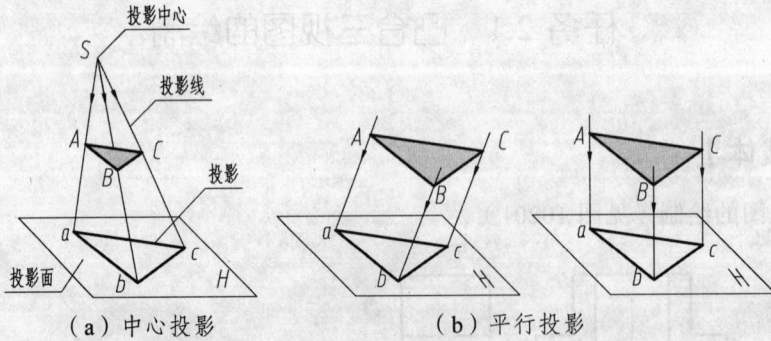

（a）中心投影　　　　　　（b）平行投影

图 10204　投影的分类

投影线互相平行的投影称为平行投影。在平行投影中又把平行投影线垂直于投影面时所得的投影，称为正投影；平行投影线倾斜于投影面时所得的投影，称为斜投影。

※在线动画演示：影子与投影（http：//218.65.5.218/jz/JZ17/xm2/JZ2-1.html）、中心投影（http：//218.65.5.218/jz/JZ17/xm2/JZ2-2.html）。

显然，正投影能真实地反映物体的形状和大小，度量性好、便于作图，广泛用于工程制图。

2．正投影的基本特性

（1）正投影的基本特性。

① 真实性：当物体的平面或直线与投影面平行时，其投影反映平面的实形或直线的实长，如图 10205a 和图 10205d 所示。

② 积聚性：当物体的平面或直线与投影面垂直时，其平面的投影积聚成一直线，直线的投影积聚成一个点，如图 10205b 和图 10205e 所示。

③ 类似性：当物体的平面或直线段与投影面倾斜时，其平面的投影是原平面的类似形，直线的投影是小于实长的直线，如图 10205c 和图 10205f 所示。

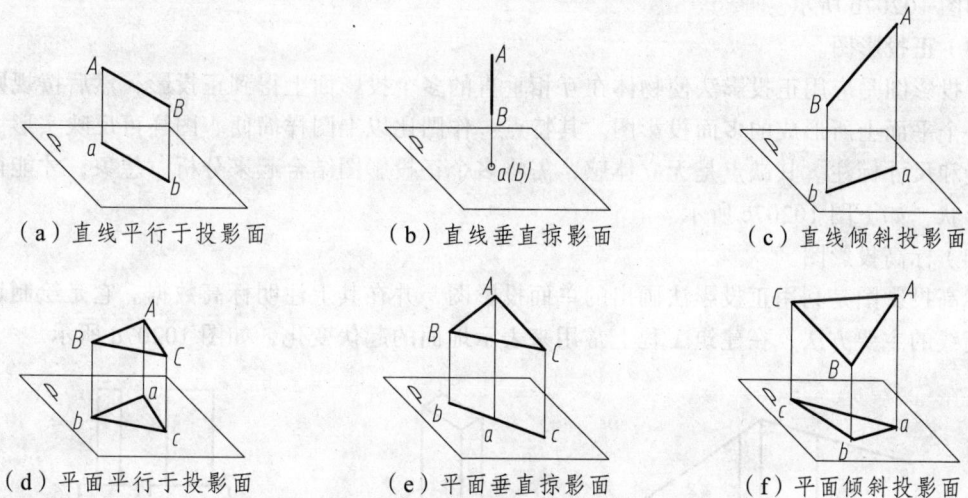

（a）直线平行于投影面　　　（b）直线垂直投影面　　　（c）直线倾斜投影面

（d）平面平行于投影面　　　（e）平面垂直投影面　　　（f）平面倾斜投影面

图 10205　正投影的基本特征

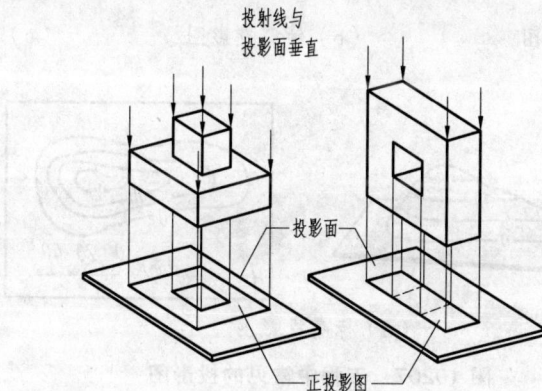

投射线与投影面垂直

投影面

正投影图

图 10206　正投影图及其表达

（2）正投影图及其表达。

正投影条件下使物体的某个表面平行于投影面，则该面的正投影可反映其实际形状，标上尺寸就可知其大小。所以，一般工程图样都选用正投影原理绘制。我们把用正投影法绘制的图样称为正投影图。在正投影图中，习惯上将可见的内、外轮廓线画成粗实线；不可见的孔、洞、槽等轮廓线画成细虚线，如图 10206 所示。

3. 工程中常见的投影图

（1）透视图。

透视图是应用中心投影的原理绘制的单面投影图，其特点是真实直观、具有立体感，符合人的视觉习惯，但绘制复杂，形体的尺寸不能直接在图中量度和标注，所以不能作为施工的依据，仅用于建筑、室内设计等方案的表现，如图 10207a 所示。。

（2）轴测投影图。

轴测投影图是应用平行投影的原理，在一个投影面上做出的单面投影图。其特点是所作图较透视图简单、快捷，但立体感稍差，表面形状有变形和失真，因此作为工程上的辅助图样，如图 10207b 所示。

（3）正投影图。

正投影图是应用正投影法使物体在互相垂直的多个投影面上得到正投影，然后按规则展开在一个平面上所形成的多面投影图。其特点：作图比以上图样简便、图样可反映实形、便于度量和尺寸标注。其缺点是无立体感，需将多个正投影图结合起来分析、想象，才能得出立体形状，如下图 10207c 所示。

（4）标高投影图。

标高投影图是利用正投影法画出的单面投影图，并在其上注明标高数据。它是绘制地形图等高线的主要方法，在建筑工程上常用来表示地面的起伏变化，如图 10207d 所示。

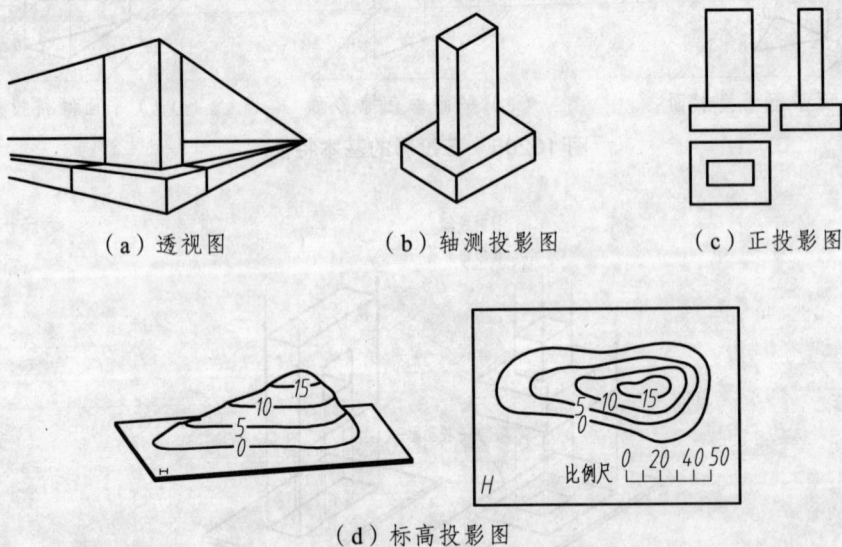

| （a）透视图 | （b）轴测投影图 | （c）正投影图 |

（d）标高投影图

图 10207　工程中常见的投影图

2.1.2　三视图之间的投影关系

1. 三面正投影体系的建立

（1）视图的概念。

在工程制图中，将物体向投影面作正投影所得的图形称为视图。

从正投影的概念可知，当确定投影方向和投影面后，一个物体便能在此投影面上获得唯一的视图，但物体的一个视图是不能全面反映空间物体的形状的，如图10208所示。

必须通过建立一个三投影面体系，才能准确、完整地描述一个物体的形状。

※在线动画演示：视图的形成（http：//218.65.5.218/jz/JZ17 xm2/JZ2-3.html）。

（2）三投影面体系的建立。

图10209所示为空间三个相互垂直的投影面形成的三投影面体系。这三个投影面分别是：

① 正立投影面：用 V 表示，简称正面。

② 水平投影面：用 H 表示，简称水平面。

③ 侧立投影面：用 W 表示，简称侧面。

两投影面之间的交线称为投影轴，三根相互垂直的投影轴分别用 OX、OY、OZ 表示。投影轴的交点 O 称为原点。

① OX 轴：H 面和 V 面的交线。

② OY 轴：H 面和 W 面的交线。

③ OZ 轴：V 面和 W 面的交线。

以原点为基准，可以沿 X 轴方向度量长度尺寸和确定左右位置；沿 Y 轴方向度量宽度尺寸和确定前后位置；沿 Z 轴方向度量高度尺寸和确定上下或高低位置。

图10208　物体一个投影不能确定其空间形状

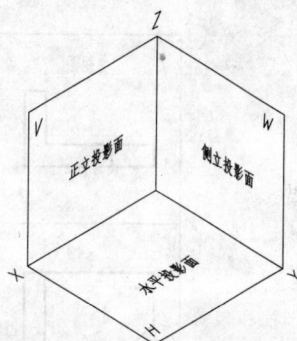

图10209　三投影面体系

2. 三视图的形成

将物体置于图10209所示的三投影面体系中，分别向三个投影面进行正投影，就可分别在三个投影面上得到该物体的正投影图。我们称之为三视图，又称为三面正投影图，如图10210a所示。

（1）主视图（正面投影图）：由前向后投影在正面 V 上所得到的视图。

（2）俯视图（水平投影图）：由上向下投影在水平面 H 上所得到的视图。

（3）左视图（侧面投影图）：由左向右投影在册面 W 上所得到的视图。

在工程制图中，我们需要将三面投影图展开，然后再绘制在图纸上。展开时，必须遵循一个原则：V 面始终保持不动，首先将 H 面绕 OX 轴向下旋转90°，然后 W 面绕 OZ 轴向右旋转90°，最终使三个投影图位于一个平面图上，如图10210b所示。此时 OY 轴线分解成 OY_W、OY_H 两根轴线，它们分别与 OX 轴和 OZ 轴处于同一直线上，如图10210c所示。

在实际作图中，只需画出物体的三面投影图，不必画出三个投影面的边框线，也不用字样注明投影面、轴线与原点。在工程制图中的图样一般是按无轴投影图来画，如图10210d所示。

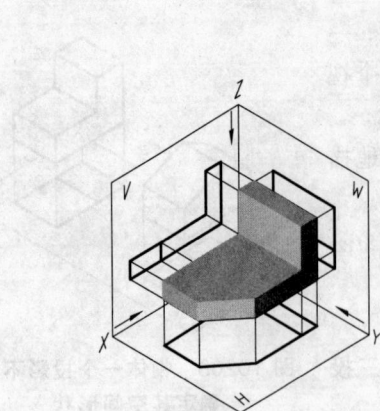

（a）物体在三投影体系中的投影　　　（b）三投影图的展开方法

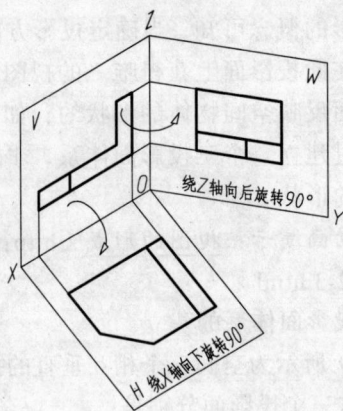

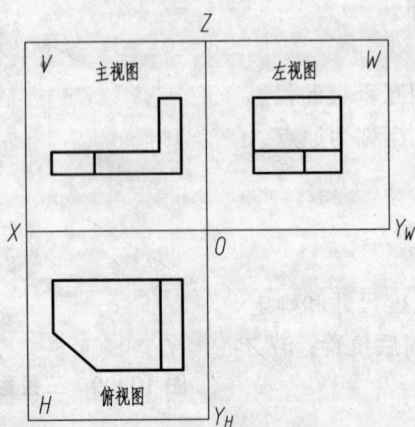

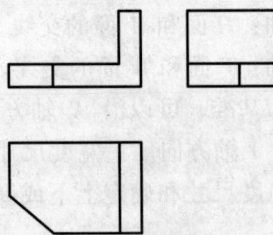

（c）展开后的三视图　　　（d）实际绘制的三视图

图 10210　三视图的形成

（1）主视图（正面投影图）：由前向后投影在正面 V 上所得到的视图。

（2）俯视图（水平投影图）：由上向下投影在水平面 H 上所得到的视图。

（3）左视图（侧面投影图）：由左向右投影在册面 W 上所得到的视图。

※在线动画演示：<u>三视图的形成</u>（http：//218.65.5.218/jz/JZ17/xm2/JZ2-4.html）、<u>一形体的三维模型及三视图</u>（http：//218.65.5.218/jz/JZ17/xm2/JZ2-5.html）。

3. 三视图之间的关系

每个视图表示物体一个方向的形状和两个方向的尺寸及位置关系。

主视图——表示从物体前方向后看的形状和长度、高度方向的尺寸以及左右、上下方向的位置。（不反映宽度尺寸和前后的位置关系）

俯视图——表示从物体上方向下俯视的形状和长度、宽度方向的尺寸及左右、前后方向的位置。（不反映高度尺寸以及上下的位置关系）

左视图——表示从物体左方向右看的形状和宽度、高度方向的尺寸以及前后、上下方向的位置（不反映长度尺寸和左右的位置关系）

由图 10211 所示可知三个视图之间存在下述投影关系：

（1）位置关系。

以主视图为准，俯视图在主视图的正下方，左视图在主视图的正右方。

（2）度量对应关系。

主视图和俯视图长对正；主视图和左视图高平齐；俯视图和左视图宽相等。

"长对正，高平齐，高相等"的投影三等关系是三面投影之间的重要特性，也是画图和读图必须遵守的投影规律。这种对应关系无论是对整个形体，还是对形体的每一个组成部分都成立。

（3）方位对应关系。

主视图反映了物体的上、下和左、右位置关系；俯视图放映了物体的前、后和左、右位置关系；左视图放映了物体的前、后和上、下位置关系。

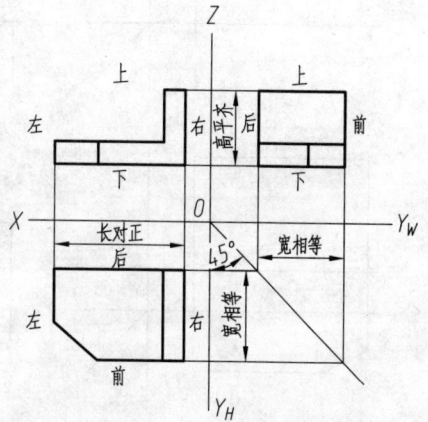

图 10211　三视图之间的关系

2.1.3　三视图的作图方法

绘制物体的投影图时，应将物体上的棱线和轮廓线都画出来。按投影的方向，可见的线用实线绘制，不可见的线用虚线绘制，当虚线和实线重合时只画出实线。

1. 绘图准备阶段

分析形体的形状，选择主视图。为能清楚地表达物体的形状和结构，尽可能避免使用虚线，选用图 10212 所示的方向为主视图的投影方向。

确定比例，选图纸幅面、画图框，标题栏，布置视图。

2. 作图阶段

（1）选择底面、右侧面、背面分别为高度、长度和宽度的基准。画作图基准线（俗称井字线），如图 10213a 所示。

（2）先画长方体的俯视图，再切去左前角，如图 10213b、c 所示。

（3）依据"长对正"和长方体的高度，绘制长方体的主视图，并切去相应部分；依据"长对正"补画俯视图所缺图线，如图 10213d、e、f 所示。

图 10212　选择投影方向

（4）依据"高平齐，宽相等"，绘制左视图，如图 10213g、h 所示。

（5）检查底稿，擦去多余的图线，按规定的线型描深加粗，完成三视图，如图 10213i 所示。

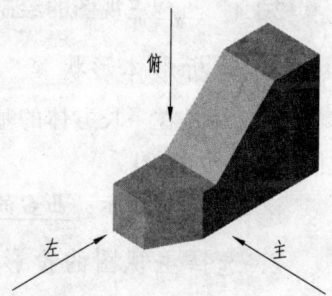

※在线动画演示：形体形状分析（http：//218.65.5.218/jz/JZ17/xm2/JZ2-14.html）、绘图过程示意（http：//218.65.5.218/jz/JZ17/xm2/JZ2-15.html）。

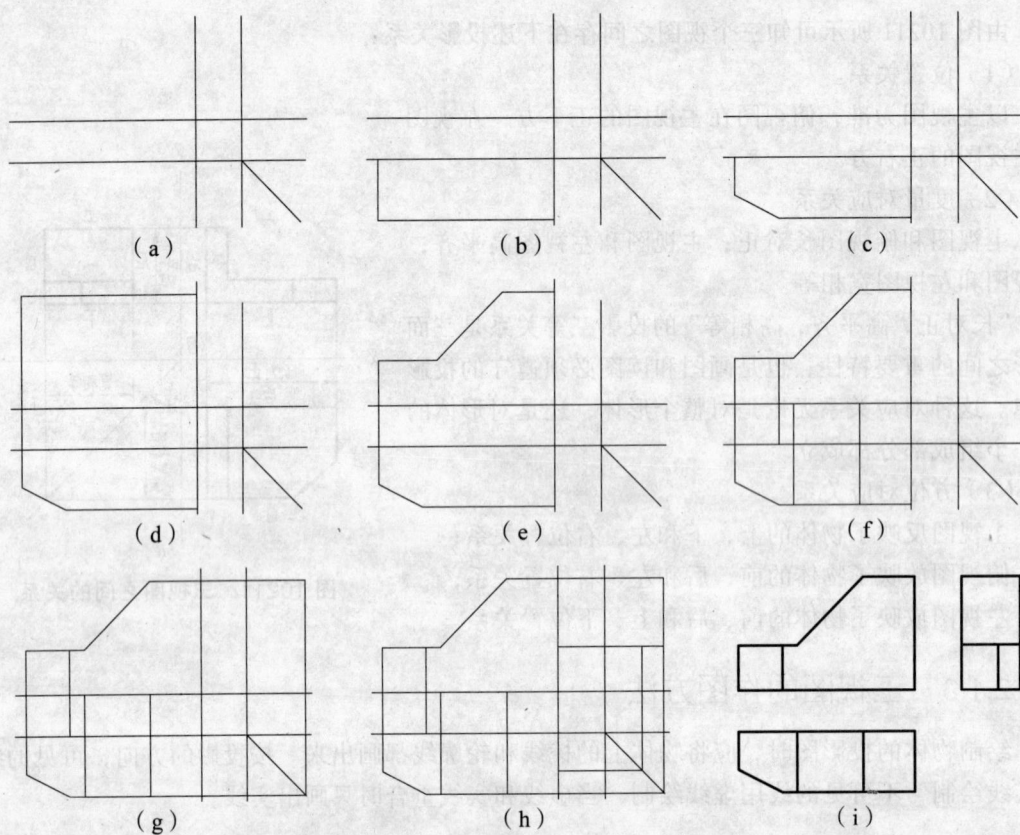

（a）　　　　　（b）　　　　　（c）

（d）　　　　　（e）　　　　　（f）

（g）　　　　　（h）　　　　　（i）

图 10213　简单形体三视图的绘制过程

【任务实施】

2.1.4　凸台三视图的绘制步骤

1．分析形体形状

该形体是在一长方体的基础上在左上和右上方位分别切去一长方体、在前方挖去半个圆柱体，见图10201。

※在线动画演示：凸台的形状分析（http：//218.65.5.218/jz/JZ17/xm2/JZ2-16.html）。

2．选择主视图的投影方向

选择主视图的投影方向：按图10214所示选择投影方向。

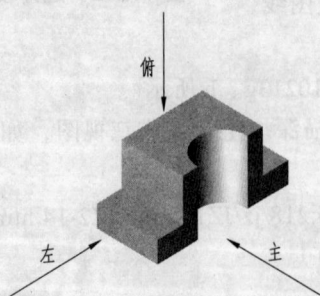

图 10214　确定主视图的投影方向

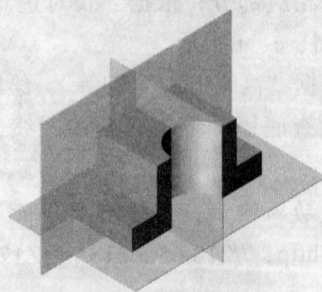

图 20215　凸台基准的选择

3. 凸台三视图的绘制步骤

作图步骤如下：

（1）选择底面、对称平面、背面分别为高度、长度和宽度的基准，如图 10215 所示。画作图基准线（井字线），如图 10216a 所示。

※在线动画演示：凸台的基准选择（http：//218.65.5.218/jz/JZ17/xm2/JZ2-30.html）。

（2）先画长方体的俯视图，再挖去半个圆柱体，如图 10216b、c 所示。

（3）依据"长对正"和长方体的高度，绘制长方体的主视图，并切去左上和右上方位的长方体，如图 10216d、e 所示。

（4）依据"长对正"补画俯视图和主视图所缺的图线，如图 10216f 所示。

（5）依据"高平齐，宽相等"，绘制左视图，如图 10216g、h 所示。

（6）检查底稿，擦去多余的图线，按规定的线型描深加粗，完成三视图，如图 10216i 所示。

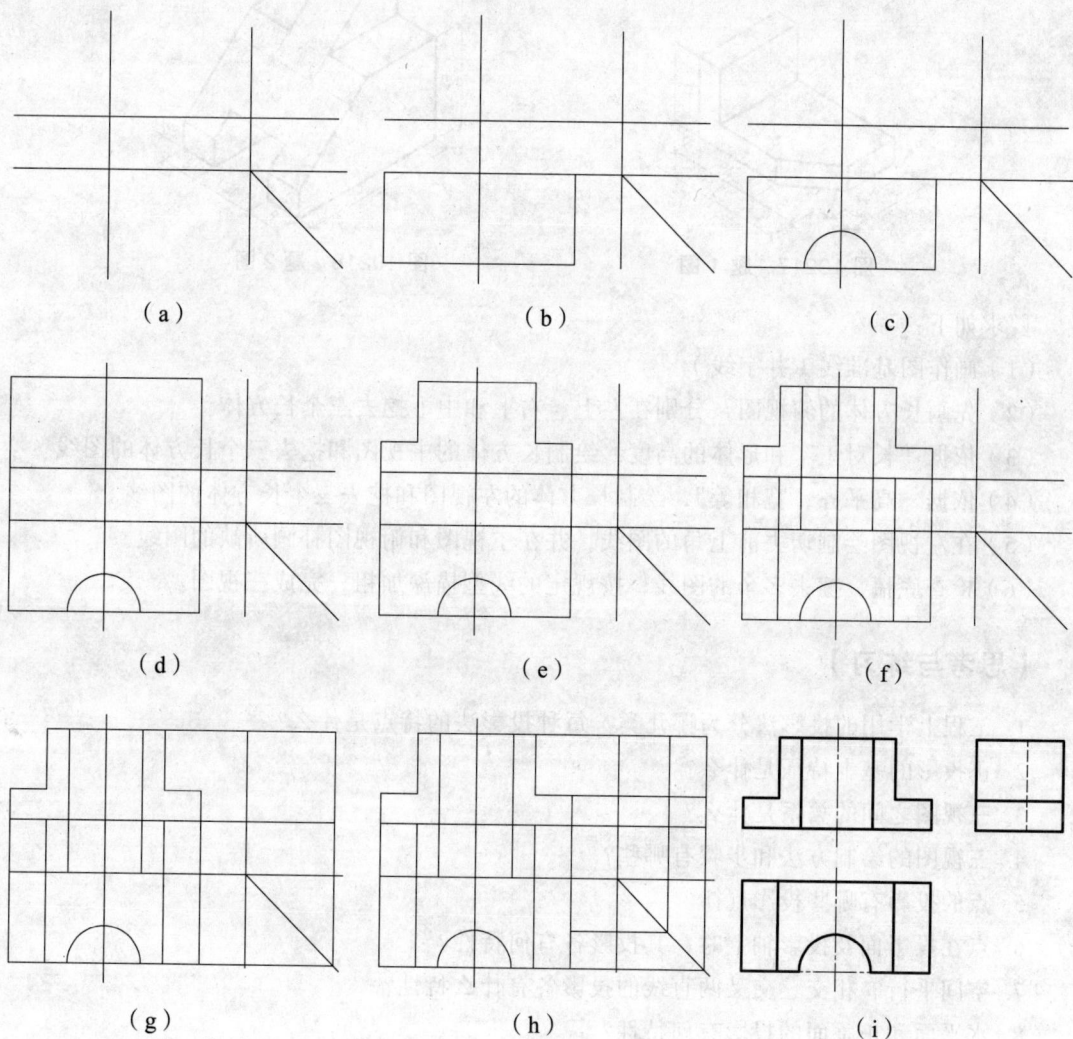

图 10216　凸台三视图的绘制步骤

【巩固训练】

按要求绘制图样的三视图

1. 绘制如图 10217 所示的形体的三视图。

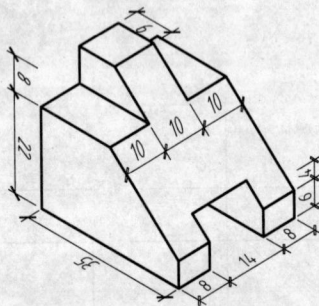

要求如下：

（1）画作图基准线（井字线）。

（2）先画形体的俯视图。

（3）依据"长对正"和形体的高度，绘制长方体的主视图。

（4）依据"高平齐，宽相等"，绘制左视图。

（5）检查底稿，擦去多余的图线，按规定的线型描深加粗，完成三视图。

2. 绘制如图 10218 所示的形体的三视图。

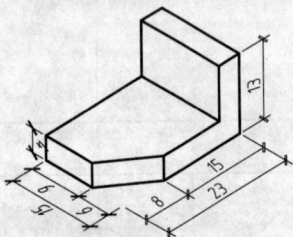

图 10217　题 1 图　　　　　　　　　　图 10218　题 2 图

要求如下：

（1）画作图基准线（井字线）。

（2）先画长方体的俯视图，分别在左上、右上和中下挖去三个长方体。

（3）依据"长对正"和形体的高度，绘制长方体的主视图和挖去三个长方体的图线。

（4）依据"高平齐，宽相等"，绘制长方体的左视图和挖去三个长方体的图线。

（5）在左视图绘制切去前上角的图线，并在主视图和俯视图补画所缺的图线。

（6）检查底稿，擦去多余的图线，按规定的线型描深加粗，完成三视图。

【思考与练习】

1. 工程上学用的投影法分为哪几类？每种投影法的特点是什么？

2. 正投影的基本特征是什么？

3. 三视图之间的关系是什么？

4. 三视图的绘制方法和步骤有哪些？

5. 点的投影有哪些投影规律？

6. 点在投影面及投影轴上时，其投影各有何特性？

7. 空间平行、相交、交叉两直线的投影各有什么特性？

8. 水平面和正垂面的投影有何特性？

9. 如何在平面上取点和直线？

【拓展知识】

2.1.5 立体表面基本元素的投影

点、直线和平面是构成几何形体的基本几何元素，研究其投影规律有助于我们认识形体的投影本质，掌握形体的投影规律。

1．立体表面上点的投影

（1）点投影的形成。

过点 A 作垂直投影面 H 的投影线，H 面与投影线的交点 a 称为点 A 在投影面 H 上的投影，如图 10219 所示。

投影法中规定：空间点用大写字母表示，如 A、B、C、…，对应的投影用小写字母表示，如 a、b、c、…。

点的空间位置确定后，它在一个投影面上的投影是唯一确定的。但是，若只有点的一个投影，则不能唯一确定点的空间位置，如图 10220 所示。

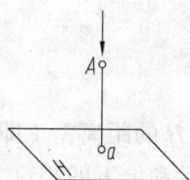

图 10219　点投影的形成

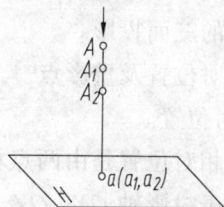

图 10220　点单面投影的多样性

（2）点的三面投影。

将空间点 A 放置在三面投影体系中，分别向 H、V、W 三个投影面投射，得到点 A 的三个投影 a、a'、a''，分别称为点 A 的水平投影、正面投影和侧面投影，如图 10221 所示。

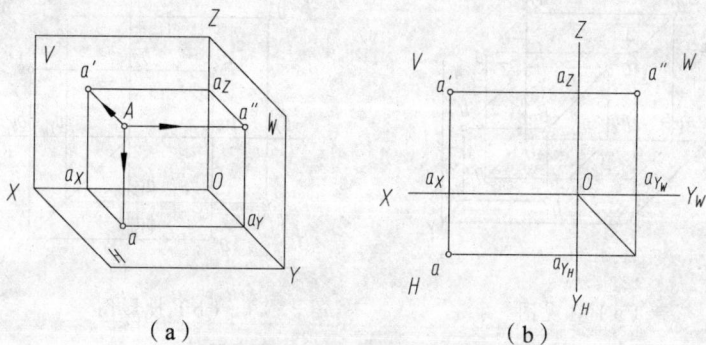

（a）

（b）

图 10221　点的三面投影的直观图

※在线动画演示：<u>A 点的三面投影</u>（http：//218.65.5.218/jz/JZ17/xm2/JZ2-6.html）。

（3）点的投影规律。

点的两面投影连线垂直于相应的投影轴；但 a 与 a'' 不能直接相连，需要借助斜角线或圆弧来实现这个联系，即

① 点的 V 面投影 a'' 和点的 H 面投影 a 的连线垂直于 OX 轴，即 $aa'' \perp OX$。

② 点的 V 面投影 a' 和点的 W 面投影 a'' 的连线垂直于 OZ 轴，即 $aa'' \perp OZ$。

③ 点的 H 面投影 a 到 OX 轴的距离等于该点的 W 面投影 a'' 到 OZ 轴的距离，即 $aa_X = a''a_Z$，它们都反映该点到 V 面的距离。

根据以上点的投影特性，点的每两个投影之间都存在一定的联系。因此，只要给出一点的任意两个投影，便可以求出其第三投影。

（4）点的投影与空间直角坐标的关系：

点 A 到 W 面的距离　$Aa'' = Oa_X = $ 点 A 的 X 坐标；

点 A 到 V 面的距离　$Aa' = Oa_Y = $ 点 A 的 Y 坐标；

点 A 到 H 面的距离　$Aa = Oa_Z = $ 点 A 的 Z 坐标。

因此，空间点的位置可以用它到三个投影面的距离来确定，也可以用它的坐标来确定。在投影面或投影轴上的点，称为特殊位置点。投影面上的点，三个坐标中必有一个为零；投影轴上的点，三个坐标中必有两个等于零，即该点的两个投影与点本身重合，第三个投影与原点重合。

结论：已知一点的三面投影，就可以求出该点的三个坐标；反之，已知点的三个坐标，同样可以作出该点的三面投影。

（5）两点的相对位置及重影点。

① 两点的相对位置。

两点在空中的相对位置是由两点相对于投影面 W、V、H 的距离差（即坐标差）决定的，反映了两点沿平行于投影轴 OX、OY、OZ 方向的左右、前后和上下的相对关系，即 X 坐标大者在左，小者在右；Y 坐标值大者在前，小者在后；Z 坐标值大者在上，小者在下。如图 10222 所示，由于 $X_A > X_B$，故点 A 在点 B 的左方，同理可判断出点 A 在点 B 的上方、后方。

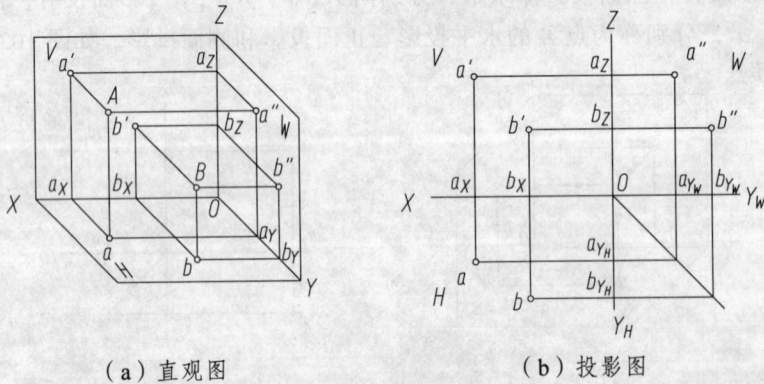

（a）直观图　　　　　　（b）投影图

图 10222　两点的相对位置

② 重影点。

若两点（或多点）位于同一投影线上，必则它们在与该投影线相垂直的投影面上的投影必定重合，这些点称为该投影面的。很显然，两个重影点在某个方向的坐标差等于零。

图 10223 所示的 A、B 两点，X 和 Y 的坐标对应相等，向 H 面投影时，A、B 重影。因为 A 点在上，B 点在下，所以点 A 为可见，点 B 为不可见。重影点在标注时，将不可见点的投影加上括号。

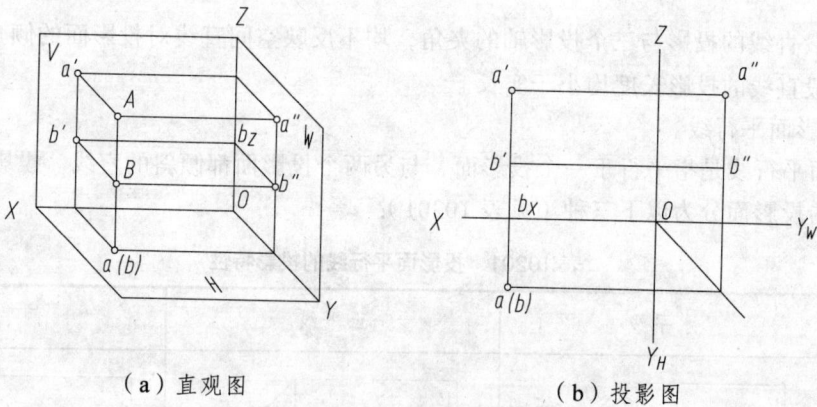

（a）直观图　　　　　　　　　　　（b）投影图

图 10223　两重影点的投影

2. 直线的投影

（1）直线的三面投影。

众所周知，直线的空间位置可以由直线上任意两点来确定，因此直线的各面投影可由直线上两个点的同名投影来确定。求作直线的投影时，只要作出直线上两点的投影，两点的同面投影连线就是直线在该投影面上的投影，如图 10224 所示。

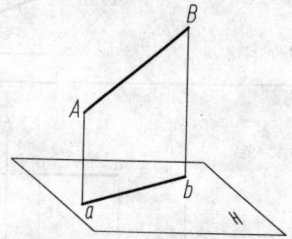

图 10224　直线投影的形成

直线对一个投影面的投影特性如下：

① 直线的投影一般仍为直线；

② 直线垂直于投影面，其投影重合为一个点；

③ 直线平行于投影面，其投影的长度反映空间线段的实际长度；

④ 直线倾斜于投影面，其投影的长度比空间线段的实际长度缩短了。

※在线动画演示：<u>直线的三面投影</u>（http：//218.65.5.218/jz/JZ17/xm2/JZ2-7.html）。

（2）各种位置直线的投影特性。

① 一般位置直线。

与三个投影面都倾斜的直线称为一般位置直线。

其投影特点如下：

a. 一般直线在三个投影面上的投影均倾斜于投影轴，如图 10225 所示。

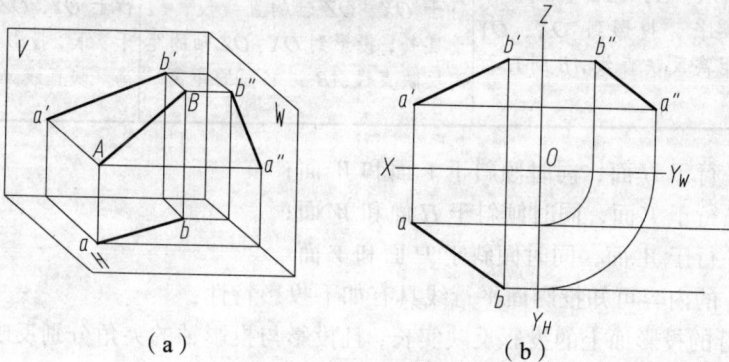

（a）　　　　　　　　　　　　（b）

图 10225　一般位置直线的投影

b. 一般直线的投影与三个投影轴的夹角，均不反映空间直线对投影面的倾角。

c. 一般直线的投影长度均小于实长。

② 投影面平行线。

投影面平行线是指平行于一个投影面，与另两个投影面都倾斜的直线。投影面平行线依据所平行的投影面分为以下三种（见表 10201）：

表 10201　投影面平行线的投影特性

直线的位置	水平线	正平线	侧平线
直观图			
投影图			
投影特性	① 水平面投影反映线段实长，$ab=AB$；它与 OX 轴、OY 轴的夹角反映直线 AB 对 V 面、W 面的实际夹角 β、γ。 ② 其他两面投影分别为平行于 OX、OY 轴的直线段，短于实长，投影到 OX、OY 轴的距离反映直线 AB 到 H 面的距离	① 正面投影反映线段实长，$c'd'=CD$；它与 OX 轴、OZ 轴的夹角反映直线 AB 对 H 面、W 面的实际夹角 α、γ。 ② 其他两面投影分别为平行于 OX、OZ 轴的直线段，短于实长，投影到 OX、OZ 轴的距离反映直线 AB 到 V 面的距离	① 侧面投影反映线段实长，$e''f''=EF$；它与 OY 轴、OZ 轴的夹角反映直线 AB 对 H 面、V 面的实际夹角 α、β。 ② 其他两面投影分别为平行于 OY、OZ 轴的直线段，短于实长，投影到 OY、OZ 轴的距离反映直线 AB 到 W 面的距离

水平线：平行于 H 面，同时倾斜于 V 面和 W 面；

正平线：平行于 V 面，同时倾斜于 H 面和 W 面；

侧平线：平行于 W 面，同时倾斜于 H 面和 V 面。

由表 10201 的内容可知投影面平行线具有如下投影特性：

a. 在其平行的投影面上的投影反映实长，且投影与投影轴的夹角分别反映直线对另外两个投影面的倾角的实际大小。

90

b. 另外两个投影面上的投影分别平行于相应的投影轴，且长度比空间直线段短。

※在线动画演示：投影面平行线的三面投影（http：//218.65.5.218/jz/JZ17/xm2/JZ2-8.html）。

③ 投影面的垂直线。

投影面垂直线是指垂直于一个投影面，同时平行另两个投影面的直线。投影面垂直线依据所垂直的投影面分为以下三种（见表10202）：

铅垂线：垂直于 H 面，同时平行于 V 面和 W 面。

正垂线：垂直于 V 面，同时平行于 H 面和 W 面。

侧垂线：垂直于 W 面，同时平行于 H 面和 V 面。

表 10202　投影面垂直线的投影特性

直线的位置	铅垂线	正垂线	侧垂线
直观图			
投影图			
投影特性	① 水平面投影 $a(b)$ 积聚成一点。 ② 其他两面投影分别为垂直于 OX、OY 轴的直线段，并且反映直线段 AB 的实长，即 $a'b'=a''b''=AB$	① 正面投影 $c'(d')$ 积聚成一点。 ② 其他两面投影分别为垂直于 OX、OZ 轴的直线段，并且都反映直线段 AB 的实长，即 $cd=c''d''=CD$	① 侧面投影 $e''(f'')$ 积聚成一点。 ② 其他两面投影分别为垂直于 OY、OZ 轴的直线段，并且都反映直线段 AB 的实长，即 $ef=e'f'=EF$

由表 10202 的内容可知投影面垂直线具有如下投影特性：

a. 在其垂直的投影面上的投影积聚为一点。

b. 另外两个投影面上的投影反映空间线段的实长，且分别垂直于相应的投影轴。

※在线动画演示：投影面垂直线的三面投影（http：//218.65.5.218/jz/JZ17/xm2/JZ2-9.html）。

（3）直线上点的投影。

直线上的点有如下投影特性：

① 直线上点的各面投影必在直线的同面投影上，且符合点的投影规律；反之，若一个点的各个投影都在直线的同面投影上，且符合点的投影规律，则该点必在直线上。

② 点分割直线段成一定比例，则该点的投影按相同的比例分割直线段的同面投影。如图 10226 中空间点 C 在直线 AB 上，则有

$$\frac{ac}{cb} = \frac{a'c'}{c'b'} = \frac{a''c''}{c''b''} = \frac{AC}{CB} = K \text{（定比）}$$

※在线动画链接：直线上点的投影（http：//218.65.5.218/jz/JZ17/xm2/JZ2-10.html）。

【例题 2.1】 判断图 10227 中 AB 两点是否在直线 MN 上。

分析：因为点 A 的 V 面投影 a'不在直线 MN 的 V 面投影 m'n'上，所以点 A 不在直线 MN 上；而点 B 的 V 面投影 b'和 H 面投影 b 都在直线 MN 的同面投影上，所以点 B 在直线 MN 上。

图 10226　直线上点的投影

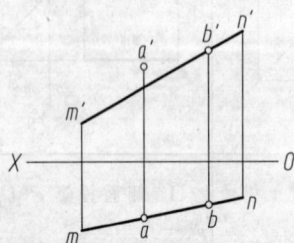

一般情况下，判断点是否在直线上，只需观察它们的两面投影即可，但对一些投影面的平行线，判断点是否在其上，还需观察它们的第三面投影，才能保证准确无误。

【例题 2.2】 点 A 和侧平线 MN 的投影如图 10228a 所示，判断点 A 是否在 MN 上。

分析：由于直线为侧平线，需先作出它们的侧面投影，尽管 a 和 a'都分别在直线的同面投影 mn 和 m'n'上，但 a''不在 m''n''上，所以点 A 不在直线 MN 上。

作图步骤详见图 10228b 所示。

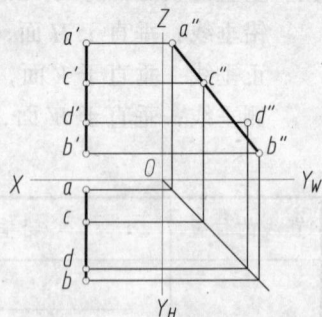

图 10227　判断点是否在直线上　　图 10228　判断点是否在侧平直线上

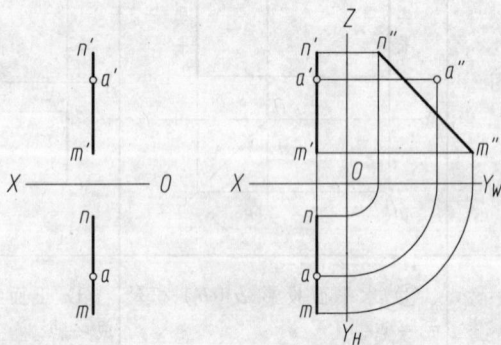

（4）两直线的相对位置。

两直线在空间的相对位置有三种：平行、相交和交叉。下面分别论述它们的投影特性。

① 两直线平行。

两平行直线的投影特性：两直线在空间互相平行，则它们的同面投影也互相平行；反之，若两直线的各个同面投影分别互相平行，则两直线在空间平行，如图 10229 所示。

对于一般位置的两直线，仅根据它们的两组同面投影是否平行，便可判断它们在空间是否相互平行。但是，如果是投影面平行线，则必须看直线所平行的投影面上的投影是否平行，

92

才可以断定它在空间的真实位置。如图 10230 给出的两条侧平线 *AB* 和 *CD* 的投影，因为它们的侧面投影不互相平行，所以两直线在空间不平行。

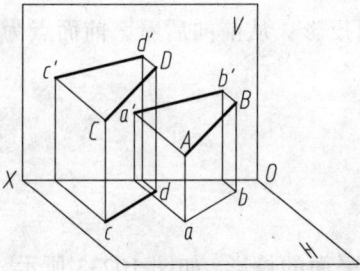

图 10229　两平行线的三面投影　　　　　图 10230　判断两侧平线是否平行

② 两直线相交。

两直线相交必有一个交点，即公共点。由此可知，相交两直线的投影特性：两直线在空间相交，则它们的同面投影也相交，而且交点的投影符合点的投影规律，如图 10231 所示。

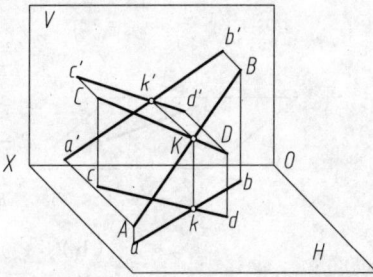

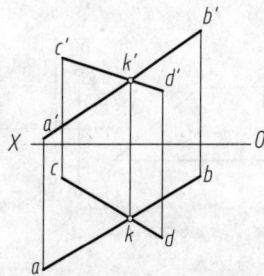

图 10231　两相交直线的三面投影

③ 两直线交叉。

既不平行又不相交的两条直线称为两交叉直线。它们的投影既不符合平行两直线的投影规律，也不符合相交两直线的投影规律。

图 10232 所示的两直线为两交叉直线，虽然它们的 *V* 面投影和 *H* 面投影也相交，但"交点"不符合一个点的投影特性。

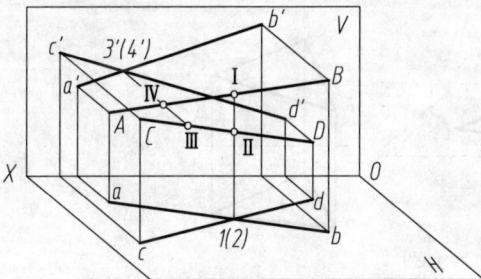

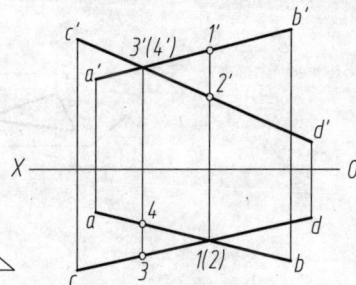

图 10232　两交叉直线的三面投影

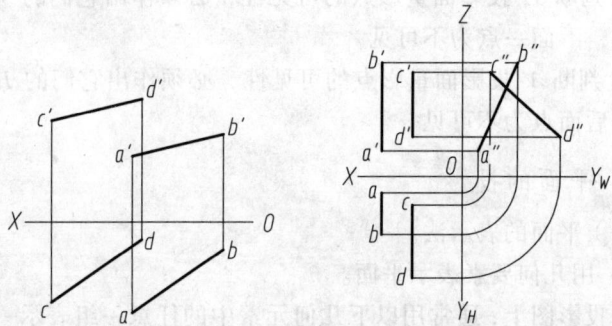

因此，在交叉两直线的投影图中，对于同面投影相重合的两点，需要判断该投影面重影点的可见性。一般遵循以下原则：

a. 判断 H 投影面重影点的可见性，必须作出它们的 V 面投影：从上向下看，上面一点为可见，下面一点为不可见。

b. 判断 V 投影面重影点的可见性，必须作出它们的 H 面投影：从前向后看，前面点为可见，后面点为不可见。

3. 平面的投影

（1）平面的表示法。

① 用几何要素表示平面。

在投影图上，通常用以下几何元素中的任意一组表示一个平面的投影，如图 10233 所示。

a. 不在同一直线上的三个点；

b. 一条直线和不在该直线上的一个点；

c. 两相交直线；

d. 两平行直线；

e. 任意平面图形。

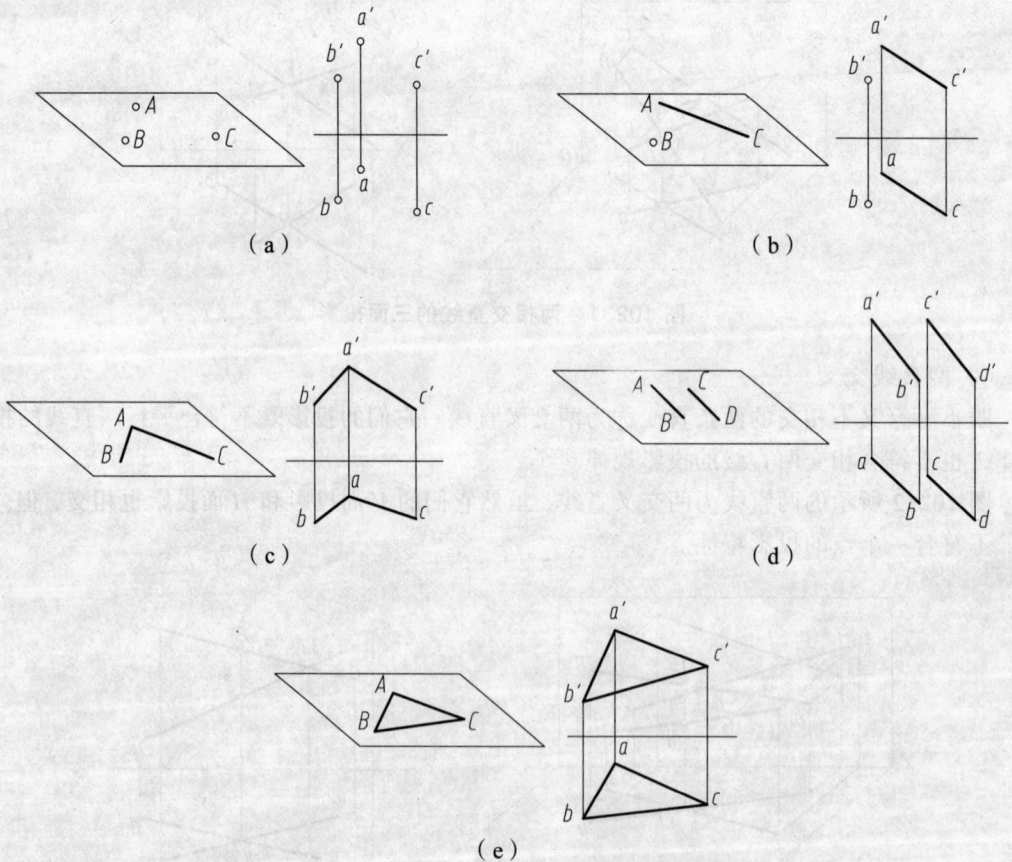

（a）　　　　　　　　　　　　　　　（b）

（c）　　　　　　　　　　　　　　　（d）

（e）

图 10233　平面表示法——几何元素表示法

这几种方法所表示的平面位置是唯一的，既互相联系又可转换。

② 用迹线表示平面。

空间平面与投影面的交线称为平面的迹线，用迹线表示的平面叫做迹线平面。平面的迹线是投影图中用以表示平面空间位置的另一种方法。

如图 10234 所示，空间平面 P 与 V 面的交线称为平面 P 的正面迹线，用 P_V 表示；平面 P 与 H 面的交线称为平面 P 的水平迹线，用 P_H 表示；平面 P 与 W 面的交线称为侧面迹线，用 P_W 表示。平面 P 与投影轴线的交点，就是两条迹线的交点，称为迹线集合点，分别用 P_X、P_Y、P_Z 表示。

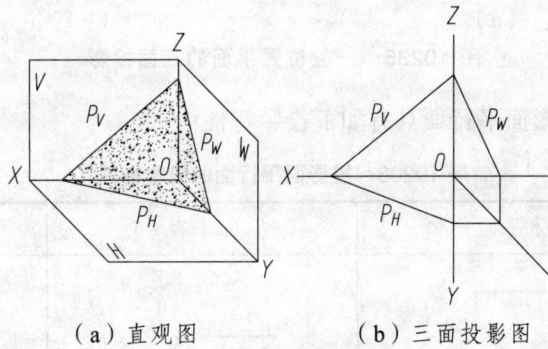

（a）直观图   （b）三面投影图

图 10234　平面的迹线

对特殊位置迹线平面，用两段短的粗实线表示有积聚性的迹线的位置，中间以细实线相连，并在两端标以符号，可不画其无积聚性的迹线。

（2）平面的三面投影。

平面图形的投影一般仍是平面形。将表示平面的几何元素的同面投影连接起来，就可得到该平面的投影。

平面在三投影面体系中的投影特性取决于平面对三个投影面的相对位置。

① 平面垂直于投影面，投影积聚成一条直线；

② 平面平行于投影面，投影反映其实形；

③ 平面倾斜于投影面，投影是一类相似形。

※在线动画链接：平面的三面投影（http://218.65.5.218/jz/JZ17/xm2/JZ2-11.html）。

（3）各种位置平面的投影。

空间平面在三面投影体系中的位置可以划分为三种情况：一般位置平面、投影面平行面和投影面垂直面。

① 一般位置平面。

与三个投影面都倾斜的平面称为一般位置平面。

投影特性：各面投影既不反映实形，也没有积聚性，均为原图形的类似形；各投影的图形面积均小于实形，也不反映平面对投影面的倾角的实形，如图 10235 所示。

② 投影面平行面。

只平行于某一投影面，而垂直于另外两个投影面的平面称为投影面平行面。其中，平行于 H 面时叫做水平面，平行于 V 面时叫做正平面，平行于 W 面时叫做侧平面。

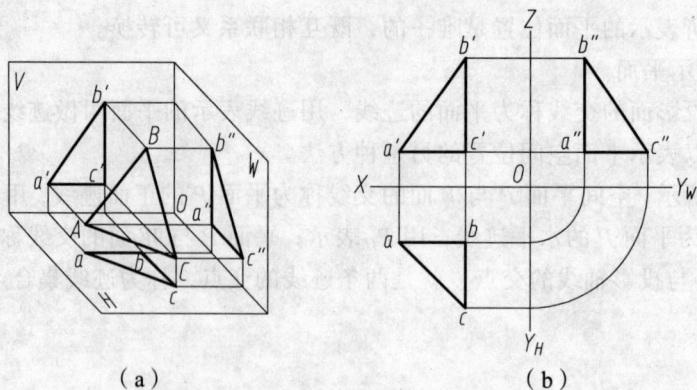

图 10235 一般位置平面的三面投影

由表 10203 可知投影面平行面具有如下投影特性：

表 10203 投影面平行面的投影特性

名称	水平面	正平面	侧平面
直观图			
投影图			
投影特性	① H 面投影反映实形。 ② V 面与 W 面投影分别积聚成直线，且分别平行与 OX 轴和 OY_W 轴	① V 面投影反映实形。 ② H 面与 W 面投影分别积聚成直线，且分别平行与 OX 轴和 OZ 轴	① W 面投影反映实形。 ② V 面与 H 面投影分别聚成直线，且分别平行与 OZ 轴和 OY_H 轴

a. 在其平行的投影面上的投影反映平面的实形。

b. 另外两个投影面上的投影均积聚成直线，且平行于相应的投影轴。

※在线动画链接：投影面平行面的三面投影（http：//218.65.5.218/jz/JZ17/xm2/JZ2-12.html）。

③ 投影面垂直面。

只垂直于一个投影面，而与另外两个投影面倾斜的平面称为投影面垂直面。其中，垂直于 H 面时叫做铅垂面，垂直于 V 面时叫做正垂面，垂直于 W 面时叫做侧垂面。

由表 10204 可知投影面垂直面具有如下投影特性：

a. 在其垂直的投影面上的投影积聚成与该投影面内的两根投影轴都倾斜的直线，该直线与投影轴的夹角反映空间平面与另两个投影面的夹角的实际大小。

b. 在另两个投影面上的投影形状相类似。

※在线动画链接：投影面垂直面的三面投影（http://218.65.5.218/jz/JZ17/xm2/JZ2-13.html）。

表 10204　　投影面垂直面的投影

名称	水平面	正平面	侧平面
直观图			
投影图			
投影特性	① H 面积聚成一斜线，并反映平面对 V 面、W 面的倾角 β 与 γ。② V 面与 W 面投影分别为缩小的类似形	① V 面积聚成一斜线，并反映平面对 H 面、W 面的倾角 α 与 γ。② H 面、W 面投影分别为缩小的类似形	① W 面积聚成一斜线，并反映平面对 H 面、V 面的倾角 α 与 β。② H 面、V 面投影分别为缩小的类似形

（4）平面上的点和直线。

① 点在平面内的几何条件。

点在平面内的一条直线上，则此点一定在该平面上。

点 M 在平面 R 内的一直线 AB 上，所以点 M 在平面 R 内。

点 N 在平面 R 内的一直线 CB 上，所以点 M 在平面 R 内（见图 10236）。

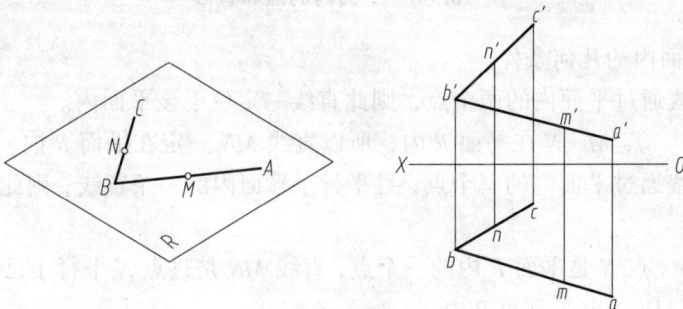

图 10236　平面内的点和直线

根据点与直线在平面内的判定原则，分两步作出已知平面内的点：第一步，在已知平面内作一辅助直线；第二步，在所作辅助线上定点。

【例题 2.3】 已知 △ABC 内一点 K 的正面投影 k′，试作水平投影 k（见图 10237a）。

分析：在三角形内过点 K 作一辅助线，所求点 K 的水平投影一定在所作的辅助直线的水平投影上。

作图步骤如下：

（1）在正面投影中过点 k′作辅助直线 m′n′。

（2）过 m′n′作 OX 轴的垂线，在水平投影中得到 mn。

（3）过点 k′作 OX 轴的垂线与 mn 相交于点 k，k 即为所求。

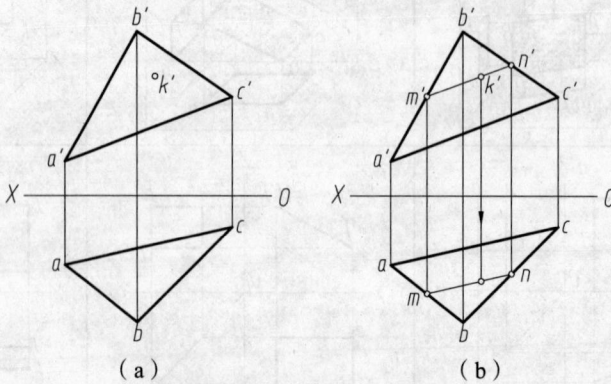

（a） （b）

图 10237 求直线上点的投影

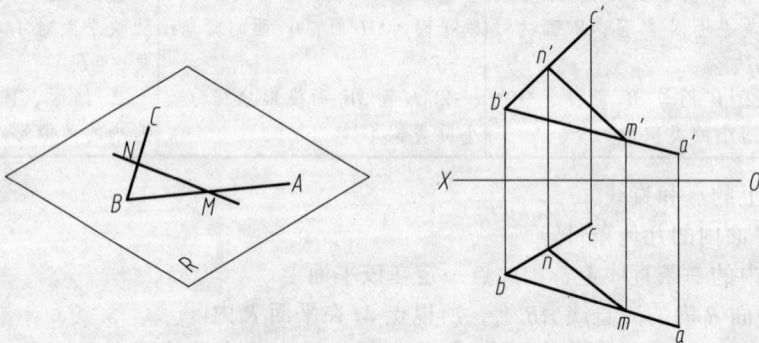

图 10238 平面内的点和直线

② 直线在平面内的几何条件。

a. 如果一直线通过平面内的两个点，则此直线一定位于该平面内。

在图 10238 中，点 M、N 在平面 R 内，所以直线 MN 一定在平面 R 内。

b. 如果一直线通过平面内的一个点，且平行于平面内的一条直线，则此直线一定位于该平面内。

在图 10239 中，点 N 是平面 R 内的一个点，直线 MN 是过点 N 平行于已知平面 R 内的一直线 AB，则直线 MN 一定在平面 R 内。

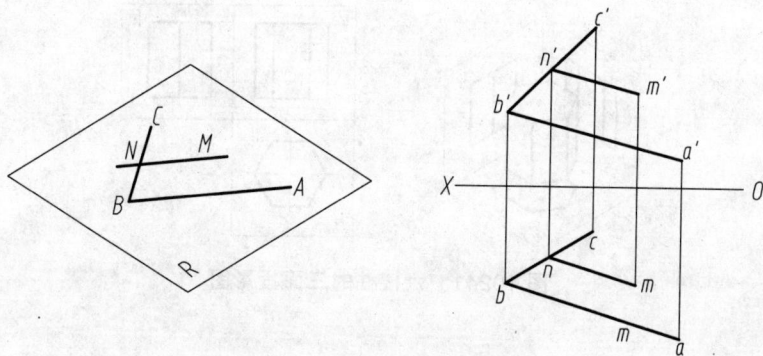

图 10239　平面内的点和直线

【例题 2.4】　已知四边形 $ABCD$ 的正面投影 $a'b'c'd'$ 及 A、B、C 三点的水平投影 a、b、c，试作出此四边形的水平投影（见图 10240）。

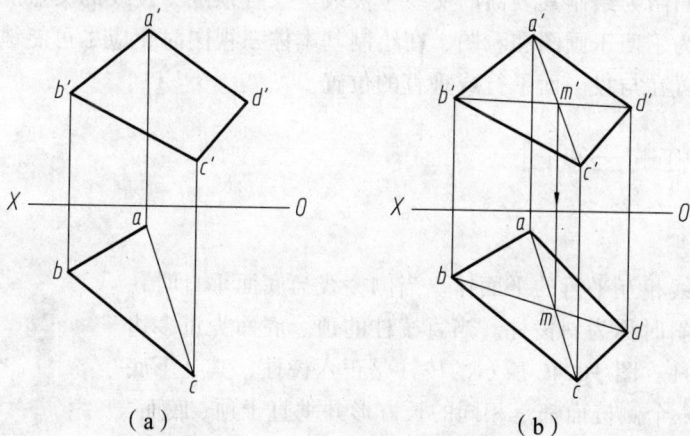

（a）　　　　　　　（b）

图 10240　求作四边形的水平投影

作图步骤如下：

（1）在正投影图中连线 $b'd'$ 和 $a'c'$，两直线相交于点 m'。

（2）在水平投影图中连线 ac；过点 m' 向下引 OX 轴的垂线，与直线 ac 相交于点 m。

（3）延长 bm 直线，与过点 d' 所引 OX 轴的垂线相交于点 d。

（4）连接 $abcd$ 四点，即得所求四边形的水平投影。

任务 2.2　六棱柱三视图的绘制和识读

【任务载体】

六棱柱的三面投影图（见图 10241）

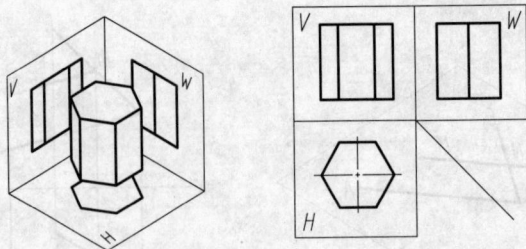

图 10241　六棱柱的三面投影图

【知识导入】

平面立体的表面都是由平面所构成，如棱柱、棱锥等。平面体的表面分成底面和棱面两类，各棱面的交线称为棱线。因此，画平面立体的三视图，可归结为绘制底面和所有棱线的三面投影，也可归结为绘制其表面的交线（棱线）及各顶点（棱线的交点）的三面投影，并判别其可见性。为了便于画图和看图，在绘制基本体三视图时，应尽可能地将它的底面、一些棱面或棱线放置在与投影面平行或垂直的位置。

2.2.1　棱柱的三视图

1．形体特征

棱柱是侧棱线相互平行的平面体。当侧棱线与底面垂直时，称为直棱柱；倾斜时称为斜棱柱。当直棱柱的顶、底面为正多边形时，称为正棱柱。图 10242 所示的棱柱是正六棱柱，其上下底面是正六边形，六个侧棱面都是相同的长方形并垂直于顶、底面。

图 10242　六棱柱模型

2．投影分析

将正六棱柱放在三投影面体系中，并向三个投影面投影，得到三视图，如图 10241 所示。其顶、底面为水平面的平行面，它们的水平投影反映实形，正面及侧面投影积聚为一直线。六个侧棱面中，前后两个为正面的平行面，它们的正面投影反映实形，水平投影及侧面投影积聚为一直线；其他四个侧棱面均垂直于水平面，其水平投影均积聚为直线，正面投影和侧面投影均为类似形。六个侧棱线均垂直于水平面，水平投影均投影积聚为一点，正面及侧面的投影反映实长。

※在线动画链接：六棱柱的三面投影（http：//218.65.5.218/jz/JZ17/xm2/JZ2-17.html）。

3．三视图的特点

由图 10241 可见，棱柱的上下底面为两个水平面，其水平投影重合，且反映六边形的实形，正面投影和侧面投影分别积聚成直线段；前后两个侧面是正平面，它们的正面投影重合且反应实形，水平投影和侧面投影积聚成直线段；其余四个侧面是铅垂面，水平投影积聚成四条直线段，正面投影和侧面投影均反映类似形。

4. 棱柱表面上点的可见性判断

在棱柱表面上取点，首先必须确定该点位于立体的哪一个表面上，然后根据平面上取点的原理和方法作图。棱柱的各表面在三视图中均能找到积聚投影，因此，可以利用积聚性求出棱柱表面上点的投影，并判别其可见性。

棱柱表面上点的可见性判断原则：若点所在表面的投影可见，则点的同面投影也可见；反之为不可见。对不可见的点的投影，需加圆括号表示。在平面积聚投影上的点的投影，可以不必判别其可见性。

【例题 2.5】 已知正三棱柱上 *M* 点的 *V* 面投影 *m'*，如图 10243 所示，求该点的 *H* 面投影 *m* 和 *W* 面投影 *m"*。

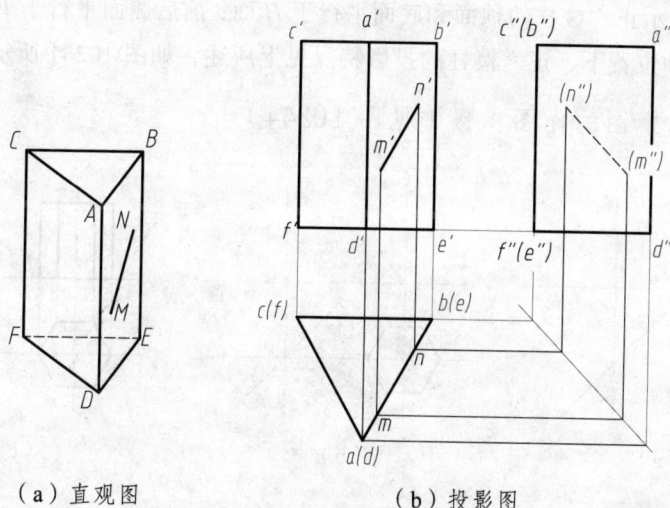

（a）直观图　　　　　（b）投影图

图 10243　三棱柱表面直线的投影

分析：从图中可知，*M* 点的正面投影 *m'* 可见，因此 *M* 点在正三棱柱的右侧面 *ABDE* 上，为铅垂面，*H* 面的投影有积聚，则 *M* 点的 *H* 面投影必在该侧面的积聚投影上。

作图步骤如下：

（1）过 *m'*，"长对正"向下引垂线交积聚投影 *ab* 得 *m* 点。

（2）由过 *m'*、*m*，分别按"高平齐"、"宽相等"作直线相交求得 *m"*。

（3）判别可见性：由于 *ABDE* 面的 *W* 面投影为不可见，故 *m"* 也为不可见。

求作平面立体表面上 *MN* 线段的投影，可作出平面上直线段端点的各面投影，再直线连两点的同面投影点即可。

如图 10243b 所示，已知三棱柱侧面 *ABED* 上直线 *MN* 的正面投影 *m'n'*，该侧面 *ABED* 为铅垂面，其水平投影积聚为直线，直线 *MN* 的水平投影也必在该积聚线上。应用"长对正"可作出 *m*、*n* 两点投影，再由"高平齐"、"宽相等"得 *m"*、*n"* 两点投影。连接各面投影，由于 *ABED* 的侧面投影不可见，*m"n"* 投影也不可见，用虚线连接。

【任务实施】

2.2.2 六棱柱三面投影图的绘制

绘制如图10242所示的六棱柱的三面投影图。

1. 六棱柱三视图的特点

六棱柱的三视图中有一个视图是反映顶、底面实形的正六边形；另两个视图为相邻矩形线框。

2. 选择主视图的投影方向

使图10244所示正六棱柱的顶面和底面平行于H面，前后侧面平行于V面，各侧面均垂直于H面。在这种位置下，正六棱柱的投影特点见上所述，如图10241所示。

3. 六棱柱三视图的作图步骤（见图10244）

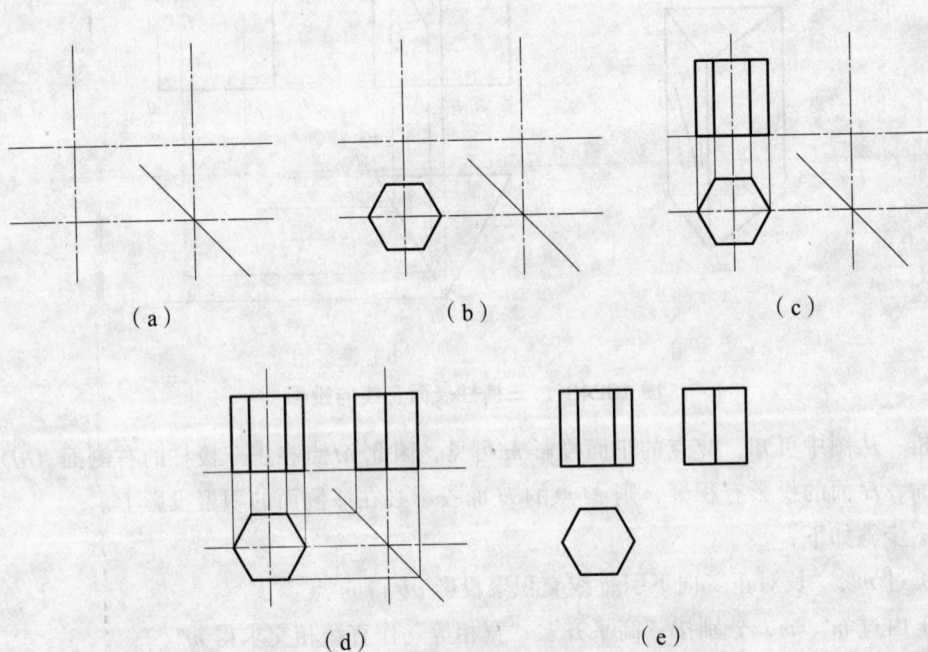

（a）　　　　　　　（b）　　　　　　　（c）

（d）　　　　　　　　　（e）

图10244　六棱柱三面投影图的绘制步骤

（1）布置图面，画作图基准线（见图10244a），以确定各视图的位置。

（2）用细实线绘制反映上、下底面实形的俯视图，如图10244b所示。

（3）依据六棱柱的高，按投影关系画主视图，如图10244c所示。

（4）依据主视图和左视图，按投影关系画左视图，如图10244d所示。

（5）检查并描深图线，完成作图，如图10244e所示。

※在线动画链接：六棱柱三面投影图的绘制步骤（http://218.65.5.218/jz/JZ17/xm2/JZ2-20.html）。

2.2.3　六棱柱表面上点的投影及可见性的判断

绘制如图 10245 所示的六棱柱面上的 *K* 点和 *S* 点三面投影图。

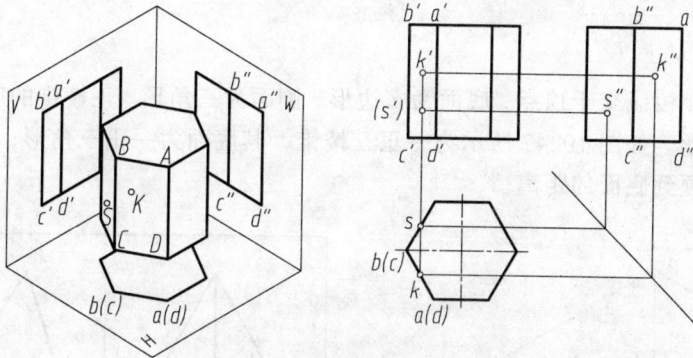

图 10245　六棱柱表面上点的投影

分析：

（1）从图中可知：*K* 点的正面投影 *k′* 可见，因此 *K* 点在正六棱柱的左前侧面 *ABCD* 上。左前侧面 *ABCD* 为铅垂面，*H* 面投影有积聚，则 *K* 点的 *H* 面投影 *k* 必在该侧面的积聚投影上。

（2）从图中可知：*S* 点的正面投影 *s′* 不可见，因此 *S* 点在正六棱柱的左后侧面上。左后侧面为铅垂面，*H* 面投影有积聚，则 *S* 点的 *H* 面投影 *s* 必在该侧面的积聚投影上。

作图步骤如下：

（1）过 *k′*，"长对正"向下引垂线交积聚投影 *abcd* 得 *k* 点。

（2）由过 *k′*、*k* 分别"高平齐"、"宽相等"作直线相交求得 *k″*。

（3）判别可见性：由于 *ABCD* 面的 *W* 面投影为可见，故 *k″* 也为可见。

求作平面立体表面上 *S* 点的投影与可 *K* 点的投影做法相同，但 *S* 点的投影在 *V* 面投影上为不可见点。

【巩固训练】

1. 绘制如图 10246 所示的六棱柱面上的 *A* 点、*B* 点和 *CD* 线段的三面投影图。

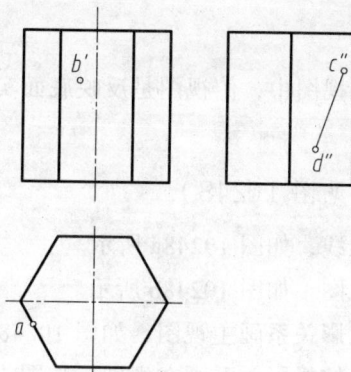

图 10246

训练要求：正确做出点及线段的三面投影图，并判断点的可见性。

2.2.4　棱锥的三视图

1．形体特征

棱锥的各条侧棱线交于顶点，底面为多边形，侧面为三角形。正棱锥的底面是正多边形，侧面为等腰三角形。如图10247所示为一正三棱锥，其底面为一正三角形，三侧面都是等腰三角形，高为锥顶到底面的距离。

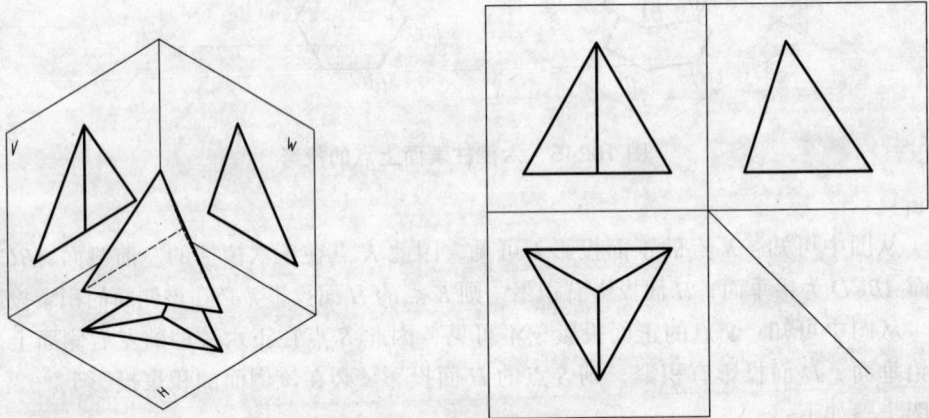

图 10247　三棱锥的三面投影图

2．投影分析

将正三棱锥放在三投影面体系中，并向三个投影面投影，得到三视图，如图10247所示。底面为水平面，因此它的水平投影反映底面实形，正面和侧面投影积聚为一直线；后棱面为侧垂面，它的侧面投影积聚为一直线，水平投影和正面投影均为类似形；左、右两个棱面为一般位置平面，它们的三面投影均为类似形。前方的侧棱线为侧平线。

※在线动画链接：三棱锥的三面投影（http：//218.65.5.218/jz/JZ17/xm2/JZ2-18.html）。

3．三视图的特点

在图10247所示的三棱锥三视图中，俯视图是反映底面实形的多边形，主视图和左视图为相邻三角形线框。

4．三视图的作图步骤（见图10248）

（1）布置图面，画作图基准线，如图10248a所示。

（2）画反映底面实形的俯视图，如图10248b所示。

（3）依据三棱锥的高，按投影关系画主视图，如图10248c所示。

（4）依据主视图和左视图，按投影关系画左视图，如图10248d所示。

（5）检查并描深图线，完成作图，如图10248e所示。

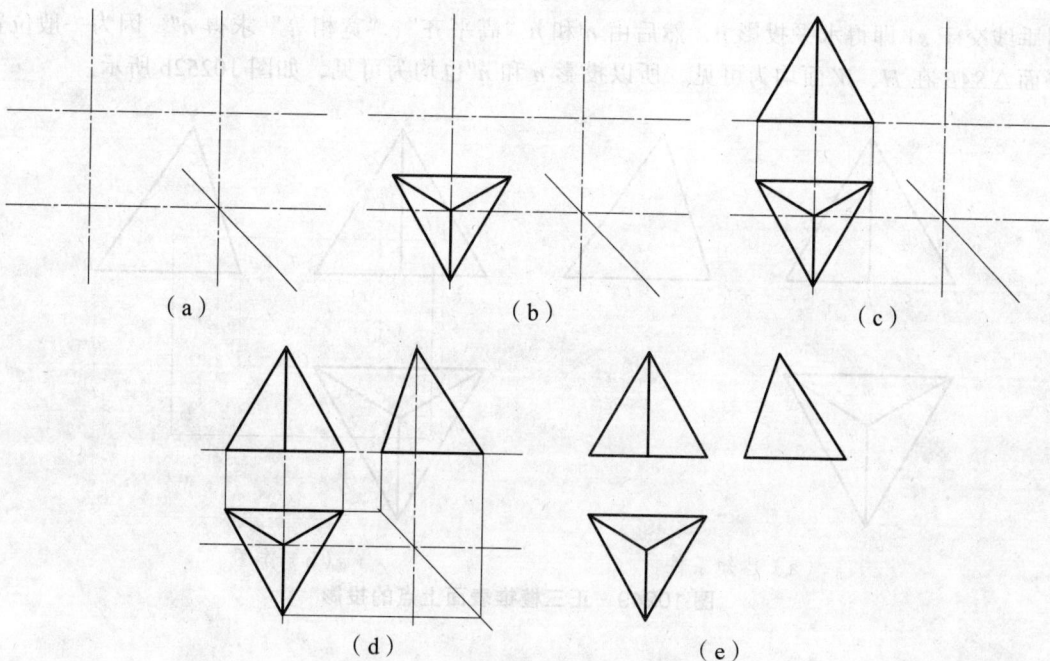

（a）　　　　　　　　　　（b）　　　　　　　　　　（c）

（d）　　　　　　　　　　（e）

图 10248　三棱锥三面投影图的绘制步骤

※在线动画链接：三棱锥三视图的绘制步骤（http：//218.65.5.218/jz/JZ17/xm2/JZ2-19.html）。

5. 棱锥表面上的点

（1）原理和方法。

先确定点所在的平面，再分析该平面的投影特性。若点所在表面有积聚性，可以根据点的投影规律求出该点的其余两投影；否则需根据平面内取点的原理，作出辅助线求出该点的其余两投影。

（2）棱锥表面上点的可见性判断原则。

若点所在表面的投影可见，则点的同面投影也可见；反之为不可见。

对不可见点的投影，需加圆括号表示。在平面积聚投影上的点的投影，可以不必判别其可见性。

【例题 2.6】　已知正三棱锥上 M、N 点的投影 m'、n'，如图 10249 所示，求两点的其余两面投影。

分析：投影 m 可见，表示其所在面为后侧面 $\triangle SAC$，为侧垂面，可借助该平面在 W 面上的积聚投影求得 m''，再由 m 和 m'' 求得 m'，然后判别其可见性。

投影 n' 也为可见，表示其所在面为左前侧面 $\triangle SAB$，为一般位置平面，该平面投影没有积聚性，可通过锥顶 S 和 N 作辅助线 S_1，作出 S_1 的水平投影 s_1，根据点在直线上的从属性质求得水平投影 n，再由 n' 和 n 求得 n''，然后判别其可见性。

作图步骤如下：

（1）过 m 由"宽相等"作水平直线交 45°斜线，引垂线交 $s''a''$（c''）即为 m''；再由 m 和 m''"长对正"、"高平齐"求得 m'，由于侧垂面 $\triangle SAC$ 的 V 面投影不可见，所以 m' 为不可见，如图 10249b 所示。

（2）过 $s'n'$ 作辅助直线并延长交底边 $a'b'$ 于 $1'$，由 $s'1'$ 求作 H 面投影 $s1$，再由 n'"长对正"

105

引垂线交于 $s1$ 即得水平投影 n，然后由 n' 和 n "高平齐"、"宽相等" 求得 n''。因为一般位置平面 $\triangle SAB$ 在 H、W 面均为可见，所以投影 n 和 n'' 也均为可见，如图 10252b 所示。

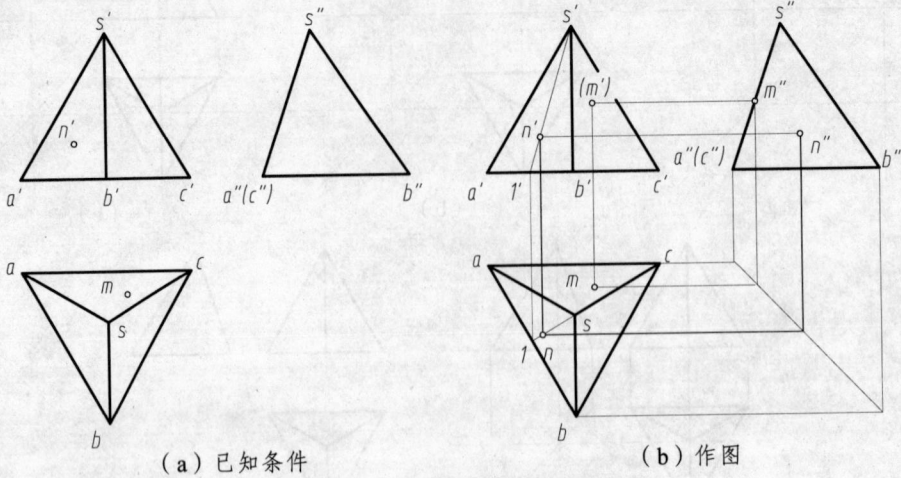

（a）已知条件　　　　　　　（b）作图

图 10249　正三棱锥表面上点的投影

【思考与练习】

1. 何谓基本体，常见的基本体有哪些类型？

2. 投影时基本体的位置应如何放置？基本体三视图的作图步骤是什么？

3. 棱柱体的形体特征是什么？其三视图有何特点？

4. 棱锥体的形体特征是什么？其三视图有何特点？

5. 怎样在形体表面上找点、作线？如何判断其可见性？

6. 绘制如图 10250 所示的三棱柱和四棱锥的三面投影图。

训练要求：

（1）布置图面，画作图基准线；

（2）画反映上、下底面实形的俯视图；

（3）依据棱柱（棱锥）的高，按投影关系画主视图；

（4）依据主视图和左视图，按投影关系画左视图；

（5）检查并描深图线，完成作图。

7. 绘制如图 10251 所示的三棱锥面上的 EF 线段的三面投影图，并判断点的可见性？

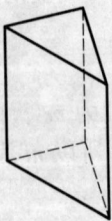
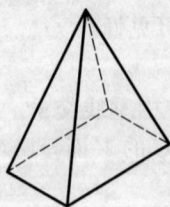
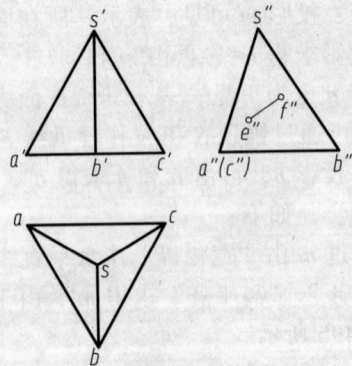

图 10250　　　　　　　　　图 10251

任务 2.3　圆柱三视图的绘制和识读

【任务载体】

圆柱的三面投影图（见图 10252）

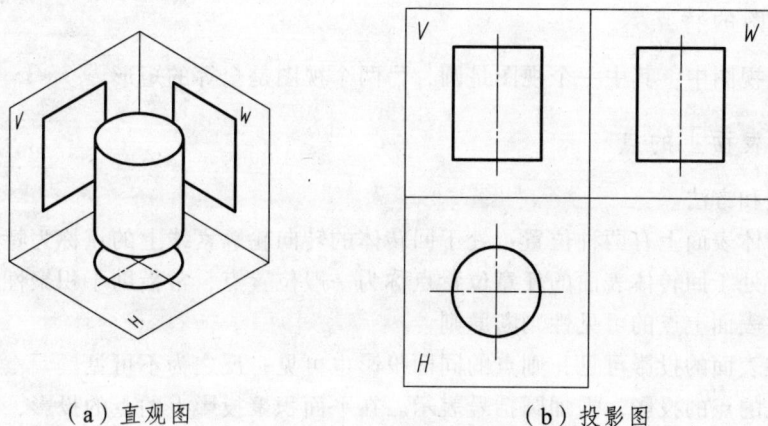

（a）直观图　　　　　　　（b）投影图

图 10252　圆柱及其三面投影图

【知识导入】

由曲面或曲面与平面所围成的形体，称为曲面立体。回转体是物体中常见的曲面立体。回转体由回转面或回转面与平面组成，常见的回转体有圆柱、圆锥、圆球、圆环等。

回转面是由一母线绕定轴旋转一周而成的。母线在回转面上的任一位置称为素线，母线上任一点的轨迹称为纬线圆并垂直于轴线。

由于回转面是光滑曲面，其投影图只需画出曲面上可见面和不可见面分界线的投影，这种分界线称为转向轮廓素线。

2.3.1　圆柱的三视图

1. 圆柱的形成

圆柱是由上下是圆形的底面和圆柱面所围成。圆柱面可看成是由一条直母线绕着与其平行的轴线旋转而成，圆柱面上任意一条平行于轴线的直线都称为素线，如图 10253 所示。

※在线动画链接：圆柱的形成（http：// http：//218.65.5.218/jz/JZ17/xm2/JZ2-21.html）。

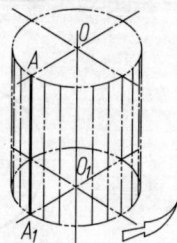

图 10253　圆柱面的形成

2. 投影分析

将圆柱体放入三投影面体系中，使轴线垂直于 H 面，如图 10252 所示。圆柱的俯视图为一圆，反映圆柱上、下底面的实形，圆周表示圆柱面的积聚性投影，圆柱面上任何点、线的投影都重合在此圆周上；圆柱的主视图是一矩形线框，其上、下边反映上、下底面的积聚投影，左、右边是圆柱面的最左、最右素线的投影；圆柱的左视图是一个和主视图全等的矩形线框，其各边分别代表上、下底面的积聚投影与圆柱面的最前、最后素线的投影。这四条素线是圆柱面可见部分与不可见部分的分界线，即转向轮廓素线。

3. 三视图的特点

圆柱三个视图中，其中一个视图是圆，另两个视图是全等的矩形。

4. 圆柱表面上的点

（1）原理和方法。

点在回转体表面上有两种位置：处于回转体的转向轮廓素线上的点称为特殊点，一般都能直接求出；处于回转体表面的任意位置点称为一般位置点，常借助于积聚性投影求出。

（2）圆柱表面上点的可见性判断原则。

若点所在表面的投影可见，则点的同面投影也可见；反之为不可见。

对不可见的点的投影，需加圆括号表示。在平面积聚投影上的点的投影，可以不必判别其可见性。

【例题 2.7】 已知圆柱面上点 M、N 的 V 面投影 m' 和 n'，如图 10254a 所示，求 M、N 两点在 H 面和 W 面上的投影。

分析：投影 m' 可见，又在中心线左方，则可判断点 M 位于左前半圆柱面上，侧面投影可见；投影 n' 位于圆柱面最右轮廓素线上，其侧面投影位于圆柱轴线上，且为不可见。

作图步骤如下：

（1）过 m' "长对正" 向下引垂线交水平面投影下半圆周（圆柱前半圆柱面）得投影 m，再由 m 和 m' "高平齐"、"宽相等" 作直线相交求得 m''，如图 10254b 所示。

（2）过 n' "长对正" 向下引垂线交水平投影圆周得投影 n，再由 n' "高平齐" 作水平直线交侧面投影的中心线即求得（n''）。（n''）为不可见，如图 10254b 所示。

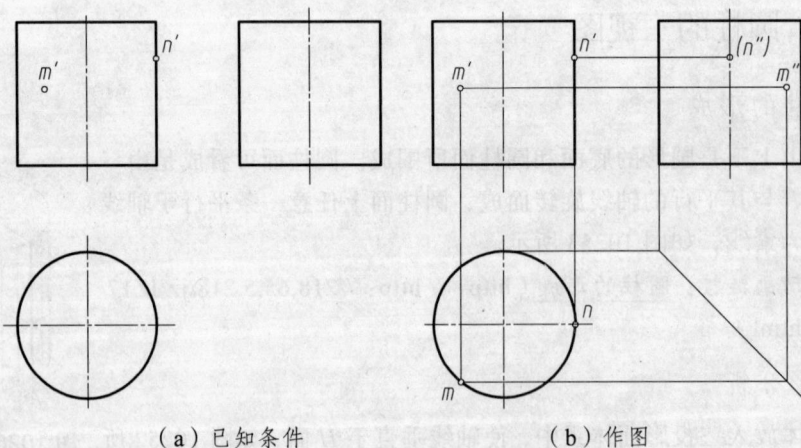

（a）已知条件　　　　　　　（b）作图

图 10254　圆柱面上点的投影

108

【例题 2.8】 已知圆柱面上线段 *MN* 的正面投影，如图 10258a 所示，求线段 *MN* 的其他面投影。

分析：圆柱面上的线除了素线外均为曲线，因此线段 *MN* 是圆柱面上的一段曲线。因为 *m'n'* 可见，可判断 *m'* 在左前圆柱面上，*n'* 在右前圆柱面上，曲线必经过圆柱的最前转向前轮廓素线，与最前转向前轮廓素线交于 *k'*，作出 *M*、*K*、*N* 三点的另两面投影，把它们光滑连接，并判断可见性。

作图步骤如下（见图 10255b）：

（1）作 *M*、*N* 的投影："长对正"求得 *H* 面投影 *m*、*n*，"高平齐"、"宽相等"求得 *m"*、（*n"*）（*n"* 不可见）。

（2）作 *MN* 与最前转向轮廓素线交点 *K* 的投影：由转向轮廓素线的特点和投影关系，正面投影 *k'* 为投影 *m'n'* 与中心线的交点，水平面投影 *k* 点在最下面（最前面）、侧面投影 *k"* 在最右面（最前面）。

（3）光滑连线并判断可见性：光滑连接侧面投影 *m"k"n"*，*m"k"* 段可见画实线，*k"n"* 段不可见画虚线。

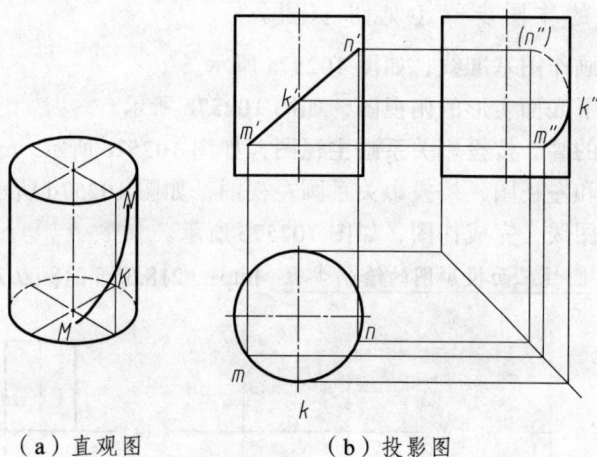

（a）直观图   （b）投影图

图 10255 圆柱面上线段的投影

【任务实施】

2.3.2 圆柱三面投影图的绘制

绘制如图 10256a 所示的圆柱的三面投影图。

1. 圆柱三视图的特点

圆柱三个视图中，其中一个视图是圆，另两个视图是全等的矩形。

2. 选择主视图的投影方向

将圆柱放入图 10256b 所示三投影面体系中，使轴线垂直于 *H* 面。在这种位置下，圆柱的顶面和底面为水平面，它们的水平投影为反映实形的圆，正面及侧面投影积聚为直线；圆柱面的水平投影积聚为圆，圆柱面的正面投影是一矩形线框，圆柱面的侧面投影是一个和正面投影全等的矩形线框。

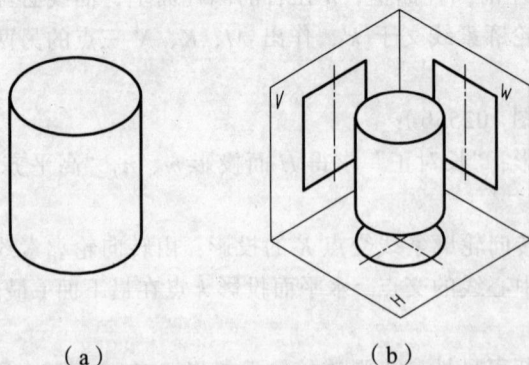

（a）　　　　　　　　　（b）

图 10256　圆柱及其三面投影体系

3. 圆柱三视图的作图步骤（见图 10257）

（1）布置图面，画作图基准线，如图 10257a 所示。

（2）画反映上、下底面实形的俯视图，如图 10257b 所示。

（3）依据圆柱体的高，按投影关系画主视图，如图 10257c 所示。

（4）依据主视图和左视图，按投影关系画左视图，如图 10257d 所示。

（5）检查并描深图线，完成作图，如图 10257e 所示。

※在线动画链接：圆柱三面投影图的绘制步骤（http://218.65.5.218/jz/JZ17/xm2/JZ2-29.html）。

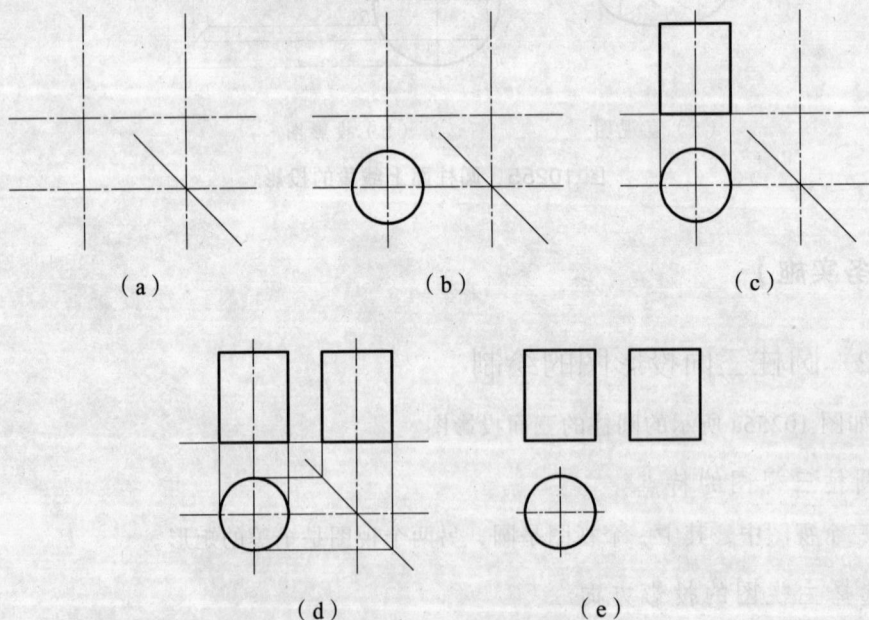

（a）　　　　　　　（b）　　　　　　　（c）

（d）　　　　　　（e）

图 10257　圆柱三面投影图的绘制步骤

110

2.3.3 圆柱表面上点的投影及可见性的判断

绘制如图 10258 所示的圆柱面上的 A 点和 B 点三面投影图。

分析：投影 a′可见，又在中心线左方，则可判断点 A 位于左前半圆柱面上，侧面投影可见；投影 b 位于圆柱面 H 面投影的圆上且为可见点，其正面和侧面投影都应位于矩形框的上轮廓线。

作图步骤如下：

（1）过 a′"长对正"向下引垂线交水平面投影下半圆周（圆柱前半圆柱面）得投影 a，再由 a 和 a′"高平齐"、"宽相等"作直线相交求得 a″，如图 10258b 所示。

（2）过 b"长对正"向上引垂线交水平投影圆周得投影 b′，再由 b′"高平齐"作水平直线交侧面投影的中心线即求得 b″，如图 10258b 所示。

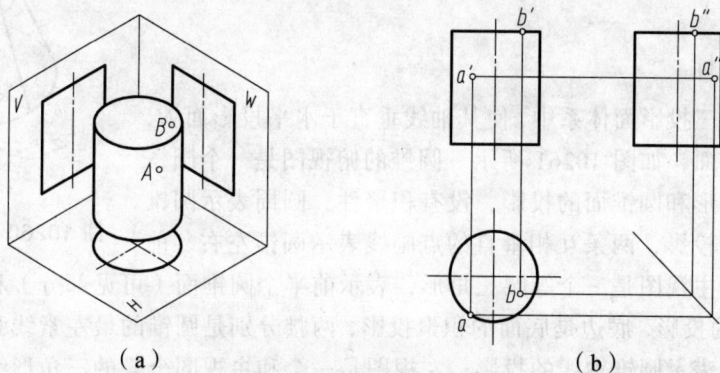

图 10258　圆柱表面上点的投影

【巩固训练】

1. 绘制如图 10259 所示的圆柱体的 W 面的投影图，并画出圆柱面上的 A 点、B 点和 C 点的三面投影图。

训练要求：正确做出圆柱体的 W 面的投影图及点的三面投影图，并判断点的可见性。

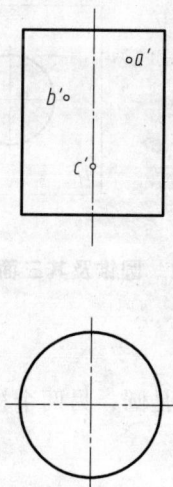

图 10259

【知识拓展】

2.3.4 圆锥的三视图

1. 圆锥的形成

圆锥体由底面为圆平面和圆锥面组成。圆锥面是一条直母线绕着与其相交成一定角度的轴线旋转而成的。过锥顶任一直线为圆锥面的素线，母线上任一点绕轴线旋转的运动轨迹为圆，如图10260所示。

※在线动画链接：**圆锥的形成**（http：//218.65.5.218/jz/JZ17/xm2/JZ2-22.html）。

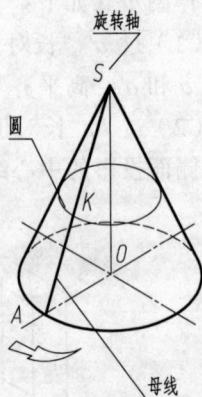

图 10260　圆锥面的形成

2. 投影分析

将圆锥放入三投影面体系中，使其轴线垂直于水平投影面 H，则其底面为水平面，如图 10261 所示。圆锥的俯视图是一个圆，表示底面圆的实形和圆锥面的投影，没有积聚性，圆周表示圆锥面与底面交线的投影，两条互相垂直的点画线表示圆锥左右、前后对称中心线；主视图是一个等腰三角形，表示前半个圆锥面（可见部分）和后半个圆锥面（不可见部分）的投影，底边是底面的积聚投影，两腰分别是圆锥的最左素线和最右素线的真实投影，点画线表示圆锥轴线的投影；左视图是一个和主视图全等的三角形线框，其各边分别表示圆锥底面圆的积聚投影和圆锥最前素线、最后素线的真实投影。

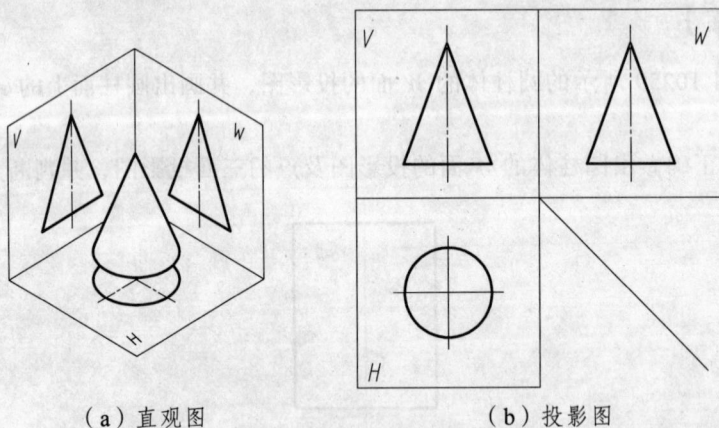

（a）直观图　　　　　（b）投影图

图 10261　圆锥及其三面投影图

3. 三视图的特点

圆锥的三个视图中，其中一个视图是圆，另两个视图是全等的等腰三角形。

4. 三视图的作图步骤

（1）布置图面，画作图基准线，如图 10262a 所示。

（2）画反映底面实形的俯视图，如图 10262b 所示。

（3）依据圆锥体的高，按投影关系画主视图，如图 10262c 所示。

（4）依据主视图和左视图，按投影关系画左视图，如图 10262d 所示。

（5）检查并描深图线，完成作图，如图 10262e 所示。

※在线动画链接：圆锥三面投影图的绘制步骤（http://218.65.5.218/jz/JZ17/xm2/JZ2-23.html）。

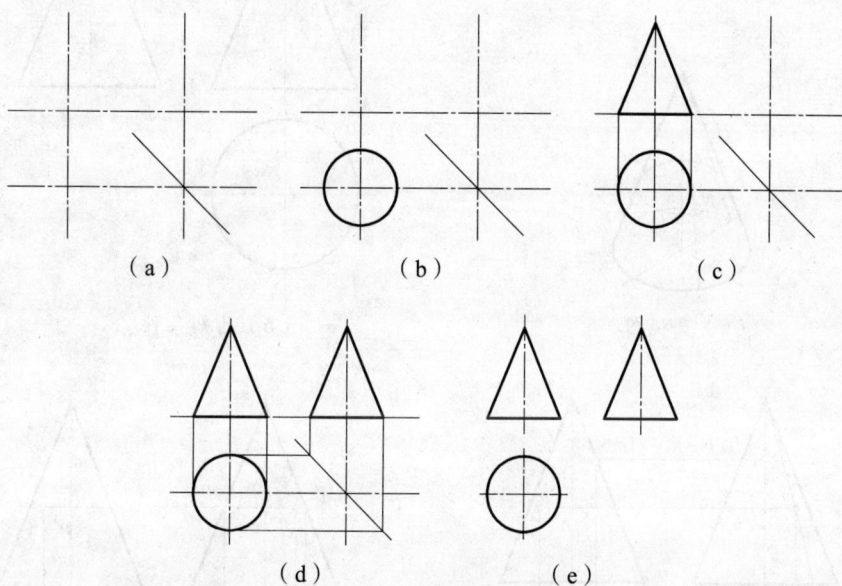

图 10262　圆锥三面投影图的绘制步骤

5. 圆锥表面上的点

（1）原理和方法。

处于圆锥转向轮廓素线和底面的点是特殊点，可利用投影关系或积聚性直接作出；处于圆锥表面任意位置的点是一般位置点，可用辅助素线法或辅助纬线圆法求出。

（2）圆锥表面上点的可见性判断原则。

若点所在表面的投影可见，则点的同面投影也可见；反之为不可见。

对不可见的点的投影，需加圆括号表示。在平面积聚投影上的点的投影，可以不必判别其可见性。

※在线动画链接：辅助线法求圆锥表面上的点（http：//218.65.5.218/jz/JZ17/xm2/JZ2-24.html）、辅助圆法求圆锥表面上的点（http：//218.65.5.218/jz/JZ17/xm2/JZ2-25.html）。

【例题 2.9】　如图 10263b 所示，已知圆锥面上点 M、N 的 V 面投影（m'）n'，求作其 H、W 面投影。

分析：投影（m'）位于中心线上，不可见，可判断点 M 位于圆锥面最后转向轮廓素线上；投影 n'可见，又在中心线左方，则可判断点 N 位于左前半圆锥面上，如图 10263a。

作图步骤如下：

（1）M 点投影。过 m'"高平齐"向右引水平线交侧面投影三角形左边线（圆锥最后转向轮廓素线）投影 m'''，再由 m' 和 m'' "长对正"、"宽相等"作直线相交求得投影 m，圆锥面 H
面投影是可见的，故 m 点也是可见的，如图 10263c 所示。

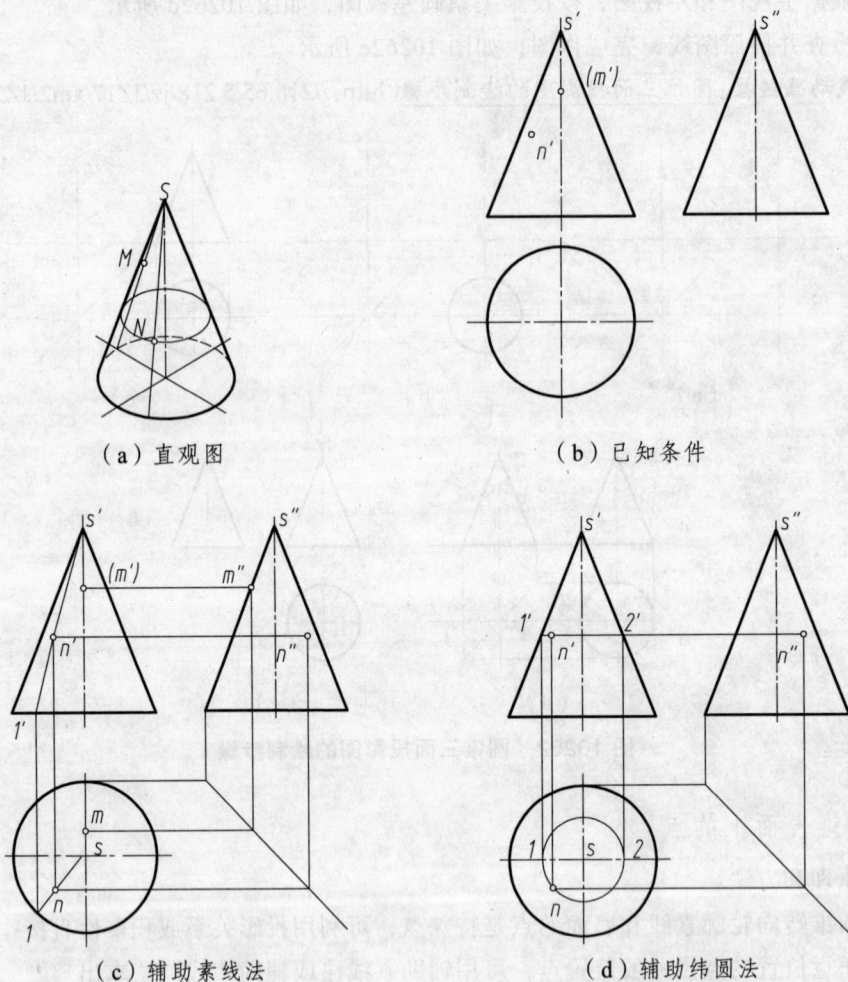

（a）直观图　　　　　　　　　（b）已知条件

（c）辅助素线法　　　　　　　　（d）辅助纬圆法

图 10263　圆锥面上点的投影

（2）N 点投影。

① 辅助素线法。

点 N 在圆锥面上，一定在圆锥面上的一条素线上，如图 10263a 所示。作图如图 10263c
所示：过锥顶 s' 和 n' 连一条素线 $s'1'$，作出其 H 面投影 $s1$，过 n' "长对正"引垂线交 $s1$ 得投
影 n，然后再根据 n' 和 n 求得 n''，n 和 n'' 均为可见。

② 辅助纬圆法。

过圆锥面上点 N 垂直于圆锥轴线作一纬圆，如图 10263a 所示，该圆平行于底面，点 N
的各个投影必在此纬圆的相应投影上。作图（见图 10263d）：过 n' 作圆锥轴线的垂线 $1'2'$（纬
圆 V 面投影），它的 H 面投影为直径等于 $1'2'$、圆心为 s 的圆（纬圆 H 面投影），由 n' 长对正
交该圆下半部（纬圆前面）的求得投影 n；同上再根据 n' 和 n 求得 n''。

2.3.5 圆球的三视图

1. 球的形成

圆球是由一个圆母线绕其直径旋转而成的。母线上任一点的运动轨迹为大小不等的圆，如图10264a所示。

※在线动画链接：球的形成（http：//218.65.5.218/jz/JZ17/xm2/JZ2-26.html）。

2. 投影分析

将圆球放入三投影面体系中，如图10264b所示。由于圆球从任意方向去看投影都是圆，因此其三面投影都是直径相同的圆。但三个投影面上的圆是不同的转向轮廓素线的投影。正面投影上的圆是球上平行于 V 面的最大圆的投影，该圆为前后半球可见与不可见的分界线，所以是正面投影的转向轮廓素线，它在俯、左视图中的投影都与球的中心线重合，不必画出。俯、左视图的投影与此类似。

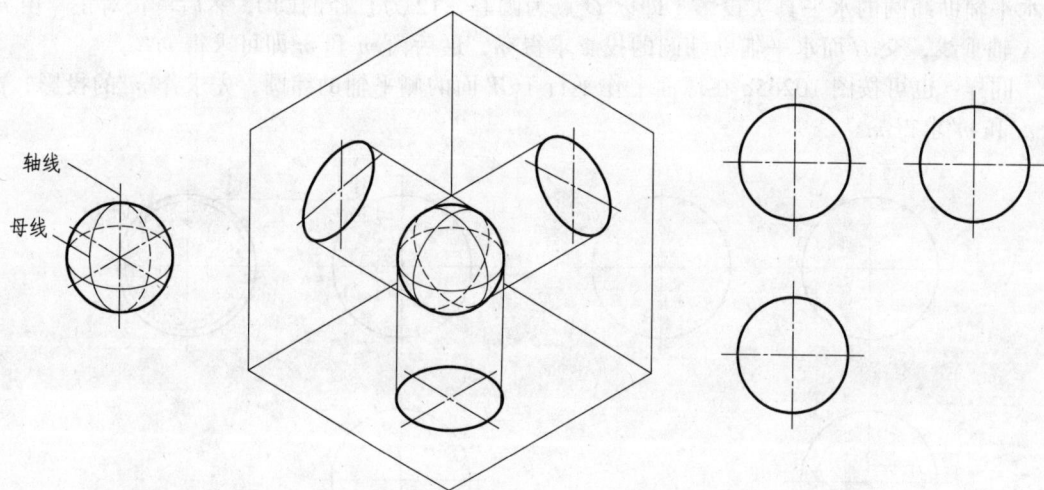

（a）球面的形成　　　（b）直观图　　　（c）投影图

图 10264　圆球及其三面投影图

3. 三视图的特点

三个视图均为圆，其直径与圆球的直径相等。

4. 三视图的作图步骤

（1）布置图面，画作图基准线（中心线）。

（2）分别画三个与球体直径相等的圆。

（3）检查加深图线，整理完成后，如图10264c所示。

※在线动画链接：球三面投影图的绘制步骤（http：//218.65.5.218/jz/JZ17/xm2/JZ2-27.html）。

5. 球面上的点

（1）原理和方法。

球面的投影没有积聚性，且球面上也不存在直线，所以必须采用辅助纬线圆法求作其表面上的点的投影。

（2）圆锥表面上点的可见性判断原则。

若点所在表面的投影可见，则点的同面投影也可见；反之为不可见。对不可见的点的投影，需加圆括号表示。在平面积聚投影上的点的投影，可以不必判别其可见性。

※在线动画链接：辅助圆法求球面上的点（http：//218.65.5.218/jz/JZ17/xm2/JZ2-28.html）。

【例题 2.10】 如图 10265 所示，已知球面上点 M 的 V 面投影 m'，求作其 H 面投影 m 和 W 面投影 m"。

分析：根据 m'的位置和可见性，说明点 M 在前半球面的右上部，因此 M 点的水平投影 m 可见，侧面投影 m"不可见。

作图步骤如下：

如图 10265a，在球面的 V 面投影上过 m'作水平辅助纬圆的积聚投影 1'2'，再在 H 面上作水平辅助纬圆的水平真实投影（即以 O 点为圆心，12 为直径的圆），然后"长对正"由 m'作 X 轴垂线，交 H 面水平辅助纬圆的投影求得 m，最后由 m'和 m 即可求得 m"。

同样，也可按图 10265b 在球面上作平行于 W 面的侧平辅助纬圆，先求作 m"的投影，再由 m'和 m"求得 m。

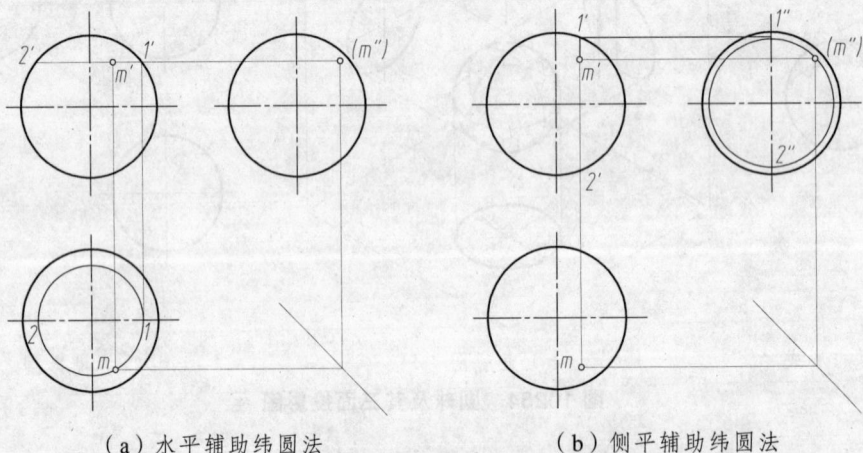

（a）水平辅助纬圆法　　　　　（b）侧平辅助纬圆法

图 10265　圆球面上点的投影

【思考与练习】

1. 回转曲面是如何形成的？何谓轮廓素线？轮廓素线投影有何特点？

2. 圆柱体、圆锥体、球体的形体特征是什么？其三视图有何特点？

3. 绘制如图 10266 所示的圆锥台的 W 面的投影图，并画出圆锥面上的 A 点、B 点、C 点和 MN 线段的三面投影图。

4. 绘制如图 10267 所示的圆球体的 V 面的投影图，并画出圆锥面上的 C 点、D 点和 E 点的三面投影图。

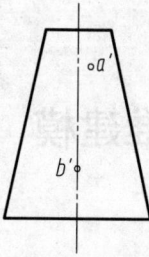

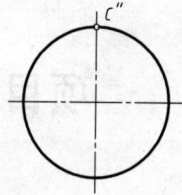

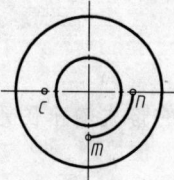

图 10266

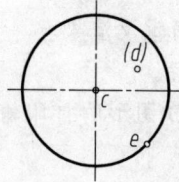

图 10267

5. 绘制如图 10268 所示的圆锥体的 W 面的投影图，并画出圆锥面上的 A 点、B 点、C 点和 D 点的三面投影图。

训练要求：正确做出圆锥体的 W 面的投影图及点的三面投影图，并判断点的可见性。

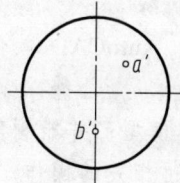

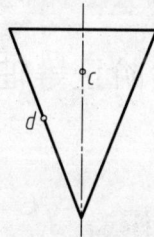

图 10268

项目3 轴测图的绘制及三维建模

【学习内容】

1. 轴测投影的概念与特性、正等轴测图及斜二等轴测图的绘制。
2. 三维实体模型的创建、编辑及渲染。
3. AutoCAD 设计中心的应用。
4. 打印机的配置、AutoCAD 图形的打印输出及以光栅图像的格式输出图形文件。

【学习目标】

1. 知识目标
（1）熟悉正等轴测图、斜二等轴测图的应用和画法；
（2）初步熟悉三维建模、编辑及渲染常用命令；
（3）熟悉 AutoCAD 设计中心的应用及图形的各种输出方法和步骤。

2. 能力目标
（1）会正确运用尺规等绘图工具及 AutoCAD 软件绘制简单几何形体的正等轴测图和斜二等轴测图；
（2）能初步创建常见几何体的实体模型，并能制作简单的仿真图片；
（3）能应用 AutoCAD 设计中心进行相关的操作；
（4）能掌握 AutoCAD 图形的各种输出方法。

任务 3.1 台阶正等轴测图的绘制

【任务载体】

台阶正等轴测图（见图 10301）

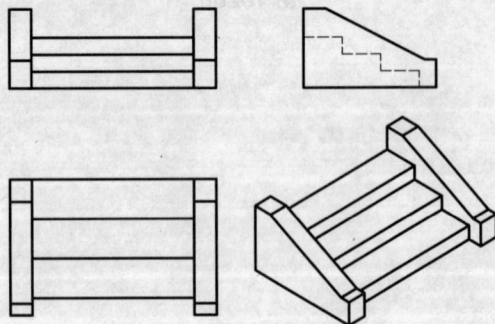

图 10301 台阶正等轴测图

【知识导入】

正投影图虽能准确地反映物体的形状和大小，作图简便，在工程上得到广泛的图样，但缺乏立体感，不容易想象出其真实形状，如图 10302（a）所示。为了接近人们的视觉习惯，在实践中，常用轴测图这种富有立体感的单面投影图作为辅助图样来表示空间立体结构。它能同时反映物体三个方向的形状，直观性能好，立体感强，但作图较为复杂，度量性能差，如图 10302（b）所示。

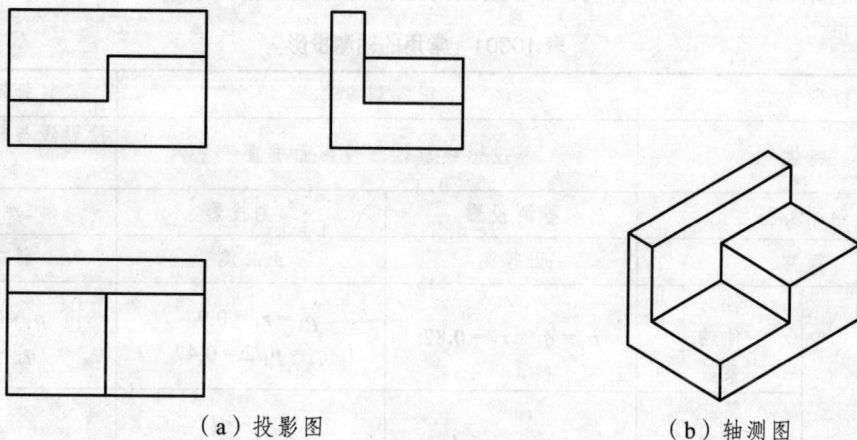

（a）投影图　　　　　　　　（b）轴测图

图 10302　投影图与轴测图的比较

3.1.1　轴测投影的概念和特性

1. 轴测图的形成

用平行投影法，将物体和确定物体的直角坐标系一起沿着不平行于任一坐标轴的方向 S、投影面 P 投射一组平行投影线，这样得到的投影图，称为轴测投影图，简称轴测图，如图 10303 所示。

轴测投影也属于平行投影，且只有一个投影面。当物体的三个坐标轴不与投影方向一致时，则物体三个坐标面的平面在轴测投影面中都得到反映，因此物体的轴测投影才有较强的立体感。

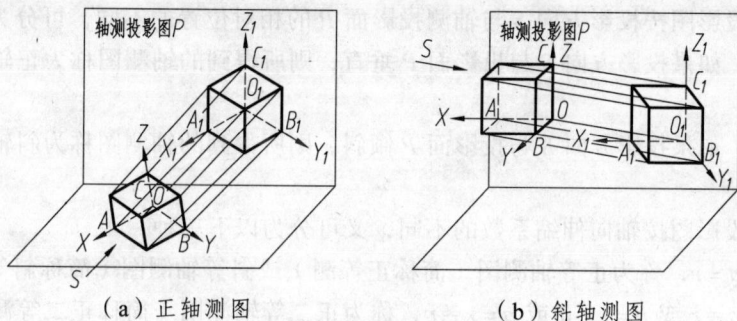

（a）正轴测图　　　　　　　　（b）斜轴测图

图 10303　轴测图的形成

※在线动画链接：轴测投影图的形成（http：//218.65.5.218/jz/JZ17/xm3/JZ1-1.html）。

2. 轴测轴、轴间角和轴向伸缩系数

（1）轴间角：两根轴测轴之间的夹角。

（2）轴向伸缩系数。

轴测图中，轴测轴上的单位长度与相应坐标轴上的单位长度之比称为轴向伸向系数，用符号 p_1、q_1、r_1 分别表示 X 轴、Y 轴、Z 轴的轴向伸缩系数。简化的轴向伸缩系数分别用 p、q、r 表示。

常用轴测图的轴间角、轴向伸缩系数及简化轴向伸缩系数如表 10301 所示。

表 10301　常用的轴测投影

投影方式		正轴测投影		斜轴测投影
特性		投影线与轴测投影面垂直		投影线与轴测投影面倾斜
轴测类型		等测投影	二测投影	二测投影
简称		正等测	正二测	斜二测
应用举例	轴向伸缩系数	$p_1 = q_1 = r_1 = 0.82$	$p_1 = r_1 = 0.94$ $q_1 = p_1/2 = 0.47$	$p_1 = r_1 = l$ $q_1 = 0.5$
	简化伸缩系数	$p = q = r = l$	$p = r = l$ $q = 0.5$	无
	轴间角	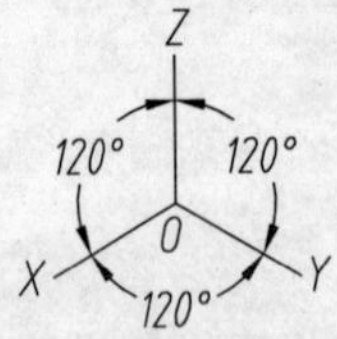	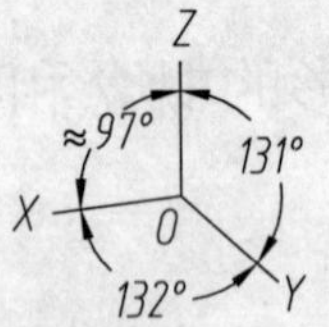	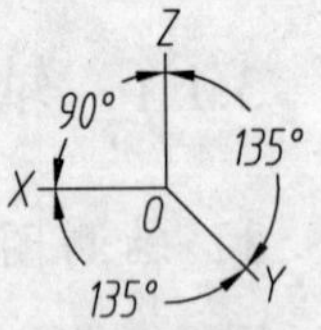
	例图	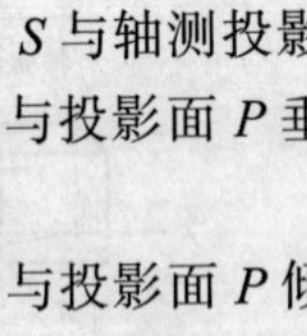	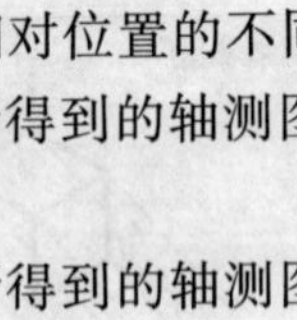	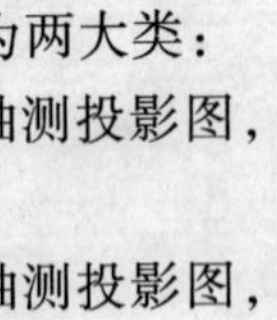

3. 轴测投影的分类

（1）轴测投影图按投影方向 S 与轴测投影面 P 的相对位置的不同，可分为两大类：

正轴测图：如果投影方向 S 与投影面 P 垂直，则所得到的轴测图称为正轴测投影图，见图 10303（a）。

斜轴测图：如果投影方向 S 与投影面 P 倾斜，则所得到的轴测图称为斜轴测投影图，见图 10303（b）。

（2）轴测投影图按轴向伸缩系数的不同，又可分为以下三种：

① 如 $p = q = r$，称为正等轴测图（简称正等测）或斜等轴测图（简称斜等测）。

② 如 $p = q \neq r$ 或 $p = r \neq q$ 或 $q = r \neq p$，称为正二等轴测图（简称正二等测）或斜二等轴测图（简称斜二等测）。

③ 如 $p \neq q \neq r$，称为正三测轴测图（简称正三测）或斜三测轴测图（简称斜三测）。

（3）常用的轴测图主要有：

① 正等测轴图：三个轴向伸缩系数相等的正轴测投影图。

② 斜二等轴测图：在斜轴测投影中，轴测投影面平行于一个坐标面，且该坐标面的两个轴的轴向伸缩系数相等，如图 10304 所示。

4．轴测投影的特性

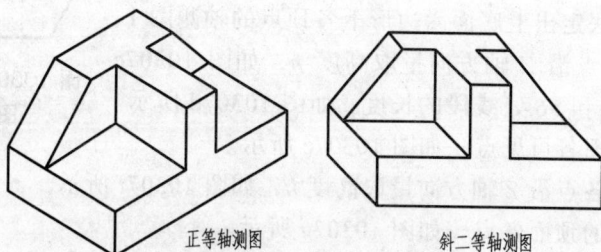

正等轴测图　　　　斜二等轴测图

图 10304　常用的轴测投影

由于轴测图是平行投影，因此轴测图同样具有前述平行投影的各种特性。

（1）物体上互相平行的线段，在轴测图中仍互相平行。

（2）物体上平行于坐标轴的线段，在轴测图中仍然与相应的轴测轴平行，其变形系数也与相应坐标轴的变形系数相等。

特别注意：当所画线段与坐标轴不平行时，则不能在图上直接度量，而应按线段两端点的坐标分别作出端点的轴测图，再连线就可求得该线段的轴测图。

※在线动画链接：**轴测投影的特性**（http：//218.65.5.218/jz/JZ17/xm3/JZ1-2.html）。

3.1.2　正等轴测图的绘制

1．正等轴测图的轴间角和轴向伸缩系数

使物体上的三根坐标轴与轴测投影面倾斜成相同角度，运用正投影法所得到的轴测投影图称为正等轴测图。正等测图的轴间角均是 120°，轴向伸缩系数 $p = q = r = 0.82$。为便于作图将轴向伸缩系数进行简化，即 $p = q = r \approx 1$。

正等测图的轴间角和简化系数如图 10305 所示。

2．正等轴测图的画法

（1）平面立体的正等轴测图。

坐标定点法：沿坐标轴测量，按坐标画出各顶点的轴测图，再作出整个物体的轴测投影，这种作轴测图的方法简称为坐标法。

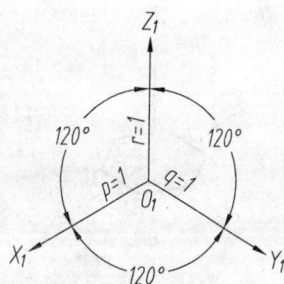

图 10305　正等测图的轴间角和简化系数

【例题 3.1】　已知正六棱柱的两视图，作它的正等轴测图，如图 10306 所示。

分析：图 10306 所示为正六棱柱，其前后、左右对称，上下底面为与水平面平行且全等的正六边形，故将坐标原点定在下底面正六边形的中心，以六边形的中心线作为 X 轴和 Y 轴，Z 轴则与六棱柱的轴线重合。这样可直接定出下底面正六边形各顶点的坐标，从下底面开始

画图。应注意的是，轴测图中的不可见的轮廓线一般不要求画出，所以作图时，只画可见的轮廓线，不可见的轮廓线不画，以便简化作图。

作图步骤如下：

（1）在视图上选定坐标原点及坐标轴，如图 10307a 所示。

（2）按正等测图的轴间角画出轴测轴，如图 10307b 所示。

（3）用坐标定点法定出上底面六边形上各顶点的轴测图 1、4、A、B 点以及由 0 点沿 Z 轴方向量取高度 h，如图 10307c 所示。同时，确定 23 和 56 处线段的长度，如图 10307d 所示。

（4）依次连接底面各可见点，如图 10307e 所示。

（5）依次由底面各点沿 Z 轴方向量取高度 h，如图 10307f 所示。

（6）连接六棱柱的顶面各点，如图 10307g 所示。

（7）整理和擦去多余图线（不可见部分的虚线可不画出），描深即完成作图，如图 10307h 所示。

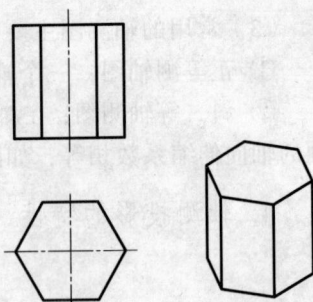

图 10306　正六棱柱的两视图及正等轴侧图

※在线动画链接：正六棱柱轴测图的绘制过程（http：//218.65.5.218/jz/JZ17/xm3/JZ1-3.html）。

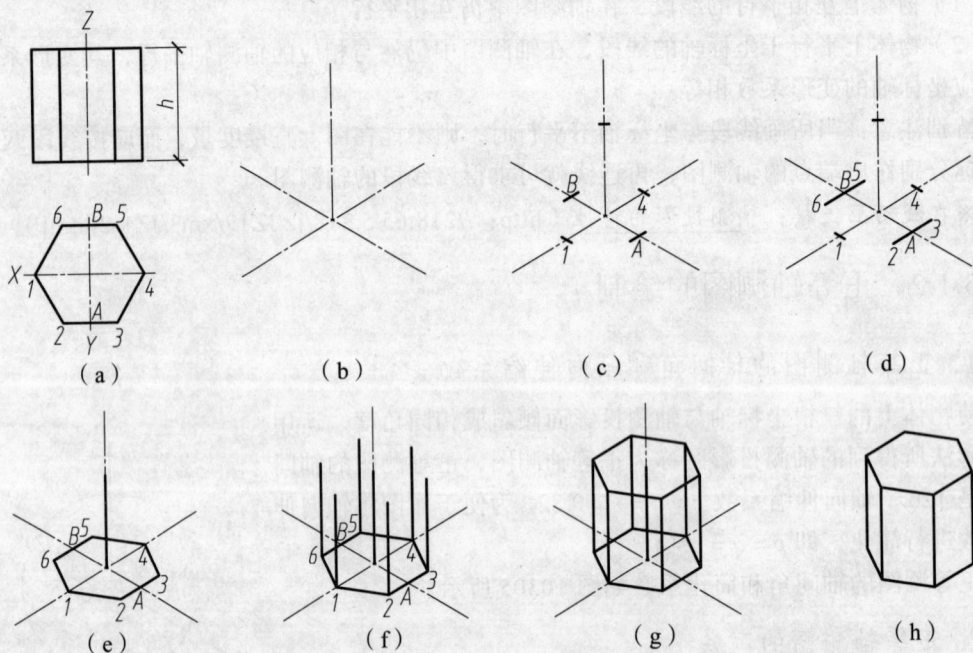

（a）　　　　（b）　　　　（c）　　　　（d）

（e）　　　　（f）　　　　（g）　　　　（h）

图 10307　正六棱柱的正等轴测图画法

切割法：对切割式的组合体，可先画出完整的基本形体，然后用切割的方法画出不完整的部分，这种绘制轴测图的方法称为切割法。

【例题 3.2】　根据平面立体的三视图，画出它的正等轴测图，如图 10308 所示。

分析：通过对图 10308 所示的物体进行形体分析，可以把该形体看作是由一长方体斜切左上角，再在前上方切去一个六面体而成。画图时可先画出完整的长方体，然后再切去一斜角和一个六面体而成。

作图步骤如下：

（1）确定坐标原点及坐标轴，如图 10309a 所示。

（2）按正等测图的轴间角画出轴测轴，沿轴量 40、22、26 作长方形，如图 10309b 所示。

（3）沿轴量出尺寸 16、9，然后连线切去左上角得一斜面，如图 10309b 所示。

（4）沿轴量尺寸 11，平行于 $X_1O_1Z_1$ 面由上往下切，量得尺寸 18 平行 $X_1O_1Y_1$ 面由前向后切，两面相交切去一角，如图 10309c 所示。

（5）擦去多余图线，描深即完成作图，如图 10309d 所示。

图 10308　一平面立体的三视图及轴测图

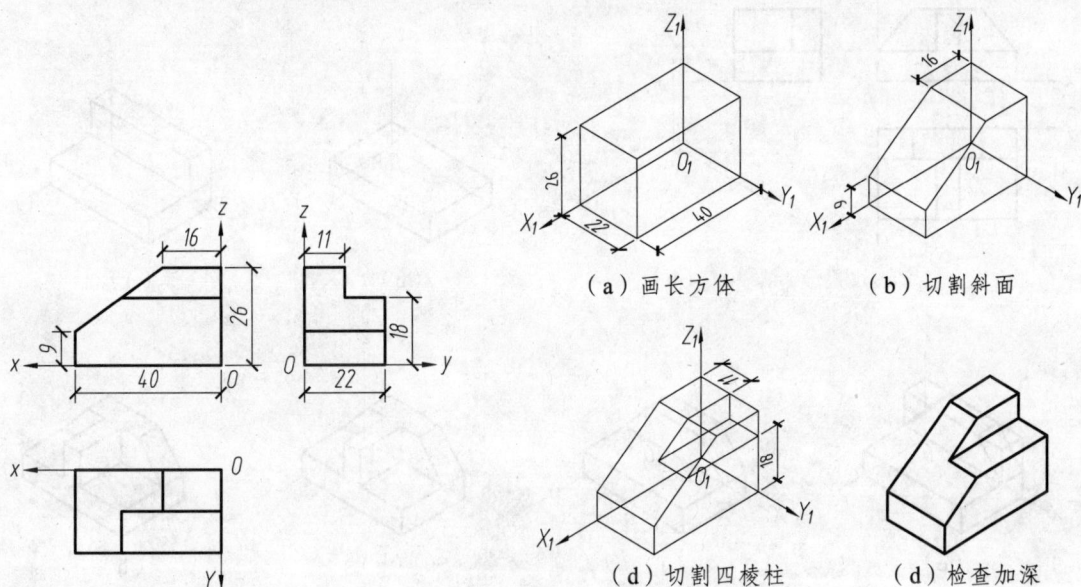

※在线动画链接：<u>切割式平面立体绘制过程</u>（http://218.65.5.218/jz/JZ17/xm3/JZ1-4.html）。

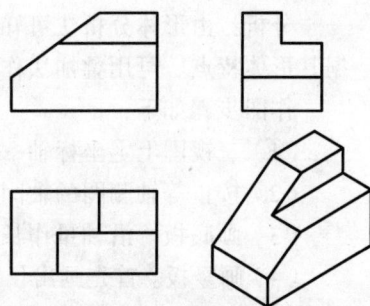

（a）画长方体　　　　　（b）切割斜面

（d）切割四棱柱　　　　（d）检查加深

图 10309　　用切割法作正等轴测图

组合法：对叠加式组合形体，先按各组成部分的形状和相对位置逐个画出它们的轴测图，再综合起来，完成整体轴测图，这种方法称为组合法。

【例题 3.3】　根据平面立体的三视图，画出它的正等轴测图，如图 10310 所示。

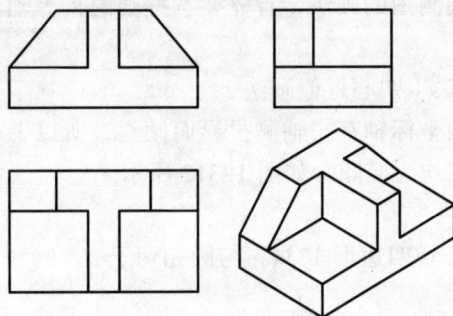

图 101310　　一平面立体的三视图及轴测图

分析：由形体分析法可知图 10310 所示的组合体是由底板、竖板和肋板叠加而成的。根据其形体特点，可用叠加法作出其正等轴测图。

作图步骤如下：

（1）三视图上定坐标轴，如图 10311a 所示。

（2）按正等轴测图的轴间角画出轴测轴，如图 10311b 所示。

（3）画底板。沿轴量作长方形，即可画出底板，图 10311c 所示。

（4）画竖板。首先画出长方体，如图 10311d 所示；然后沿竖板切去左右角得一斜面，如图 10311e 所示；再擦去多余作图线，如图 10311f 所示。

（5）画肋板。在底板的位置上，画出长方形肋板，如图 10311g 所示。

（6）擦去多余作图线，描深即完成作图，如图 10311h 所示。

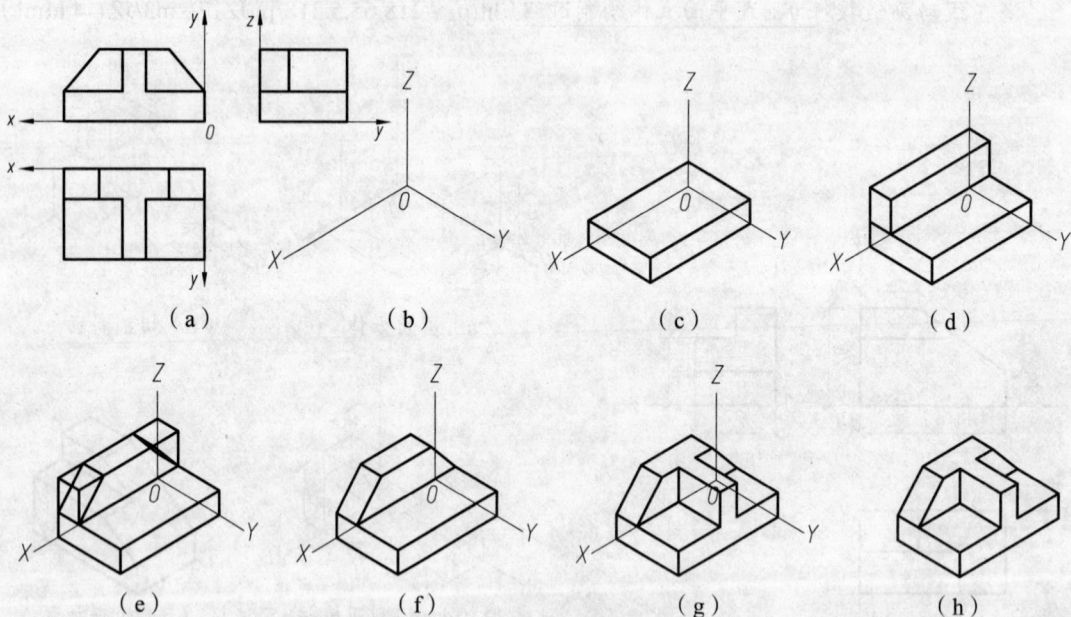

（a）　　　　　　（b）　　　　　　（c）　　　　　　（d）

（e）　　　　　　（f）　　　　　　（g）　　　　　　（h）

图 10311　用组合法作正等轴测图

※在线动画链接：组合式平面立体轴测图的绘制过程（http：//218.65.5.218/jz/JZ17/xm3/JZ1-5.html）。

（2）回转体的正等轴测图。

要掌握回转体的正等轴测图的画法，首先要掌握圆的正等轴测图的画法。

① 圆的正等轴测图画法（四心近似画法）。

由于正等轴测图的三根坐标轴都与轴测投影面倾斜，所以平行于投影面的圆的正等轴测图均为椭圆，如图 10312 所示。

作图步骤如下：

a. 确定坐标轴并作圆外切四边形 1234，与圆相切于 a、b、c、d 四点，如图 10313a 所示。

b. 作正等轴测轴，在 X_1、Y_1 轴上截取 $O_1A_1 = O_1C_1 = O_1B_1 = O_1D_1$

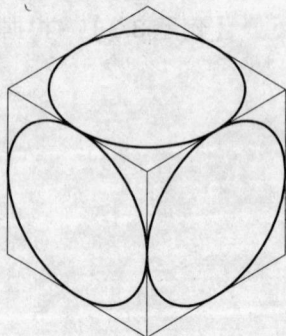

图 10312　立方体上各面的轴测圆

得切点 A_1、B_1、C_1、D_1，如图 10313b 所示。

c. 过 A_1、B_1、C_1、D_1 四点分别作 X_1、Y_1 轴的平行线，得棱形 I_1、II_1、III_1、IV_1，如图 10313d 所示。

d. 连 $\mathrm{I}_1 C_1$、$\mathrm{III}_1 A_1$，分别与 $\mathrm{II}_1 \mathrm{IV}_1$ 于相交于 O_2、O_3，如图 10313e 所示。

e. 分别以 I_1、III_1 为圆心，$\mathrm{I}_1 C_1$、$\mathrm{III}_1 A_1$ 为半径画圆弧 $C_1 D_1$、$A_1 B_1$；再分别以 O_2、O_3 为圆心，$O_2 C_1$、$O_3 A_1$ 为半径，作弧 $B_1 C_1$ 和 $A_1 D_1$。描深即得由四段圆弧组成的近似椭圆，如图 10313f 所示。

用同样的方法，可绘出其他面上的轴测圆。

※在线动画链接：<u>圆的正等轴测图画法</u>（http：//218.65.5.218/jz/JZ17/xm3/JZ1-6.html）。

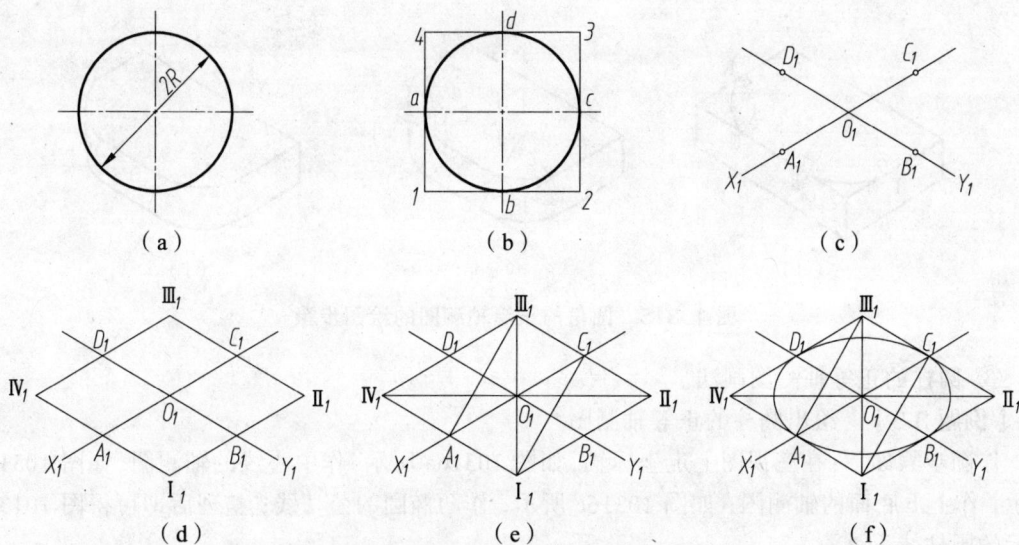

图 10313　圆的正等轴测图画的绘图步骤

② 圆角的正等轴测图画法。

【例题 3.4】　绘出圆角的正等轴测图，如图 10314 所示。

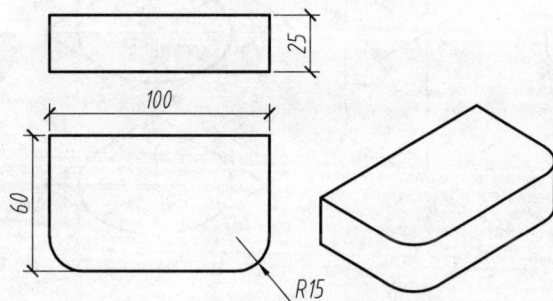

图 10314　圆角的正等轴测图

作图步骤如下：在三视图上定坐标轴，如图 10315a 所示。绘出矩形平板的正等轴测图，如图 10315b 所示；根据圆角半径，求出切点，如图 10315c 所示；过切点做所在边的垂线，两垂线的交点即为所求圆弧的圆心，如图 10315d 所示；分别以两交点为圆心，在对应的两切点之间画圆弧，如图 10315e 所示；最后，经整理即可得图 10315f 所示的圆角。

※在线动画链接：圆角的正等轴测图绘制过程（http：//218.65.5.218/jz/JZ17/xm3/JZ1-7.html）。

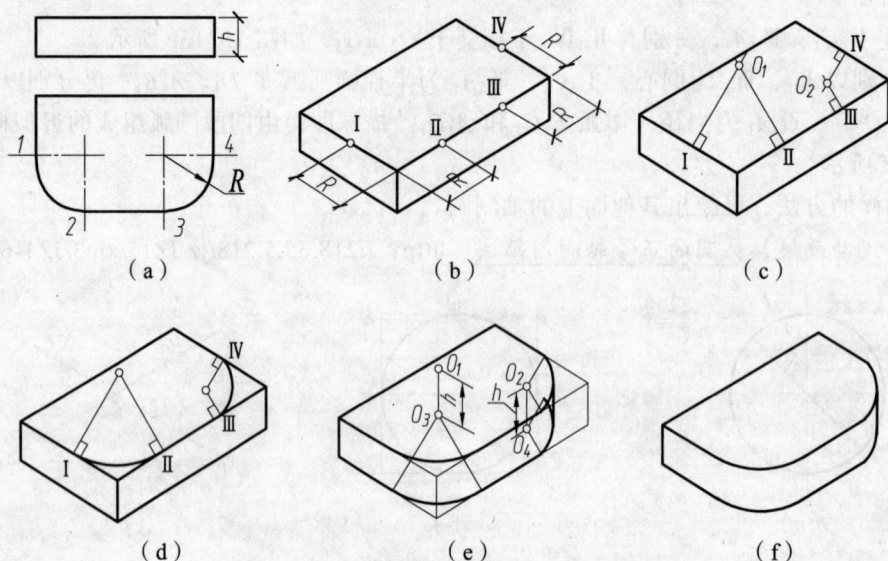

图 10315 圆角的正等轴测图的绘图步骤

③ 圆柱的正等轴测图画法。

【例题 3.5】 绘出圆柱的正等轴测图

作图步骤如下：在三视图上定坐标轴，如图 10316a 所示。作中心线的轴测图，如图 10316b 所示；作上下底面的轴测图，如图 10316c 所示；作两椭圆的公切线；整理后即可得图 10136d 所示的圆柱体。

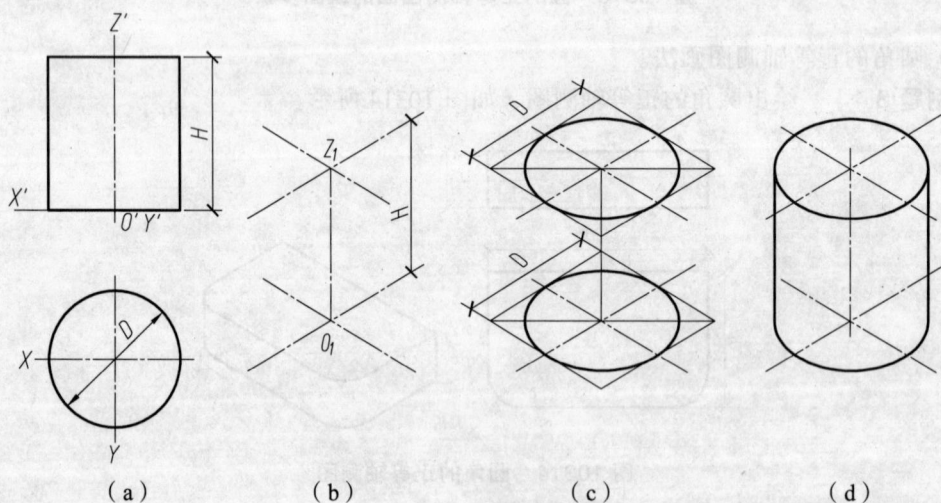

图 10316 圆柱的正等轴测图的绘图步骤

※在线动画链接：圆柱的正等轴测图绘制过程（http：//218.65.5.218/jz/JZ17/xm3/JZ1-8.html）。

④ 圆台的正等轴测图画法。

【例题 3.6】 绘出圆台的正等轴测图

作图步骤如下：分析圆台的三视图，确定坐标轴，如图 10317a 所示。绘出中心线的正等轴测图，如图 10317b 所示；绘出两底面的轴测图，如图 10317c 所示；作两椭圆的公切线，如图 10317d 所示；整理后即可得图 10317e 所示的圆台。

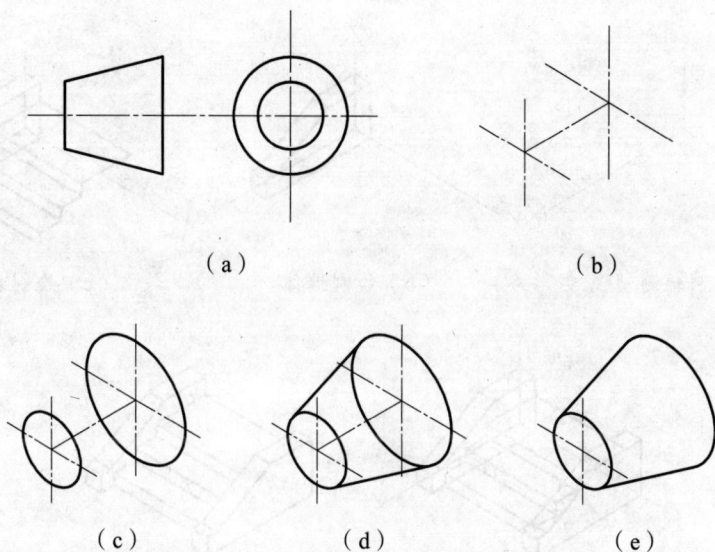

（a） （b）

（c） （d） （e）

图 10317　圆台的正等轴测图的绘图步骤

※在线动画链接：圆台的正等轴测图绘制过程（http：//218.65.5.218/jz/JZ17/xm3/JZ1-9.html）。

【任务实施】

3.1.3　台阶正等轴测图的尺寸分析

绘制如图 10301 所示的台阶正等轴测图，应先正确识读台阶三视图的尺寸标注，如图 10318 所示。此台阶为室外台阶，由踏步及扶手两部分构成。由图中的尺寸标注可以看出，台阶的踏步高度为 8 mm，踏步宽度为 16 mm，踏步长度为 70 mm；两侧的扶手宽度为 12 mm，扶手高度最高为 36 mm、最低为 12 mm；整个台阶的长度为 94 mm。

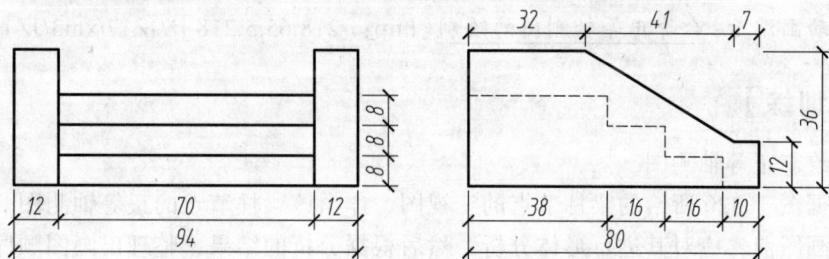

图 10318　台阶三视图的尺寸标注

127

3.1.4　绘制台阶正等轴测图

绘制台阶正等轴测图主要操作步骤：

（1）绘制图框及标题栏。

（2）绘图步骤（见图 10319）。

按组合体各组成部分的相对位置分别画出各组成部分的正等轴测图。

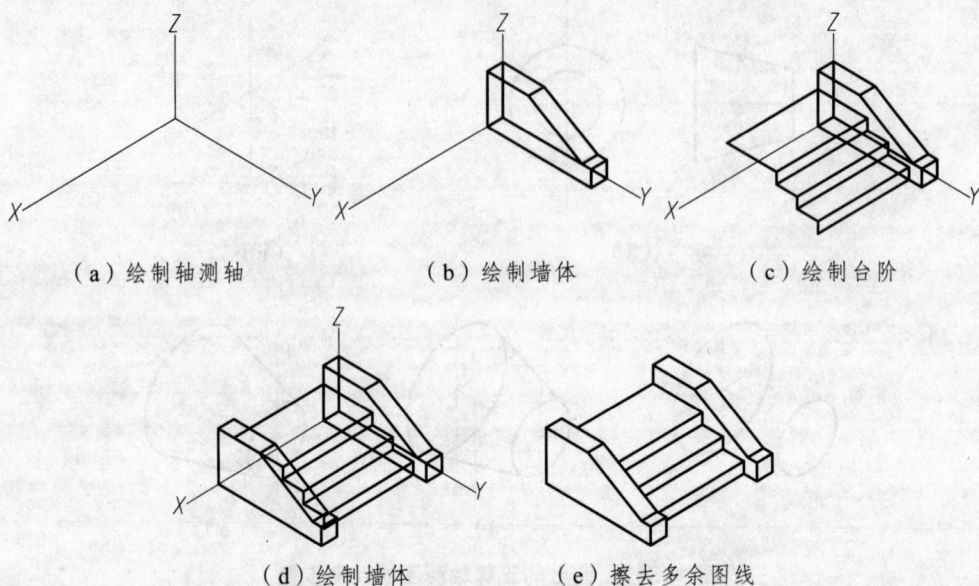

（a）绘制轴测轴　　　　（b）绘制墙体　　　　（c）绘制台阶

（d）绘制墙体　　　　（e）擦去多余图线

图 10319　台阶正等轴测图的绘制

① 用细实线绘制三根轴测轴，轴间角度为 120°，各轴的轴向伸缩系数取 1，如图 10319a 所示。

② 用粗实线绘制台阶右侧的墙体。在 *YOZ* 平面绘制墙体的一侧面，将绘制好的侧面沿 *X* 轴方向平行绘制（间距 12 mm），再沿 *X* 轴方向绘制墙体的可见轮廓线，擦去不可见的轮廓线，如图 10319b 所示。

③ 用粗实线绘制台阶。在右侧墙体的左侧面上绘制台阶的一侧面，将绘制好的侧面沿 *X* 轴方向平行绘制（间距 70 mm），再沿 *X* 轴方向绘制台阶的可见轮廓线，如图 10319c 所示。

④ 将墙体沿 *X* 轴方向平行绘制到台阶的左侧（间距 82 mm），如图 10319d 所示。

⑤ 擦去不可见的轮廓线和坐标线，如图 10319e 所示。

※在线动画演示：台阶正等轴测图的绘制（http://218.65.5.218/jz/JZ17/xm3/JZ1-12.html）。

【巩固训练】

按要求绘制正等轴测图

（1）根据图 10320 所给的梁柱节点的三视图，作出该梁柱节点的正等轴测图。

要求：画图前，应对其进行形体分析，然后根据分析的结果，整理出画图顺序，并逐一画出每个形体。

（2）绘制如图 10321 所示一组合体的正等轴测图。

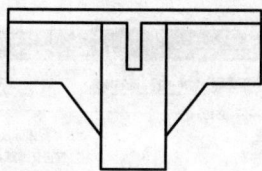

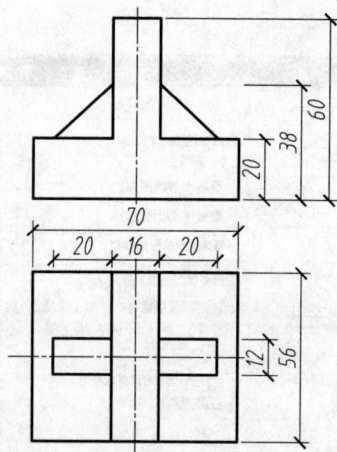

图 10320 图 10321

【思考与练习】

1. 轴测图与多面正投影方法有何不同？其投影规律有哪些？

2. 常用的轴测图有几种？它们的画法有何不同？

3. 画轴测图的最基本的方法是什么？

4. 在正等轴测图中如何确定椭圆的长、短轴的大小，椭圆的近似画法怎样画？

5. 根据图 10322 所给的房屋的三视图，作出该房屋的正等轴测图。

要求：画图前，应对其进行形体分析，然后根据分析的结果，整理出画图顺序，并逐一画出每个形体。

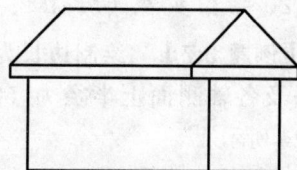

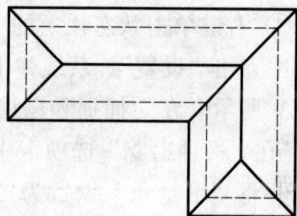

图 10322

【技能拓展】

3.1.5 运用 AutoCAD 软件绘制正等轴测图

1. 设置正等轴测图的绘图环境

（1）右键单击状态栏上的"栅格"功能按钮，在弹出的菜单中点击"设置"，系统弹出"草图设置"对话框，如图 10323 所示。在"捕捉和栅格"选项卡中勾选"等轴测捕捉"，在"极轴追踪"选项卡中勾选"用所有极轴角设置追踪"并将"增量角"设置为 30°。设置完后，光标将自动根据轴测面发生变化。

（2）使用"F5"功能键，将鼠标转换到所要绘制的轴测面上。三个轴测面分别是左面、上面、前面（AutoCAD 系统将其定义为右面）。

（3）绘制轴测图时应保持正交状态，否则就难以保证图形的准确性。

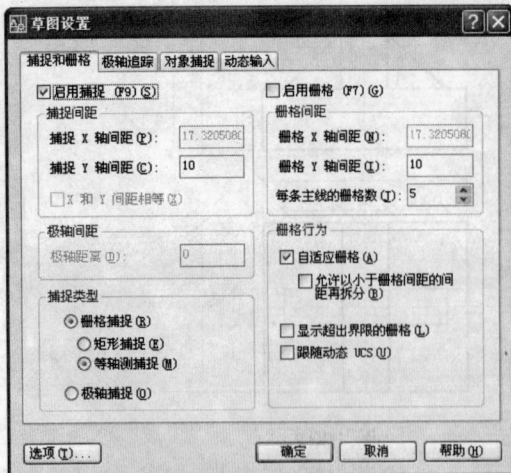

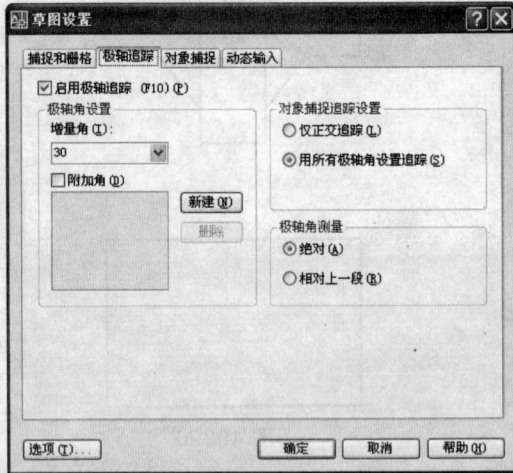

图 10323 "草图设置"对话框

2. 绘图步骤（与上述的手工绘图相同，详细过程见下面例题）

【例题 3.7】 绘制边长为 120 mm 正立方体的正等轴测图及各轴测面上半径为 60 mm 的正等轴测圆。如图 10324 所示。

主要操作步骤如下：

（1）设置正等轴测图的绘图环境。

① 右键单击状态栏上的"栅格"功能按钮，在弹出的菜单中点击"设置"，系统弹出"草图设置"对话框，如图 10323 所示。在"捕捉和栅格"选项卡中勾选"等轴测捕捉"；在"极轴追踪"选项卡中勾选"用所有极轴角设置追踪"并将"增量角"设置为 30°。设置完后，光标将自动根据轴测面发生变化。

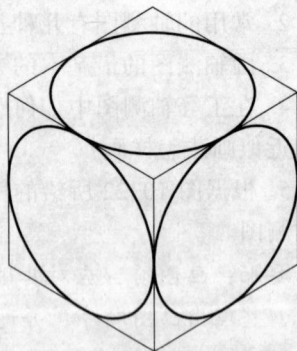

图 10324 绘制正等轴测圆

② 使用 F5 功能键，将鼠标转换到所要绘制的轴测面上。三个轴测面分别是左面、上面、前面（AutoCAD 系统将其定义为右面）。

③ 绘制轴测图时应保持正交状态，否则就难以保证图形的准确性。

（2）绘图步骤。

① 用细实线绘制三根轴测轴，轴间角 120°，各轴的轴向伸缩系数取 1，如图 10325a 所示。

② 用粗实线绘制立方体的可见轮廓，注意删除不可见轮廓线和辅助线，如图 10325b 所示。

③ 执行"Ellipse"命令，选择"等轴测圆（I）"选项，按 F5 功能键切换轴测面，用粗实线分别在三个轴测面上绘制等轴测圆，如图 10325c 所示。

※在线动画演示：正等轴测圆的绘制（http：//218.65.5.218/jz/JZ17/xm3/JZ1-10.html）。

130

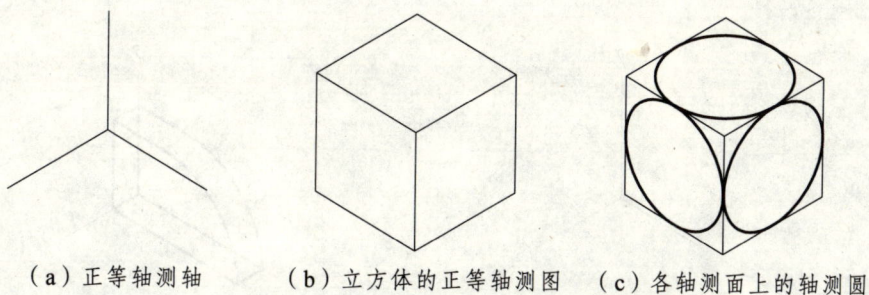

（a）正等轴测轴　　　　（b）立方体的正等轴测图　　（c）各轴测面上的轴测圆

图 10325　正等轴测圆的绘制步骤

【实训指导】

实训6　运用 AutoCAD 绘制正等轴测图

1．实训目的与要求

能正确设置正等轴测图的绘图环境，掌握绘制正等轴测图的方法和步骤。

2．实例及操作指导

例题1　绘制如图 SX13 所示一组合体的正等轴测图。

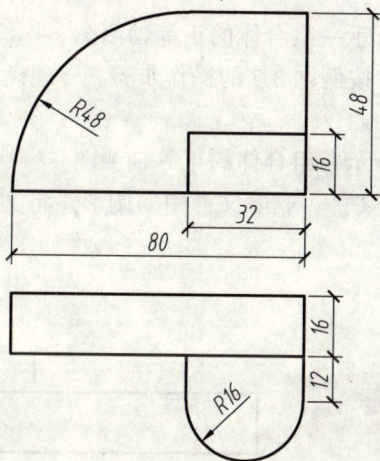

图 SX13　绘制一组合体的正等轴测图

（1）主要操作步骤如下：

① 前期准备工作同例题 3.7。

② 用粗实线绘制立板的正等轴测图。绘制轴测圆时，按 F5 键将轴测面切换到右轴测面。

③ 用粗实线绘制凸台的正等轴测图。绘制轴测圆时，按 F5 键将轴测面切换到上轴测面。

④ 执行 "Trim"、"Erase" 命令，剪去或删除不可见的轮廓线和坐标线。

（2）绘图步骤可参照图 SX14 的演示。

※在线动画演示：<u>一组合体正等轴测图的绘制</u>（http：//218.65.5.218/jz/JZ17/xm3/JZ1-11.html）。

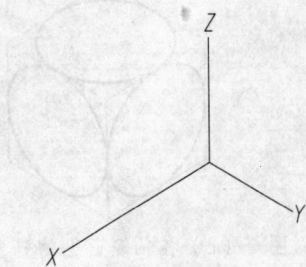

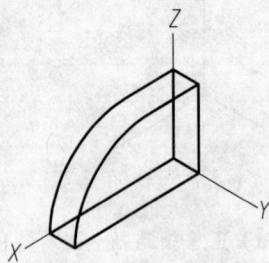

（a）绘制轴测轴　　　　　　　　　　（b）绘制立板的轴测图

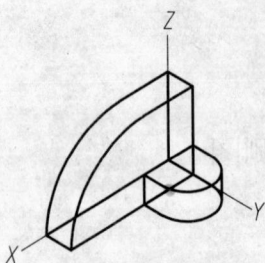

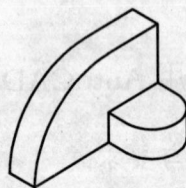

（c）绘制凸台的轴测图　　（d）剪去或删除不可见的轮廓线和坐标线

图 SX14　一组合体正等轴测图的绘制步骤

3. 实训内容

训练 1　绘制如图 SX15 所示一组合体的正等轴测图。

要求：调用 A4 样板文件，按例题 3.7 的操作步骤，合理设置正等轴测图的绘图环境。文件另存为"SX15.dwg"。

训练 2　绘制如图 SX16 所示一组合体的正等轴测图。

要求：打开"SX15.dwg"文件，删除文件中的图形，将文件另存为"SX16.dwg"。

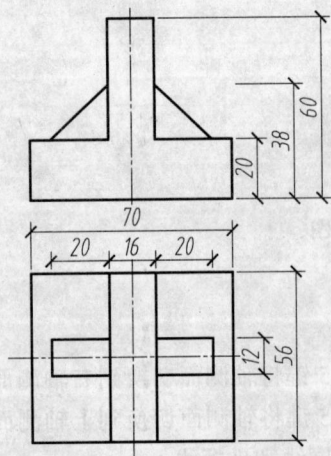

图 SX15　训练 1 图形

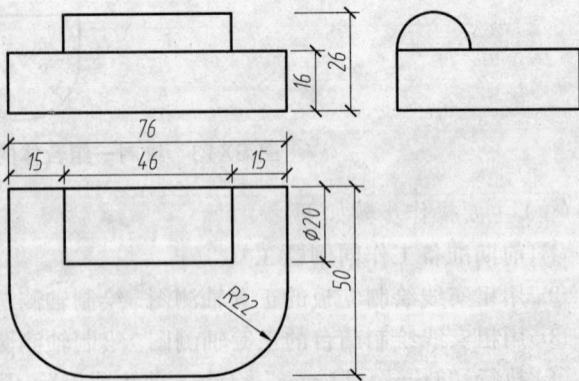

图 SX16　训练 2 图形

任务 3.2 拱门斜二等轴测图的绘制

【任务载体】

拱门斜二等轴测图（见图 10326）

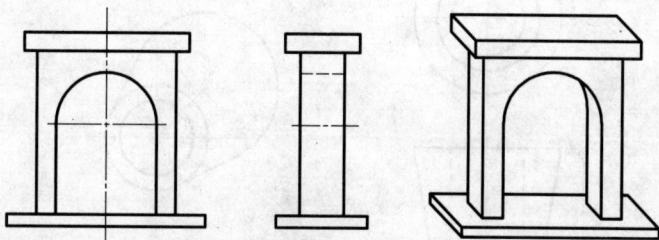

图 10326　拱门斜二等轴测图

【知识导入】

3.2.1 斜二等轴测图的绘制

1. 斜二等轴测图的轴间角和轴向伸缩系数

将物体的 XOZ 坐标面放置成平行于轴测投影面，然后用斜投影方法向轴测投影面进行投影，所得到的轴测图称为斜二等轴测图，简称斜二等轴测图。

斜二等轴测图的 X、Z 轴互相垂直，且与轴测投影面平行，轴向伸缩系数 $p = r = 1$，轴间角 90°；而一般取其 Y 轴的轴向伸缩系数 $q = 0.5$，轴间角 135°，如图 10327 所示。

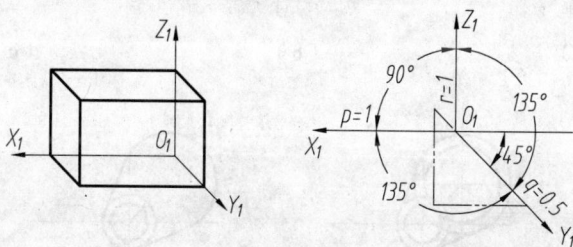

图 10327　斜二测图的轴测轴、轴间角和轴向伸缩系数

在斜二等轴测图中，凡平行于 XOZ 坐标面的几何图形，其轴测投影均反映实形。因此，当物体在一个方向的图形比较复杂、圆和圆弧比较多时，可采用斜二测图来表达，并使该方向平行于轴测投影面，这样可使作图非常简便。但应注意的是，其他两个坐标面的轴测投影要产生变形，图形圆变为椭圆。

2. 斜二轴测图的画法示例

斜二测图的具体画法与正等轴测图的画法相似，但它们的轴间角及轴向变形系数均不同，

133

而且由于斜二测图的轴向伸缩系数中 $q = 0.5$，所以在画斜二测图时，平行于 X、Z 轴的直线量取实长，平行于 Y 轴的直线要取实长的一半。

【例题 3.8】 作穿空圆台的斜二轴测图，如图 10328 所示。

图 10328 穿空圆台的视图和斜二测图

绘图步骤：作斜二测图的轴测轴，如图 10329a 所示；画前端面形状，如图 10329b 所示；画后端面形状，如图 10329c 所示；作出前、后端面的公切线，如图 10329d 所示；整理后即可得，如图 10329e 所示。

※在线动画链接：穿空圆台斜二轴测图的绘制过程（http：//218.65.5.218/jz/JZ17/xm3/JZ1-13.html）。

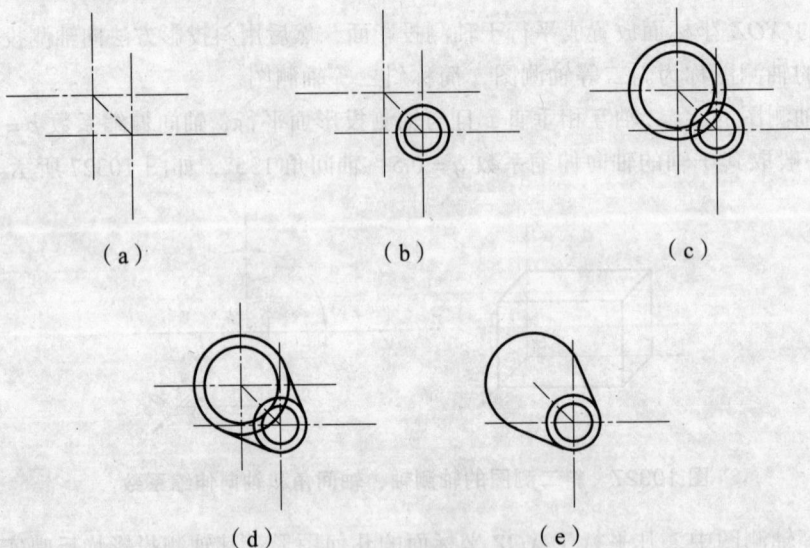

（a）　　　　　　（b）　　　　　　（c）

（d）　　　　　　（e）

图 10329 穿空圆台的斜二轴测图绘图步骤

【例题 3.10】 作一组合体的斜二轴测图，如图 10330 所示。

绘图步骤：作斜二测图的轴测轴，如图 10331a 所示；画正面形状，如图 10331b 所示；画背面形状，如图 10331c 所示；作出前、后圆弧的公切线及相关的 45° 斜线，如图 10331d 所示；修整、擦去多余的图线就可得，如图 10331e 所示。

※在线动画链接：一组合体斜二轴测图的绘制过程（http：//218.65.5.218/jz/JZ17/xm3/JZ1-14.html）。

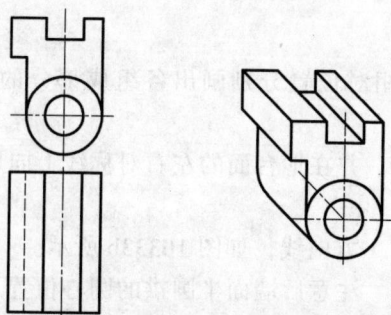

图 10330 一组合体的视图及斜二轴测图

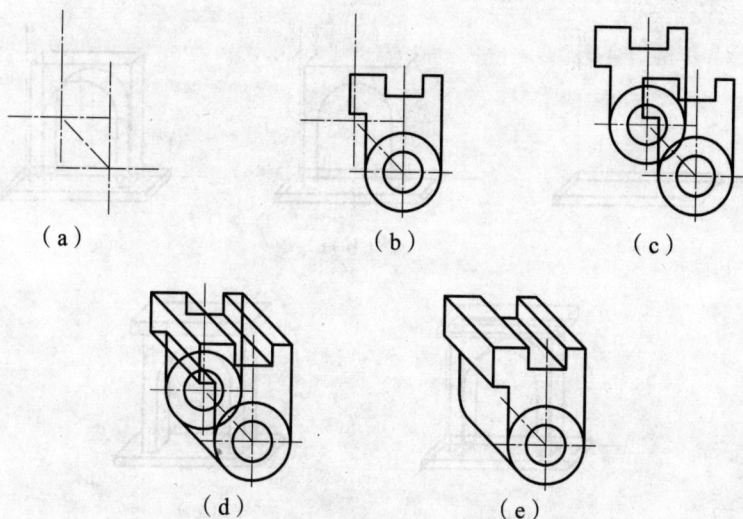

（a）　　　　　　（b）　　　　　　（c）

（d）　　　　　　（e）

图 10331 一组合体的斜二轴测图绘图步骤

【任务实施】

3.2.2 绘制拱门斜二等轴测图

绘制如图 10332 所示的拱门斜二等轴测图，作图步骤如下：

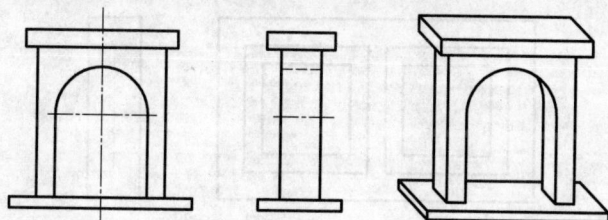

图 10332 拱门斜二等轴测图

1. 分 析

拱门由地台、门身及顶板三部分组成，作轴测图时必须注意各部分在 Y 方向的相对位置。

2. 主要操作步骤

按组合体各组成部分的相对位置分别画出各组成部分的斜二等轴测图，如图 10333 所示。

（1）画地台正面斜轴测图，并在地台面的左右对称线上向后量取，定出拱门前墙面位置线，如图 10333a 所示

（2）按实形画出前墙面及 Y 方向线，如图 10333b 所示。

（3）完成拱门斜二轴测图。注意后墙面半圆拱的圆心位置及半圆拱的可见部分。再在前墙面顶线中点作 Y 轴方向线，向前量取，定出顶板底面前缘的位置线，如图 10333c 所示。

（4）画出顶板，完成轴测图，如图 10333d 所示。

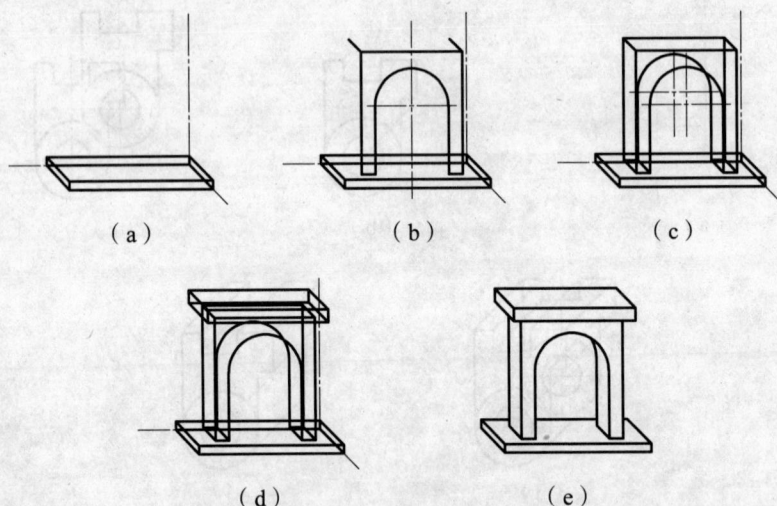

（a）　　　　　　　　　（b）　　　　　　　　　（c）

（d）　　　　　　　　　　　（e）

图 10333　拱门斜二等轴测图的绘图步骤

【巩固训练】

根据图 10334 所给的三视图，作出该形体的斜二等轴测图。

要求：画图前，应对其进行形体分析，然后根据分析的结果，整理出画图顺序，并逐一画出每个形体。

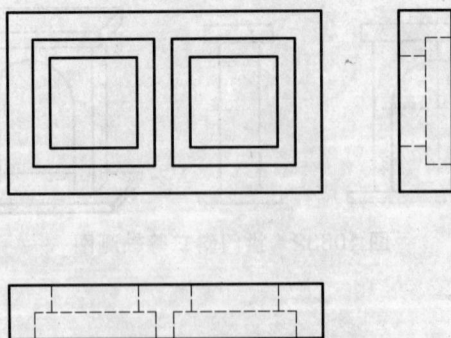

图 10334　某实物三视图

3.2.3 轴测图的选择

1. 选择轴测图应遵循的原则

在工程制图中选用轴测图的目的是直观、形象地表示物体的形状和构造。但轴测图在形成的过程中，由于轴测轴及投影方向的不同，使轴间角和轴向变形系数存在差异，从而产生多种轴测图。通过前面对各种轴测投影知识的论述，我们已经了解到，选择不同的轴测图形式，产生的立体效果不同。因此在选择轴测投影图的形式时，应遵循以下两个原则：

（1）选择的轴测图应能最充分地表现形体的线与面，立体感鲜明、强烈。

（2）选择的轴测图的作图方法应简便。

2. 轴测投影图的选择方法

由每种形式的轴测图由于轴测投影方向的不同，可以产生四种不同的视觉效果，每种形式重点表达的外形特征不同，产生的立体效果也不一样。因此在表示顶面简单而底面复杂的形体时，常采用仰视轴测图；而表示顶面较复杂的形体，常选用俯视轴测图。例如，基础或台阶类轴测图，宜采用俯视轴测图，如图 10335a 所示；而对于房间顶棚或柱头处轴测图，则宜采用仰视轴测图，如图 10335b 所示。

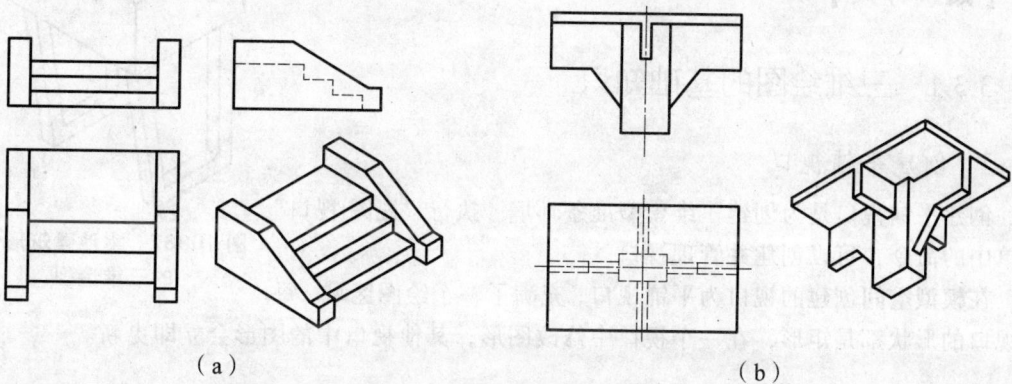

（a）　　　　　　　　　　　　　　　　（b）

图 10335　轴测图的选择

总之，在实际工程制图中，应因地制宜，根据所要表达的内容选择适宜的轴测投影图，具体考虑以下几点：

（1）形体三个方向的及表面交接较复杂时（尤其是顶面），宜选用正等测图，但遇形体的棱面及棱线与轴测投影面成45°方向时，则不宜选用正等测图，而应选用正二测图。

（2）正二测图立体感强，但作图较繁琐，故常用于画平面立体。

（3）斜二测图能反映一个方向平面的实形，且作图方便，故适合于画单向有圆或端面特征较复杂的形体。水平斜二测图常用于建筑制图中绘制建筑单体或小区规划的鸟瞰图等。

【思考与练习】

1. 斜二等轴测图的轴向伸缩系数和轴间角是多少？

2. 画斜二等轴测图的最基本的步骤是什么？

3. 在选择轴测图的种类画图时，应掌握哪些原则？

4. 在斜二等轴测图中如何确定 X 轴、Y 轴、Z 轴数值的大小？

5. 根据图 10336 所给的三视图，作出该支架的斜二等轴测图。

要求：画图前，应对其进行形体分析，然后根据分析的结果，整理出画图顺序，并逐一画出每个形体。

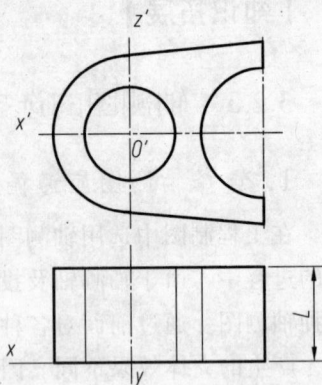

图 10336 支架三视图

任务 3.3 水池建筑形体的三维造型

【任务载体】

水池建筑形体的三维造型（见图 10337）

【知识导入】

3.3.1 三维绘图的基础知识

1. 创建平铺视口

创建平铺视口是为创建三维模型准备环境。执行"视图|视口"菜单中的命令，可以创建并管理视口。

在模型空间创建的视口为平铺视口，充满了整个绘图区域，每个视口的形状都是矩形，在一个视口中修改图形，其他视口中的图形会立即更新。

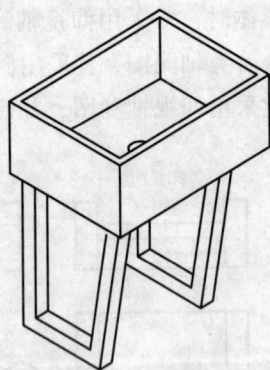

图 10337 水池建筑形体的三维造型

2. 设置视图和等轴测图

在"视图 | 三维视图"菜单或"视图"工具栏上有 6 个视图和 4 个等轴测图命令，它们分别用于将当前的视口设置成工程制图中的 6 个基本视图（主视、后视、俯视、仰视、左视和右视）和从 4 个方向观察的等轴测图（西南轴测图、西北轴测图、东南轴测图和东北轴测图）。

※在线动画演示：平铺视口与视图设置（http：//218.65.5.218/jz/JZ17/xm3/JZ1-15.html）。

3. 设置三维视点

在模型空间中，通过改变视点可以实现从不同的方向观看物体。视点与坐标系原点的连线方向为观察的视线方向（视图方向）。在 AutoCAD 中，还可以通过 2 个夹角定义观察方向。

用户可通过执行"Vpoint"命令或菜单"视图|三维视图|视点预置"命令确定视点。表10302是10个特殊视点。视点改变后，坐标系图标和图形也会随之改变。

※在线动画演示：设置三维视点（http：//218.65.5.218/jz/JZ17/xm3/JZ1-16.html）。

表 10302 特殊视点

选　项	俯视	仰视	左视	右视	主视	后视
视　点	0, 0, 1	0, 0, -1	-1, 0, 0	1, 0, 0	0, -1, 0	0, 1, 0
与 X 轴的夹角	270	270	180	0	270	90
与 XY 平面的夹角	-90	90	0	0	0	0
选　项	西南	东南	东北	西北		
视　点	-1, -1, 1	1, -1, 1	1, 1, 1	-1, 1, 1		
与 X 轴的夹角	225	315	45	135		
与 XY 平面的夹角	35.3	35.3	35.3	35.3		

4. 建立用户坐标系

在三维绘图中，为了方便在不同的方向和平面中定位、绘图和编辑，需要建立用户坐标系——UCS。

（1）创建用户坐标系（UCS）的方法。

① 在命令行输入 UCS 命令。

② 使用 UCS、UCS Ⅱ 工具栏中的有关命令创建或管理 UCS，如图10338所示。

③ 使用菜单"工具|新建 UCS"中的有关命令创建或管理 UCS，如图10339所示。

图 10338　UCS、UCS Ⅱ 工具栏　　　　　图 10339　菜单"工具|新建 UCS"

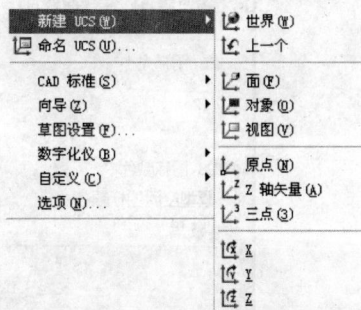

（2）从命令行执行 UCS。

在命令行输入 UCS，系统提示如下：

当前 UCS 名称：*世界*

指定 UCS 的原点或[面（F）/命名（NA）/对象（OB）/上一个（P）/视图（V）/世界（W）/X/Y/Z/Z 轴（ZA）] <世界>：

各选项的功能如下：

①"指定 UCS 的原点"选项用于使用1点、2点或3点定义一个新的 UCS。

②"面（F）"选项用于将 UCS 与三维实体的选定面对齐。

③"命名（NA）"选项用于按名称保存并恢复通常使用的 UCS 方向。

④"对象（OB）"选项用于根据选定三维对象定义新的坐标系。

⑤"上一个（P）"选项用于恢复上一个 UCS。

⑥"视图（V）"选项用于以垂直于观察方向（平行于屏幕）的平面为 XY 平面，建立新的坐标系。UCS 原点保持不变。

⑦"世界（W）"选项用于将当前用户坐标系设置为世界坐标系。

⑧"X"选项用于绕 X 轴旋转当前 UCS。

⑨"Y"选项用于绕 Y 轴旋转当前 UCS。

⑩"Z"选项用于绕 Z 轴旋转当前 UCS。

⑪"Z 轴（ZA）"用指定的 Z 轴正半轴定义 UCS。

※在线动画演示：根据 3 点创建 UCS 并命名保存（http://218.65.5.218/jz/JZ17/xm3/JZ1-17.html）。

（3）控制 UCS 图标的可见性和位置。

执行菜单"视图|显示|UCS"中的有关命令可以控制 UCS 图标的可见性和位置。

"开"前面打钩表示显示 UCS 图标，否则隐藏图标。

"原点"前面打钩表示 UCS 图标位于原点，否则位于屏幕左下角。

选择"特性"，将打开"UCS 图标"对话框，如图 10340 所示。通过该对话框可以设置 UCS 图标的大小和颜色。

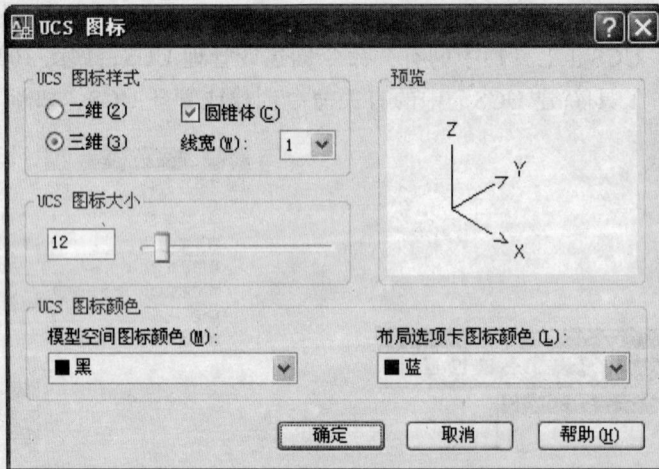

图 10340　"UCS 图标"对话框

5. 控制三维实体的网络密度

三维实体的网络密度用于控制曲面显示的光滑性，如网络密度小，则曲面显示不光滑。控制三维实体网络密度的方法如下：

（1）在命令行输入"Isolines"命令。

（2）执行菜单"工具|选项"命令，弹出"选项"对话框，如图 10341 所示。在"显示"选项卡内调整"曲面轮廓素线"、"渲染对象的平滑度"。

140

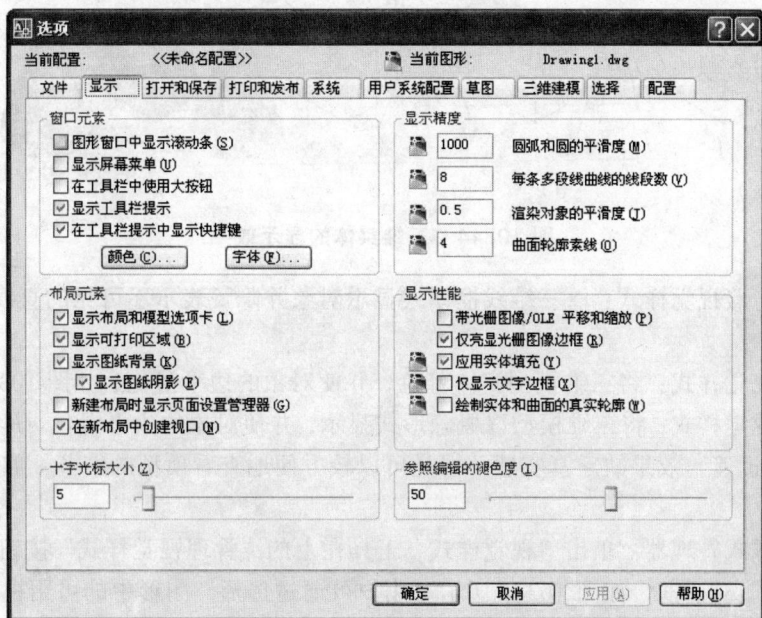

图 10341 "选项"对话框—"显示"选项卡

※在线动画演示：控制三维实体的网络密度（http：//218.65.5.218/jz/JZ17/xm3/JZ1-18.html）。

6. 控制三维实体的显示效果

在 AutoCAD 中，用户可以控制三维模型的显示效果，即视觉样式。

（1）命令执行方式。

命令：Vscurrent（简化形式：Vs）。

下拉菜单："视图" | "视觉样式"（见图 10342）。

工具栏："视觉样式"（见图 10343）。

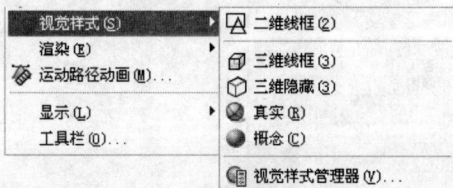

图 10342 "视觉样式"下拉菜单

图 10343 "视觉样式"工具栏

（2）相关说明。

菜单从上到下或工具栏从左到右依次是二维线框、三维线框、三维隐藏、真实、概念和管理视觉样式，主要功能如下：

① 二维线框视觉样式：用直线和曲线以二维形式显示三维对象的边界。此时对象的线型和线宽都是可见的，如图 10344（a）所示。

② 三维线框视觉样式：以三维线框模式显示。此时用着色的方式显示三维 UCS 图标，如图 10344（b）所示。

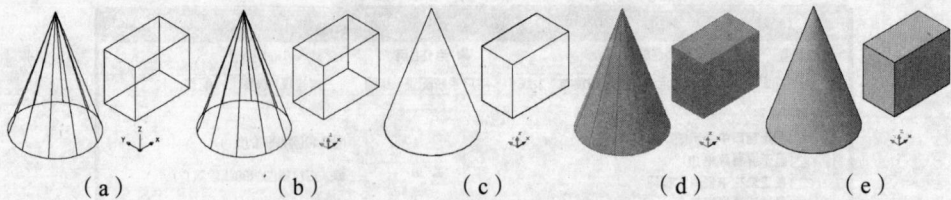

（a）　　　　（b）　　　　（c）　　　　（d）　　　　（e）

图 10344　三维实体的显示效果

③ 三维隐藏视觉样式：以三维线框模式显示对象并隐藏表示不可见的直线，如图 10344（c）所示。

④ 真实视觉样式：将三维模型实体着色，并使对象的边平滑化，如图 10344（d）所示。

⑤ 概念视觉样式：将三维模型以概念形式显示，并使对象的边平滑化。其着色使用冷色和暖色之间的过渡，效果缺乏真实感，但是可以较方便地查看模型的细节，如图 10344（e）所示。

⑥ 视觉样式管理器。单击"视觉样式"工具栏上的"管理视觉样式"按钮，将弹出"视觉样式管理器"对话框，如图 10345 所示。用户可通过选择"图形中的可用视觉样式"列表框中的图像按钮设置相应的视觉样式。

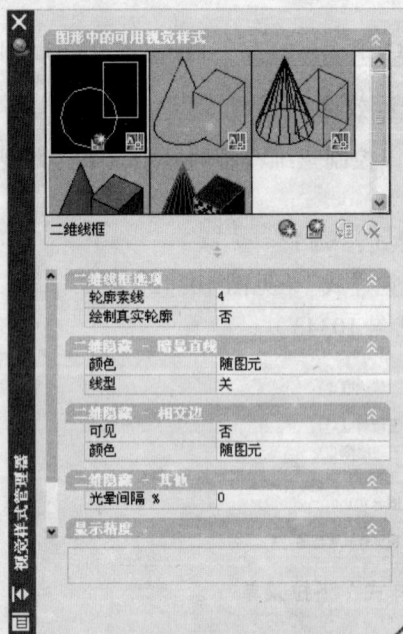

图 10345　"视觉样式管理器"对话框

※在线动画演示：三维实体的视觉样式（http://218.65.5.218/jz/JZ17/xm3/JZ1-19.html）。

3.3.2　三维实体造型

为便于造型和观察，建议用户在模型空间设置 4 个视口，分别是主视图、俯视图、左视图和西南轴测图。

在 AutoCAD 2007 中，可通过"绘图|建模"菜单（见图 10346）或"建模"工具栏（见图 10347）或三维制作控制台（见图 10348）执行三维实体模型的绘制命令。在命令行输入"dashboard"可打开三维制作控制台。

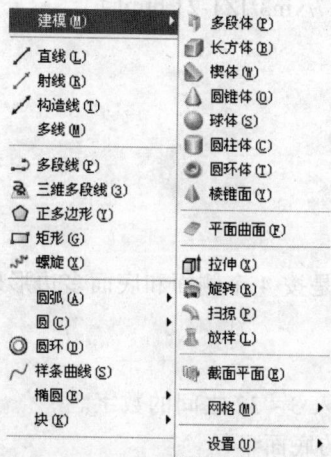

图 10346 "建模"下拉菜单　　　图 10347 "渲染"菜单　　　图 10348 三维制作控制台

1．创建基本实体

（1）创建长方体。

① 命令执行方式。

命令：Box。

下拉菜单："绘图"|"建模"|"长方体"。

工具栏："建模" | ⬜。

② 相关说明。

"Box"命令的默认选项是根据长方体两对角点的位置创建长方体，如果指定的两点位于同一平面，还要求用户指定长方体的高度。所绘制的长方体底面与当前 UCS 的 XOY 平面平行。其他选项的功能如下：

a．"立方体（C）"选项用于通过立方体的边长绘制长方体。

b．"长度（L）"选项用于通过长方体的长、宽、高绘制长方体。

c．"中心（C）"选项用于根据长方体的中心绘制长方体。

※在线动画演示：创建长方体（http：//218.65.5.218/jz/JZ17/xm3/JZ1-20.html）。

（2）创建楔体。

① 命令执行方式。

命令：Wedge（快捷形式：We）。

下拉菜单："绘图"|"建模"|"楔体"。

工具栏："建模" | ◣。

② 相关说明。

"Wedge"命令的默认选项是根据楔体两对角点的位置创建楔体，与创建长方体的过程类似。其他选项的功能如下：

a."立方体（C）"选项用于绘制两个直角边及宽均相等的楔体。

b."长度（L）"选项用于按指定的长、宽、高绘制楔体。

c."中心（C）"选项用于按指定的中心位置绘制楔体，此中心点是楔体斜面上的中心点。

※在线动画演示：创建楔体（http：//218.65.5.218/jz/JZ17/xm3/JZ1-21.html）。

（3）创建棱锥。

① 命令执行方式。

命令：Pyramid。

下拉菜单："绘图"|"建模"|"棱锥面"。

工具栏："建模"|▲。

② 相关说明。

"Pyramid"命令用来创建三维实体棱锥面，默认的操作是按4个侧面和底面多边形外切的方式创建棱锥。相关选项的功能如下：

a."边（E）"选项用于指定棱锥面底面一条边的长度。

b."侧面（S）"选项用于指定棱锥面的侧面数，可以输入3~32之间的数字。

c."内接（I）"选项用于指定棱锥面底面内接于棱锥面的底面半径。

d."外切（C）"选项用于指定棱锥面底面外切于棱锥面的底面半径。

e."两点（2P）"选项用于通过两个指定点之间的距离确定棱锥面的高度。

f."轴端点（A）"选项用于指定棱锥面轴的端点位置。端点是棱锥面的顶点，它定义了棱锥面的长度和方向。

g."顶面半径（T）"选项用于指定棱锥面的顶面半径，并创建棱锥体平截面。

※在线动画演示：创建棱锥（http：//218.65.5.218/jz/JZ17/xm3/JZ1-22.html）。

（4）创建球体。

① 命令执行方式。

命令：Sphere。

下拉菜单："绘图"|"建模"|"球体"。

工具栏："建模"|●。

② 相关说明。

"Sphere"命令的默认选项是根据球体的中心点和半径创建球体。其他选项的功能如下：

a."三点（3P）"选项用于通过某一圆周上的三点来绘制球体。

b."两点（2P）"选项用于通过某一直径的两个端点来绘制球体。

c."相切、相切、半径（C）"选项用于绘制与两个已知对象相切且半径为指定值的球体。

※在线动画演示：创建球体（http：//218.65.5.218/jz/JZ17/xm3/JZ1-23.html）。

（5）创建圆柱体。

① 命令执行方式。

命令：Cylinder。

下拉菜单："绘图"|"建模"|"圆柱体"。

工具栏："建模"|🛢。

② 相关说明。

"Cylinder"命令是以圆或椭圆做底面创建圆柱体或椭圆柱体，其默认选项是根据底面的中心点、半径及圆柱体的高度创建圆柱体。默认情况下创建的圆柱体的两端面与当前 UCS 的 *XOY* 平面平行。

"三点（3P）"、"两点（2P）"、"相切、相切、半径（C）"这三个选项用于以不同的方式确定圆柱的底面圆。底面圆确定后，系统提示的选项如下：

a."指定高度"选项用于根据高度绘制圆柱体。

b."两点（2P）"选项用于根据两点之间的距离确定圆柱体的高度。

c."轴端点（A）"选项用于根据圆柱体另一端面上圆心的位置绘制圆柱体。

※在线动画演示：创建圆柱体（http：//218.65.5.218/jz/JZ17/xm3/JZ1-24.html）。

（6）创建圆锥体。

① 命令执行方式。

命令：Cone。

下拉菜单："绘图"|"建模"|"圆锥体"。

工具栏："建模"|▲。

② 相关说明。

"Cone"命令是以圆或椭圆做底面以对称方式形成锥体表面，其默认选项是根据底面的中心点、半径及圆锥体的高度创建圆锥体。默认情况下所创建的圆锥体端面与当前 UCS 的 *XOY* 平面平行。创建圆锥体的操作步骤与圆柱体类似，故不赘述。

※在线动画演示：创建圆锥体（http：//218.65.5.218/jz/JZ17/xm3/JZ1-25.html）。

（7）创建圆环体。

① 命令执行方式。

命令：Torus（快捷形式：Tor）。

下拉菜单："绘图"|"建模"|"圆环体"。

工具栏："建模"|◉。

② 相关说明。

"Torus"命令是创建三维圆环形实体，其步骤是先确定圆环形实体的中心线圆，再确定圆管的半径。具体操作时根据需要选择相应的选项。

※在线动画演示：创建圆环体（http：//218.65.5.218/jz/JZ17/xm3/JZ1-26.html）。

（8）创建多段体。

① 命令执行方式。

命令：Polysolid。

下拉菜单："绘图"|"建模"|"多段体"。

工具栏："建模"|▣。

② 相关说明。

多段体是具有矩形截面的实体，酷似于具有宽度和高度的多段线。

绘制多段体与绘制多段线的方法相同。默认情况下，多段体始终带有一个矩形轮廓，可以指定轮廓的高度和宽度。使用 Polysolid 命令，还可以从现有的直线、二维多段线、圆弧或圆中创建多段体。

※在线动画演示：创建多段体（http：//218.65.5.218/jz/JZ17/xm3/JZ1-27.html）。

2. 创建拉伸和旋转实体

二维封闭（或非封闭）的图形对象可以通过拉伸、旋转来创建三维实体（或三维面）。

对用直线或圆弧绘制的封闭二维对象在执行拉伸或旋转操作前应先执行"面域(Region)"命令将封闭的二维对象转换为面域对象，或执行"Pedit"命令的"合并（J）"选项将封闭的二维对象转换为一条多段线。

（1）创建拉伸实体。

① 命令执行方式。

命令：Extrude（快捷形式：Ext）。

下拉菜单："绘图"|"建模"|"拉伸"。

工具栏："建模"|⬚。

② 相关说明。

"Extrude"命令是通过沿指定的方向将对象或平面拉伸出指定距离来创建三维实体或曲面。该命令的相关选项功能如下：

a."指定拉伸高度"选项用于确定对象的拉伸高度。如果输入正值，将沿对象所在坐标系的 Z 轴正方向拉伸对象；如果输入负值，将沿 Z 轴负方向拉伸对象。

b."方向（D）"选项用于通过指定两点确定对象的拉伸长度和方向。

c."路径（P）"选项用于选择拉伸路径。拉伸路径可以是直线、圆、圆弧、椭圆、椭圆弧、多段线或样条曲线。路径既不能与轮廓共面，也不能具有高曲率的区域。拉伸实体始于轮廓所在的平面，终于路径端点处与路径垂直的平面。路径的一个端点应该在轮廓平面上，否则，AutoCAD 会自动将路径移动到轮廓的中心区域。

d."倾斜角（T）"选项用于确定对象拉伸的倾斜角度。正角度表示从基准对象逐渐变细地拉伸，而负角度则表示从基准对象逐渐变粗地拉伸。过大的斜角将导致对象或对象的一部分在到达拉伸高度之前就已经汇聚到一点。

※在线动画演示：创建拉伸实体（http：//218.65.5.218/jz/JZ17/xm3/JZ1-28.html）。

（2）创建旋转实体。

① 命令执行。

命令：Revolve（快捷形式：Rev）。

下拉菜单："绘图"|"建模"|"旋转"。

工具栏："建模"|▧。

② 相关说明。

"Revolve"命令是通过绕轴旋转二维封闭对象（或非封闭对象）来创建三维实体或三维面。该命令各相关选项的功能如下：

a."指定旋转轴的起点"这是默认选项，其作用是指定旋转轴的第 1 点和第 2 点，轴的正方向从第 1 点指向第 2 点。

b."对象（O）"选项用于选择作为旋转轴的对象。可以选择用"Line"命令绘制的单条直线也可以是用"Pline"命令绘制的多段线。轴的正方向从该直线上的最近端点指向最远端点。

c."X、Y、Z"选项用于指定当前 UCS 的 X 轴、Y 轴、Z 轴正向作为旋转轴的正方向。

※在线动画演示：创建旋转实体（http：//218.65.5.218/jz/JZ17/xm3/JZ1-29.html）。

146

3. 三维实体的切割与布尔运算

（1）三维实体的切割。

① 命令执行方式。

命令：Slice（快捷形式：Sl）。

下拉菜单："修改"|"三维操作"|"剖切"。

② 相关说明。

"Slice"命令是使用平面剖切一组实体。该命令各相关选项的功能如下：

a."三点（3）"选项用于指定通过三点确定剖切平面。

b."Z轴（Z）"选项用于通过平面上指定一点和在平面的 Z 轴（法线）上指定另一点来定义剖切平面。

c."对象（O）"选项用于通过圆、椭圆、圆弧、椭圆弧、二维样条曲线或二维多段线来确定剖切平面。

d."视图（V）"选项用于将剪切平面与当前视口的视图平面对齐，并指定一点以定义剖切平面的位置。

e."XY、YZ、ZX"选项用于将剪切平面与当前 UCS 的 XY 平面、YZ 平面、ZX 平面对齐，并指定一点以定义剖切平面的位置。

※在线动画演示：三维实体的切割（http：//218.65.5.218/jz/JZ17/xm3/JZ1-30.html）。

（2）利用布尔运算进行三维造型。

布尔运算是创建复杂三维实体的主要方法之一。布尔运算的方式有并集运算（Union）、差集运算（Subtract）和交集运算（intersect）。布尔运算的对象可以是基本实体、拉伸与旋转实体和布尔运算实体。

并集运算：

① 命令执行方式。

命令：Union（快捷形式：Uni）。

下拉菜单："修改"|"实体编辑"|"并集"。

工具栏："建模"或"实体编辑"|◎。

② 相关说明。

并集运算是通过添加操作将两个或多个选定的实体合并，生成一个三维组合实体。

差集运算：

① 命令执行方式。

命令：Subtract（快捷形式：Su）。

下拉菜单："修改"|"实体编辑"|"差集"。

工具栏："建模"或"实体编辑"|◎。

② 相关说明。

差集运算是通过减操作从一个实体中减去与另一个实体或多个实体的公共部分，生成一个新的三维实体。

交集运算：

① 命令执行方式。

命令：Intersect（快捷形式：In）。

下拉菜单："修改" | "实体编辑" | "交集"。

工具栏："建模"或"实体编辑" |⊙⊙。

② 相关说明。

交集运算是从 2 个或多个实体的公共部分创建一个新的复合实体并删除公共部分以外的部分。

※在线动画演示：利用布尔运算进行三维造型-1、2、3（http：//218.65.5.218/jz/JZ17/xm3/JZ1-31.html、http：//218.65.5.218/jz/JZ17/xm3/JZ1-32.html、http：//218.65.5.218/jz/JZ17/xm3/JZ1-33.html）。

3.3.3 三维实体的编辑

1．实体编辑

实体编辑命令是最为强大的三维编辑工具之一，它能对三维实体的表面（Face）、边界（Edge）和体（Body）进行复杂的编辑操作。

在 AutoCAD 2007 中，可通过"修改|实体编辑"菜单（见图 10349）或"实体编辑"工具栏（见图 10350）或在命令行输入"Solidedit"执行编辑命令。

三维实体的面编辑：

在命令行输入"solidedit"命令，然后按提示选择"面（F）"选项，就可对三维实体的面进行编辑，可供选择的操作包括：拉伸、移动、旋转、偏移、倾斜、删除、复制和更改选定面的颜色。

（1）拉伸面。

图 10349 "实体编辑"菜单   图 10350 "实体编辑"工具栏

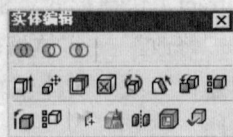

① 命令执行方式。

下拉菜单："修改" | "实体编辑" | "拉伸面"。

工具栏："实体编辑" |▯▮。

② 相关说明。

该命令是将选定的三维实体对象的面拉伸到指定的高度或沿一路径拉伸，一次可以选择多个面。

※在线动画演示：拉伸三维实体的面（http：//218.65.5.218/jz/JZ17/xm3/JZ1-34.html）。

（2）移动面。

① 命令执行方式。

下拉菜单："修改"|"实体编辑"|"移动面"。

工具栏："实体编辑"|🔧。

② 相关说明。

该命令是将选定的三维实体对象的面沿指定的高度或距离移动，一次可以选择多个面。

※在线动画演示：移动三维实体的面（http：//218.65.5.218/jz/JZ17/xm3/JZ1-35.html）。

（3）旋转面。

① 命令执行方式。

下拉菜单："修改"|"实体编辑"|"旋转面"。

工具栏："实体编辑"|🔧。

② 相关说明。

该命令是将三维实体对象的 1 个或多个面或某些部分绕指定的轴旋转。

※在线动画演示：旋转三维实体的面（http：//218.65.5.218/jz/JZ17/xm3/JZ1-36.html）。

（4）偏移面。

① 命令执行方式。

下拉菜单："修改"|"实体编辑"|"偏移面"。

工具栏："实体编辑"|🔧。

② 相关说明。

该命令是按指定的距离或通过指定的点，将选定的三维实体对象的面均匀地偏移。正值增大实体尺寸或体积，负值减小实体尺寸或体积。

※在线动画演示：偏移三维实体的面（http：//218.65.5.218/jz/JZ17/xm3/JZ1-37.html）。

（5）倾斜面。

① 命令执行方式。

下拉菜单："修改"|"实体编辑"|"倾斜面"。

工具栏："实体编辑"|🔧。

② 相关说明。

该命令是按一个角度将选定的三维实体对象的面进行倾斜。倾斜角的旋转方向由选择的基点和第 2 点的顺序决定。

※在线动画演示：倾斜三维实体的面（http：//218.65.5.218/jz/JZ17/xm3/JZ1-38.html）。

三维实体的体编辑

在命令行输入"solidedit"命令，然后按提示选择"体（B）"选项，就可对三维实体的体对象进行编辑。其主要操作：在实体上压印其他几何图形，将实体分割为独立实体对象、抽壳选定的实体。

（6）压印。

① 命令执行方式。

下拉菜单："修改"｜"实体编辑"｜"压印"。

工具栏："实体编辑"｜ ⊡ 。

② 相关说明。

该命令是将圆、直线、多段线、样条曲线、面域、实心体等对象压印到三维实体上，使其成为实体的一部分。为了使压印操作成功，被压印的对象必须与选定对象的一个或多个面相交。

※在线动画演示：三维实体的压印操作（http：//218.65.5.218/jz/JZ17/xm3/JZ1-39.html）。

（7）分割。

① 命令执行方式。

下拉菜单："修改"｜"实体编辑"｜"分割"。

工具栏："实体编辑"｜ ⊡⊡ 。

② 相关说明。

该命令是将一个体积不连续的三维实体对象分割成几个相对独立的三维实体对象。

※在线动画演示：三维实体的分割操作（http：//218.65.5.218/jz/JZ17/xm3/JZ1-40.html）。

（8）抽壳。

① 命令执行方式。

下拉菜单："修改"｜"实体编辑"｜"抽壳"。

工具栏："实体编辑"｜ ⊡ 。

② 相关说明。

该命令是将一个实心的三维实体转化成一个空心的薄壳体。在使用抽壳功能时，需先指定壳体的厚度，如果输入值为正，就在实体内部创建新的表面；反之，就在实体的外部创建新的表面。另外，在抽壳的操作过程中还能将实体某些表面去除，以形成薄壳体的开口。

※在线动画演示：三维实体的抽壳操作（http：//218.65.5.218/jz/JZ17/xm3/JZ1-41.html）。

2. 三维实体的阵列、镜像和旋转

（1）三维阵列。

① 命令执行方式。

命令：3Darray（快捷形式：3a）。

下拉菜单："修改"｜"三维操作"｜"三维阵列"。

② 相关说明。

a. 该命令是将选定的对象创建三维阵列。阵列的类型有矩形和环形两种。其功能如下：

"矩形（R）"选项用于将选择的对象按行、列、层分别沿当前 UCS 的 X、Y、Z 轴方向进行矩形阵列。间距输入正值将沿坐标轴的正方向阵列，反之沿负方向阵列。

"环形（P）"选项用于将选择的对象按一定的数目绕指定的旋转轴进行环形阵列。

b. 如果在当前 UCS 的 XY 平面或与该面平行的面上阵列时，仍可用二维阵列命令 "Array"。

※在线动画演示：三维实体的阵列-1、-2（http：//218.65.5.218/jz/JZ17/xm3/JZ1-42.html、http：//218.65.5.218/jz/JZ17/xm3/JZ1-43.html）。

150

（2）三维镜像。

① 命令执行方式。

命令：Mirror3D 或 3Dmirror。

下拉菜单："修改"|"三维操作"|"三维镜像"。

② 相关说明。

该命令是将选定的对象在三维空间相对于某一平面进行镜像复制。确定镜像平面的几个主要选项的功能如下：

a．"三点（3）"是默认选项，其作用是通过三点定义镜像平面。

b．"对象（O）"选项是使用选定对象所在平面作为镜像平面。

c．"Z轴（Z）"选项是根据平面上的一个点和该平面法线上的另一个点定义镜像平面。

d．"视图（V）"选项是将镜像平面与当前视图平面平行。

e．"XY、YZ、ZX"选项将镜像平面与当前 UCS 的 XY 平面、YZ 平面、ZX 平面平行。

※在线动画演示：三维实体的镜像（http：//218.65.5.218/jz/JZ17/xm3/JZ1-44.html）。

（3）三维旋转。

① 命令执行方式。

命令：3Drotate（快捷形式：3R）。

下拉菜单："修改"|"三维操作"|"三维旋转"。

② 相关说明。

执行该命令，按提示选择需旋转的对象后，系统将显示出随光标一起移动的三维旋转图标，指定旋转基点后，该图标的中心点与旋转基点重合。接着，系统提示指定旋转轴，将光标放在图标的某一椭圆上，该椭圆会用黄色显示；同时，还会显示一条旋转轴，该轴与选定椭圆的所在平面垂直并通过图标的中心点。此时单击鼠标左键就可确定旋转轴，然后按提示确定旋转角度。

※在线动画演示：三维实体的旋转（http：//218.65.5.218/jz/JZ17/xm3/JZ1-45.html）。

3．给三维实体倒圆角和倒斜角

（1）倒圆角。

"Fillet"命令除用于二维对象外，还可用于给三维实体的棱边倒圆角。但在三维空间使用此命令的操作步骤与在两维空间中有些不同，用户不必事先设定倒角的半径值，在操作过程中系统会提示用户进行设定。

（2）倒斜角。

"Chamfer"命令和"Fillet"命令的操作类似，使用时同样要注意该命令用于二维对象和用于三维对象的操作顺序不同。

※在线动画演示：给三维实体倒圆角和倒斜角（http：//218.65.5.218/jz/JZ17/xm3/JZ1-45.html）。

【任务实施】

3.3.4　水池建筑的形体分析

绘制图 10351a 所示的水池建筑形体的三维造型。

分析：该水池由池体和支撑板两大部分组成。池体是由一个大长方体从中间切去一个略小的长方体，形成一水槽，同时在底板中央又挖去一个小圆柱而成，下方支撑板是两块空心的梯形柱，如图 10351b 所示。

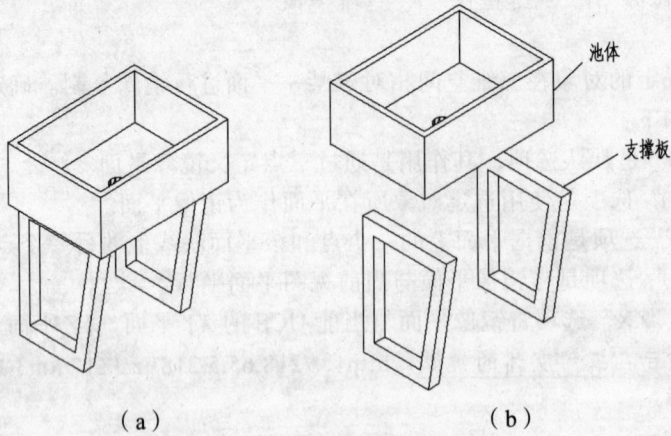

（a）　　　　　　　　　　　　　　（b）

图 10351　水池建筑的形体分析

相对位置关系：在水池底部左右对撑的叠加两块支撑板，支撑板与上部池体后侧平齐，左右侧面不平齐。

3.3.6　水池建筑形体的三维造型

1. 水池建筑形体——池体的三维造型绘制步骤

（1）执行"Box"、"Subtract"命令，创建池体的池面，如图 10352（a）所示。

（2）在底板的顶面绘制 $\phi70$ 的圆，然后执行"Solidedit"（压印）命令，将这图形压印在底板的顶面上，如图 10352（b）所示。

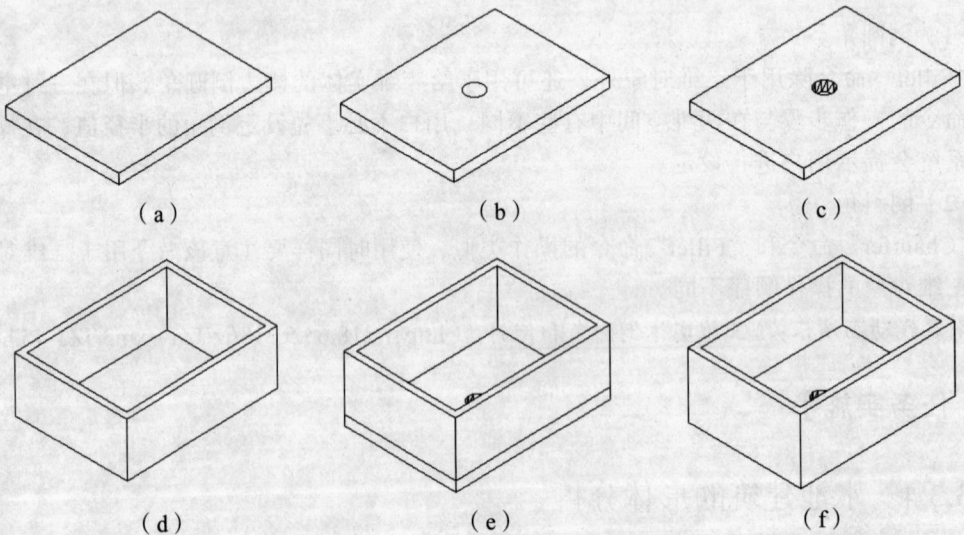

（a）　　　　　　　　（b）　　　　　　　　（c）

（d）　　　　　　　　（e）　　　　　　　　（f）

图 10352　池体的三维造型绘制步骤

（3）执行"Solidedit"（拉伸面）命令，将上述图案压印的面拉伸 - 40 mm，如图 10352（c）所示。

（4）执行"Box"、"Subtract"命令，创建池体的池壁，如图 10352（d）所示。

（5）执行"Move"和捕捉命令，将创建好的池壁移动到池面的上部，如图 10352（e）所示。

（6）执行布尔运算的并集命令，将两部分合为整体，如图 10352（f）所示。

（7）执行"Qsave"命令，将文件保存。

2. 水池建筑形体——支撑板的三维造型绘制步骤

（1）执行"Line"命令，创建支撑板的二维平面并执行"Region"将其生成面域，如图 10353（a）所示。

（2）执行"EXTRUDE"命令，创建支撑板的二维平面拉伸成三维图形，拉伸长度 50 mm，如图 10353（b）所示。

（3）执行布尔运算的差集命令，将中间部分减去，如图 10353（c）所示。

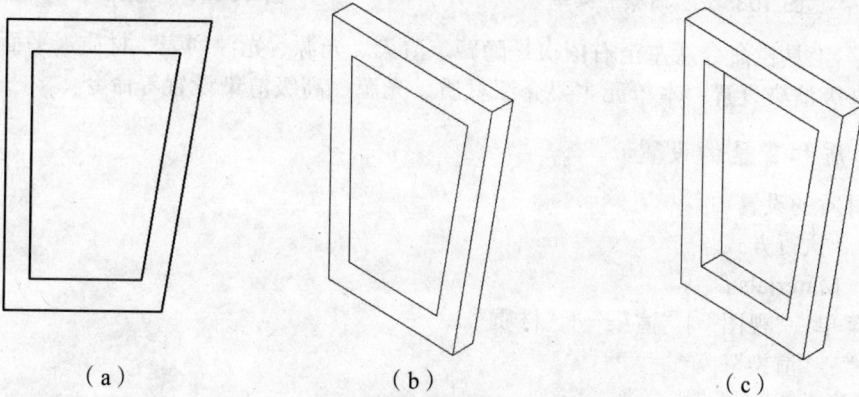

（a）　　　　　　　　　（b）　　　　　　　　　（c）

图 10353　支撑板的三维造型绘制步骤

3. 水池建筑形体的三维造型绘制步骤

（1）执行"Move"和捕捉命令，将创建好的池壁和支撑板组合起来。

（2）执行布尔运算的并集命令，将两部分合为整体，完成后的效果如图 10354 所示。

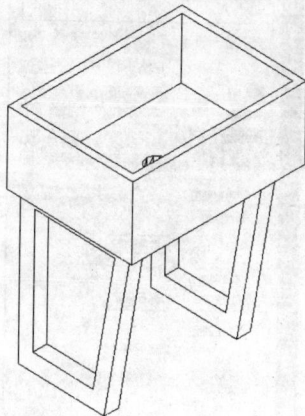

图 10354　水池建筑形体的三维造型

【知识拓展】

3.3.5 三维实体的渲染

渲染是对三维图形对象加上颜色、材质、灯光、背景和场景等元素，使之能更直观、更真实地表达对象的结构形状和纹理，也就是创建三维模型的照片及真实感着色图像。

在 AutoCAD 2007 中，可通过"视图|渲染"菜单（见图 10355）或"渲染"工具栏（见图 10356）执行命令。

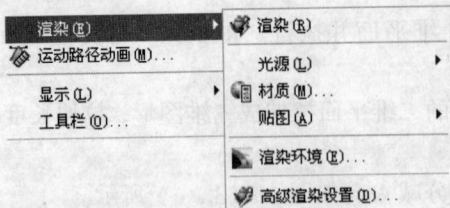

图 10355 "渲染"菜单

图 10356 "渲染"工具栏

"渲染"工具栏命令从左至右依次是隐藏、渲染、光源、光源列表、材质、平面贴图、渲染环境、高级渲染设置。本单元主要介绍材质、光源、高级渲染设置等命令。

1．材质和背景的设置

（1）材质的设置。

① 命令执行方式。

命令：Materials。

下拉菜单："视图"|"渲染"|"材质"。

工具栏："渲染"|◻。

② 相关说明。

"Materials"命令是为渲染对象指定所需要的材质。执行该命令将打开"材质"设置对话框，如图 10357 所示。对话框中各选项组的主要功能如下：

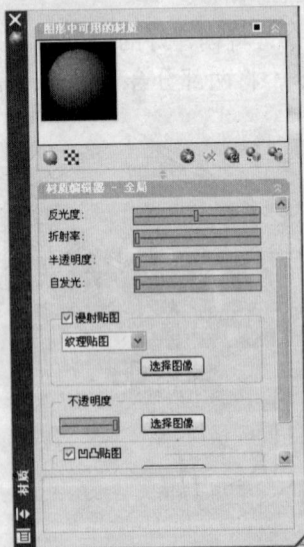

图 10357 "材质设置"对话框

a.“图形中可用的材质”选项组。

此选项组的功能是关于当前图形可用的材质及相关设置。

“预览图像”区用于显示当前材质的效果。

“样例几何体”按钮用于设置预览图像的样例，有立方体、球体、圆柱体三种选择。

“交错参考底图”按钮用于设置预览图像的背景，有交叉网格背景和黑色背景两种选择。

“创建新材质”按钮用于创建新的材质。新材质创建后，“预览图像”区将显示其材质效果。

“从图形中删除”按钮用于删除新创建的材质。只有创建新材质后，该按钮才发挥作用。

“将材质应用到对象”按钮用于将当前材质应用到指定的对象。

“从选定的对象中删除材质”按钮用来删除已指定材质对象的材质。

b.“材质编辑器”选项组。

此选项组的功能是对选定的当前图形中可用的材质进行编辑。

“样板”下拉列表框用于选择材质类型。选择的材质类型不同，该选项组显示的内容也有所不同。

“慢射”框用于调整所显示的慢射颜色。可通过“选择颜色”对话框调整颜色，也可勾选“随对象”复选框，将慢射颜色设置成与对象一致。

“反射度”、“折射率”、“半透明度”和“自发光”滑块分别用于设置材质的反射度、折射率、半透明度和自发光。

“慢射贴图”区用于选择贴图类型，单击右边的按钮可对贴图进行编辑。勾选“慢射贴图”复选框，将以选择的慢射贴图渲染对象，否则以选择的慢射颜色渲染对象。

※在线动画演示：材质的设置（http：//218.65.5.218/jz/JZ17/xm3/JZ1-47.html）。

（2）背景的设置。

① 命令执行方式。

命令：View。

下拉菜单：“视图”|“命名视图”。

② 相关说明。

“View”命令在此处主要是用于设置视图的背景。执行该命令将打开“视图管理器”对话框（见图10358），点击“新建”按钮弹出“新建视图”对话框（见图10359），相关选项组的功能如下：

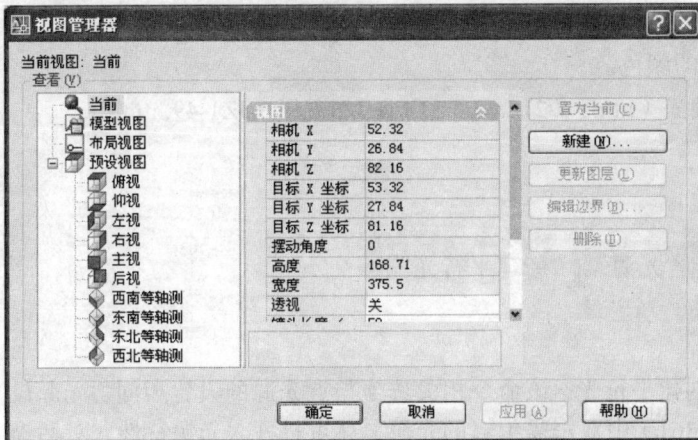

图 10358　“视图管理器”对话框

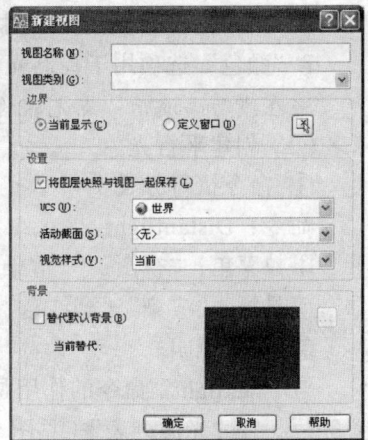

图 10359　“新建视图”对话框

a.“视图名称”文本框用于给新建的视图命名。

b.“背景”区用于设置新建视图的背景，勾选“替代默认背景”复选框，系统会弹出“背景”对话框（见图10360）。其中“类型”下拉列表框用于确定背景的类型，有纯色、渐变色和图像三种背景供选择。

※在线动画演示：背景的设置（http：//218.65.5.218/jz/JZ17/xm3/JZ1-48.html）。

2．光 源 的 设 置

在渲染之前应设置好所需要的光源。光源的设置将直接影响到场景的照明效果和渲染效果。对光源要求不高时，可直接使用系统的默认光源。AutoCAD 提供了点光源、平行光和聚光灯 3 种形式的光源。

（1）创建点光源。

① 命令执行方式。

命令：Pointlight。

下拉菜单：“视图”|“渲染”|“光源”|“新建点光源”。

工具栏：“渲染” | 🔧 | 🔆 。

图 10360 "背景"对话框

② 相关说明。

“Pointlight”命令的作用是创建点光源。该命令相关选项的功能如下：

a.“名称”选项用于指定光源的名称。

b.“强度”选项用于设置光源的强度或亮度。取值范围从 0.00 到系统支持的最大值。

c.“状态”选项用于设置光源的状态，即是否打开光源。

d.“阴影”选项用于设置光源的投影。子项目“关”用于关闭光源的阴影显示和阴影计算；子项目“强烈”用于显示带有强烈边界的阴影；子项目“柔和”用于显示带有柔和边界的真实阴影。

e.“衰减”选项用于设置光源的衰减程度。子项目“衰减类型”用于设置光源的衰减类型，即控制光线是如何随着距离增加而衰减的；子项目“使用界限”用于设置光源的衰减界限是否起作用；子项目“衰减起始界限”用于设置光源衰减的起始位置；子项目“衰减结束界限”用于设置光源衰减的结束位置，在此位置之后，将不会投射光线。

f.“颜色”选项用于控制光源的颜色。

※在线动画演示：点光源的设置（http：//218.65.5.218/jz/JZ17/xm3/JZ1-49.html）。

（2）创建平行光。

① 命令执行方式。

命令：Distantlight。

下拉菜单：“视图”|“渲染”|“光源”|“新建平行光”。

工具栏：“渲染” | 🔧 | 🔆 。

② 相关说明。

“Distantlight”命令的作用是创建平行光，该命令相关选项与点光源的设置相同。光源设置完后，在“光源列表”（见图10361）中双击需编辑的光源，就可打开“光源特性”对话框（见图10362），通过该对话框就可对光源的设置进行修改。

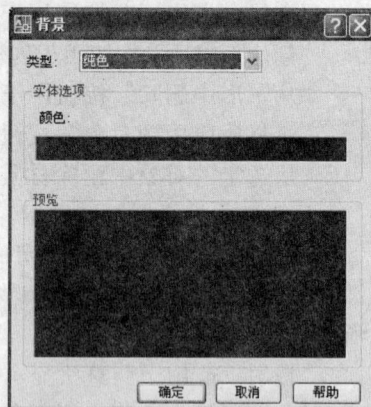

156

模型中的光源:	
类型	光源名称
	A

单击列表上的光源以在模型中选择它。使用 CTRL 键进行多重选择。
注意：平行光和阳光在模型中不作为界面对象显示。

图 10361　光源列表

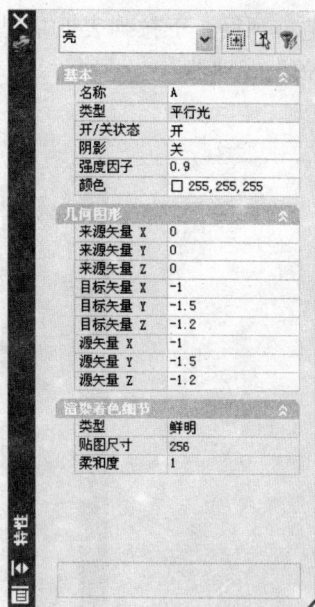

亮

基本
名称	A
类型	平行光
开/关状态	开
阴影	关
强度因子	0.9
颜色	255, 255, 255

几何图形
来源矢量 X	0
来源矢量 Y	0
来源矢量 Z	0
目标矢量 X	-1
目标矢量 Y	-1.5
目标矢量 Z	-1.2
源矢量 X	-1
源矢量 Y	-1.5
源矢量 Z	-1.2

渲染着色细节
类型	鲜明
贴图尺寸	256
柔和度	1

图 10362　"光源特性"对话框

※在线动画演示：平行光的设置（http：//218.65.5.218/jz/JZ17/xm3/JZ1-50.html）。

（3）创建聚光灯。

① 命令执行方式。

命令：Spotlight。

下拉菜单："视图"|"渲染"|"光源"|"新建聚光灯"。

工具栏："渲染"| ☼ | ☼ 。

② 相关说明。

"Spotlight"命令的作用是创建聚光灯。聚光灯是从一点按锥形关系向一个方向发射的光。该命令的相关选项与点光源相比增加了"聚光角"和"照射角"两个选项，其功能如下：

a."聚光角（H）"选项的作用是定义最亮光锥的角度，也称为光束角。聚光角的取值范围为 0°～160°。

b."照射角（F）"选项的作用是定义完整光锥的角度，也称为现场角。照射角的取值范围为 0°～160°，默认值为 45°。

※在线动画演示：聚光灯的设置（http：//218.65.5.218/jz/JZ17/xm3/JZ1-51.html）。

3. 高级渲染设置

（1）命令执行方式。

命令：Rpref。

下拉菜单："视图"|"渲染"|"光源"|"高级渲染设置"。

工具栏："渲染"| ☺ 。

（2）相关说明。

执行"Rpref"命令将弹出"高级渲染设置"对话框，如图 10363 所示。用户可根据需要通过该对话框完成相关的渲染设置工作。

a. "渲染预设"下拉列表框是对渲染质量进行预设，有多级供用户选择，用户还可以访问"渲染预设管理器"。

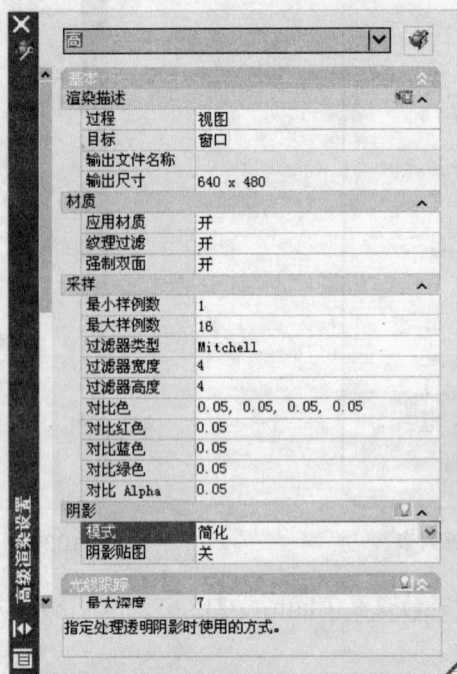

图 10363 "高级渲染设置"选项板

b. "渲染过程"控制渲染过程中处理的模型内容。"渲染过程"包括三项设置：视图、修剪和选择。其中，"视图"用于渲染当前视图而不显示渲染对话框；"修剪"用于在渲染时创建一个区域，渲染就在这个区域中进行，这个选项只有在"目标"框中选择了"视口"才可用；"选择"用于选择要渲染的对象。

c. "目标"下拉列表框用于确定渲染图像的输出位置，有窗口和视口两个选项供用户选择。

d. "输出文件名称"用于确定文件名和要存储渲染图像的位置。

e. "输出尺寸"下拉列表框用于确定渲染图像的输出大小。

f. "阴影"区用于确定阴影在渲染图像中的显示方式。

关于其他区域的作用，用户可查阅 AutoCAD 提供的帮助文件。

※在线动画演示："高级渲染设置"选项板的应用（http：//218.65.5.218/jz/JZ17/xm3/JZ1-52.html）。

【思考与练习】

1. 在 AutoCAD 2007 中，如何设置多视窗和三维视点？

2. 在 AutoCAD 2007 中，如何调整三维实体的网络密度？

3. 在 AutoCAD 2007 中，实体造型的方法有哪些？

4. 简述创建拉伸、旋转实体的过程。

5. 简述利用布尔运算进行三维造型时，并集运算、差集运算和交集运算的操作过程。

6. 简述在 AutoCAD 2007 中，给模型添加材质、给场景设置光源并进行渲染的过程。

158

【实训指导】

实训 7　三维操作基础

1．实训目的与要求

通过实训掌握创建视口、设置视点、创建用户坐标系、控制三维实体的网络密度、设置视觉样式的方法和步骤。

2．实训内容及操作指导

（1）下载课程网站的相关文件，启动 AutoCAD 2007，并打开"SX11.dwg"。

（2）在模型空间执行"VPORTS"命令，通过弹出的"视口"对话框创建 4 个相等的视口；也可通过下拉菜单："视图|视口|新建视口或四个视口"执行命令。将 4 个视口的视图分别设置成主视图、俯视图、左视图和西南轴测图。

（3）主视图、俯视图、左视图使用二维线框视觉样式，西南轴测图依次使用二维线框、三维线框、三维隐藏、真实、概念视觉样式，注意观察视图显示效果的变化和坐标系图标的变化，如图 SX17 所示。

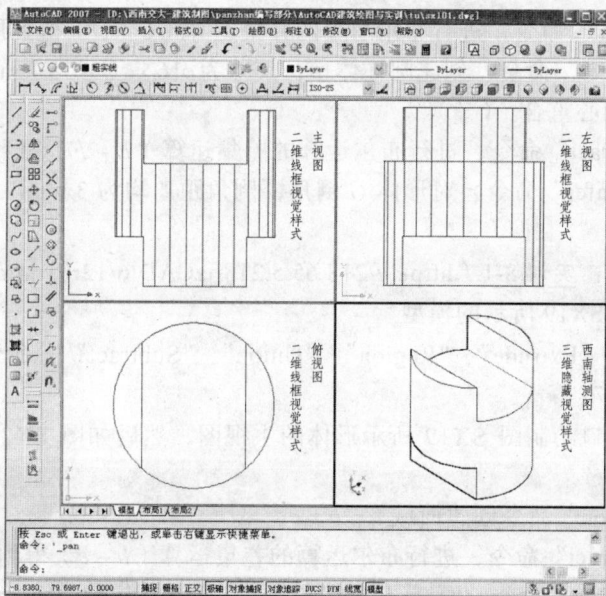

图 SX17　平铺视口

（4）执行菜单"工具|选项"命令，弹出"选项"对话框，如图 10339 所示。在"显示"选项卡内将"曲面轮廓素线"设置为 10（或执行"Isolines"命令）。执行"regenall"命令，注意观察视图显示效果的变化。

（5）执行"UCS"命令，在几何体的顶面创建用户坐标系，并命名保存。

（6）通过 UCSⅡ工具栏的下拉列表框，切换坐标系。注意观察图标的变化。

※在线动画演示：实训 7（http：//218.65.5.218/jzCAD/6/11r01.html）。

实训 8　三维实体的建模与编辑

1．实训目的与要求

（1）熟悉三维实体建模与编辑的常用命令。

（2）掌握三维建模的方法和步骤。

2．实例及操作指导

例题 1　创建图 SX18 所示的模型。

要求：建议使用"Box"、"Cylider"、"Chamfer"、"Union"、"Subtract"等命令完成建模任务。

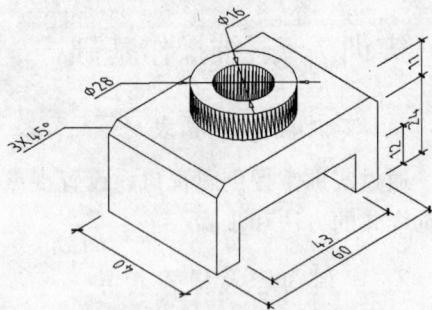

图 SX18　例题 1 图形

主要操作步骤如下：

（1）执行"Box"命令，创建长方体 A，尺寸为 60 mm × 40 mm × 24 mm。

（2）执行"Box"命令，创建长方体 B，尺寸为 43 mm × 40 mm × 12 mm。第一角点位置的确定要用好对象追踪功能。

（3）执行"Subtract"命令，进行布尔运算的差集运算（$A - B$）得到形体 C。

（4）执行"Cylider"命令，创建圆柱体 D，尺寸为 $\phi 28 \times 11$ mm。圆柱体底面圆心应位于形体 C 顶面的中心。

（5）执行"Union"命令，进行布尔运算的并集运算（$C + D$）得到形体 E。

（6）执行"Cylider"命令，创建圆柱体 F，尺寸为 $\phi 16 \times$（$- 35$）mm。圆柱体顶面圆心应与形体 D 顶面的圆心重合。

（7）执行"Subtract"命令，进行布尔运算的差集运算（$E - F$）得到形体 G。

（8）执行"Chamfer"命令，对形体 G 倒角，倒角距离均为 3 mm。

（9）保存文件。

※在线动画演示：**实训 8-1**（http：//218.65.5.218/jzCAD/6/12r01.html）。

例题 2　创建图 SX19 所示的模型。

要求：建议使用"Extrude"、"Region"、"Union"、"Subtract"等命令完成建模任务。

主要操作步骤如下：

（1）在主视图视口绘制图 SX19 所示形体的主视图，然后如图 SX20 所示，将主视图拆分为 3 个部分。

（2）执行"Region"命令创建面域 a、b、c。

（3）执行"Subtract"命令，进行布尔运算的差集运算（$b - c$）得到面域 d。

（4）执行"Extrude"命令，面域 d 拉伸 40 mm，面域 a 拉伸 14 mm。

（5）执行"Move"命令，按图 SX20 所示形体的要求调整两部分的位置。

（6）执行"Union"命令，进行布尔运算的并集运算，将两部分形体合并。

（7）保存文件。

※在线动画演示：**实训 8-2**（http：//218.65.5.218/jzCAD/6/12r02.html）。

例题 3　创建图 SX21 所示的模型。

要求：用好形体分析法，创建组合体各组成部分的模型，然后按其相对位置组合在一起。本处主要用到的命令有 Box、Cylider、Subtract、Solidedit（拉伸面、压印）、Revolve。

主要操作步骤如下：

160

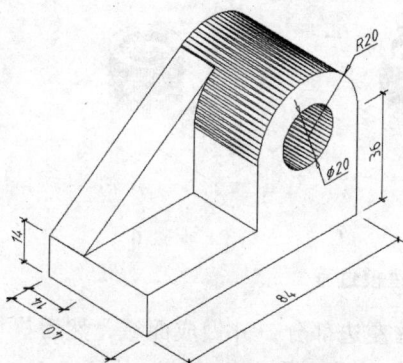

图 SX19 例题 2 图形

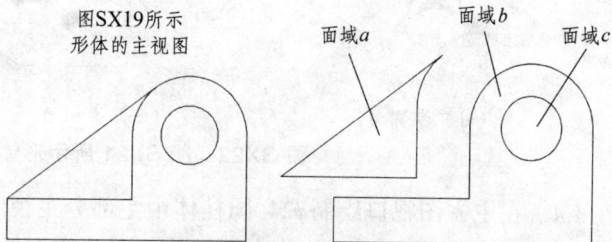

图SX19所示
形体的主视图

面域a 面域b 面域c

图 SX20 形体分析

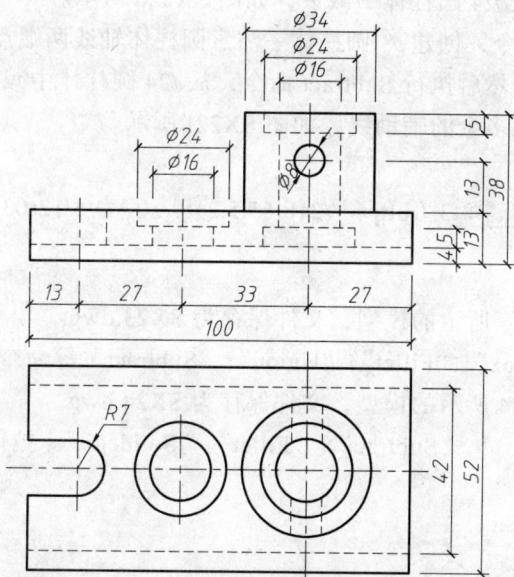

图 SX21 例题 3 图形

（1）执行 Box、Subtract 命令，创建底板的基本形体，如图 SX22a 所示。

（2）在底板的顶面绘制辅助线，以确定 R7 半长圆柱体、φ16 圆柱体、φ24 圆柱体、φ34 圆柱体的定位基准，并绘制它们的俯视图。然后执行 Solidedit（压印）命令，将这些图形压印在底板的顶面上，如图 SX22b 所示。

对 R7 半长圆柱体的俯视图在压印前，应执行多段线编辑命令（Pedit），将其转成一条完整的多段线。或直接用多段线绘制。

（3）执行 Solidedit（拉伸面）命令，将上述图案压印的面分别拉伸 - 9 mm、- 4 mm、25 mm，如图 SX22c 所示。

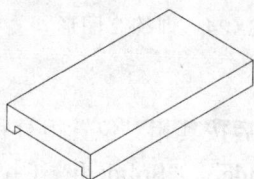

（a）步骤 1

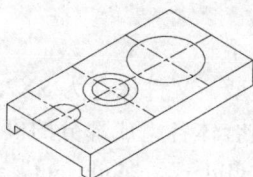

（b）步骤 2

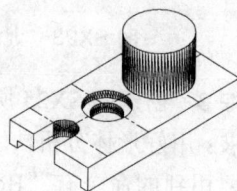

（c）步骤 3

161

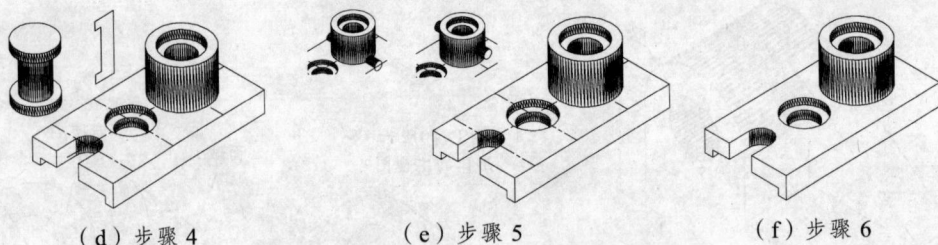

（d）步骤 4　　　　　　　（e）步骤 5　　　　　　　（f）步骤 6

图 SX22　图 SX21 所示形体的建模过程

（4）在主视图视口绘制 $\phi 24$ 圆柱体中空部分主视图的左边部分，并做成面域，然后执行 Revolve 命令，得到 $\phi 24$ 圆柱体中间被挖去部分的形体。将其移到指定位置后，执行 Subtract 命令，进行布尔运算，从 $\phi 24$ 圆柱体中减去，如图 SX22d 所示。

（5）执行 Cylider 命令，创建 $\phi 8$ 圆柱体。注意圆柱体轴线两端点的定位。执行 move 命令将其移到指定的位置，然后执行 Subtract 命令，从 $\phi 24$ 圆柱体中减去，如图 SX22e 所示。

（6）图线整理，删除多余的辅助线，如图 SX22f 所示。

（7）保存文件。

※在线动画演示：<u>实训 8-3</u>（http：//218.65.5.218/jzCAD/6/12r03.html）。

3. 实训内容

训练 1　创建图 SX23 所示的模型，文件保存为 SX23.dwg。

要求：建议使用"Box"、"Fillet"、"Union"、"Subtract"等命令完成建模任务。

训练 2　创建图 SX24 所示的模型，文件保存为 SX24.dwg。

要求：建议使用"Box"、"Subtract"、"Fillet"、"Solidedit"（拉伸面、压印）等命令完成建模任务。

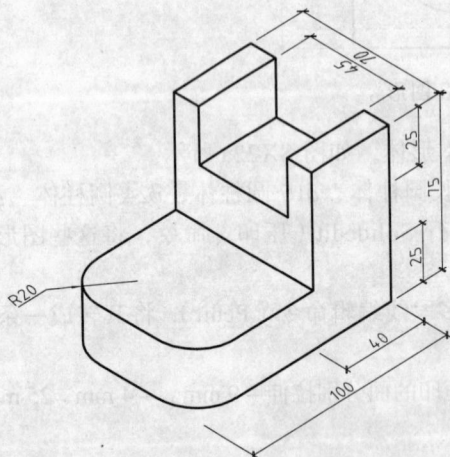

图 SX23　训练 1 图形

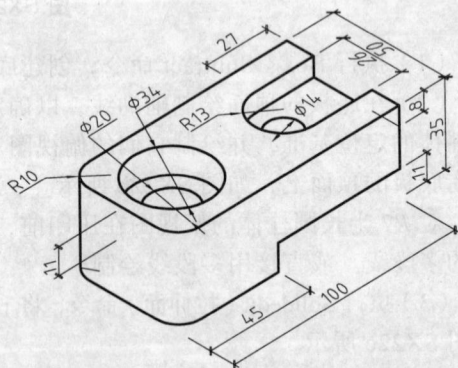

图 SX24　训练 2 图形

训练 3　创建图 SX25 所示的模型，文件保存为 SX25.dwg。

要求：用好形体分析法，创建组合体各组成部分的模型，然后按其相对位置组合在一起。本处主要用到的命令有"Box"、"Cylinder"、"Subtract"、"Extrude"、"Solidedit"（拉伸面、压印）。

162

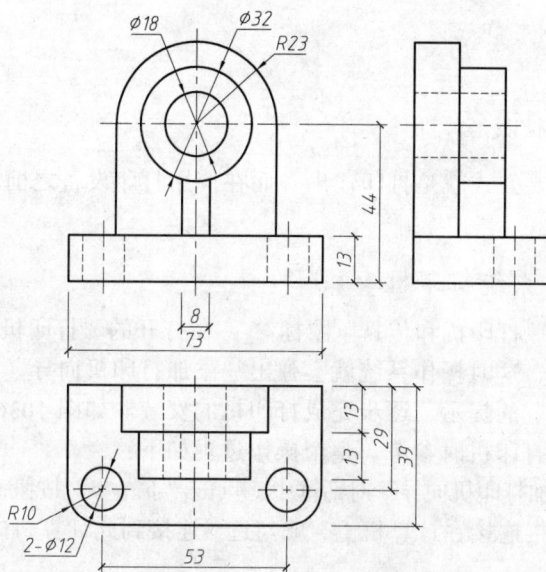

图 SX25 训练 3 图形

任务 3.4 水池三视图及模型的打印输出

【任务载体】

水池的三维实体模型及三视图（见图 10364）的输出

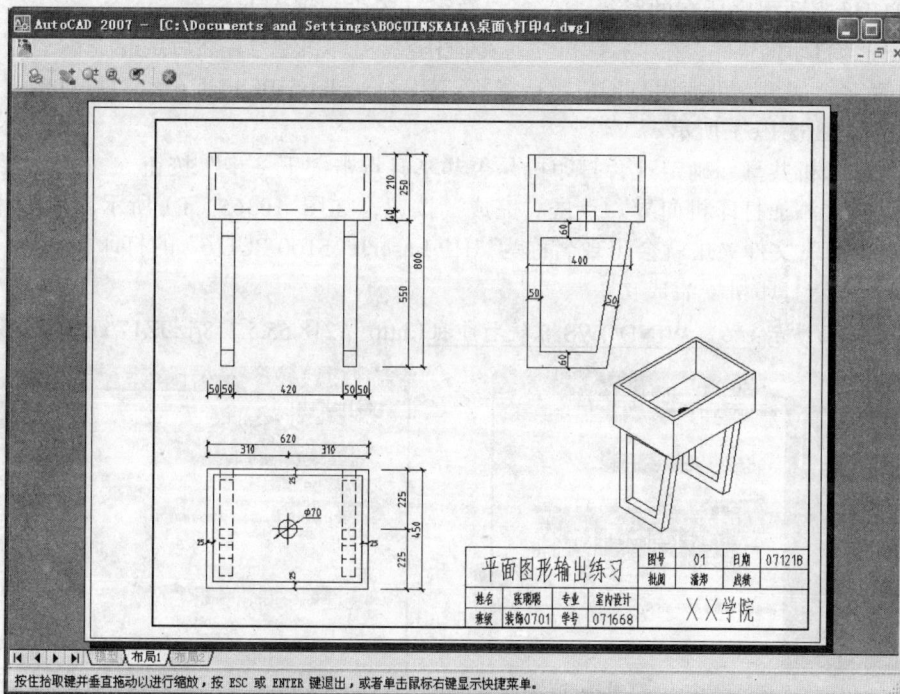

图 10364 AutoCAD 图形的输出

【知识导入】

3.4.1 配置打印设备

图形输出的一种重要方式就是打印输出。而在使用打印设备之前，必须安装与打印设备所匹配的设备驱动程序。

1. 配置 WINDOWS 系统打印机

在控制面板中双击"打印机和传真"图标 🖨️，在打开的"打印机和传真"文件夹中，单击"添加打印机"任务，这时操作系统就会弹出"添加打印机向导"对话框，如图 10365 所示。用户可根据"向导"的提示，逐步完成打印机的安装。如图 10365 中选择了几个有代表性的对话框供用户安装打印机时参考。整个操作过程如下：

（1）在启动的"添加打印机向导"对话框中，点击"下一步"按钮，如图 10365（a）所示。

（2）如果打印机直接连接在计算机上，就勾选"连接到此计算机的本地打印机"单选框，如图 10365（b）所示。

（3）选择打印机端口。此处选择"LPT1"端口。

（4）选择打印机厂商及型号。如果使用随书配套光盘提供的打印机驱动程序，可点击"从磁盘安装"按钮，如图 10365（c）所示。

（5）在弹出的"从磁盘安装"对话框中，点击"浏览"按钮，如图 10365（d）所示。

（6）在弹出的"查找文件"对话框中，选择随书配套光盘提供的"HP5100"激光打印机驱动程序。

（7）又回到"从磁盘安装"对话框，此时在"厂商文件复制来源"下拉列表框中显示所选择的打印机驱动程序所在的路径，点击"确定"按钮，进入下一步。

（8）安装打印机软件。在"打印机"列表框中选择打印机型号，然后点击"下一步"按钮。

（9）命名打印机。可使用打印机默认名称"HP LaserJet 5100 PCL 6"，然后点击"下一步"按钮，如图 10365（e）所示。

（10）打印机共享。确定这台打印机是否共享，点击"下一步"按钮。

（11）完成添加打印机向导。点击"完成"按钮，如图 10365（f）所示。稍等片刻，在"打印机和传真"文件夹中就会出现名称为"HP LaserJet 5100 PCL 6"的打印机图标，这个图标的出现标志着打印机安装成功。

※在线动画演示：配置 WINDOWS 系统打印机（http://218.65.5.218/jz/JZ17/xm3/JZ1-54.html）。

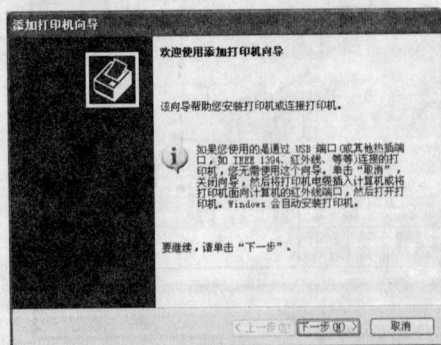

（a）添加打印机向导　　　　　　　　（b）添加打印机向导第 2 步

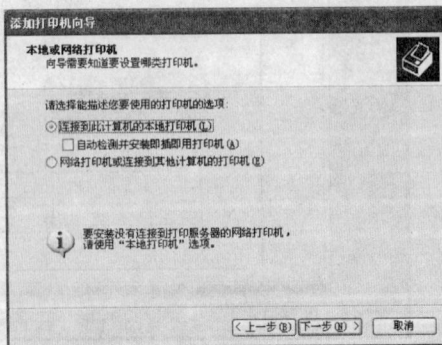

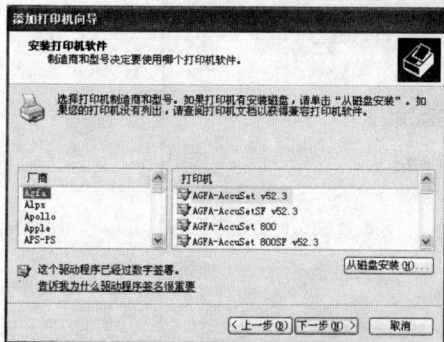

（c）添加打印机向导第 4 步

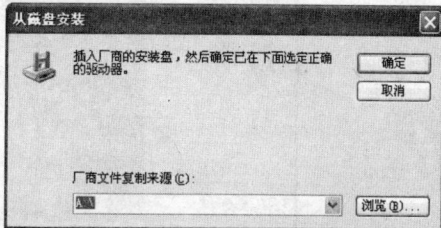

（d）"从磁盘安装"对话框

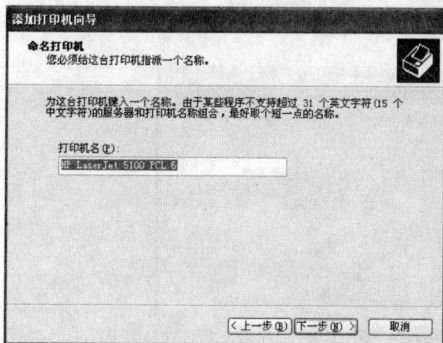

（e）添加打印机向导第 9 步

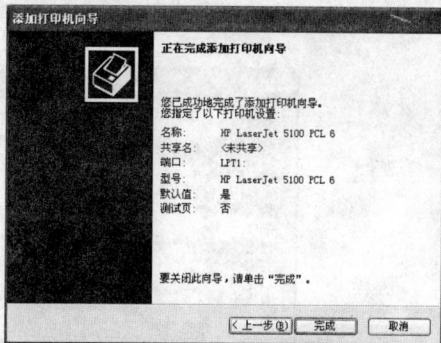

（f）添加打印机向导第 11 步

图 10365　配置 WINDOWS 系统打印机

2. 配置 AUTODESK 绘图仪

执行"Config"命令，AutoCAD 弹出"选项"对话框，选择"打印和发布"选项卡，点击其中的"添加或配置绘图仪"按钮，AutoCAD 将弹出 Plotters 文件夹，双击其中的"添加绘图仪向导"图标（见图 10366），系统又弹出"添加绘图仪 — 简介"对话框。

图 10366　"添加绘图仪向导"图标

用户可根据对话框的提示，逐步完成绘图仪的安装。整个操作过程如下：

（1）在"添加绘图仪—开始"对话框中，选择"我的电脑"单选框，然后点击"下一步"按钮，如图 10367（a）所示。如果选择"系统打印机"则可直接选用 Windows 系统已经安装的各种设备驱动程序。

（2）在"添加绘图仪—绘图仪型号"对话框中，"生产商"选择"HP"，"型号"选择"DesignJet 430 C4713A"，如图 10367（b）所示。后面的对话框按默认设置即可，最后弹出"添加绘图仪— 完成"对话框，点击"完成"按钮。至此，在 AutoCAD 2007 系统中新增了一种名称为"DesignJet 430 C4713A"的打印设备。

※在线动画演示：配置 AUTODESK 绘图仪（http：//218.65.5.218/jz/JZ17/xm3/JZ1-55.html）。

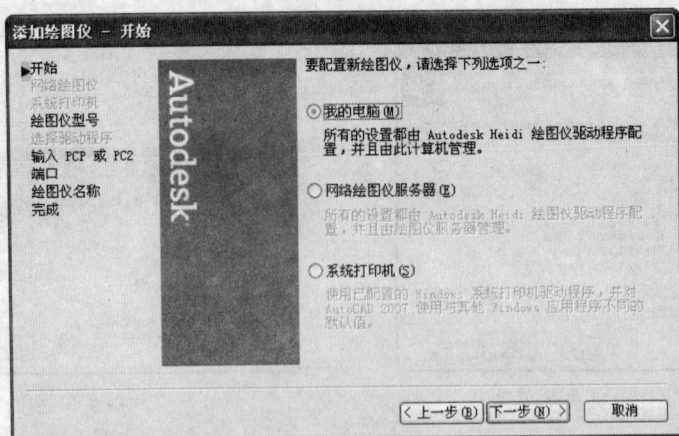

（a）"添加绘图仪—开始"对话框

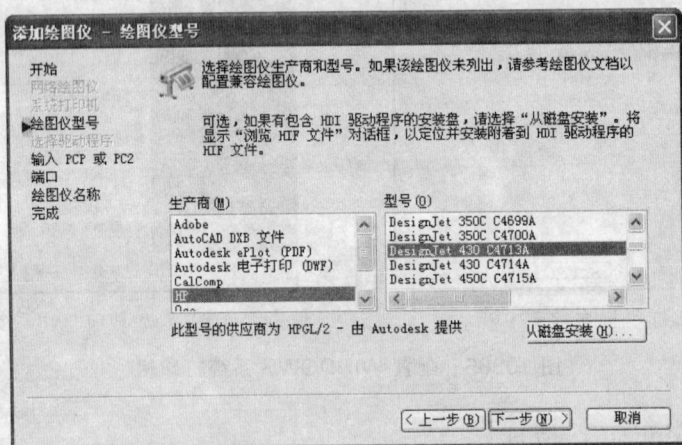

（b）"添加绘图仪—绘图仪型号"对话框

图 10367 "添加绘图仪向导"对话框

3.4.2 图形的打印输出

1. 模型空间和图纸空间的概念

模型空间和图纸空间是 AutoCAD 为用户提供的两种工作空间。

模型空间是创建二维模型和三维模型的空间，是针对图形实体的空间。在这个空间中，用户可使用 AutoCAD 的全部绘图、编辑、显示命令。所需考虑的是图形能否正确绘出，而不必考虑空间是否够大。因此在模型空间均采用 1：1 建模。

图纸空间是一个二维空间，类似于手工绘图的图纸，因此图纸空间可以看做是一张纸平面，用于图纸的布局。在图纸空间中，用户所要考虑的是模型空间的模型在整张图纸中如何布局、如何打印出图。

2. 在模型空间打印出图

在模型空间绘制完图形后，就可以通过打印机或绘图仪将图形输出到图纸上。

166

（1）页面设置。

① 命令执行方式。

命令：Pagesetup。

下拉菜单："文件"|"页面设置管理器"。

② 相关说明。

a. 执行"Pagesetup"命令，AutoCAD 弹出"页面设置管理器"对话框，如图 10368 所示。对话框中的大列表框内显示出当前图形已有的页面设置；"选定页面设置的详细信息"框中显示出所指定页面设置的相关信息；"置为当前"按钮的作用是将列表框中选定的页面设置为当前；"新建"按钮用于创建新的页面设置；"修改"按钮用于修改列表框中选定的页面设置；"输入"按钮用于从已有图形中导入页面设置。

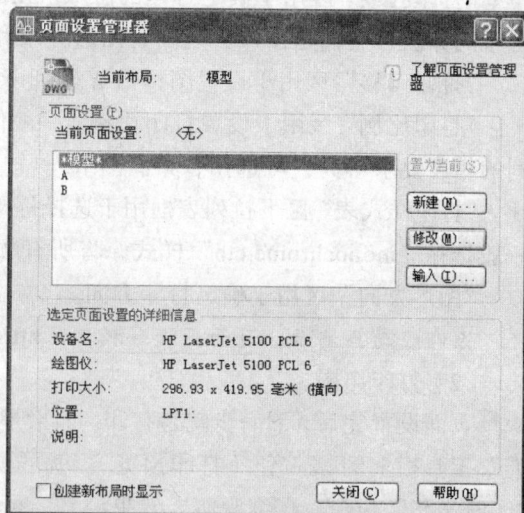

图 10368 "页面设置管理器"对话框

b. 在"页面设置管理器"对话框中，选中"模型"页面设置，单击"修改"按钮，AutoCAD 弹出"页面设置 — 模型"对话框，如图 10369 所示。通过该对话框可以完成对打印设备、打印纸张、打印区域和打印样式的设置工作。

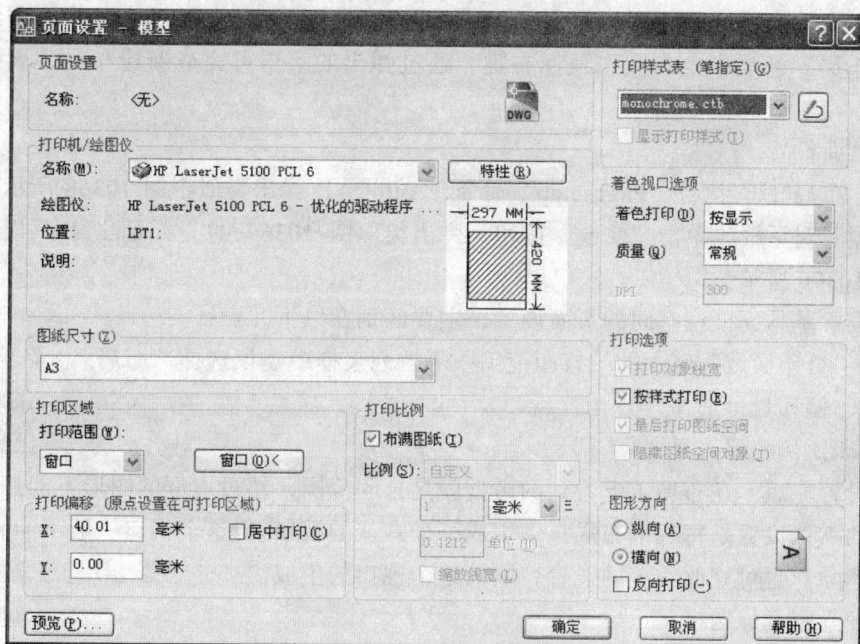

图 10369 "页面设置—模型"对话框

在"打印机/绘图仪"区，下拉列表框用于选择打印设备、"特性"按钮用于查看或修改当前绘图仪的配置、端口、设备和介质设置。

"图纸尺寸"区下拉列表框用于选择打印纸张的大小。

"打印区域"区用于确定打印的区域。在"打印范围"下拉列表框中提供了四种确定打印区域的方法，它们是窗口、范围、图形界限和显示，其中窗口最为常用。

"打印偏移"区用于设置图样沿 X 轴和 Y 轴的偏移量，一般选择"居中打印"。

"打印比例"区用于设置打印比例，一般使用 1：1、1：10 等具体的比例值。如对打印比例的精度要求不高，可选择"布满图纸"。

"打印样式表"区下拉列表框用于选择打印样式，点击右边的按钮可对打印样式进行编辑，一般选择"monochrome.ctb"样式，将所有颜色的图线打印成黑色。

"图形方向"区用于确定打印方向。

※在线动画演示：<u>页面设置—模型</u>（http：//218.65.5.218/jz/JZ17/xm3/JZ1-56.html）。

（2）打印出图。

页面设置完后，下一步就是打印。如果是单张打印，建议执行"Preview"命令或点击"标准"工具栏上的 ⌕ 按钮（打印预览），就可预览打印效果。预览时注意用好"实时缩放"和"实时平移"命令，仔细观察。效果满意，可通过右键快捷菜单执行打印命令，否则退出。

如果是多张打印，建议执行"Plot"命令或"Ctrl＋P"命令，通过弹出的"打印—模型"对话框，选择打印份数和指定页面设置，然后点击"预览"按钮进行预览。效果满意后，点击"确定"按钮，即可打印出图。

3. 在图纸空间打印出图

在模型空间完成建模或图形绘制工作后，通过"模型/布局"选项卡切换到图纸空间。在任一"布局"选项卡上，点击鼠标右键，通过弹出的菜单可完成新建布局、删除布局和命名工作。

（1）页面设置。

选择"布局1"，执行"Pagesetup"命令，AutoCAD 弹出类似于图 10368 所示的"页面设置管理器"对话框，单击"修改"按钮，弹出类似图 10369 的"页面设置—模型"对话框，如图 10370 所示。

各项设置基本同模型空间的页面设置，主要区别在以下几点：

① 在"打印区域"区中的"打印范围"下拉列表框中建议选择"布局"。

② 打印偏移量可选择"0，0"。

③ 打印比例建议选择"1：1"。

页面设置完后，在布局1上看到的虚框就是打印范围，超过虚框的图形不能打印。

系统的默认设置是每一个布局自动生成一个默认的视口，但这个视口一般不能满足要求，建议将其删除。也可修改系统的设置，取消这个视口的生成。

（2）插入图框标题栏。

已设置好页面的布局1现在是一张空的图纸，接下来是在这张图纸上绘制图框标题栏。建议执行"Insert"命令，在"图框标题栏"图层插入在实训六定义的块文件"SX6-d-A4 图框标题栏.dwg"或"SX6-4-A3 图框标题栏.dwg"，采用适当的缩小比例（如使用 HP5100 激光打印机，可使用 0.95 的缩放比例）确保图框的外框线正好在布局1的虚线框内。

※在线动画演示：<u>页面设置—布局</u>（http：//218.65.5.218/jz/JZ17/xm3/JZ1-57.html）。

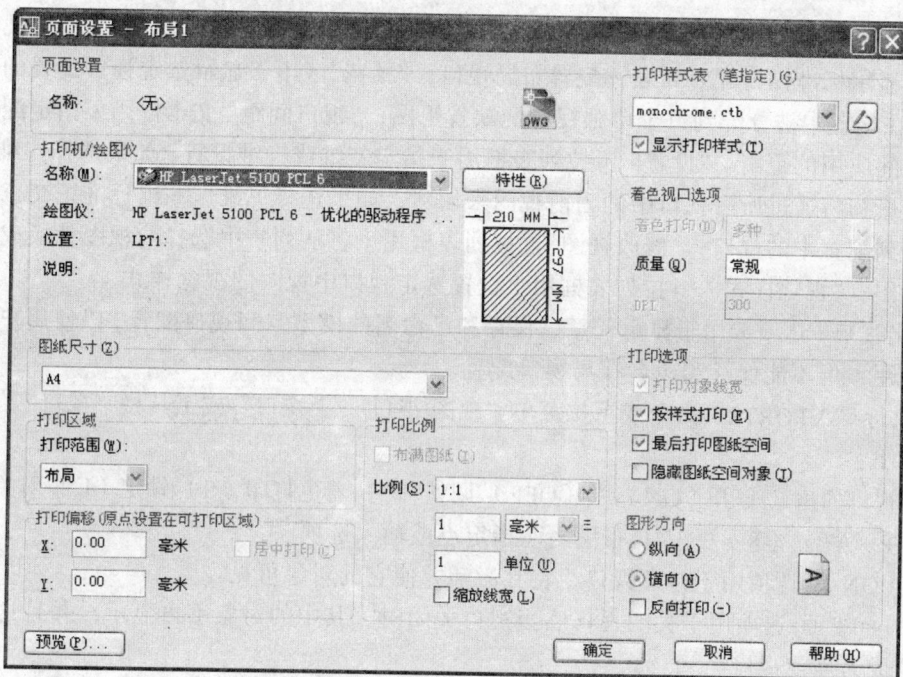

图 10370 "页面设置—布局 1" 对话框

（3）创建视口。

① 命令执行方式。

命令：VPORTS。

下拉菜单："视图"｜"视口"｜"新建视口"。

工具栏："视口"｜⊞。

② 相关说明。

a. 执行 "VPORTS" 命令，AutoCAD 弹出 "视口" 对话框，如图 10371 所示。对话框中各选项卡的功能如下：

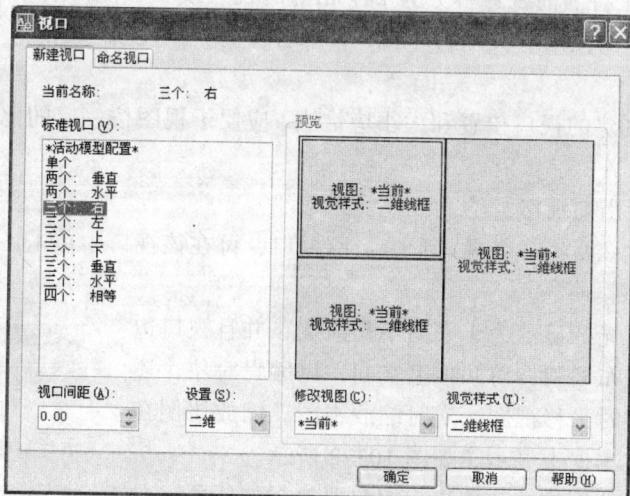

图 10371 "视口" 对话框

"新建视口"选项卡用于显示标准视口配置列表并配置布局视口。其中,"标准视口"列表框用于显示标准视口配置列表并配置布局视口;"预览"区用于显示选定视口配置的预览图像,以及在配置中被分配到每个单独视口的缺省视图;"视口间距"文本框用于指定配置的布局视口之间应用的距离;"设置"下拉列表框用于指定二维或三维设置,如果选择二维,新的视口配置最初将通过所有视口中的当前视图来创建,如果选择三维,一组标准正交三维视图将被应用到配置中的视口;"修改视图"下拉列表框用于将从列表中选择的视图替换成选定视口中的视图;"视觉样式"下拉列表框用于设置选定视口中视图的视觉样式。

"命名视口"选项卡用于显示任意已保存和已命名的模型空间视口配置,以便用户在当前布局中使用,但不能保存和命名布局视口配置。

b. 执行 "-VPORTS" 命令或下拉菜单 "视图|视口|一个视口" 或工具栏 "视口|▣",命令行提示如下:

指定视口的角点或[开(ON)/关(OFF)/调整(F)/着色打印(S)/锁定(L)/对象(O)/多边形(P)/恢复(R)/2/3/4]<布满>:(指定点或输入选项。)

"开(ON)"选项用于打开视口,将其激活并使它的对象可见。

"关(OFF)"选项用于关闭视口。当视口关闭时,其中的对象不再显示,并且这个视口也不能再成为当前视口。

"调整(F)"选项用于创建充满可用显示区域的视口。视口的实际大小由图纸空间视图的尺寸决定。

"着色打印(S)"选项用于指定如何打印布局中的视口。

"锁定(L)"选项用于锁定当前视口,与图层锁定作用类似。

"对象(O)"选项等同于视口工具栏的 ▣ 按钮,用于将指定封闭的多段线、椭圆、矩形、圆等对象转换为视口。

"多边形(P)"选项等同于视口工具栏的 ▢ 按钮,用于用指定的点来创建不规则形状的多边形视口。

"恢复(R)"选项用于恢复以前保存的视口配置。

"2/3/4"选项用于将当前视口拆分为 2 个相等的视口或 3 个视口或 4 个大小相同的视口。

c. 视口图线所在的图层应关闭打印机,否则打印时会出现视口图线。建议设置专用的视口图层。

d. 在布局中所创建的视口位置和大小应恰当,应便于视图按一定的比例显示并满足打印出图的需要。

(4)选择和使用当前视口。

使用多个视口时,要将一个视口置为当前视口,可在该视口中单击。切换视口还可重复使用 CTRL + R 组合键。

对于当前视口,光标显示为十字而不是箭头,并且视口边缘亮显。此时可以从布局视口访问模型空间,以编辑对象,还可在布局视口内部实时平移视图、实时缩放视图。缩放比例在视口工具栏的下拉文本框中显示,如图 10372 所示。

访问模型空间时使用的方法取决于用户要执行的任务。对

显示当前视口中视图的缩放比例

图 10372 "视口"工具栏

每个视口，应按打印出图的要求合理设置视点、视觉样式、缩放比例及打印方式等。

（5）打印出图。

各项设置完成后，下一步就是打印。执行"Preview"命令和"Plot"命令的操作过程和在模型空间的操作过程一致，此处不再一一叙述。

※在线动画演示：创建布局视口和打印出图（http://218.65.5.218/jz/JZ17/xm3/JZ1-58.html）。

3.4.3 以光栅图像的格式输出文件

1．光栅图像

可以使用若干命令将 AutoCAD 图形对象输出到与设备无关的光栅图像中。光栅图像的格式可以是 BMP、JPEG、TIFF 和 PNG，其对应的输出命令分别是 bmpout、jpgout、tifout、pngout。执行命令后，AutoCAD 会弹出"创建光栅文件"对话框，通过该对话框选择文件保存的路径并输入文件名，单击"保存"按钮，然后按命令行的提示选择要保存的对象。

用这种方法得到的图像分辨率和屏幕的显示分辨率是一致的。

2．图纸打印到文件

这种输出方式可以得到高分辨率的光栅图像文件。具体操作步骤如下：

（1）添加绘图仪。

执行"plottermanager"命令或下拉菜单"文件 | 绘图仪管理器"，AutoCAD 弹出 Plotters 文件夹，双击图 10373 所示的"添加绘图仪向导"图标，依据所弹出对话框的提示逐步完成绘图仪的设置工作。与配置实体绘图仪不同的是，在图 10372 所示的"添加绘图仪 — 绘图仪型号"对话框中，"生产商"选择"光栅文件格式"，"型号"选择"MS-Windows BMP（非压缩 DIB）"等光栅图像的文件格式。绘图仪配置完成后，会在 Plotters 窗口增加一个"MS-Windows BMP（非压缩 DIB）.PC3"绘图仪图标，如图 10374 所示。

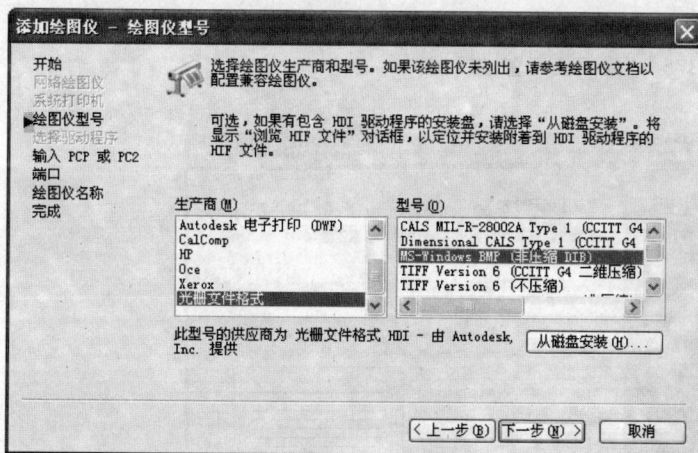

图 10373　"添加绘图仪—绘图仪型号"对话框

MS-Windows BMP（非压缩 DIB）.pc3

图 10374　系统新生成的绘图仪图标

（2）绘图仪配置。

在图 10369 或图 10370 所示的页面设置对话框中，将打印机确定为"MS-Windows BMP

（非压缩 DIB）"后，点击右侧的"特性"按钮，AutoCAD 会弹出如图 10375 所示的"绘图仪配置编辑器"对话框。在"设备和文档设置"选项卡的列表框中选择"自定义特性"，并点击下方"访问自定义对话框"区中的"自定义特性"按钮，通过弹出的"光栅文件格式"对话框将背景颜色设置为白色。

（3）定义图纸尺寸。

在图 10375 所示的对话框中，选择"自定义图纸尺寸"，并点击下方"自定义图纸尺寸"区中的"添加"按钮，通过弹出的"自定义图纸尺寸"对话框（见图 10376），设置光栅图像文件的分辨率。然后在图 10369 或图 10370 所示页面设置对话框中的"图纸尺寸"区选择自己刚刚定义的图纸尺寸。

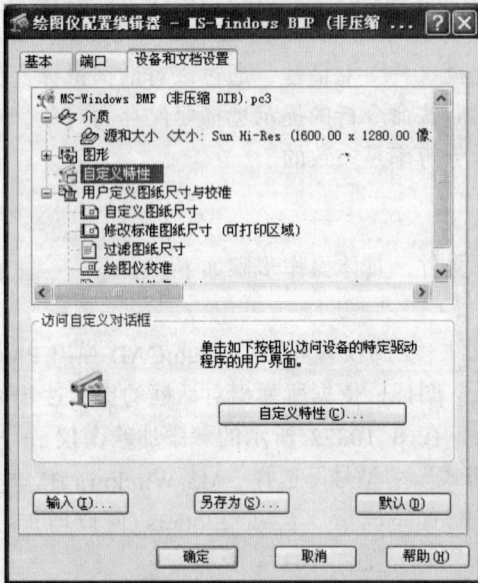
（a）

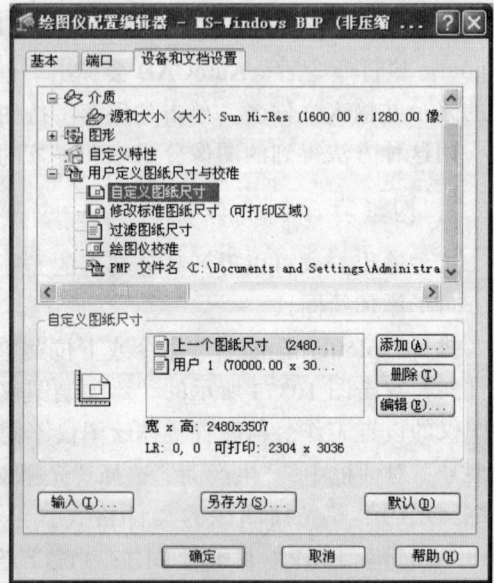
（b）

图 10375 "绘图仪配置编辑器"对话框

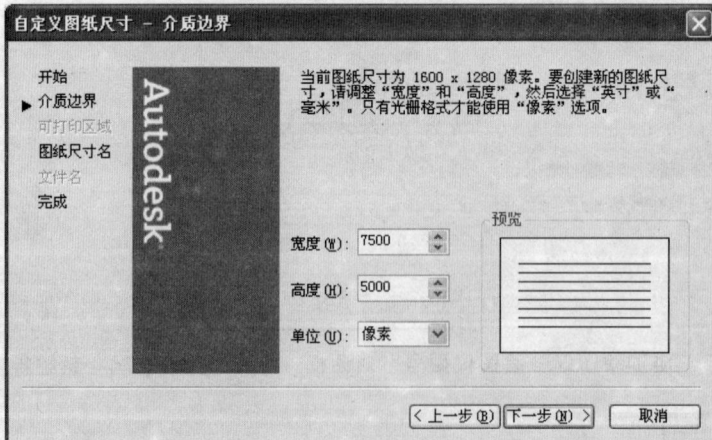

图 10376 "自定义图纸尺寸"对话框

172

分辨率并不是越高越好，应根据需要和计算机的配置来确定，否则将影响运行速度。

（4）打印到文件。

执行"Plot"命令，AutoCAD 会弹出"浏览打印文件"对话框，通过该对话框选择文件保存的路径并输入文件名，单击"保存"按钮。然后系统将 AutoCAD 图形文件按用户的要求输出成图像文件。

※在线动画演示：图纸打印到文件（http：//218.65.5.218/jz/JZ17/xm3/JZ1-59.html）。

【任务实施】

3.4.4　用模型空间打印出图

模型空间打印出图的步骤如下：

（1）打开 Autocad 文件，通过设计中心找到本书配套光盘中的"图框标题栏.dwg"文件，将内部块"SX6-d-A4 图框标题栏"插入到"AutoCAD 图形的输出.dwg"文件。插入点（0，0），插入比例适当缩小（如使用 HP5100 激光打印机，可使用 0.95 的缩放比例），以确保 1：1 打印出图时，能打印出外框线。

（2）按图 10377 所示的内容进行页面设置。通过"窗口"按钮按图框的外框线确定打印范围。

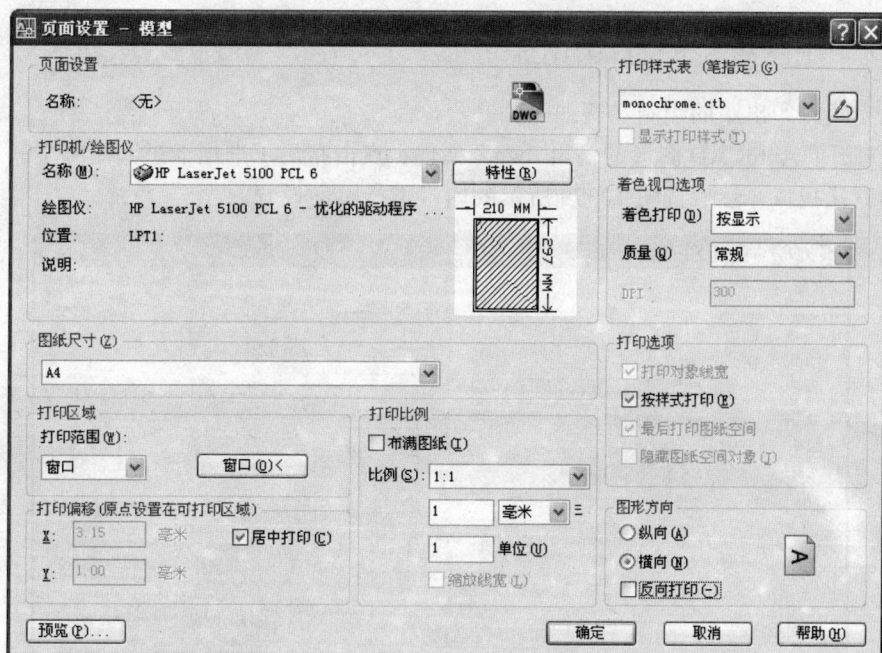

图 10377　"AutoCAD 图形的输出 . dwg"文件的页面设置

（3）执行"Preview"命令（打印预览），查看打印效果，如图 10378 所示。效果令人满意时可通过鼠标右键菜单进行打印输出。将文件另存为"AutoCAD 图形的输出.dwg"。

※在线动画演示：运用模型空间打印输出图形文件（http：//218.65.5.218/jz/JZ17/xm3/JZ1-60.html）。

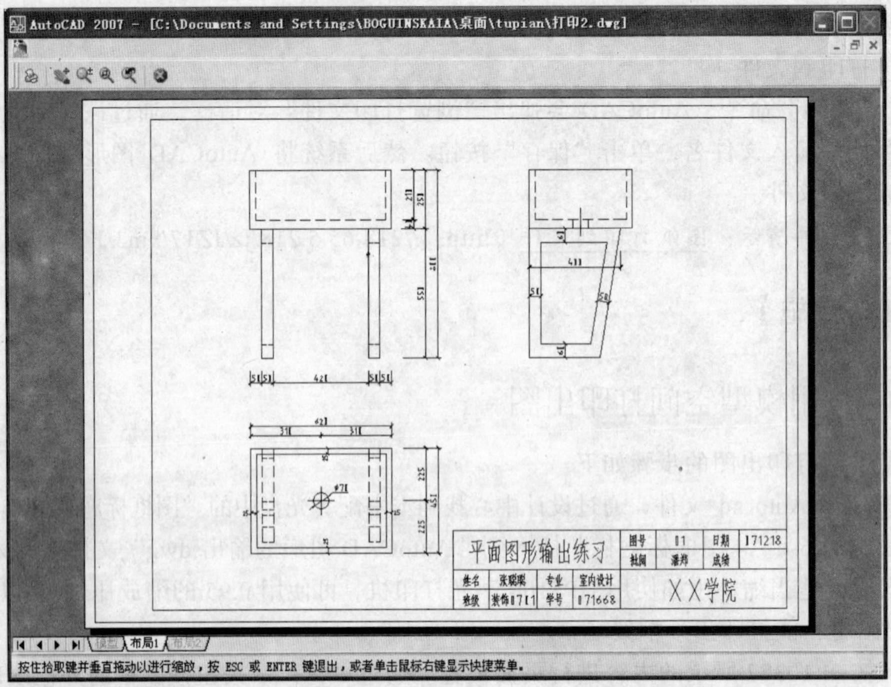

图 10378 "AutoCAD 图形的输出.dwg"文件通过模型空间的打印预览效果

3.4.5 用图纸空间打印出图

图纸空间打印出图的绘制步骤如下：

（1）打开"AutoCAD 图形的输出.dwg"文件，点击布局 1 选项卡进入图纸空间，删除系统创建的默认视口，然后按图 10379 所示的内容进行页面设置。

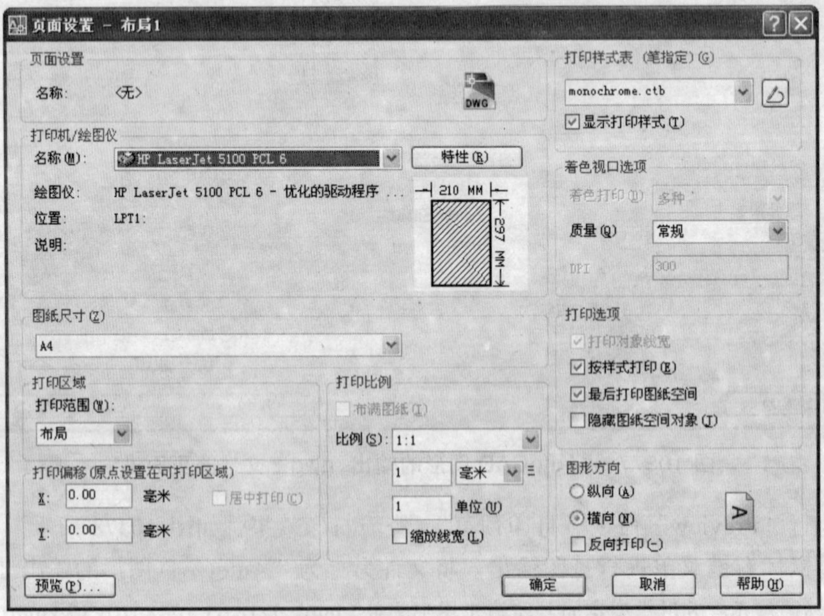

图 10379 "页面设置—布局 1"对话框

（2）在布局1按上述的方法插入"SX6-d-A4图框标题栏"。插入点（0，0），插入比例适当缩小（如使用 HP5100 激光打印机，可使用 0.95 的缩放比例），以确保图框的外框线正好在布局1的虚线框内，如图 10380 所示。

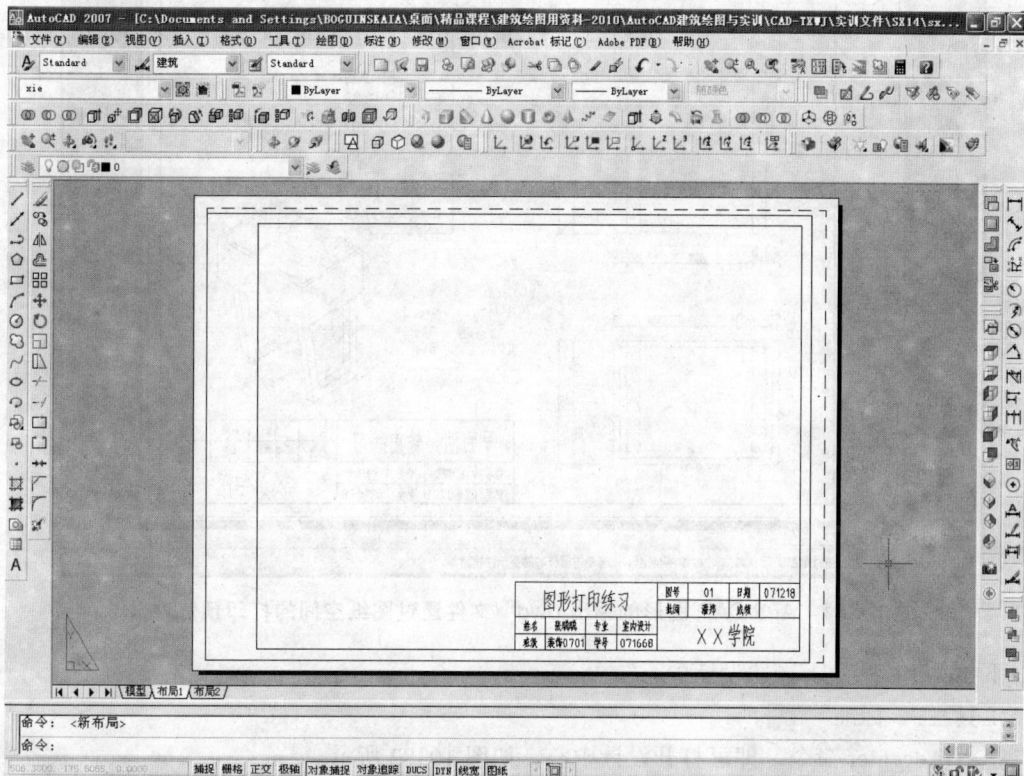

图 10380　在布局 1 插入"SX6–d–A4 图框标题栏"

（3）在视口图层执行"-VPORTS"命令，沿内框线和标题栏的左边线、上边线创建多边形视口，用于1：1显示二维图形。在标题栏的上方创建一矩形视口，用于1：1显示三维模型。

在一视口中单击使之成为当前视口，使用 CTRL + R 组合键可切换视口。对每个视口应按打印出图的要求，合理设置视点、视觉样式、缩放比例及打印方式等。

（4）执行"Preview"命令（打印预览），查看打印效果，如图 10381 所示。效果令人满意时可通过鼠标右键菜单进行打印输出。将文件另存为"AutoCAD 图形的输出.dwg"。

※动画演示：运用图纸空间打印输出图形文件。（http://218.65.5.218/jz/JZ17/xm3/JZ1-61.html）。

【知识拓展】

3.4.6　熟悉 AutoCAD 设计中心窗口

1. AutoCAD 设计中心的启动

命令执行方式

命令：Adcenter（简化形式：Adc）。

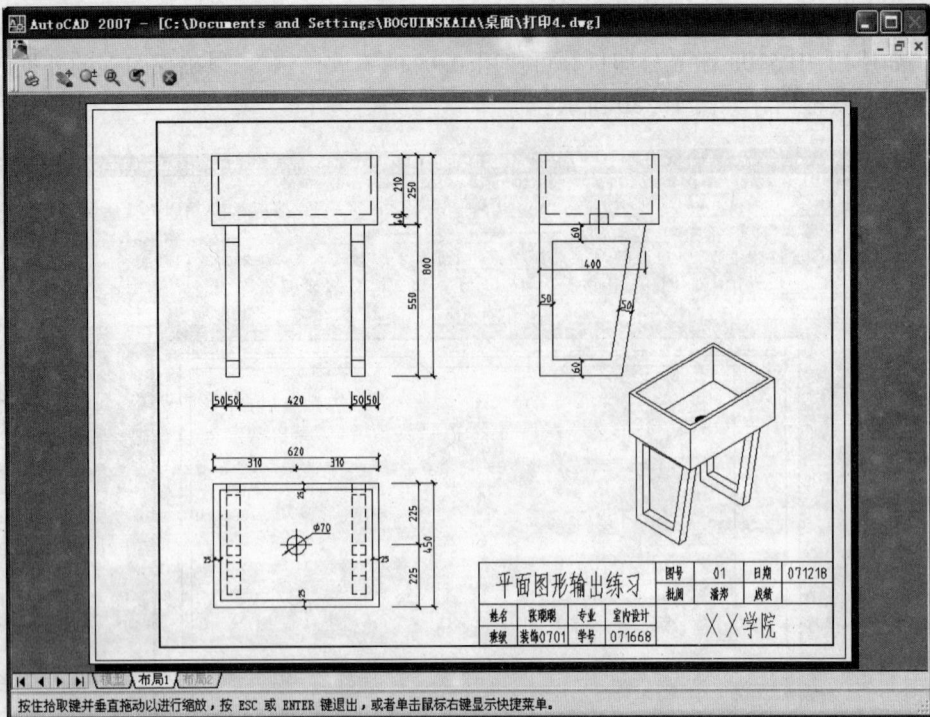

图 10381 AutoCAD 图形的输出.dwg"文件通过图纸空间的打印预览效果

下拉菜单:"工具"|"设计中心"。

工具栏:"标准"|图标|。

执行 Adcenter 命令,即可打开设计中心,如图 10382 所示。

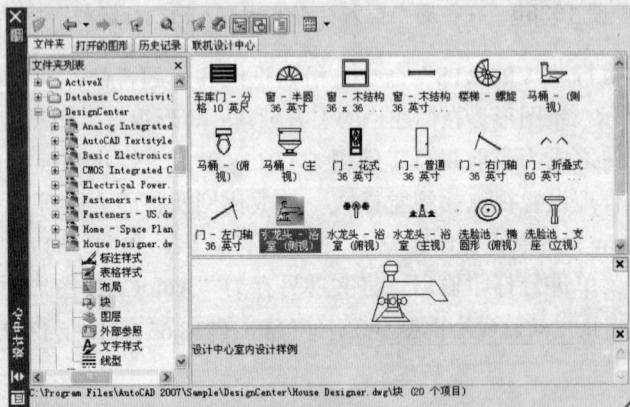

图 10382 "设计中心"对话框

2. AutoCAD 设计中心的组成

设计中心由位于窗口顶部的工具栏、选项卡、左边的树状视图区和右边的内容区组成。

(1)树状视图区。

树状视图区的作用是显示浏览内容的源,如用户计算机和网络驱动器上的文件与文件夹的层次结构、打开图形的列表、自定义内容以及上次访问过位置的历史记录。选择树状图中的项目以便在内容区中显示其内容。

（2）内容区。

内容区作用是显示树状图中当前选定"容器"的内容。容器是包含设计中心可以访问的信息的网络、计算机、磁盘、文件夹、文件或网址（URL）。根据树状图中选定的容器，内容区一般可以显示以下内容：

① 含有图形或其他文件的文件夹。

② 图形。

③ 图形中包含的命名对象（包括块、布局、图层、标注样式和文字样式等）。

④ 表示块或填充图案的图像或图标。

⑤ 基于 Web 的内容。

⑥ 由第三方开发的自定义内容。

在树状图或内容区中单击鼠标右键，可以通过弹出的快捷菜单，访问树状图或内容区的相关选项。

（3）选项卡。

在树状视图区和内容区的上部有四个选项卡。其功能如下：

① 文件夹。显示计算机或网络驱动器（包括"我的电脑"和"网上邻居"）中文件和文件夹的层次结构。

② 打开的图形。显示当前工作任务中打开的所有图形，包括最小化的图形。

③ 历史记录。显示最近在设计中心所打开文件的列表。显示历史记录后，在一个文件上单击鼠标右键显示此文件信息或从"历史记录"列表中删除此文件。

④ 联机设计中心。访问联机设计中心网页。建立网络连接时，"欢迎"页面中将显示两个窗格。左边窗格将显示包含符号库、制造商站点和其他内容库的文件夹。当选定某个符号时，它会显示在右窗格中，并且可以下载到用户的图形中。

（4）工具栏按钮。

① "加载"按钮用于显示"加载"对话框（标准文件选择对话框）。使用"加载"浏览本地和网络驱动器或 Web 上的文件，然后选择内容加载到内容区。

② "上一页"按钮用于返回到历史记录列表中最近一次的位置。

③ "下一页"按钮用于返回到历史记录列表中下一次的位置。

④ "上一级"按钮用于显示当前容器的上一级容器的内容。

⑤ "搜索"按钮用于显示"搜索"对话框，从中可以指定搜索条件以便在图形中查找图形、块或非图形对象。搜索也显示保存在桌面上的自定义内容。

⑥ "收藏夹"按钮用于在内容区中显示"收藏夹"文件夹的内容。"收藏夹"文件夹包含经常访问项目的快捷方式。要在"收藏夹"中添加项目，可以在内容区或树状图中的项目上单击右键，然后单击"添加到收藏夹"；要删除"收藏夹"中的项目，可以单击快捷菜单中的"组织收藏夹"选项，从打开的窗口中删除指定的内容。

⑦ "主页"按钮用于返回到默认的主页，即在内容区显示固定文件夹或文件中的内容。AutoCAD 默认的文件夹是"DesignCenter"，用户可在树状视图区用鼠标右键单击要设置为默认的文件夹或文件，从弹出的快捷菜单中选择"设置为主页"，即可完成默认主页的设置。

⑧ "树状图切换"按钮用于显示或隐藏树状视图区。如果内容区需要更多的空间，可以隐藏树状视图区。树状视图区隐藏后，可以使用内容区浏览容器并加载内容。在树状视图区中使用"历史记录"列表时，"树状图切换"按钮不可用。

⑨ "预览"按钮用于显示或隐藏内容区窗格中选定项目的预览。如果选定项目没有保存的预览图像，"预览"区将为空。

⑩ "说明"按钮用于显示或隐藏内容区窗格中选定项目的文字说明。如果同时显示预览图像，文字说明则位于预览图像下面。如果选定项目没有保存的说明，"说明"区将为空。

⑪ "视图"按钮用于为加载到内容区中的内容提供不同的显示格式。可以从"视图"列表中选择一种视图或依次单击"视图"按钮，AutoCAD 会依次切换到对应的显示格式。默认视图根据内容区中当前加载的内容类型的不同而有所不同：

"大图标"以大图标格式显示加载内容的名称。

"小图标"以小图标格式显示加载内容的名称。

"列表图"以列表形式显示加载内容的名称。

"详细信息"显示加载内容的详细信息。根据内容区中加载内容的特性不同，可以将内容按名称、大小、类型或其他特性进行排序。

3.4.2 AutoCAD 设计中心的使用

1. 打开图形

通过设计中心打开图形时，可以用以下三种方法：

（1）在内容区或"搜索"对话框中，用鼠标右键单击要打开的图形文件，从弹出的快捷菜单中选择"在应用程序窗口中打开"，即可打开该图形。

（2）在内容区或"搜索"对话框中，用鼠标左键将图形文件拖到 AutoCAD 主窗口除绘图区以外的任何地方（如工具栏或状态栏区），松开鼠标键即可打开该图形。

（3）在内容区或"搜索"对话框中，按下 Ctrl 键，用鼠标左键将图形文件拖到 AutoCAD 当前绘图窗口，松开鼠标键即可打开该图形。

2. 插入图块和图形文件

通过设计中心，可以很方便地将图块插入到当前打开的图形中。

（1）插入 AutoCAD 文件的内部块。

在设计中心的树状视图区，找到含有内部块的源文件（见图 10390 中的文件"SX38.dwg"），双击文件图标，将显示图层、标注样式、文字样式、图块和布局等命名对象；接着点击块对象，进一步显示该文件的内部块信息，然后在内容区中，将需插入的块拖到 AutoCAD 主窗口的绘图区中。如果块中包含有属性，AutoCAD 还要求用户输入属性。采用这种方式插入图块时，AutoCAD 会按定义块时确定的块插入单位对这两个值进行比较并自动进行比例缩放。这种自动进行比例缩放，有可能使块中的标注值失真。

如果用鼠标右键单击要插入的块，从弹出的快捷菜单中选择"插入块"，AutoCAD 打开"插入"对话框。通过该对话框确定插入点、插入比例、旋转角度等，点击"确定"按钮，即可实现块的插入。

（2）插入 AutoCAD 图形文件。

在设计中心的内容区找到要插入的图形文件（含外部块文件），将其拖到 AutoCAD 主窗口的绘图区中，此时命令行提示：

命令：-INSERT

输入块名或[?]：（显示块文件名和路径。）

单位：毫米　　转换：1.0000

指定插入点或[基点（B）/比例（S）/X/Y/Z/旋转（R）]：

输入 X 比例因子，指定对角点，或[角点（C）/XYZ（XYZ）]<1>：

输入 Y 比例因子或<使用 X 比例因子>：

指定旋转角度<0>：

如果文件中包含有属性，AutoCAD 还要求用户输入属性。

如果用鼠标右键单击要插入的图形文件，从弹出的快捷菜单中选择"插入为块"，AutoCAD 打开"插入"对话框。通过该对话框确定插入点、插入比例、旋转角度等，点击"确定"按钮，即可实现图形的插入。

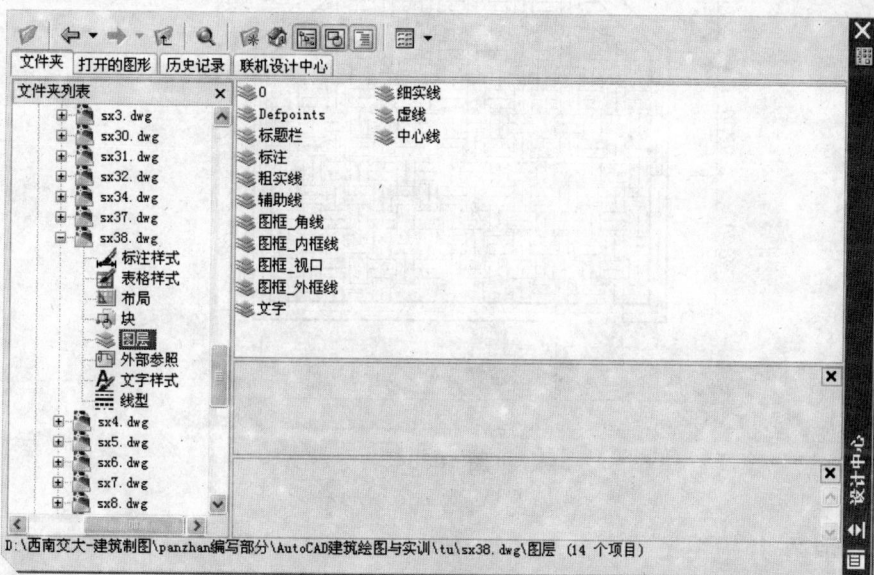

图 10383　在内容区显示"SX38.dwg"文件的图层信息

3. 通过设计中心在图形之间复制图形内容

在设计中心的树状视图区，找到源文件（见图 10383 中的文件"SX38.dwg"），点击文件左边的"＋"号，此时在视图区就会以树状形式展开图层、标注样式、文字样式、图块和布局等命名对象，接着点击需复制的对象（见图 10383 中的图层），在内容区中就会显示出对应的图层信息。然后，在内容区中将需复制的内容通过拖动到绘图窗口中的当前图形或通过单击鼠标右键弹出的菜单，就可实现在图形之间复制图形内容。

※在线动画演示：设计中心的应用（http：//218.65.5.218/jz/JZ17/xm3/JZ1-53.html）。

179

【思考与练习】

1. 在 AutoCAD 2007 中，如何启动设计中心？

2. 简述 AutoCAD 设计中心的应用。

3. 在 AutoCAD 2007 中，如何用设计中心查找自己保存的一个图形文件？如何打开该文件？

4. 如何在模型空间中打印如图 10384 所示的形体？

5. 模型空间和图纸空间有何区别？

6. 页面设置管理器的内容有哪些？

7. 如何在布局上创建视口？如何激活视口？如何将一个视口置为当前视口？

8. 如何配置 WINDOWS 系统打印机？

9. 如何将 AutoCAD 图形输出为高分辨率的光栅图像？

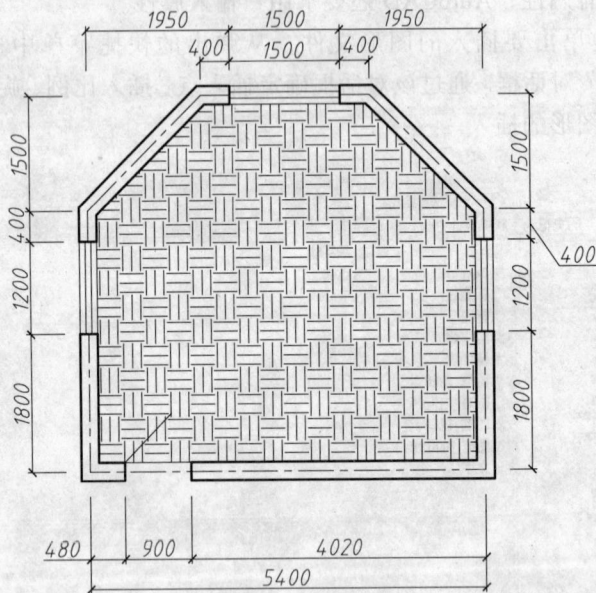

图 10384

【实训指导】

实训 9   设计中心的应用

1．实训目的与要求

通过实训能熟练地应用 AutoCAD 设计中心浏览资源、打开图形、插入图块，能熟练地在图形之间复制块、图层、线型、文字样式、标注样式等命名对象。

2．实训内容及操作指导

（1）启动 AutoCAD 2007 按缺省方式创建新文件，将其保存为"设计中心.dwg"。

（2）执行"Adcenter"命令，启动设计中心。

（3）通过设计中心浏览通过课程网站下载的文件，找到"SX6-4-A3图框标题栏.dwg"文件，并将其插入到"设计中心.dwg"文件的模型空间，插入点（0，0）、比例 1∶1。

（4）在下载文件中找到"SX38.dwg"，并打开。将该文件的图层、标注样式、文字样式等命名对象复制到"设计中心.dwg"文件。

（5）点击设计中心工具栏中的"主页"按钮，在内容区将显示 AutoCAD 默认文件夹"DesignCenter"的内容。

将"House Designer.dwg"文件中的块"水龙头—浴室（侧视）"插入到"设计中心.dwg"文件，插入比例为 0.5。

将"Kitchens.dwg"文件中的块"水龙头—洗涤槽（俯视）"、"水龙头—洗涤槽（主视）"插入到"设计中心.dwg"文件，插入比例为 0.3。

※在线动画演示：**实训 9**（http：//218.65.5.218/jzCAD/6/13r01.html）。

实训 10　图形的打印输出

1. 实训目的与要求

（1）通过实训掌握配置打印设备的方法和步骤，能熟练地将图形通过打印机输出。

（2）能初步熟悉以光栅图像的格式输出 AutoCAD 图形文件的方法和步骤。

2. 实训内容及操作指导

（1）配置 WINDOWS 系统打印机。

打开 WINDOWS 系统的"打印机和传真"文件夹，单击"添加打印机"任务。通过系统弹出的"添加打印机向导"，逐步完成打印机的安装。本书配套的光盘提供了"HP5100-le"A3 幅面激光打印机和"HP500-24＋HPGL2"大型绘图仪的驱动程序。用户均可将其配置为 WINDOWS 系统打印机。

（2）配置 AUTODESK 绘图仪。

执行"plottermanager"命令，通过 AutoCAD 弹出 Plotters 文件夹，双击其中的"添加绘图仪向导"图标，依据所弹出的向导提示逐步将刚刚配置的 WINDOWS 系统打印机"HP500-24＋HPGL2"配置成 AUTODESK 绘图仪，如图 SX26 所示。

（3）在模型空间打印出图。

打开"SX43.dwg"文件。通过设计中心在下载文件中找到"图框标题栏.dwg"文件，将内部块"SX6-d-A4 图框标题栏"插入到"SX43.dwg"文件。插入点（0，0），插入比例适当缩小（如使用 HP5100 激光打印机，可使用 0.95 的缩放比例），以确保 1∶1 打印出图时，能打印出外框线。

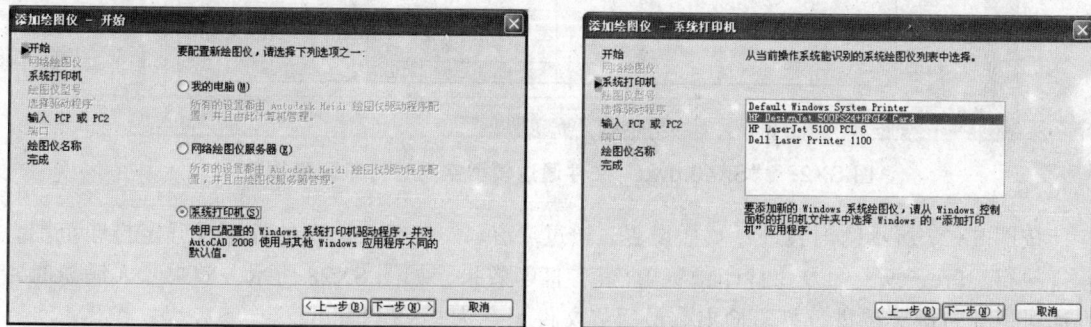

图 SX26　"添加绘图仪"向导

图 SX27　"SX43.dwg"文件的页面设置

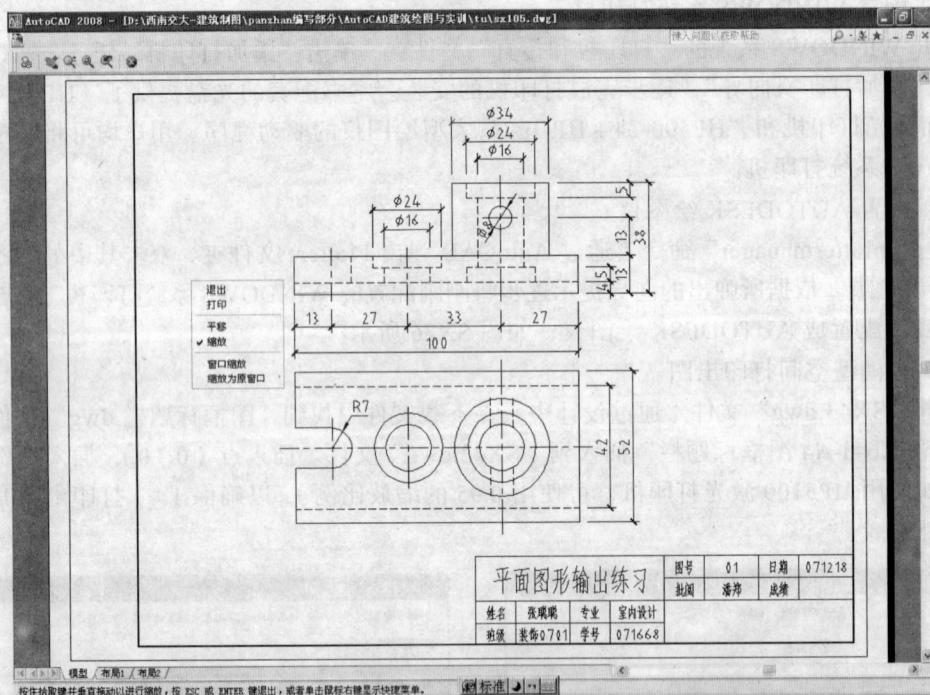

图 SX28　"SX43.dwg"文件通过模型空间的打印预览效果

　　按图 SX27 所示的内容进行页面设置。通过"窗口"按钮按图框的外框线确定打印范围。

　　执行"Preview"命令（打印预览），查看打印效果，如图 SX28 所示。效果令人满意时，可通过鼠标右键菜单进行打印输出。最后将文件另存为"SX43-a.dwg"。

　　※在线动画演示：实训 10-1（http：//218.65.5.218/jzCAD/6/14r01.html）。

182

（4）在图纸空间打印出图。

打开"SX43.dwg"文件。点击布局 1 选项卡进入图纸空间，删除系统创建的默认视口，然后进行页面设置。

在布局 1 按上述的方法插入"SX6-d-A4 图框标题栏"。插入点（0，0），插入比例适当缩小（如使用 HP5100 激光打印机，可使用 0.95 的缩放比例），以确保图框的外框线正好在布局 1 的虚线框内。

在视口图层执行"-VPORTS"命令，沿内框线和标题栏的左边线、上边线创建多边形视口，用于 1：1 显示二维图形。在标题栏的上方创建一矩形视口，用于 1：1 显示三维模型。

在一视口中单击使之成为当前视口，使用 CTRL + R 组合键可切换视口。对每个视口应按打印出图的要求，合理设置视点、视觉样式、缩放比例及打印方式等。

最后一步是预览、打印，如图 SX29 所示。将文件另存为"SX43-b.dwg"。

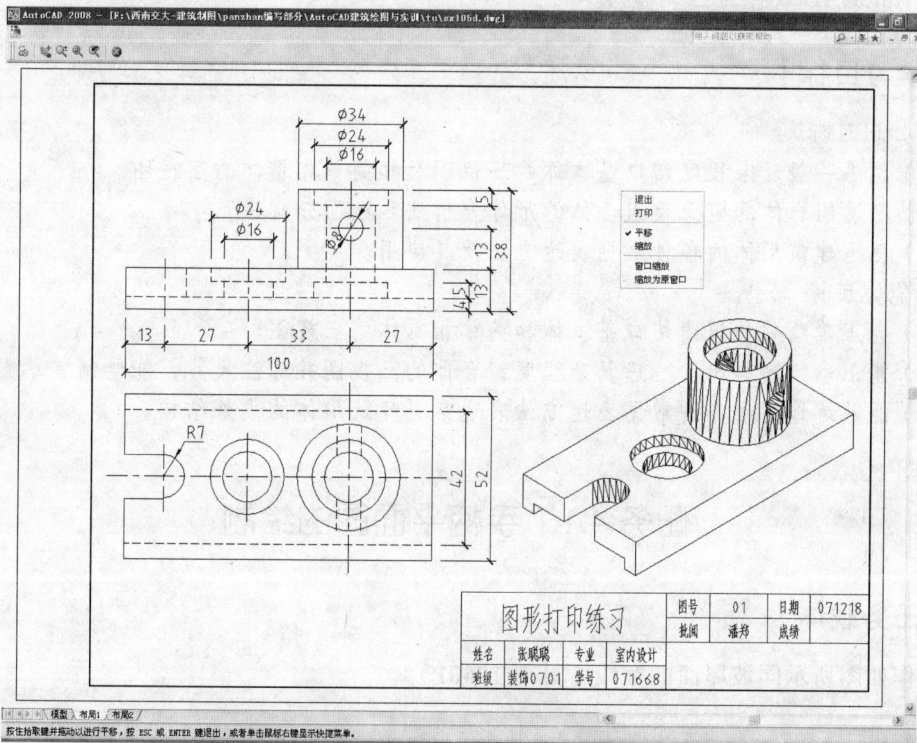

图 SX29 "SX43.dwg"文件通过图纸空间布局后的打印预览效果

项目 4　组合体三视图的绘制和识读

【学习内容】

1. 截断体和相贯体三视图的绘制。
2. 组合体的概念、形体分析法和线面分析法。
3. 组合体三视图的绘制、识读及尺寸标注。
4. 建筑形体各种常见的表达方法。
5. AutoCAD 软件的图案填充。

【学习目标】

1. 知识目标
(1) 熟悉一般复杂程度切口基本体的三视图及和简单相贯体的三视图。
(2) 熟悉组合体的概念及组合体的形体分析法和线面分析法。
(3) 熟悉建筑形体的各种常见表达方法及其应用。
2. 能力目标
(1) 会正确绘制和识读切口基本体和简单相贯体的三视图。
(2) 能正确绘制和识读一般复杂程度组合体的三视图并标注尺寸，能绘制其草图。
(3) 能熟练地运用各种常见表达方法表达常见建筑形体的内外结构。

任务 4.1　手柄平面图的绘制

【任务载体】

求作如图所示同坡屋面的交线（见图 10401）

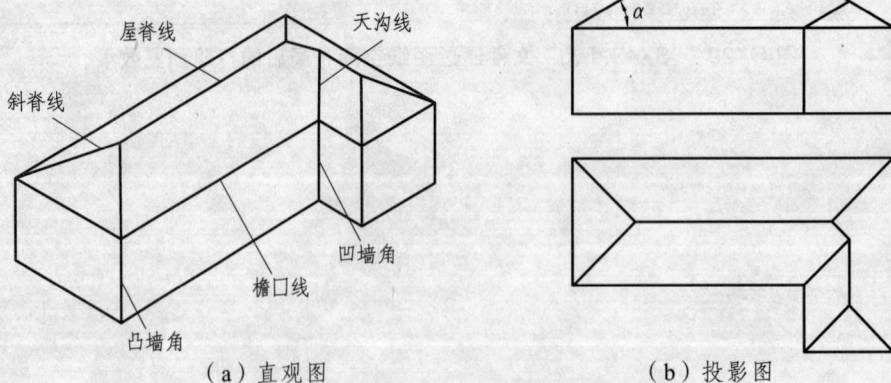

（a）直观图　　　　　　　　　　（b）投影图

图 10401　同坡屋面的交线

【知识导入】

4.1.1　截交线的性质

在建筑形体中，有不少形体是由平面截切基本体后而形成的，如图 10402 所示的四棱锥被平面 P 截切。截切基本体的平面 P 称为截平面，基本体被平面截切后的部分称截断体，截平面与基本体表面交线称为截交线，截交线所围成的平面称为截断面。

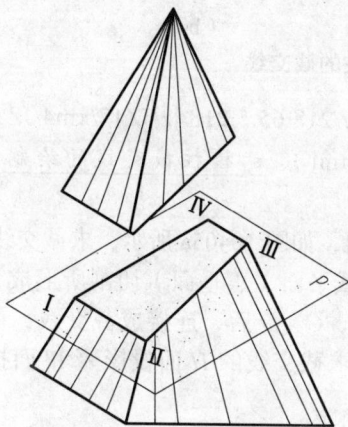

图 10402　截断体

图 10403　木榫头

截平面与基本体的相对位置不同，其截交线的形状也不同。但任何截交线都具有下列两个基本性质：

（1）共有性。截交线既在截平面上，又在基本体表面上。截交线上的每一点都是截平面与基本体表面的共有点。这些共有点的集合（即共有线）就是截交线。

（2）封闭性。任何基本体的截交线都是一个封闭的平面图形（平面折线、平面曲线或两者的组合）。

图 10403 所示为木结构中的一种连接法——榫头，其形状就是用若干平面切割四棱柱而形成的。

4.1.2　截交线的绘制

1. 平面体的截交线绘制

平面体的截交线是由直线所组成的封闭的平面多边形，求其投影时，要先分析平面体在未截割前的形状是怎样的、它是怎样被截割的以及截交线有何特点等，然后作图。

平立体的截交线的各个顶点是棱线与截平面的交点，每一条边是棱面与截平面的交线。作平面体的截交线，就是求出截平面与平面体上各被截棱线的交点，然后依次连接即得截交线。

【例题 4.1】　已知五棱柱被切割后的 V 面投影。如图 10404a 所示，完成 H 面与 W 面投影。

分析：由 V 面投影可知，此形体是由两个截平面切割五棱柱而形成的。其中一个平面为正平面，另一个平面为侧垂面，所以截交线的 W 面投影与这两个平面的积聚投影重合，且两截平面成一定的角度相交，产生一条交线（侧垂线）。

作图步骤见图 10404b 和下面的相关链接。

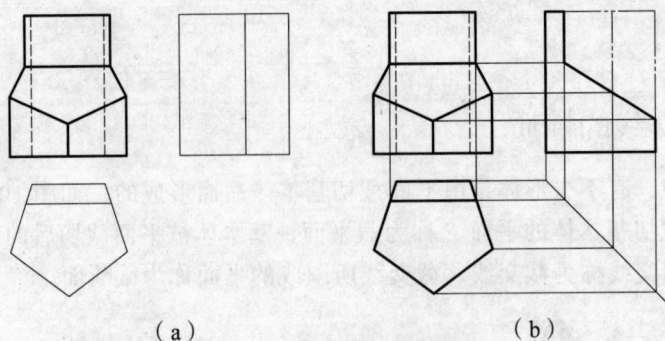

（a） （b）

图 10404　五棱柱的截交线

※在线动画链接：五棱柱截断体分析（http：//218.65.5.218/jz/JZ17/xm4/JZ1-2.html）、绘图过程（http：//218.65.5.218/jz/JZ17/xm4/JZ1-3.html）、六棱柱截交线的绘制过程（http：//218.65.5.218/jz/JZ17/xm4/JZ1-6.html）。

【例题 4.2】　已知正四棱锥和截平面 P 的投影，如图 10405a 所示，求截交线的各面投影。

分析：由 V 面投影可知，四棱锥为被单一的截平面（正垂面）切割所形成，截交线为一个四边形。求出四条侧棱线与截平面的交点 A、B、C、D 后，连接成截交线，截交线的 V 面投影落在 P_v（截平面的 V 面积聚投影）上，只需求截交线的 H 面投影及 W 面投影。

作图步骤见图 10405b 和下面的相关链接。

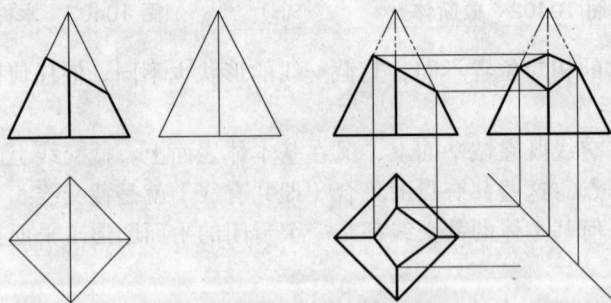

图 10405　正四棱锥的截交线

※在线动画链接：正四棱锥截断体分析（http：//218.65.5.218/jz/JZ17/xm4/JZ1-4.html）、绘图过程（http：//218.65.5.218/jz/JZ17/xm4/JZ1-5.html）、三棱锥截交线的绘制过程（http：//218.65.5.218/jz/JZ17/xm4/JZ1-7.html）。

2．回转体的截交线绘制

截平面与回转体相交时，截交线一般是封闭的平面曲线或平面曲线与直线的组合，在特殊情况下是平面多边形。作图的一般方法和步骤：首先看懂回转体的三视图，并分析截平面与回转体的相对位置，从而了解截交线的形状；然后将截断体放入三投影面体系中时，使截平面为特殊位置平面，这样截交线的投影就重合在截平面具有积聚性的同面投影上；再根据回转体表面取点的方法作出截交线。

（1）圆柱上的截交线。

根据截平面与圆柱轴线不同的相对位置，圆柱上的截交线有椭圆、圆和矩形三种形状，如表 10401 所示。

表 10401　圆柱的截交线

截平面位置	与轴线平行	与轴线垂直	与轴线倾斜
截交线形状	直线	圆	椭圆
轴测图	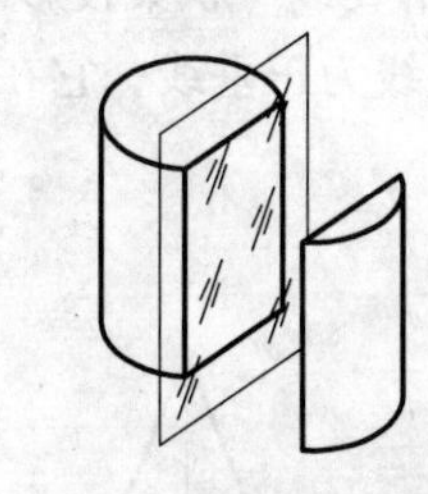	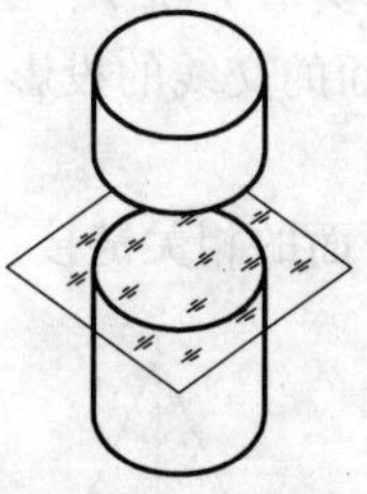	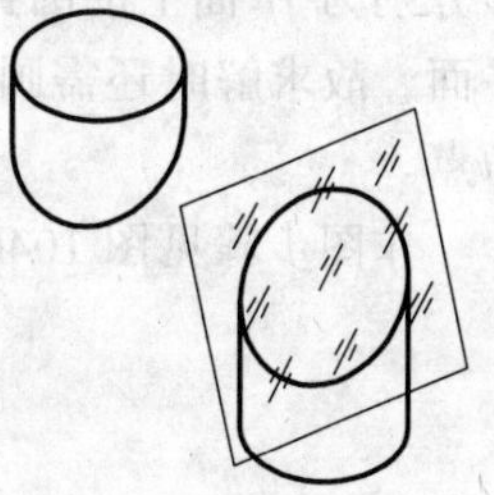
投影图	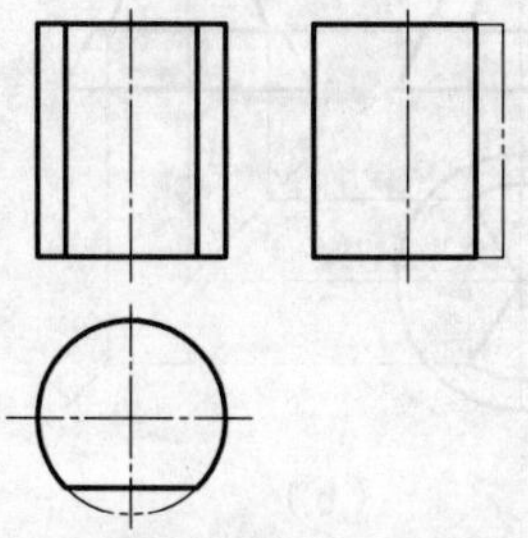	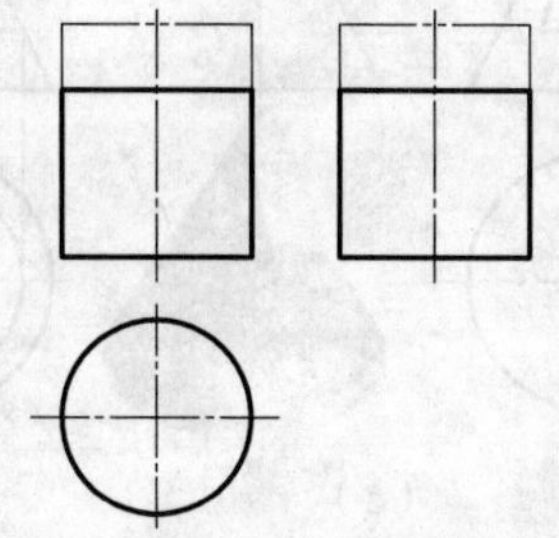	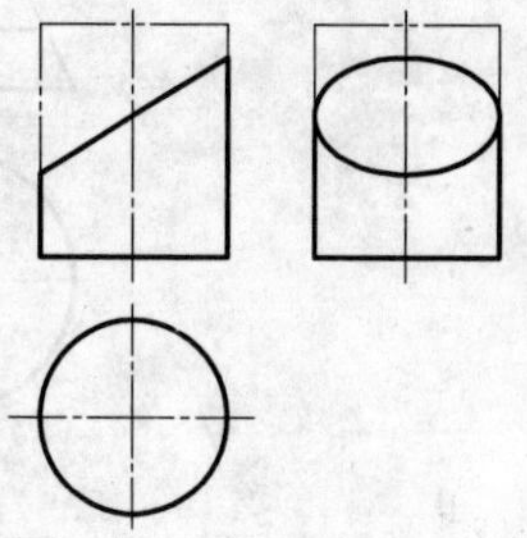

※在线动画链接：截平面与圆柱体轴线倾斜（http：//218.65.5.218/jz/JZ17/xm4/JZ1-8.html）、截交线的特例：截平面与轴线成45°（http：//218.65.5.218/jz/JZ17/xm4/JZ1-9.html）、截平面与圆柱体轴线平行（http：//218.65.5.218/jz/JZ17/xm4/JZ1-10.html）。

（2）圆锥上的截交线。

当平面与圆锥截交时，根据截平面与圆锥轴线相对位置的不同，可产生不同形状的截交线，如表 10402 所示。

表 10402　圆锥的截交线

截平面位置	垂直于轴线	倾斜于轴线	平行于某一条素线	平行于轴线	通过锥顶
截交线形状	圆	椭圆	抛物线	双曲线	直线（三角形）
轴测图	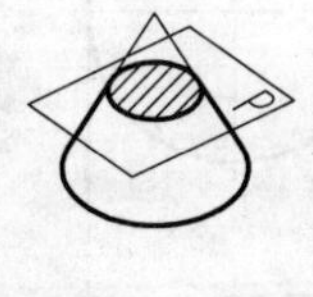	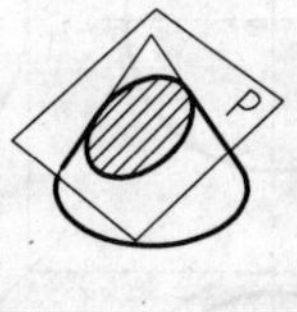	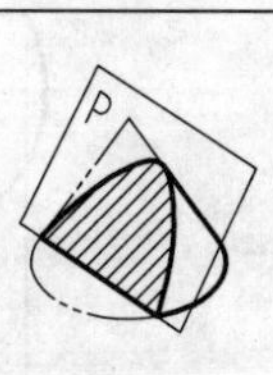	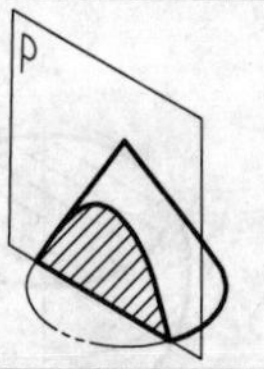	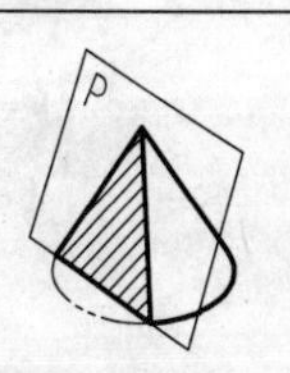
投影图	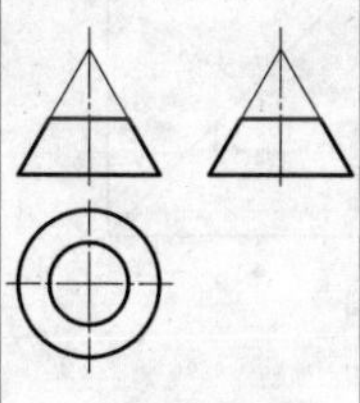	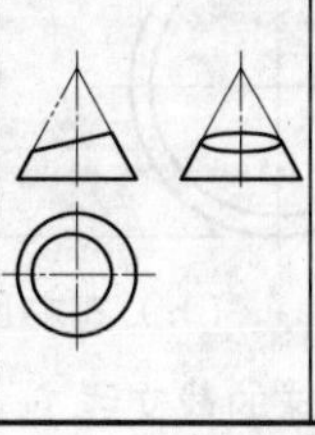	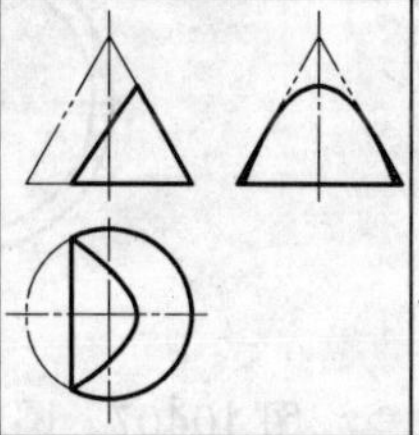	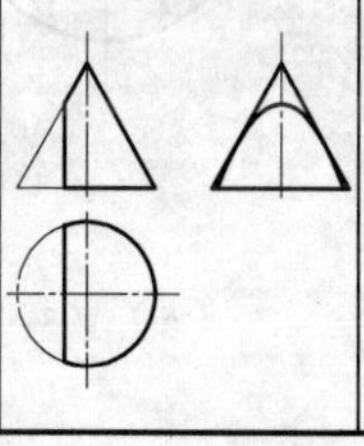	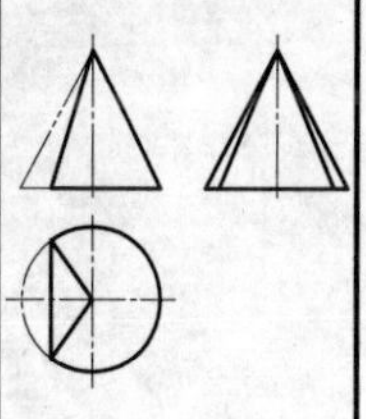

※在线动画链接：截平面过圆锥的锥顶（http：//218.65.5.218/jz/JZ17/xm4/JZ1-12.html）、截平面与圆锥体轴线平行（http：//218.65.5.218/jz/JZ17/xm4/JZ1-11.html）。

【例题 4.3】　如图 10406a 所示，求切口圆锥体的截交线，补全水平及侧面投影。

分析：该圆锥直立放置，被两个截平面截切（正垂面和水平面）。由于正垂面过锥顶，其截交线为两条在锥顶相交的直线，它们的三面投影仍为直线；水平面的截交线是圆弧，其投影分别为 H 面上的圆弧（反映实形）和 V、W 面上的水平直线（积聚投影）。因为有两个截平面，故求解时还需画出两平面的交线的投影。该投影直线为正垂线，它在 V 面的投影积聚为点。

作图步骤见图 10406b 和下面的相关链接。

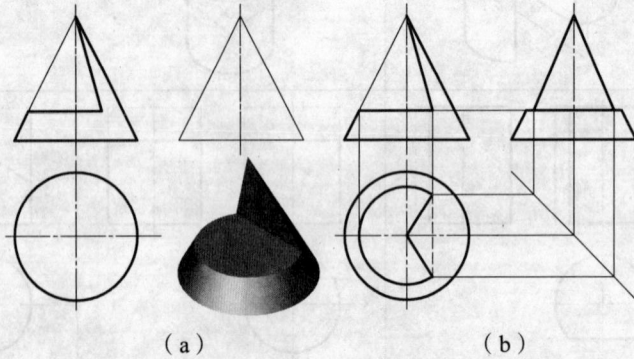

（a）　　　　　　　　（b）

图 10406　切口圆锥体的截交线

※在线动画链接：切口圆锥体的截交线（http：//218.65.5.218/jz/JZ17/xm4/JZ1-13.html）。

（3）圆球上的截交线。

平面截割球体时，不管截平面的位置如何，截交线的空间形状总是圆形。当截平面平行于投影面时，截交线在该投影面上的投影反映了圆的实形；当截平面倾斜于投影面时，圆的投影为椭圆。如图 10407 所示，截平面 R 为水平面，截交线的 H 面投影反映圆的实形，圆的直径可直接在 V 面投影中量得，截交线的 V 面、W 面投影均为横线。

※在线动画链接：圆球的截交线（http：//218.65.5.218/jz/JZ17/xm4/JZ1-14.html）。

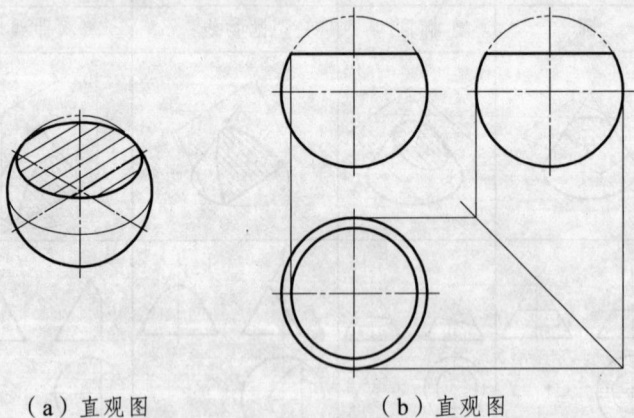

（a）直观图　　　　　　　　（b）直观图

图 10407　圆球的截交线

【例题 4.4】　已知条件如图 10408a 所示，补全被切半圆球的 H 面和 W 面投影。

188

分析：该半球被三个平面所截。水平截平面截切所得的是圆的中间一部分（鼓形）；两个对称的侧平面截切所得的截交线也是圆的一部分（弓形）。由于本题中截交线皆为部分圆弧，故解题的重心应放在寻找圆的圆心和半径上。

作图步骤见图 10408b 和下面的相关链接。

※动画链接：<u>被切半球的截交线</u>（http：//218.65.5.218/jz/JZ17/xm4/JZ1-15.html）。

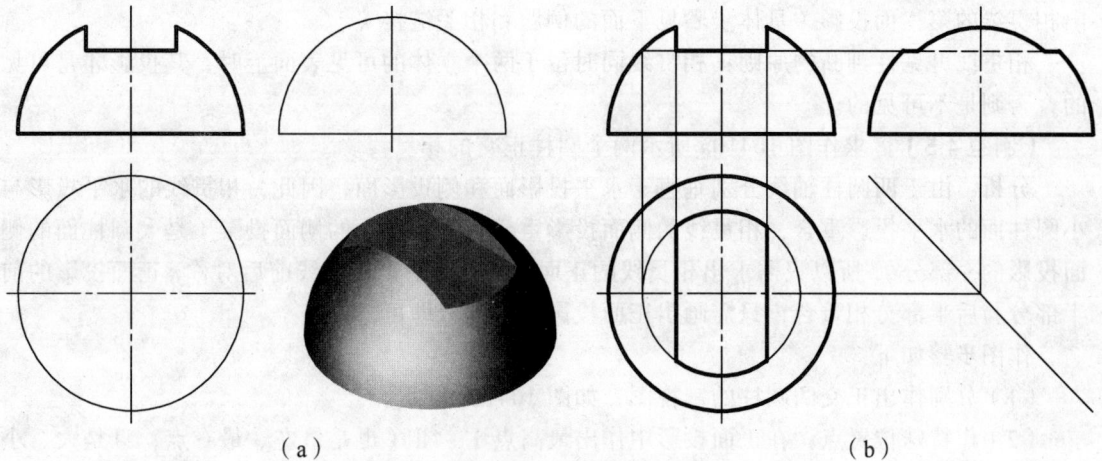

（a）　　　　　　　　　　（b）

图 10408　被切半圆球的截交线

4.1.3　相贯线的性质

两立体相交称为两立体相贯，两相交的物体称为相贯体。两立体常见的相贯形式有三种：两平面立体相贯、平面立体与回转体相贯、两回转体相贯，如图 10409 所示。

相贯体表面产生的交线称为相贯线，相贯线具有下列两个基本性质：

（1）相贯线是两相交基本体表面的共有线，相贯线上每个点都是两立体表面的共有点。

（2）相贯线一般是封闭的空间曲线，特殊情况下可以是平面曲线或直线段。

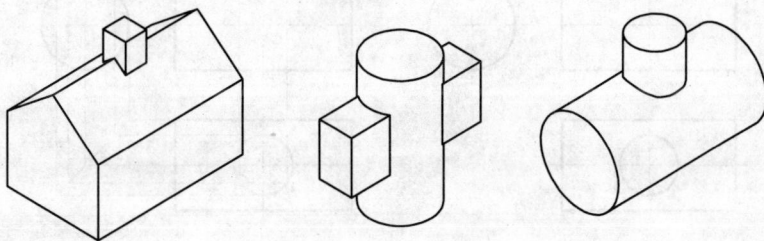

（a）两平面立体相贯（b）平面立体与曲面立体相贯（c）两曲面立体相贯

图 10409　两物体相贯

根据上述基本性质，求相贯线的图形同样可归结为求两基本体表面的共有点的问题。求作相贯线的一般步骤是根据给出的投影，分析两相交立体的形状、大小及相对位置，确定相贯体表面的共有点的各面投影，判别其可见性，按投影规律依次光滑连接即得相贯线。

由于两平面体相贯、平面体与回转体的相贯问题实质上是截交线问题，故本任务将着重介绍两圆柱体正交的相贯线作图方法。

4.1.4 两圆柱体正交的相贯线

1. 利用积聚性求两圆柱体正交的相贯线

两个圆柱体正交且其中之一的轴线垂直于投影面时，则圆柱面在该投影面上的投影积聚为圆，而相贯线的投影也重合在圆上；再利用点、线的两个投影求其他投影的方法，就可画出相贯线的第三面投影（具体步骤见下面的例题和相关链接）。

相贯线可见性判断的原则：相贯线同时位于两个立体的可见表面上时，其投影才是可见的；否则是不可见的。

【例题 4.5】 求作图 10410a 所示两个圆柱正交的相贯线。

分析：由于两圆柱轴线分别垂直于水平投影面和侧投影面，因此，相贯线的水平投影与小圆柱面的水平投影重合，相贯线的侧面投影重合与大圆柱面的侧面投影（是大圆柱面的侧面投影的一部分），所以只需求出相贯线的正面投影。又由于相贯线前后对称，正面投影的前半部分与后半部分相重合，只需画出正面投影前半部分即可。

作图步骤如下：

（1）分别作出正交两圆柱的三视图，如图 10410a 所示。

（2）作特殊位置点：在正面投影中作出最高点 Ⅰ、Ⅱ（也是最左、最右点，且是大、小圆柱轮廓素线上的点）正面投影 1、2，在侧面投影中作出最前点 Ⅲ（也是最低点，且是小圆柱轮廓素线上的点）水平投影 3″，根据轮廓素线的投影特点作出点 Ⅰ、Ⅱ、Ⅲ 的另两面投影，如图 10415b 所示。

（3）作一般位置点：在水平投影中取一般位置点投影 4、5，利用积聚性和投影关系，求出其侧面投影 4″、5″，进而求出正面投影 4、5。

（4）将各点光滑连接，即得相贯线的正面投影，如图 10410b 所示。

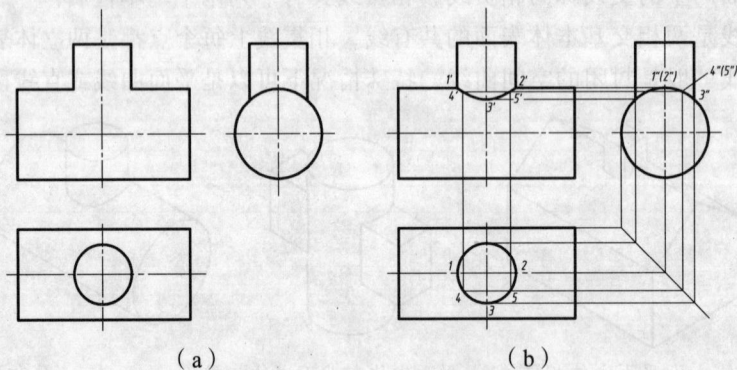

（a）　　　　　　　（b）

图 10410　两圆柱正交的相贯线

2. 两圆柱面相交的三种形式

（1）相交的两个圆柱面是外表面，如图 10411a 所示。

（2）相交的两个圆柱面一个是外表面，另一个是内表面，如图 10411b 所示。

（3）相交的两个圆柱面是内表面，如图 10411c 所示。

190

3. 两圆柱正交时相贯线的弯曲趋向及变化规律

（1）相贯线的投影都是由小圆柱向大圆柱轴线弯曲。

（2）两圆柱体的直径相差越小，相贯线的投影越弯近大圆柱体的轴线。

（3）当两圆柱体直径相等时，相贯线是两个椭圆，其正面投影是两相交的直线

※动画链接：两圆柱正交时相贯线的弯曲趋向及变化规律（http：//218.65.5.218/jz/JZ17/xm4/JZ1-21.html）。

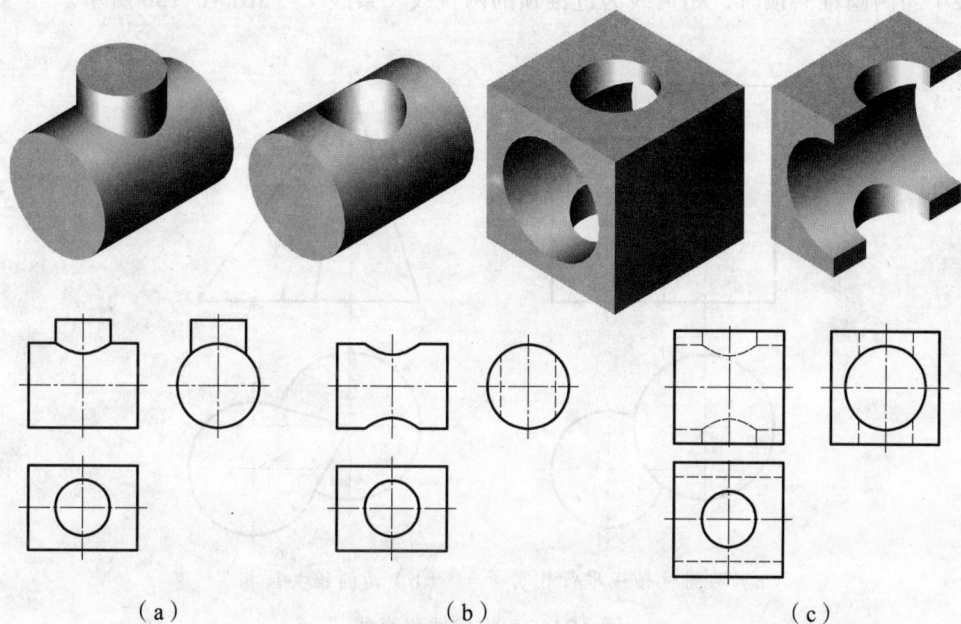

（a）　　　　　　　　（b）　　　　　　　　（c）

图 10411　两圆柱面相交的三种形式

4. 相贯线的简化画法

$D/d \geqslant 1.5$ 时，可用圆弧来代替相贯线，以简化作图。其圆弧的半径等于大圆柱体的半径，如图 10412 所示。

$d \ll D$ 时，可用直线来代替相贯线。

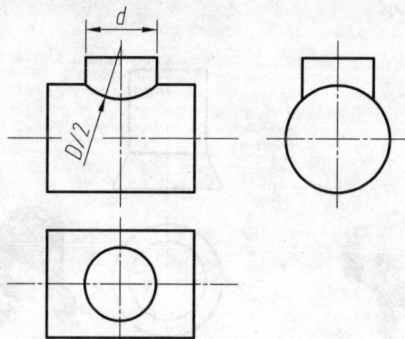

图 10412　相贯线的简化画法

3.4.5 相贯线的特殊情况

两曲面体的相贯线，在一般情况下为封闭的空间曲线。在特殊情况下，相贯线可能是直线，也可能是平面曲线。

1. 相贯线为直线

（1）当两圆柱轴线平行时，相贯线中有两平行直线，如图10413a所示。

（2）当两圆锥共顶时，相贯线为过锥顶的两直线（素线），如图10413b所示。

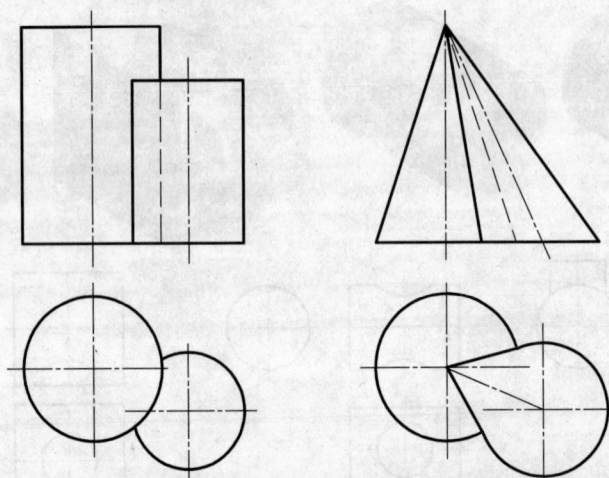

（a）两圆柱轴线平行相贯   （b）两圆锥共顶相贯

图10413　相贯线为直线

2. 相贯线为平面曲线

（1）当两同直径圆柱正交相贯时，它们的相贯线是两个相等的椭圆，在所垂直的投影面上的投影为两条相互垂直的直线段，如图10414所示。

（2）当两回转体共轴线时，其相贯线是垂直于回转体轴线的圆；当轴线垂直于某投影面时，相贯线在该投影面上的投影为圆，且反映实形，另外两个投影面上的投影积聚为垂直于轴线的直线段，如图10415所示。

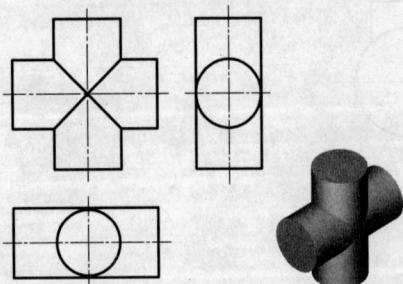

图10414　同直径圆柱正交相贯

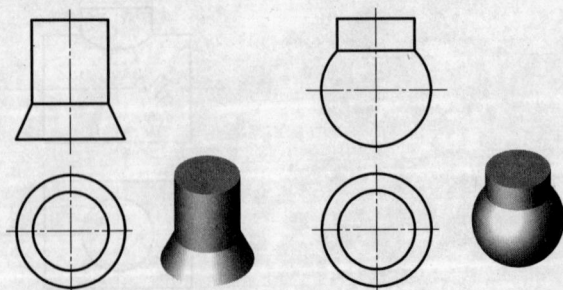

图10415　回转体共轴线相贯

【任务实施】

4.1.6 同坡屋面交线及投影的特点

1. 同坡屋面概述

坡屋面是常见的一种屋面形式，最常见的是屋檐等高的同坡屋面，即屋檐高度相等、各屋面与水平面倾角相等的屋面。同坡屋面的交线是两平面立体相贯形成的相贯线。同坡屋面上各种交线的名称如图 10401a 所示。

2. 同坡屋面交线及投影特点

（1）当屋檐平行时，其屋面必相交成水平屋脊线。屋脊线的 H 面投影，必平行于檐口线的 H 面投影，且与两檐口线等距，如图 10401b 所示。

（2）檐口线相交的相邻两个坡屋面，必相交于倾斜的斜脊或天沟。它们的 H 面投影为两檐口线 H 面投影夹角的平分线。斜脊位于凸墙角上，天沟位于凹墙角上，如图 10401b 所示。

（3）如果屋面上有两斜脊、两天沟或一斜脊一天沟相交于一点，则必有第三条屋脊通过该点。这个点就是三个相邻屋面的共有点，如图 10401a 所示。

4.1.7 同坡屋面交线的作图步骤

1. 分 析

此同坡屋面为四坡屋面，且屋檐的水平夹角均为 90°。可按同坡屋面交线的特点，先作出水平面投影，再作出正面和侧面投影。

2. 作图步骤

（1）作水平面投影。由于屋檐的水平夹角都是 90°，故经每一屋角作 45°角平分线，得交点 a、d；过 a、d 两点作与屋檐平行的两屋脊线，与两斜脊分别交于点 b 和点 c，连接斜脊线 bc，即可完成同坡屋面水平面投影，如图 10416a 所示。

（2）作正面投影。由檐口开始，画 30°线，再由各点水平投影向上作铅垂线，得到交点 a、b、c、d 连接各点得到正面投影，如图 10416b 所示。

（3）由已知水平面投影和正面投影求侧面投影，如图 10416b 所示。

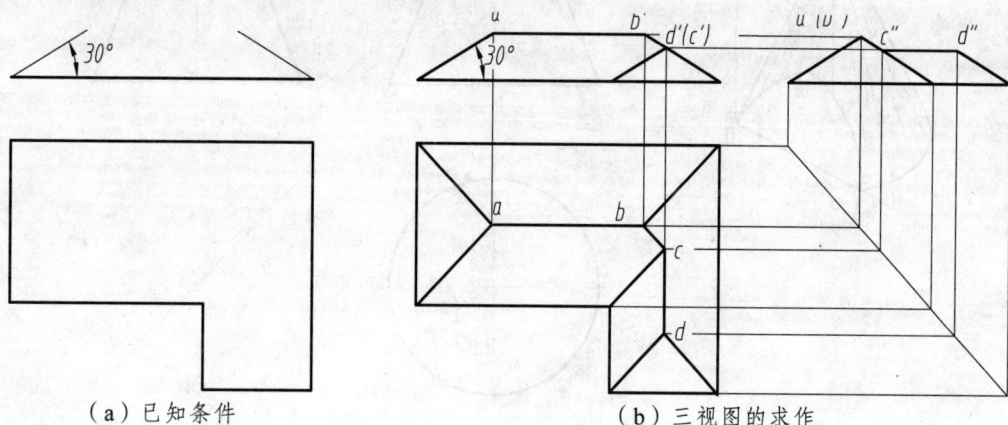

（a）已知条件　　　　　（b）三视图的求作

图 10416　同坡屋面的交线

【巩固训练】

按要求绘制图样的截交线和相贯线。

（1）求作图 10417 所示的烟囱与房屋的相贯线。

分析：此题实际上是求垂直于水平面的烟囱（四棱柱）与垂直于侧面的房屋（五棱柱）的相贯线。在棱柱垂直的投影面上，棱面投影积聚为直线，相贯线在该面投影必与该积聚线相重合。

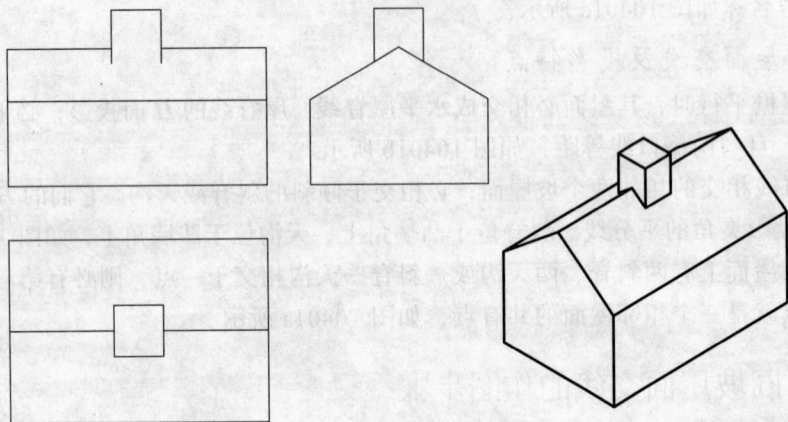

图 10417　训练 1 用图

（2）求作图 10418 所示的被正平面截切的圆锥截交线。

分析：圆锥被正平面 P 截切，因正平面 P 平行于圆锥轴线，其截交线为双曲线。截交线的水平投影和侧面投影都积聚为直线，正面投影为双曲线实形。

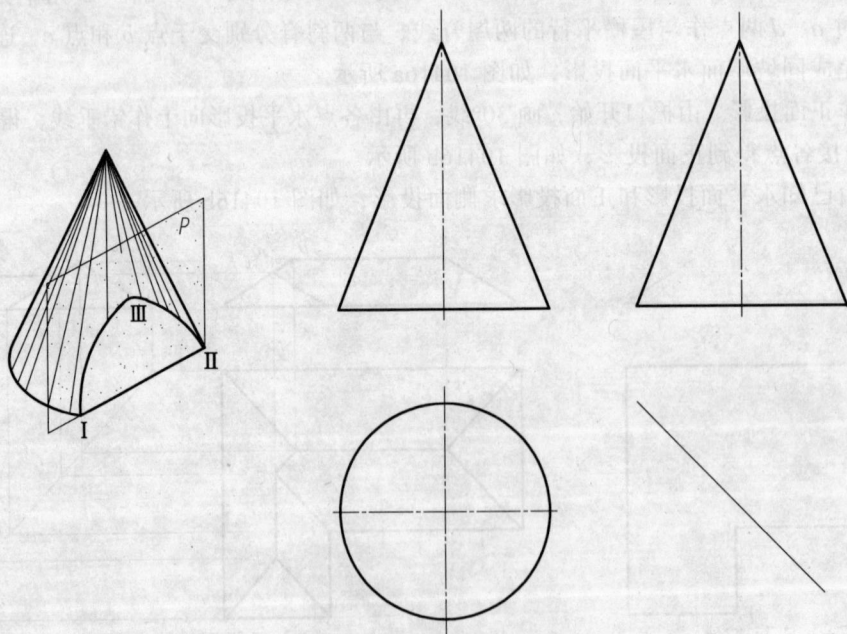

图 10418　训练 2 用图

（3）求作图 10419 所示的方梁与圆柱的相贯线。

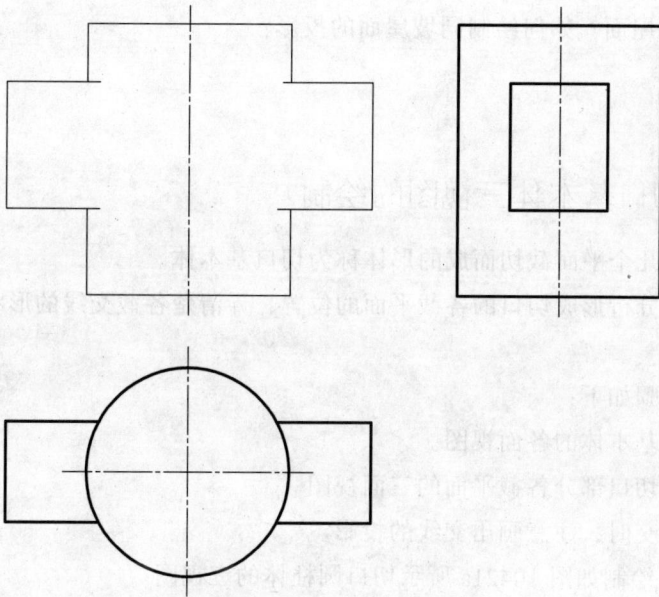

图 10419　训练 3 用图

（4）求作图 10420 所示的被正平面截切的圆锥截交线。

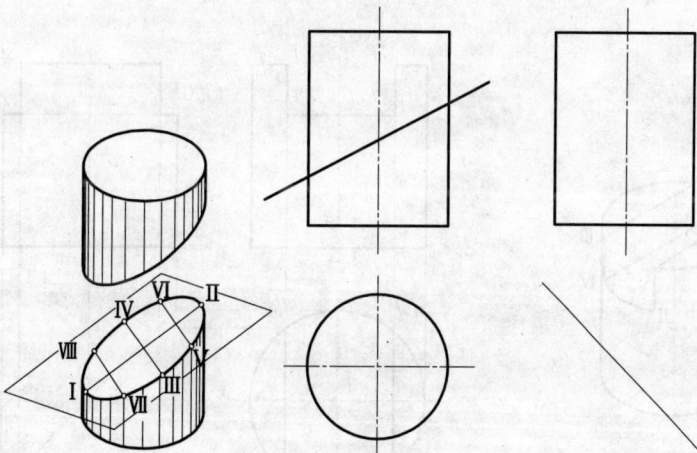

图 10420　训练 3 用图

【思考与练习】

1. 什么是截交线？截交线有何性质？如何求截交线？
2. 平面体的截交线有何特点？如何求作？
3. 圆柱、圆锥、球的截交线有哪些形状？如何求作？

195

4. 什么是相贯线？相贯线有何性质？如何求相贯线？

5. 相贯线有哪些特殊情况？

6. 什么是同坡屋面？如何绘制同坡屋面的投影？

【技能拓展】

4.1.8　制切口基本体三视图的绘制

基本体连续被几个平面截切而成的形体称为切口基本体。

画图时，首先分析形成切口的各截平面的位置，弄清楚各截交线的形状，然后再确定作图方法。

作图的主要步骤如下：

（1）画出完整基本体的各面视图。

（2）依次画出切口部分各截平面的三面视图。

（3）截平面相交时，注意画出交线的投影。

【例题 4.6】　绘制如图 10421a 所示切口圆柱体的三视图。

该圆柱体切口被三个平面所截切而成：一个垂直于轴线的水平面，为圆的中间一部分，在水平面投影为实形，截交线由两段圆弧和两段直线围成，其余两面投影积聚为水平直线；两个左右对称与轴线平行的侧平面，在侧面投影为实形，截交线为矩形线框，其余两面投影积聚为直线。

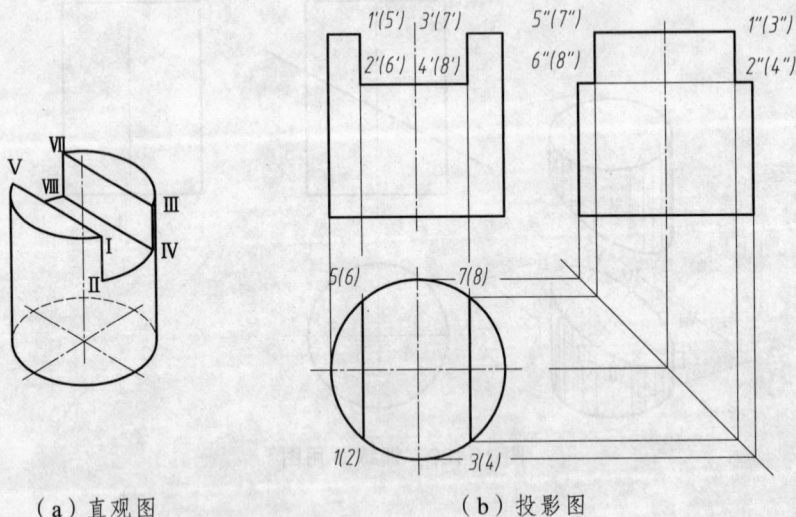

（a）直观图　　　　　　（b）投影图

图 10421　切口圆柱体的三视图

作图步骤如下[见图 10421（b）]：

（1）画出完整圆柱体的各面视图（一圆两矩形）。

（2）先画切口正面投影，三个截断面正面投影均积聚为直线，形成凹形切口。

196

（3）作切口水平面投影，由两侧平面正面投影"长对正"交水平面圆，圆周间的直线段为两侧平面水平面投影的积聚线，由两直线段和之间两段圆弧所围线框，即为水平截断面截交线的真实投影。

（4）作切口侧面投影，由"高平齐，宽相等"，得侧平面截断面截交线的真实投影矩形线框，线框下面的线段不可见，用虚线表示。因为水平截断面上部被截除，圆柱体上部切口前后两部分线条要擦除。

※在线动画链接：绘制切口圆柱体-1 的三视图（http：//218.65.5.218/jz/JZ17/xm4/JZ1-16.html）。

【例题 4.7】 在例题 4.6 的基础上，绘制如图 10422 所示切口圆柱体的三视图。

作图步骤见图 10422b 和下面的相关链接。

※在线动画链接：绘制切口圆柱体-2 的三视图（http：//218.65.5.218/jz/JZ17/xm4/JZ1-17.html）。

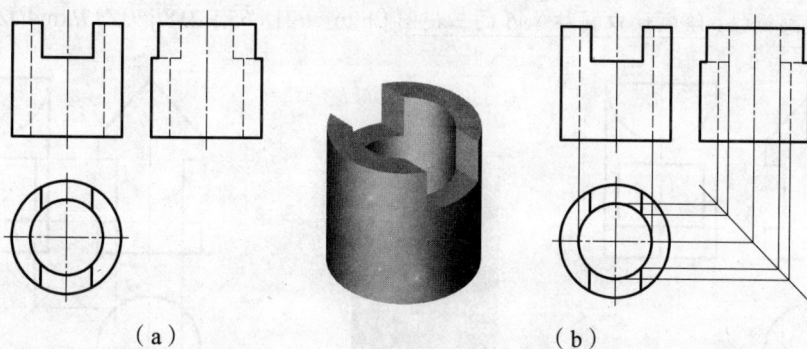

（a）   （b）

图 10422　切口圆柱体的三视图

【例题 4.8】 绘制如图 10423 切口圆柱体的三视图。

作图步骤见图 10423b 和下面的相关链接。

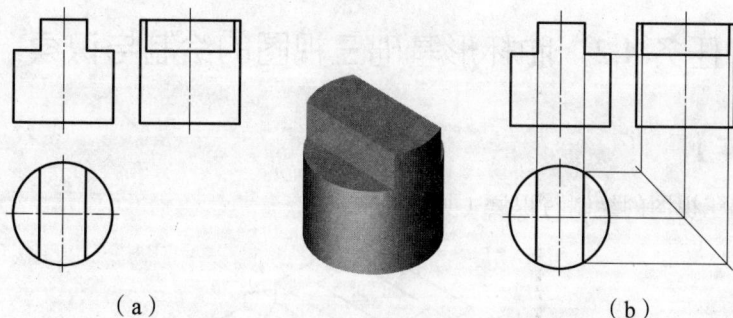

（a）   （b）

图 10423　切口圆柱体的三视图

※在线动画链接：绘制切口圆柱体的三视图（http：//218.65.5.218/jz/JZ17/xm4/JZ1-18.html）。

【例题 4.9】 在例题 4.8 的基础上，绘制如图 10424 切口圆柱体的三视图。

作图步骤见图 10424b 和下面的相关链接。

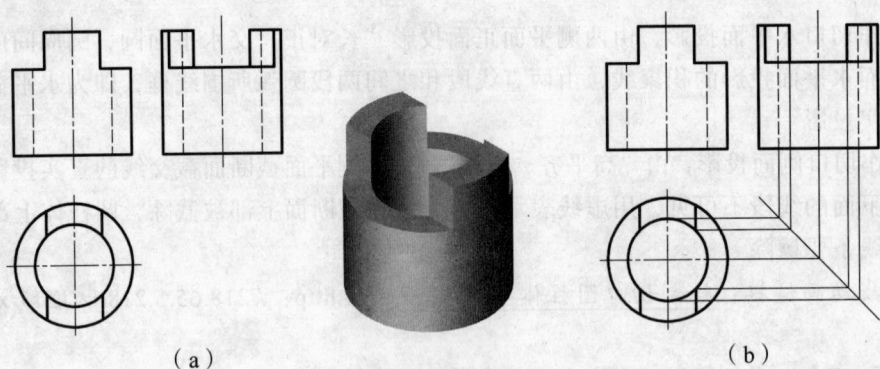

图 10424　切口圆柱体的三视图

※在线动画链接：绘制切口圆柱体-4 的三视图（http：//218.65.5.218/jz/JZ17/xm4/JZ1-19.html）。

【例题 4.10】　绘制如图 10425 切口圆柱体的三视图。

作图步骤见图 10425b 和下面的相关链接。

※在线动画链接：绘制切口圆柱体-5 的三视图（http：//218.65.5.218/jz/JZ17/xm4/JZ1-20.html）。

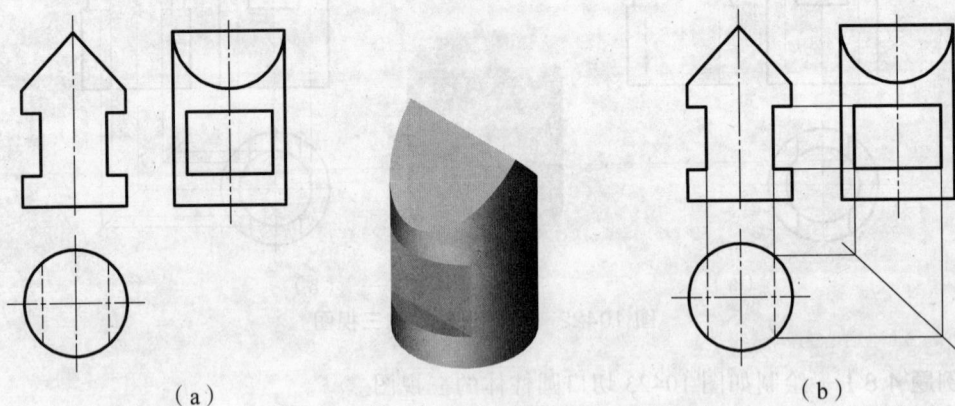

图 10425　切口圆柱体的三视图

任务 4.2　肋杯形基础三视图的绘制与识读

【任务载体】

肋杯形基础三视图的绘制与识读（见图 10426）

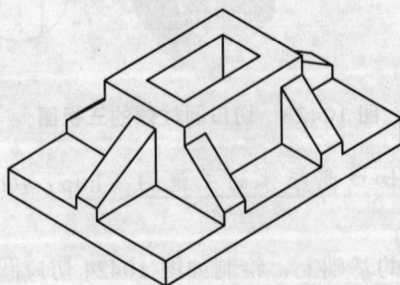

图 10426　肋杯形基础

4.2.1　组合体的形体分析方法

组合体是由若干个基本几何形体按一定方式组合起来的几何形体。

为了便于绘图、读图和尺寸标注，常常将复杂的组合体分解为若干个简单的基本几何体。通过研究基本体的形状及相互位置关系来表达和认识组合体，从而变难为易，这种分析方法称为形体分析法。

1. 组合体的组合形式

组合体按其组合方式，一般分为叠加式、切割式、混合式三种。

（1）叠加式。由若干个基本形体叠加而成的形体，如图 10427a 所示。

（2）切割式。由一个基本形体经过若干次切割而成的形体，如图 10427b 所示。

（3）混合式。在组合体的组合过程中，既有叠加又有切割的形体，如图 10427c 所示。

※在线动画链接：组合体的组合形式（http：//218.65.5.218/jz/JZ17/xm4/JZ1-22.html）。

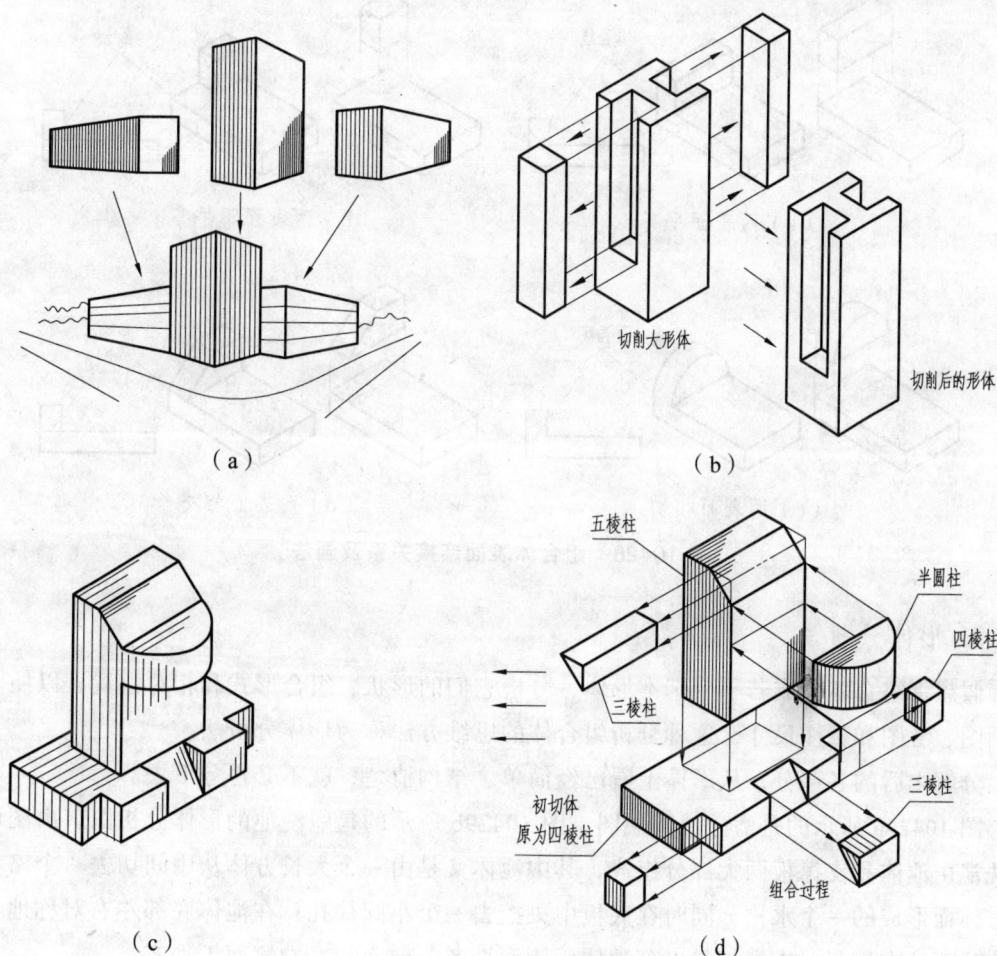

（a）　　　　　　　　　　　（b）

（c）　　　　　　　　　　　（d）

图 10427　组合体的组合形式

2. 各组成部分之间的表面连接关系及画法

组合体各部分表面之间连接关系不同,在视图上表现出的特征也就不同。为便于绘图和读图,将其分为以下四种情况:

(1)形体表面平齐。表示两部分表面在叠加后完全重叠,在视图上可见两部分之间无隔线,则两表面投影之间不画线,如图10428a所示。

(2)形体表面不平齐。表示两表面叠加后不完全重叠,在视图上可见部分之间有图线隔开,则两表面投影之间画线,如图10428b所示。

(3)两形体表面相切。表示两表面光滑过渡,在相切处不存在轮廓线,即在视图上相切处不画线,如图10428c所示。

(4)两形体表面相交。表示两表面相交,在相交处存在交线,即两表面投影之间画线,如图10428d所示。

※在线动画链接:<u>形体表面的连接关系</u>(http://218.65.5.218/jz/JZ17/xm4/JZ1-23.html)。

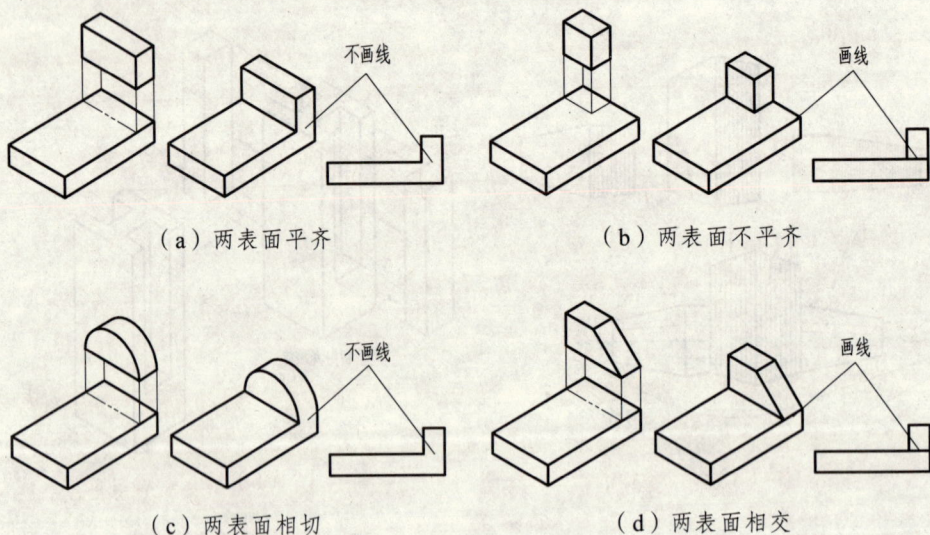

(a)两表面平齐   (b)两表面不平齐

(c)两表面相切   (d)两表面相交

图10428   组合体表面连接关系及画法

3. 形体分析法

假想将组合体分成若干个基本形体,分析它们的形状、组合形式和相对位置,以便于进行画图、看图和标注尺寸,这种分析组合体的思维方法称为形体分析法。

分解之后的各部分,从形体上看已经简单、结构清楚,就不必再分下去。

图10429a所示的是盥洗池直观图,图10429b所示的是盥洗池的形体分析图。由图可见盥洗池由池体和支撑板两大部分组成,其中池体又是由一个大长方体从中间切去一个略小的长方体而形成的一个水槽,同时在底板中央挖去一个小圆柱孔;在池体底部左右对称地布置两块梯形挂支撑板,支撑板与上部池体后侧面平齐,前面和左右侧面不平齐。

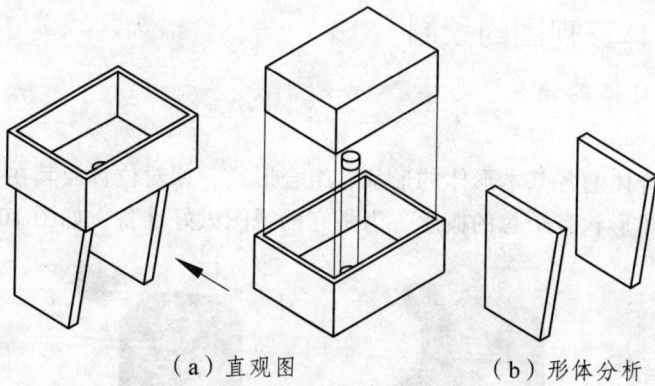

（a）直观图　　　　　　（b）形体分析

图 10429　盥洗池

图 10430 所示的台阶可以看作是由三块踏步板、两块栏板叠靠形成。三块踏步板是由三个四棱柱由大到小自下而上叠加放在一起，两块栏板为两个五棱柱，紧靠在踏步板的左右两侧，组合而成的台阶底面平齐、后侧面平齐。

※在线动画链接：台阶的形体分析（http：//218.65.5.218/jz/JZ17/xm4/JZ1-24.html）。

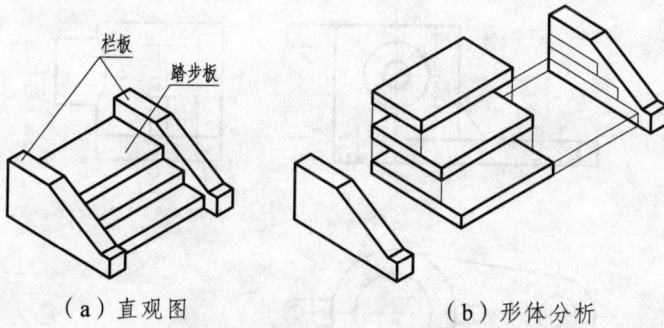

栏板
踏步板

（a）直观图　　　　　　（b）形体分析

图 10430　台阶及形体分析

4. 线面分析法

在形体分析法的基础上，对于不易看懂的局部，结合线、面的投影分析，来帮助看懂和想象这些局部的形状，这种方法称为线面分析法（对于切割式组合体，此方法用得较多），见图 10431。

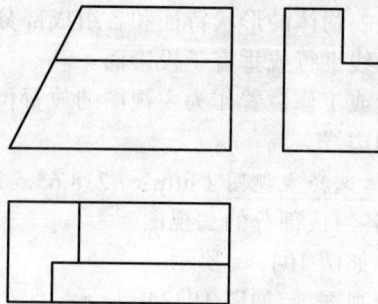

图 10431　形体的线面分析

※在线动画链接：形体的线面分析（http：//218.65.5.218/jz/JZ17/xm4/JZ1-25.html）。

4.2.2　组合体三视图的绘制

1．叠加式组合体的画法

（1）形体分析。

目的：了解组合体的各基本形体的形状、组合形式、相对位置及其在某方向是否对称，以便对组合体的整体形状有个总的概念，为画它的视图做好准备，如图 10432 所示。

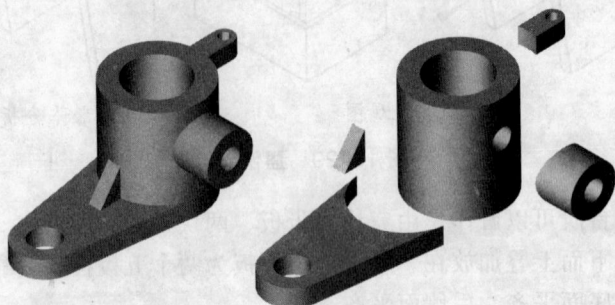

图 10432　一组合体的形体分析

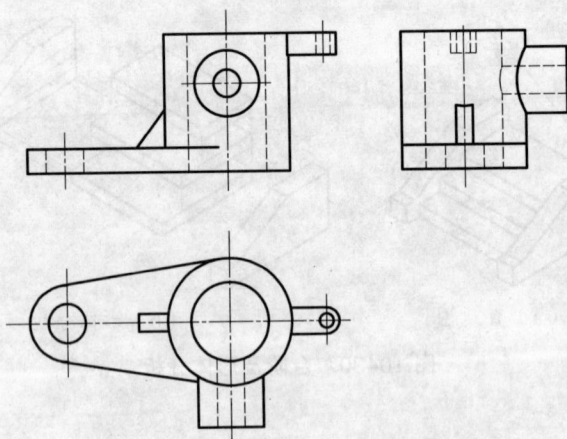

图 10433　一组合体的三视图

（2）选择主视图。

选择主视图时应考虑的问题如下：

① 选择的投影方向最能反映物体的形状特征和各组成部分的相对位置。

② 将物体的主要平面和轴线平行或垂直于投影面。

③ 以物体的自然安放位置或工作位置作为主视图的放置位置。

④ 尽量减少其他视图上的虚线。

※在线动画链接：一组合体选择主视图（http：//218.65.5.218/jz/JZ17/xm4/JZ1-27.html）。

（3）按相对位置分别画出各组成部分的三视图。

① 布置图面，画基准线，如图 10434a 所示。

② 画直立圆柱体（先画俯视图），如图 10434b 所示。

③ 画底板（先画俯视图），如图 10434c 所示。

④ 画筋板（先画俯视图），如图 10434d 所示。

⑤ 画凸台（先画主视图），如图 10434e 所示。

⑥ 画搭子（先画俯视图），如图 10434f 所示。

⑦ 检查加深、完成全图的效果，如图 10433 所示。

※在线动画链接：三视图的绘制步骤（http：//218.65.5.218/jz/JZ17/xm4/JZ1-28.html）。

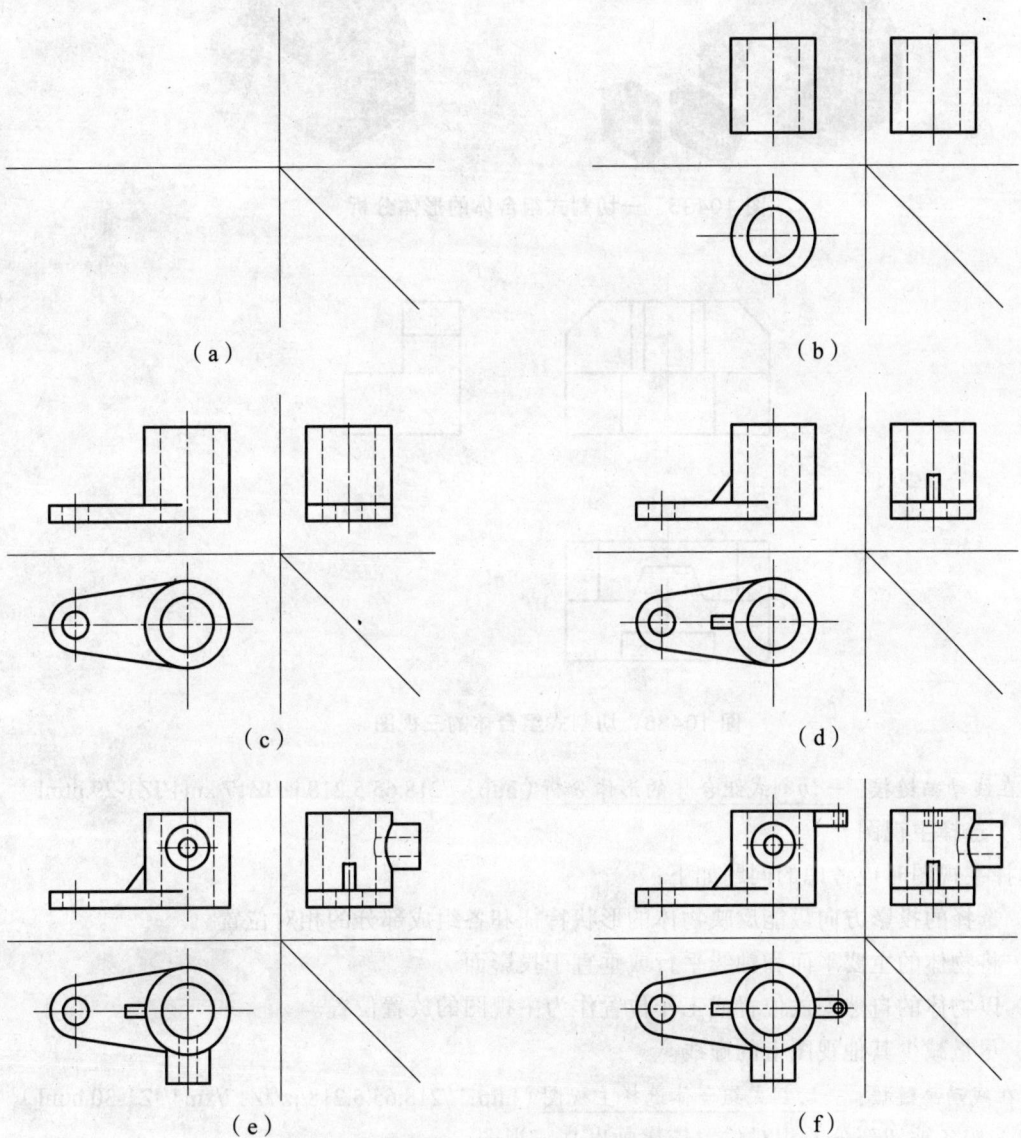

（a）　　　　　　　　　　　　　　　　　（b）

（c）　　　　　　　　　　　　　　　　　（d）

（e）　　　　　　　　　　　　　　　　　（f）

图 10434　叠加式组合体的三视图绘图步骤

2. 切割式组合体的画法

（1）形体分析和线面分析。

目的：切割式组合体可看作是由一个基本体减去某些部分而形成的。通过分析可进一步了解组合体的形状特征、组合形式，各个被切部分的相对位置及其在某方向是否对称，以便对组合体的整体形状有个总的概念，为画它的视图做好准备，如图 10435 所示。

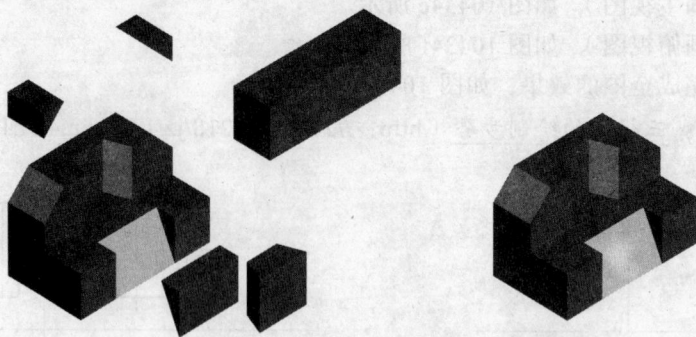

图 10435　一切割式组合体的形体分析

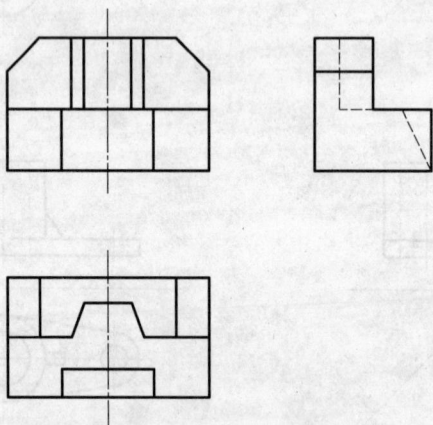

图 10436　切割式组合体的三视图

※在线动画链接：**一切割式组合体的形体分析**（http：//218.65.5.218/jz/JZ17/xm4/JZ1-29.html）。

（2）选择主视图。

选择主视图时应考虑的问题如下：

① 选择的投影方向最能反映物体的形状特征和各组成部分的相对位置。

② 将物体的主要平面和轴线平行或垂直于投影面。

③ 以物体的自然安放位置或工作位置作为主视图的放置位置。

④ 尽量减少其他视图上的虚线。

※在线动画链接：**一切割式组合体选择主视图**（http：//218.65.5.218/jz/JZ17/xm4/JZ1-30.html）。

（3）按各被切部分的相对位置依次画出其三视图。

这类组合体三视图的画图特征是逐步切割，即先画出原始的基本形体，再逐步画出每次切割的形体。

① 布置图面，画作图基准线，如图 10437a 所示。

② 画基本形体——长方体（先画俯视图或主视图），如图 10437b 所示。

③ 切去形体 *B*（画俯视图或主视图），如图 10437c 所示。

④ 切去形体 *C*（画主视图），如图 10437d 所示。

⑤ 切去形体 D（画俯视图），如图 10437e 所示。

⑥ 切去形体 E（画左视图），如图 10437f 所示。

⑦ 检查加深、完成全图的效果如图 10436 所示。

※在线动画链接：三视图的绘制步骤（http：//218.65.5.218/jz/JZ17/xm4/JZ1-31.html）。

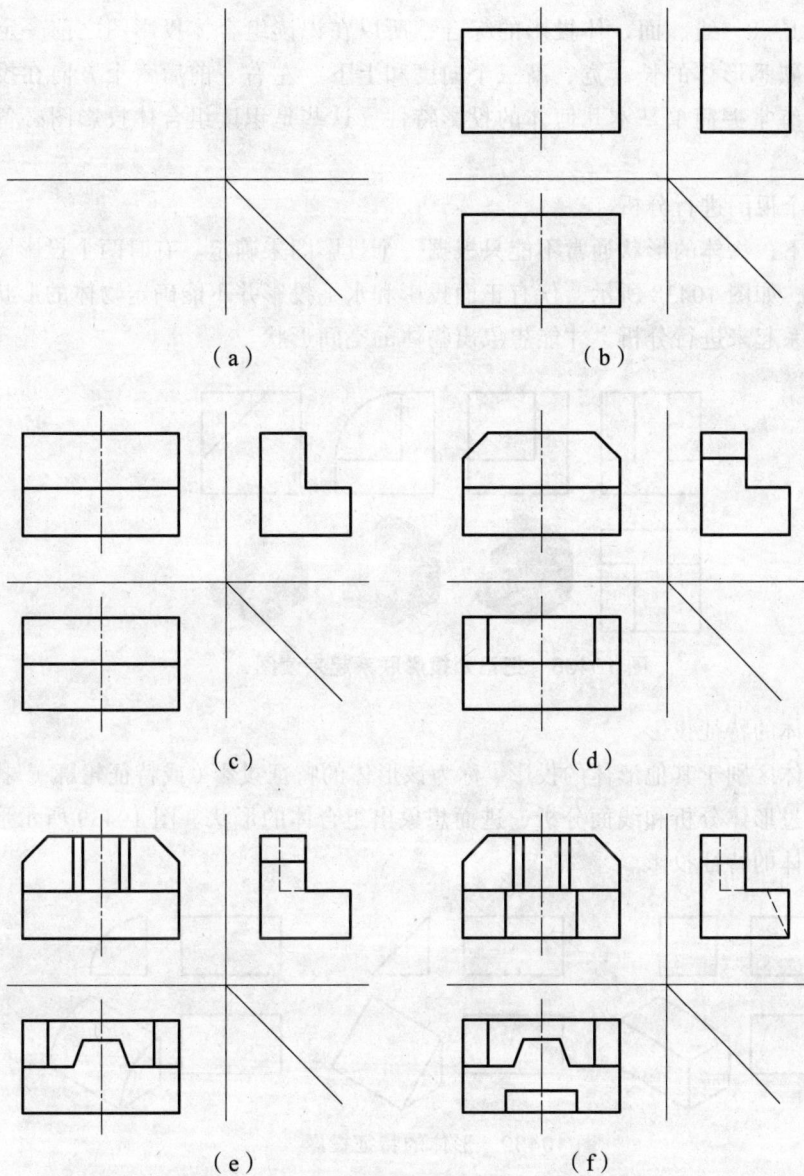

（a）

（b）

（c）

（d）

（e）

（f）

图 10437　一切割式组合体三视图的绘制步骤

4.2.3　组合体三视图的识读

掌握组合体投影图的识读规律，对于培养空间想象力、提高识图能力，以及对今后识读专业图，都有很重要的作用。

组合体读图，就是通过分析视图中的图线和线框想象出物体立体形状的过程。读图的一般原则是"抓特征，多个视图联系看"。

1．读图的基本知识

（1）掌握基本几何体的投影特性。

组合体投影是点、线、面、体投影的综合，所以在识读组合体投影图之前一定要掌握三面投影规律，熟悉形体的长、宽、高三个向度和上下、左右、前后六个方向在投影图上的对应关系，熟练掌握简单基本几何体的投影特性。这些是识读组合体投影图必备的基本知识。

（2）综合各个视图进行分析。

在一般情况下，物体的形状通常不能只根据一个投影图来确定。有时两个投影图也不能确定物体的形状，如图 10438 所示，仅有正面投影和水平投影并不能确定物体的形状，只有把三个投影图联系起来进行分析，才能想象出物体的空间形状。

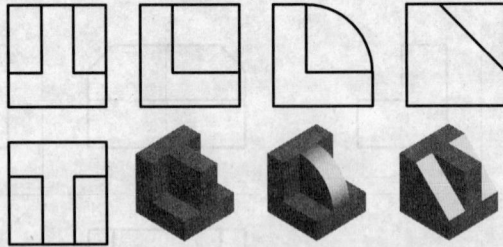

图 10438　把已知投影联系起来读图

（3）找出形体的特征投影。

能使某一形体区别于其他形体的投影，称为该形体的特征投影（或特征轮廓）。找出特征投影后，就能通过形体分析和线面分析，进而想象出组合体的形状。图 10439 所示形体的左侧面投影均为形体的特征投影。

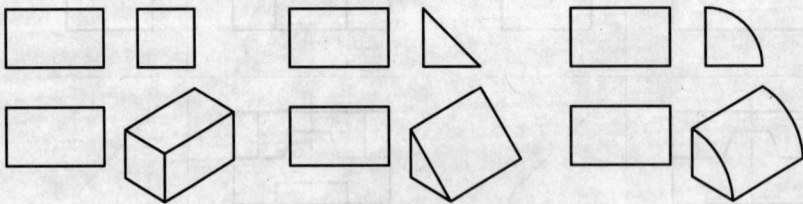

图 10439　形体的特征投影

（4）明确投影图中直线和线框的含义。

在一组投影图中，每一条线、每一个线框都有它具体的意义。例如：一条线表示一条棱线还是一个平面？一个线框表示一个曲面还是平面？这些问题在识读过程中是必须弄清的，是识图的主要内容之一，必须予以足够的重视。线和线框的意义需用直线和平面的投影特性来分析。

① 直线的含义。如图 10440 所示，投影图中的一条线可表示：

　　a. 形体上一条棱线（两个面的交线）的投影；

　　b. 形体上一个平面的积聚投影；

　　c. 曲面体上一条轮廓素线的投影。

一条直线的具体意义，需联系其他投影综合分析，才能得出。

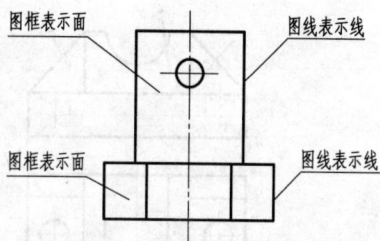

② 线框的含义。如图 10440 所示，投影图中的一个封闭线框可表示：

　　a. 形体上一个平面或曲面的投影；

　　b. 形体上一相切组合面的投影；

　　c. 形体上一个孔、洞、槽的投影。

投影图中一个线框在另两个投影图中的对应投影若非积聚投影便是类似投影，实际读图时，应根据投影规律具体分析。

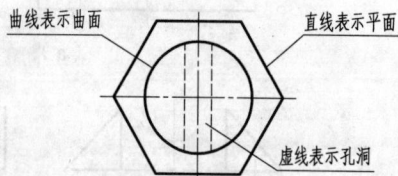

图 10440　投影图中线和线框的含义

2. 读图的基本方法

（1）形体分析法读图。

形体分析法是读图的最基本和最常用的方法。其思路为：先将组合体分解为几个简单的基本几何体；然后根据基本形体的投影特性，在投影图中分析组合体各组成部分的形状、相对位置以及表面连接关系；最后综合起来想象出组合体的整体形状。

形体分析法的读图步骤如下：

① 按线框，分形体。在线框分割明显的视图上，将视图分成几个线框，每个线框代表一个简单的形体。

② 对投影，定形体。找到每个线框对应的其他投影，多个投影对照，确定简单形体的形状。

③ 分析相对位置，综合想象整体。分析各部分之间的相对位置及表面连接关系，综合想象出整体的形状。

【例题 4.11】　读图 10441 所示三视图，想象出其组合体的立体形状。

解：（1）仔细阅读所给投影图，根据正面投影的粗实线线框，将组合体分为 1、2、3、4 四个部分，如图 10442a 所示。

（2）找到线框 2 及对应的其他两个投影，可判断出 2 是上方挖了一半圆槽的长方体（见图 10442b）；找到线框 1、3 及对应的其他两个投影，可判断出 1、3 都是一个三棱柱（见图 10442c）；找到线框 4 对应的其他两个投影，可判断为一个长方板后下方截切一四棱柱并挖去两圆柱孔（见图 10442d）。

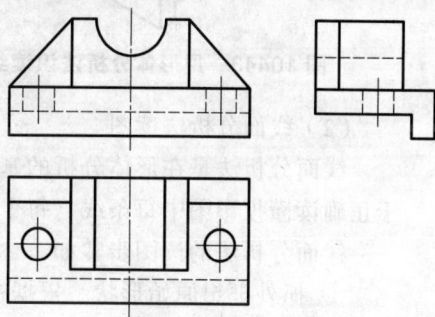

图 10441　一组合体的投影图

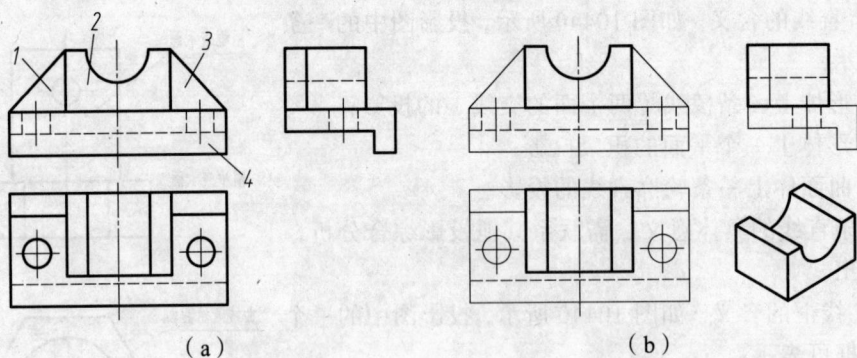

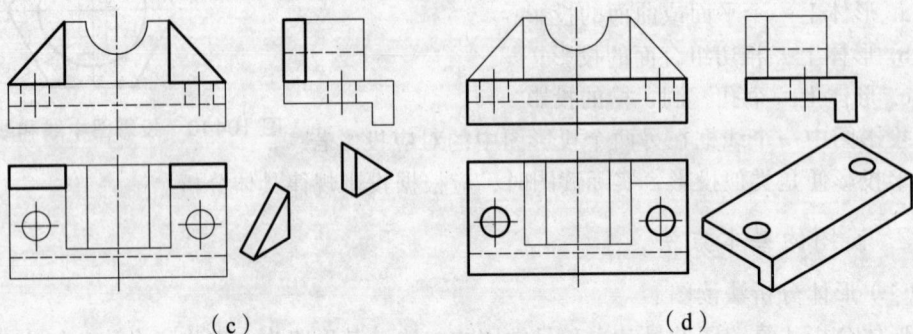

图 10442   用形体分析法读组合体投影

（3）确定相对位置。4 在下方，1、2、3 在 4 的上面，且 2 居中，1、3 布置左右对称，四个部分的后面全部平齐构成一个平面。

（4）综上所述，物体的立体形状如图 10443 所示。

※在线动画链接：一叠加式组合体的读图步骤（http：//218.65.5.218/jz/JZ17/xm4/JZ1-32.html）。

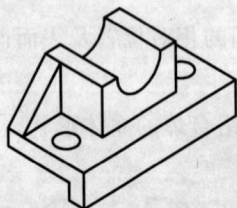

图 10443   用形体分析法识读组合体

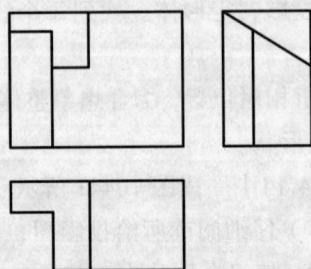

图 10444   一组合体的投影图

（2）线面分析法读图。

线面分析法是在形体分析的基础上，攻克难点，帮助读图。用线面分析法读图的关键在于正确读懂投影图中每条线、每个线框所代表的含义，见图 10444。

线面分析法的读图步骤如下：

① 抓外框想原始形状。根据视图外框想象尚未切割的原始基本形体。

② 对投影确定截面位置。通过分析视图中图线，线框的多面投影确定所截平面的位置。

③ 搞清切割过程，想象物体形状。

208

【例题 4.12】 读图 10445a 所示三视图，想象物体形状。

解：（1）观察三视图外框可发现，补齐后的图形均为矩形，可知未切割前的原始形体为长方体，如图 10445b 所示。

（2）分析图线 a、b，找到它们对应的其他投影，可判断出 A、B 截面分别为正平面和侧平面，如图 10445c 所示。分析图线 c''，找到它对应的其他投影，可判断出 C 截面为侧垂面，如图 10445e 所示。

（3）分析切割过程，综合想象整体。根据以上两步分析，可想象出此物体的整体形状为在长方体的左前方切去一个铅锤四棱柱，再在剩余形体的上前方切去一个侧垂三棱柱体，如图 10445（b）、（d）、（f）所示。

※**在线动画链接：**一切割式组合体的读图步骤（http：//218.65.5.218/jz/JZ17/xm4/JZ1-33.html）。

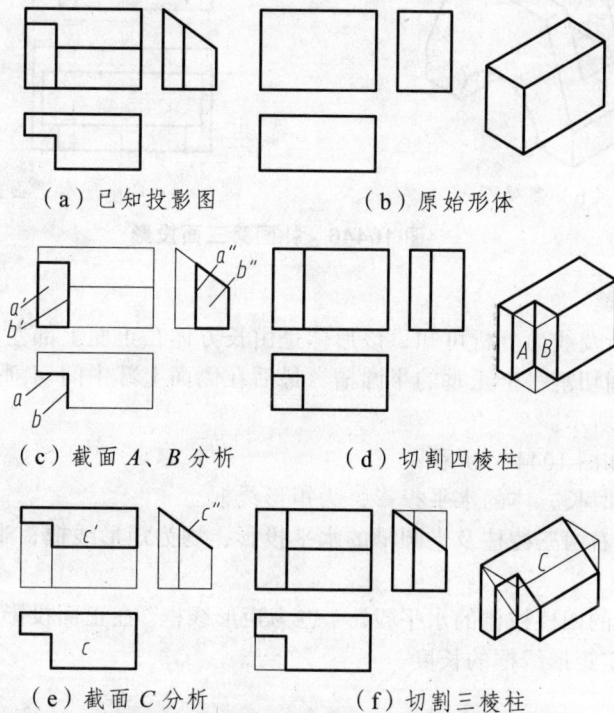

（a）已知投影图　　　　　（b）原始形体

（c）截面 A、B 分析　　　（d）切割四棱柱

（e）截面 C 分析　　　　　（f）切割三棱柱

图 10445　用线面分析法读组合体投影图

3. 补画第三面视图

（1）主要步骤。

首先看懂两视图并想象出物体的形状；然后根据形体分析的结果，按各组成部分逐个补画第三视图。

（2）绘图方法。

① 先画大的部分，后画小的部分。

② 先画外形，后画内部结构。

③ 先画叠加部分，后画切割部分。

【例题 4.13】 已知形体的正面和侧面投影，如图 10446 所示，补画水平面投影。

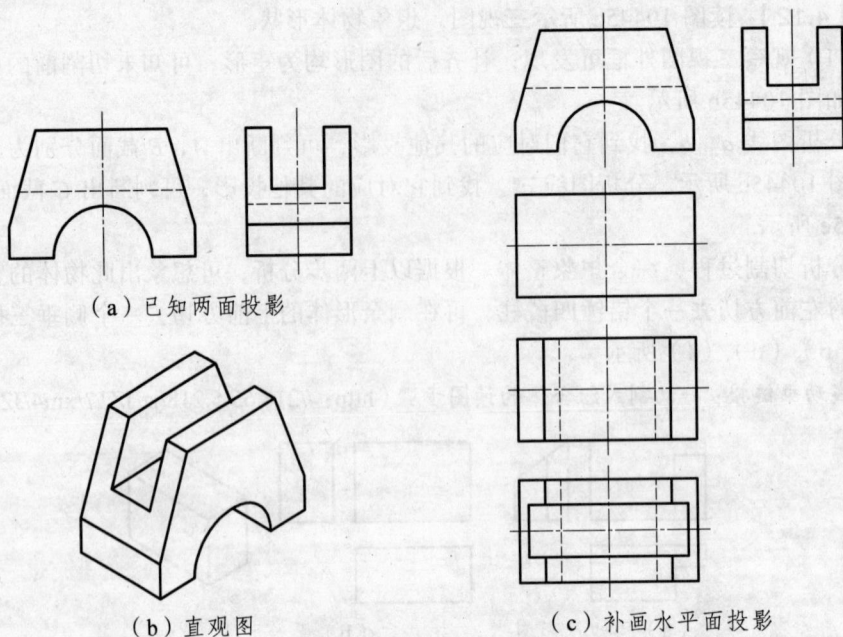

（a）已知两面投影

（b）直观图   （c）补画水平面投影

图 10446   补画第三面投影

解:（1）识读。

通过形体分析及线面分析可知，该形体是由长方体在正面上部左右两侧切割两个正垂的三棱柱，下部中间切割一个正垂的半圆槽，最后在侧面上部中间切割一个侧垂的四棱柱槽而成，如图 10446b 所示。

（2）补画。如图 10446c 所示:

① 画未切割时长方体的水平投影，为矩形线框。

② 画切割左右两三棱柱及半圆槽的水平投影，均为矩形线框，半圆槽位于下部被遮挡，用虚线表示。

③ 画被切割的四棱柱槽的水平投影，也为矩形线框。在正面投影找到四棱柱槽底与形体的交点，从而确定矩形线框的长度。

4.2.4   组合体的尺寸标注

1. 尺寸标注的要求

（1）正确。尺寸标注应符合国标中"尺寸标注法"的规定，并且尺寸数字准确无误。

（2）完整:标注的组合体各部分的定形尺寸，各部分间的定位尺寸及组合体的总体尺寸，应做到既不缺少，也不重复。

（3）清晰:要恰当地在视图中布置尺寸，以便于读图，避免引起误解。

（4）合理:注写的尺寸要符合设计和施工工艺上的要求。

2. 尺寸的种类和尺寸基准

（1）组合体的尺寸种类。

组合体尺寸由三部分组成:定形尺寸、定位尺寸和总尺寸。

① 定形尺寸。确定组合体各组成部分的形状、大小的尺寸称为定形尺寸。它通常由长、宽、高三项尺寸来反映。

② 定位尺寸。确定组合体各组成部分之间的相对位置的尺寸称为定位尺寸。在标注定位尺寸之前要先确定定位基准。

③ 总尺寸。确定组合体总长、总宽、总高的尺寸称为总尺寸。组合体的一端为回转体时，总体尺寸不直接标出，只注到该回转体轴线的定位尺寸，用该尺寸加上回转体的半径即为该方向的总体尺寸。

（2）尺寸基准。

尺寸基准就是某一方向定位尺寸的起始位置，通常以组合体的底面、侧面、对称中心线以及回转体的轴线等作为定位尺寸的基准，如图 10447 所示。

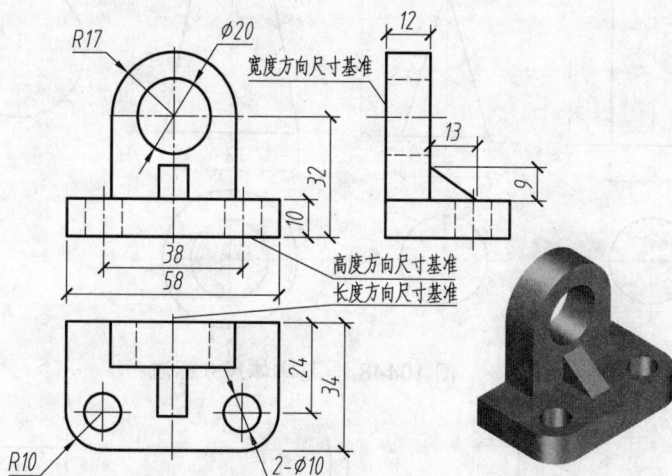

图 10447　一组合体的尺寸标注和尺寸基准的选择

在选取基准时，一个方向只有一个主要基准，但还可有几个辅助基准。

※在线动画链接：尺寸基准的选择（http：//218.65.5.218/jz/JZ17/xm4/JZ1-34.html）。

3. 基本体的尺寸标注

基本体标注尺寸时，应将长、宽、高这三个方向的尺寸标注齐全；尺寸数字尽量集中标注在一个视图上。

（1）基本体的尺寸标注。

图 10448 所示为常见基本几何体的尺寸标注。平面体一般应标注它的长、宽、高三个方向的尺寸；圆柱体或圆锥体应标注出底圆的直径和高度；球体只需标注出它的直径，一般用一个投影加注直径，但在直径数字前应加注"$S\phi$"。

（2）切口基本体的尺寸标注。

切口基本几何体不能直接标注截交线和相贯线的尺寸，除了要注出基本几何体的尺寸外，还应注出截平面和和两相交基本体的定位尺寸，如图 10449 所示。

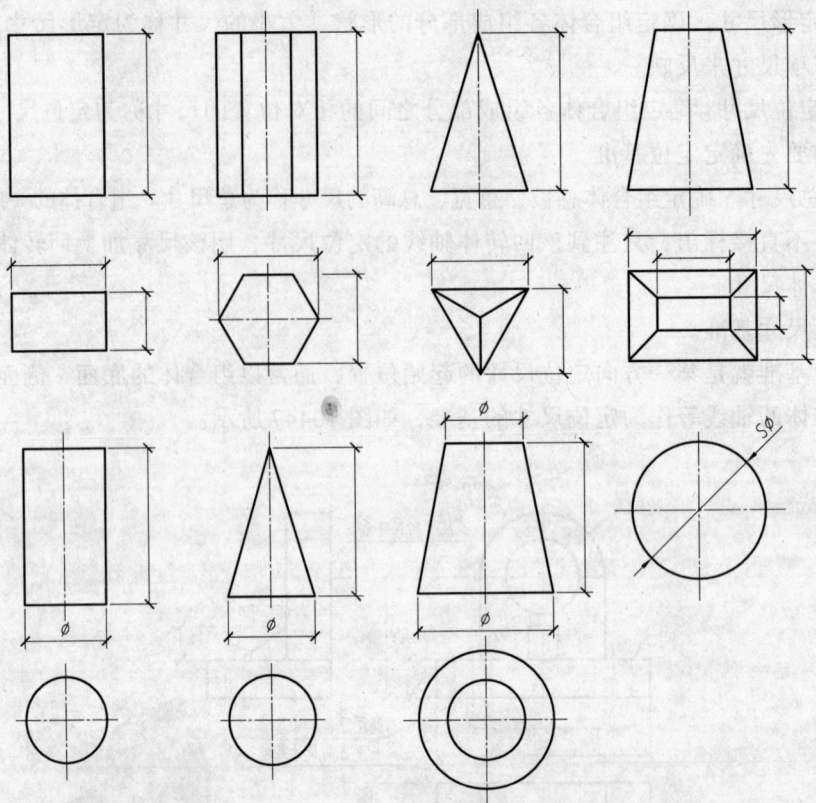

图 10448   基本体尺寸标注

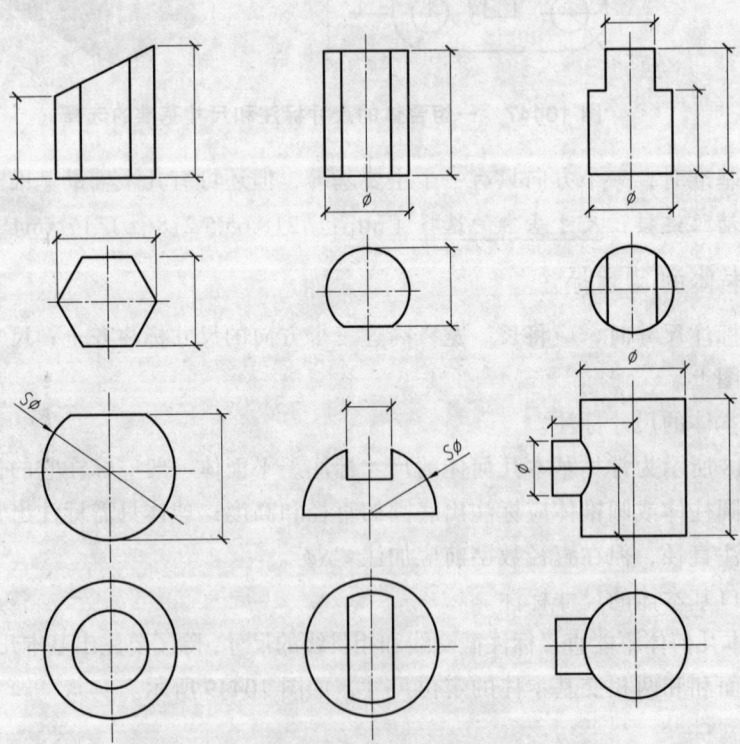

图 10449   切口基本体与相贯体的尺寸标注

4．标注尺寸的方法和步骤

（1）形体分析。

以便选择尺寸基准、确定各基本形体的定形、定位尺寸，如图10450所示。

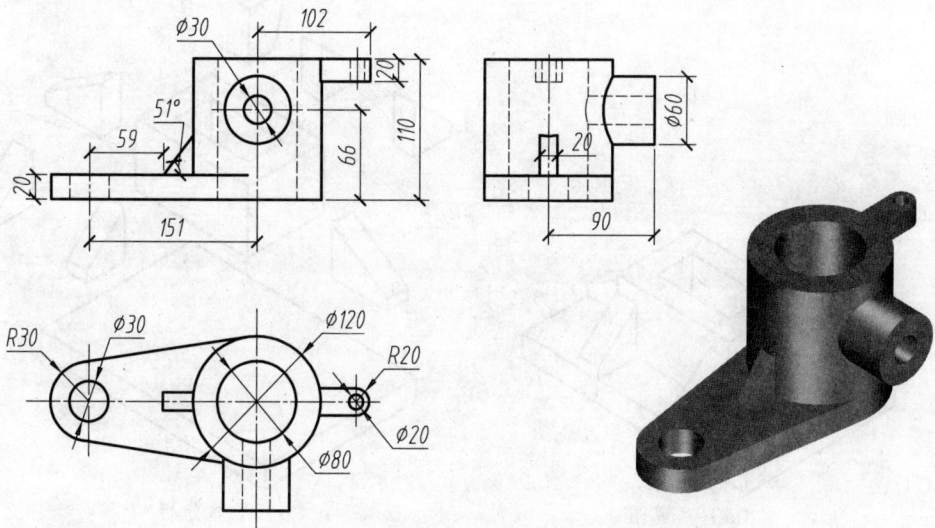

图 10450　一组合体的尺寸标注

（2）依次标出各基本形体的定形尺寸。

（3）标出总体尺寸。

（4）检查有无重复和遗漏的尺寸。

5．尺寸标注应注意的问题

组合体投影图的尺寸不但要标注齐全，而且要标注整齐、清晰，便于阅读。标注组合体尺寸时，除应遵守尺寸标注的基本规定外，还应注意以下几点：

（1）尺寸标注要齐全但不重复。上述三种尺寸可能重复，只需标注一次；一个方向的尺寸只在一个投影图中标注即可。

（2）为了使图面清晰，尺寸应标注在图形之外，并布置在两个投影之间。但有些小尺寸，为了避免引出标注的距离太远，也可标注在图形之内。

（3）应尽可能地将尺寸标注在反映基本形体形状特征或实形的视图上。

（4）尽量避免在虚线上标注尺寸。

除满足上述要求外，工程形体的尺寸标注还应满足设计和施工的要求。

【任务实施】

4.2.5　肋杯形基础的形体分析

如图10451所示的肋式杯形基础可以看做是底板、杯口和肋板组成。底板为一四棱柱，杯口为一四棱柱中间挖去一楔形块，肋板为六块梯形肋板。各基本体之间既有叠加，又有切割、相交；杯口在底板中央，前后肋板的左、右侧面分别与中间四棱柱左、右侧面平齐，左、右两块肋板分别在四棱柱左、右侧面的中央。

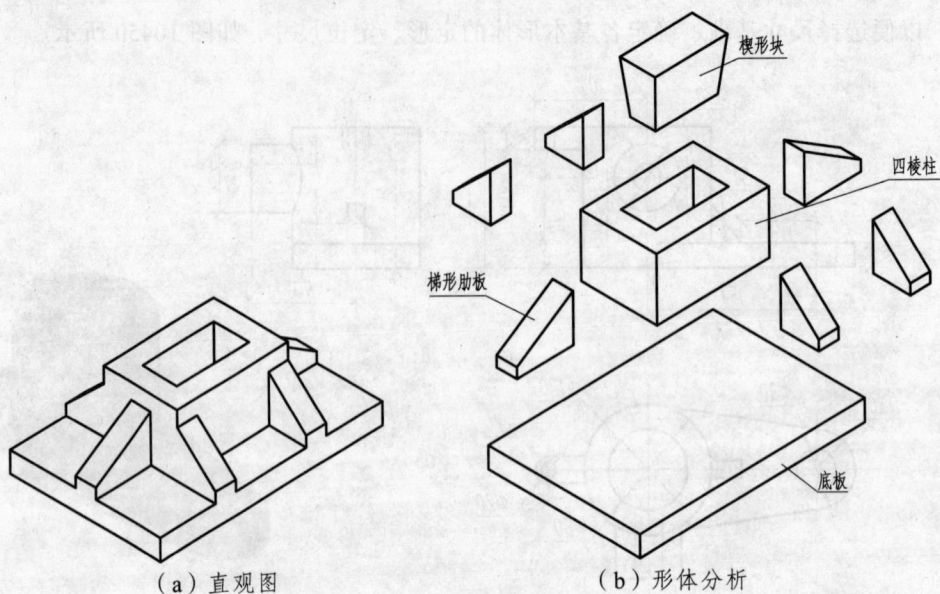

（a）直观图　　　　　　　（b）形体分析

图 10451　肋杯形基础的形体分析

综上所述，分析构成组合体的各基本形体之间的组合方式、表面连接关系及相对位置关系，对组合体投影的识读和画图都很有帮助。

※在线动画链接：肋杯形基础的形体分析（http：//218.65.5.218/jz/JZ17/xm4/JZ1-26.html）。

4.2.6　肋杯形基础三视图的绘制

1. 选择主视图

选择主视图时应考虑的问题如下：

（1）选择的投影方向最能反映物体的形状特征和各组成部分的相对位置。

（2）将物体的主要平面和轴线平行或垂直于投影面。

（3）以物体的自然安放位置或工作位置作为主视图的放置位置。

（4）尽量减少其他视图上的虚线。

2. 按相对位置分别画出各组成部分的三视图

（1）布置图面，画基准线，如图 10453a 所示。

（2）画底板（先画俯视图），如图 10453b 所示。

（3）画四棱柱（先画俯视图），如图 10453c 所示。

（4）画四棱柱中间挖去的楔形块（先画俯视图），如图 10453d 所示。

（5）画左右梯形肋板（先画主视图），如图 10453e 所示。

（6）画前后梯形肋板（先画左视图），如图 10453f 所示。

（7）检查加深、完成全图的效果如图 10452 所示。

214

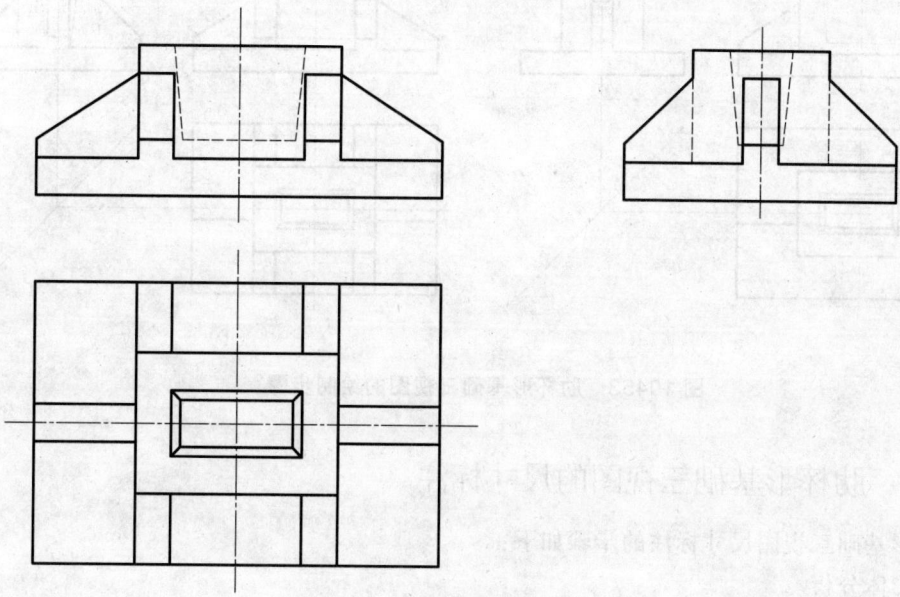

图 10452   肋杯形基础的三视图

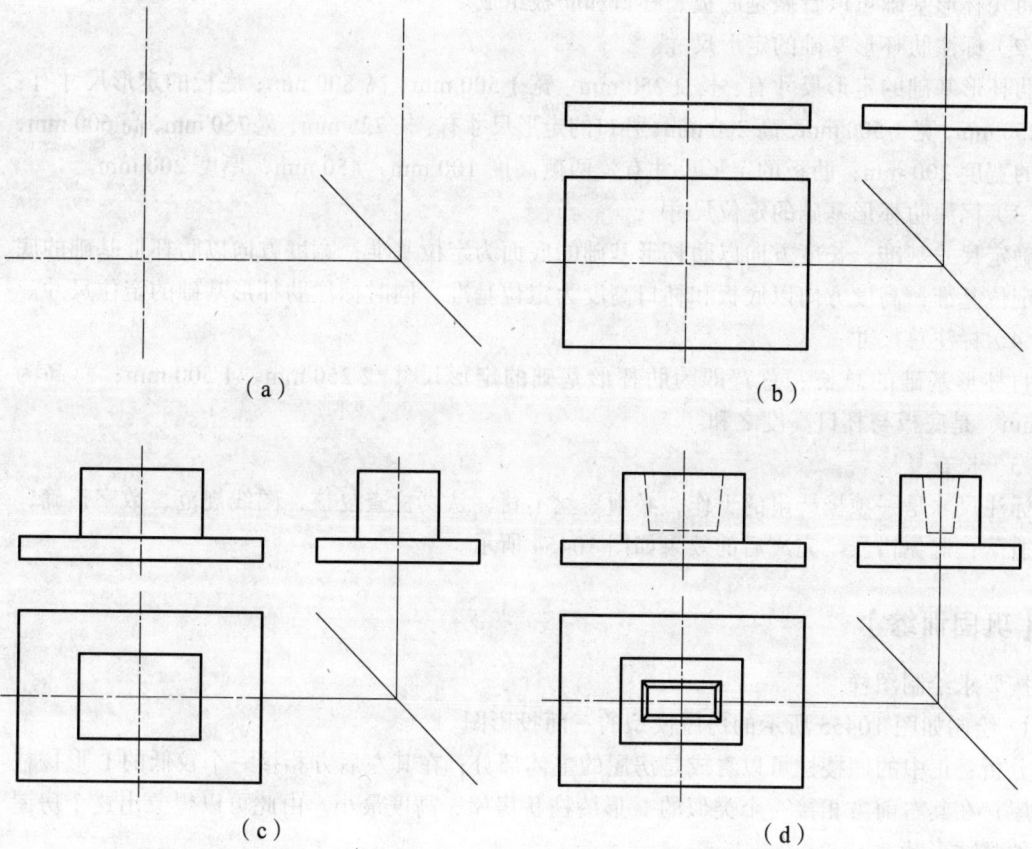

（a）

（b）

（c）

（d）

215

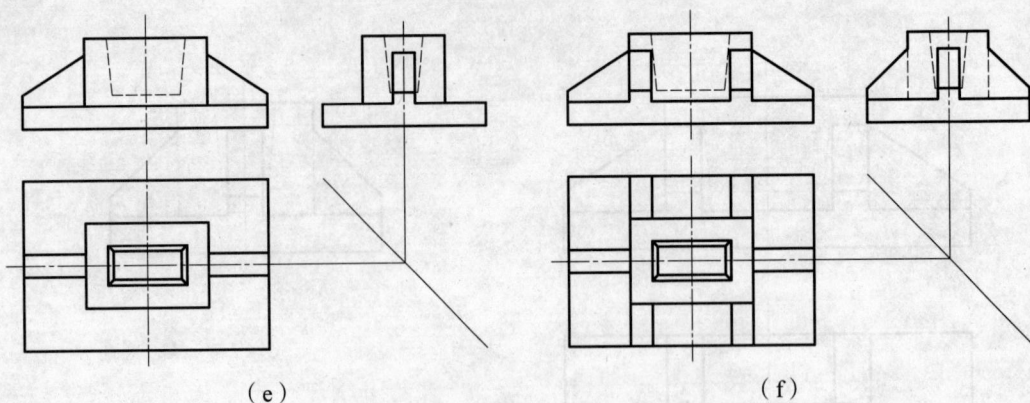

（e） （f）

图 10453　肋杯形基础三视图的绘制步骤

4.2.7　肋杯形基础三视图的尺寸标注

肋杯形基础三视图尺寸标注的步骤如下：

（1）形体分析。

标注组合体尺寸的基本方法也是形体分析法，即先将组合体分解为若干基本形体，以便选择尺寸基准，确定各基本形体的定形、定位尺寸。

肋式杯形基础可以看做是底板、杯口和肋板组成。

（2）标注肋杯形基础的定形尺寸。

肋杯形基础的定形尺寸有：长 2 250 mm、宽 1 500 mm、高 800 mm；底板的定形尺寸有：长 2 250 mm，宽 1 500 mm，高 200 mm；杯口的定形尺寸有：长 725 mm，宽 750 mm，高 600 mm，杯口的宽度 200 mm；肋板的定形尺寸有：两侧高度 100 mm、450 mm，厚度 200 mm。

（3）标注肋杯形基础的定位尺寸。

确定尺寸基准：长度方向以肋杯形基础的底面为定位基准；宽度方向以肋杯形基础的底面为定位基准；高度方向以底板和杯口高度为定位基准，同时标注肋杯形基础的定位尺寸。

（4）标注总尺寸。

肋杯形基础的总长、总宽即为肋杯形基础的定形尺寸 2 250 mm、1 500 mm；总高为 800 mm，是底板与杯口高度之和。

（5）检查复核。

标注尺寸是一项极严肃的工作，必须一丝不苟，认真检查复核，图线规范，数字正确，防止遗落，避免错误。完成后的效果如图 10454 所示。

【巩固训练】

按要求绘制图样

1. 绘制如图 10455 所示的房屋模型的三面投影图。

分析：正中的四棱柱可以看成是房屋的主体部分；在其左后方相接一个较低的 L 形棱柱状房屋；在其右前方相接一个类似的 L 形棱柱状房屋，高度最小。由此可以想象出这个房屋模型的整体形状。

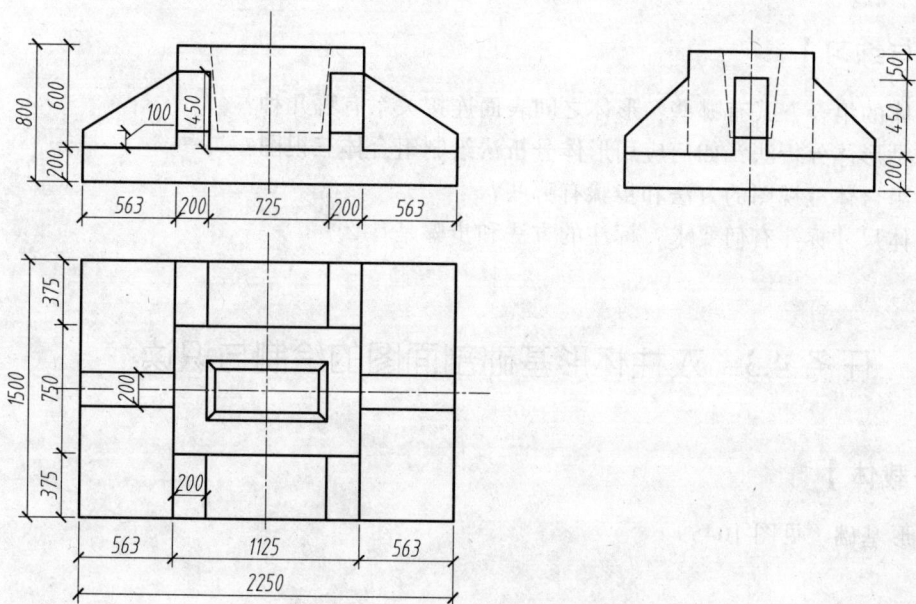

图 10454　肋杯形基础三视图的尺寸标注

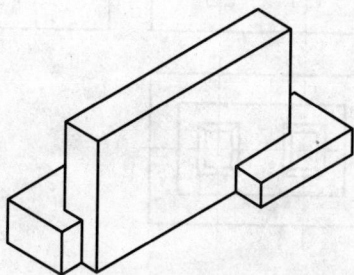

图 10455　训练 1 用图

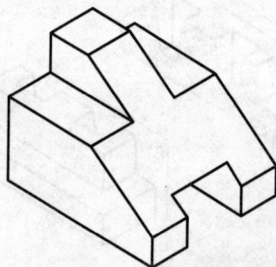

图 10456　训练 2 用图

2. 用线面分析法绘制如图 10456 所示组合体的三面投影图。

3. 用形体分析法绘制如图 10457 所示组合体的三面投影图，并标注尺寸。

4. 给如图 10458 所示的水池的三面投影图标注尺寸。

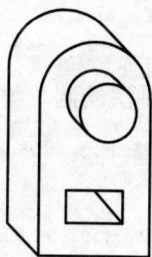

图 10457　训练 3 用图

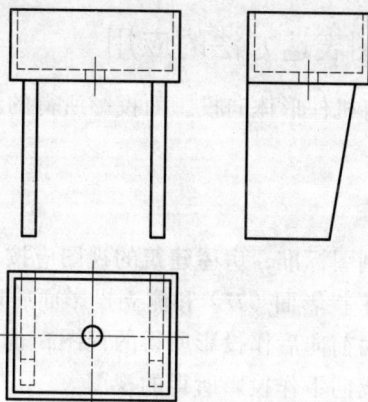

图 10458　训练 4 用图

1. 组合体的组合方式有哪些？形体之间表面连接关系有哪几种？
2. 什么是形体分析法？如何应用形体分析法绘制组合体三视图？
3. 识读组合体三视图的方法和步骤有哪些？
4. 组合体尺寸标注有何要求？标注的方法和步骤是什么？

任务 4.3　双柱杯形基础剖面图的绘制与识读

【任务载体】

双柱杯形基础（见图 10459）

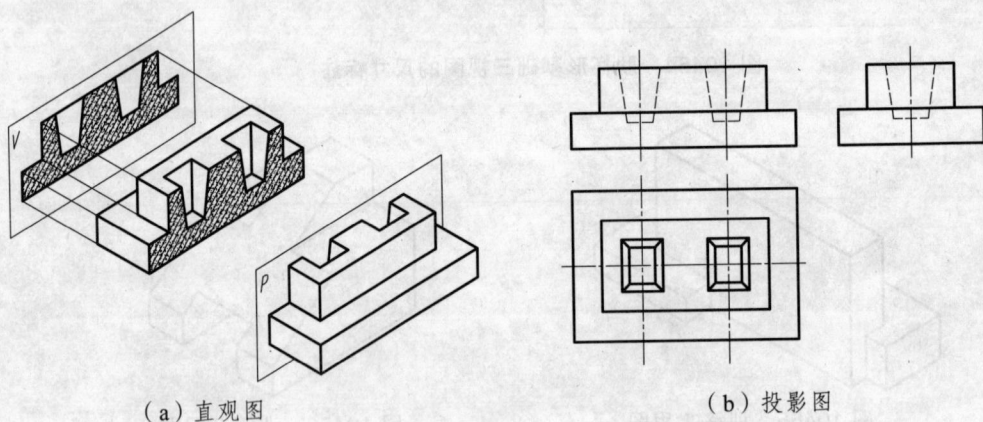

（a）直观图　　　　　　　　　　（b）投影图

图 10459　双柱杯形基础的剖面图绘制

【知识导入】

4.3.1　视图表达方法的应用

用正投影法将机件形体向投影面投影所得的图形称为视图，其目的是用于表达形体的可见部分。

1．基本视图

按照我国的制图标准，房屋建筑的视图应按正投影法并用第一角画法绘制。物体在正立投影面（V）、水平投影面（H）和侧立投影面（W）上的视图名称如下：

正立面图：由前向后作投影所得的视图，也简称正面图。

平面图：由上向下作投影所得的视图。

左侧立面图：由左向右作投影所得的视图，也简称侧面图。

在原有三个投影面 V、H、W 的对面再增设三个分别与它们平行的投影面 V_1、H_1、W_1，可得到一六面投影体系，这样地六个面称为基本投影面。物体在 V_1、H_1、W_1 面上的视图分别称为：

右侧立面图：由右向左作投影所得的视图。

底面图：由下向上作投影所得的视图。

背立面图：由后向前作投影所得的视图。

以上六个视图称为六面基本视图。六个投影面的展开方法如图 10460 所示。如在同一张图纸上绘制若干个视图时，各视图的位置宜按图 10461 的顺序进行配置。

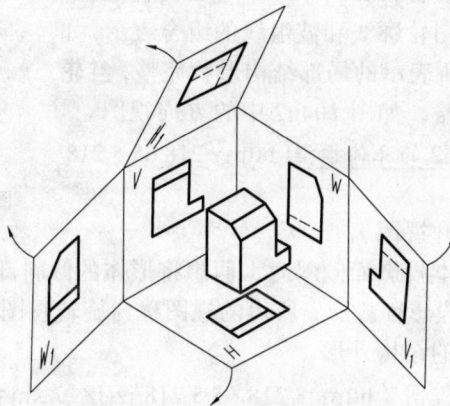

图 10460　六个投影面的展开方法

工程上有时也称以上六个基本视图为正视图（主视图）、俯视图、左视图、右视图、仰视图和后视图。画图时，可根据物体的形状和结构特点，选用其中必要的几个基本视图。每个视图一般均应标注图名，图名宜标注在视图的下方或一侧，并在图名下用粗实线绘一条横线，其长度应以图名所占长度为准，如图 10461 所示。

※在线动画链接：六视图的形成（http：//218.65.5.218/jz/JZ17/xm4/JZ1-35.html）。

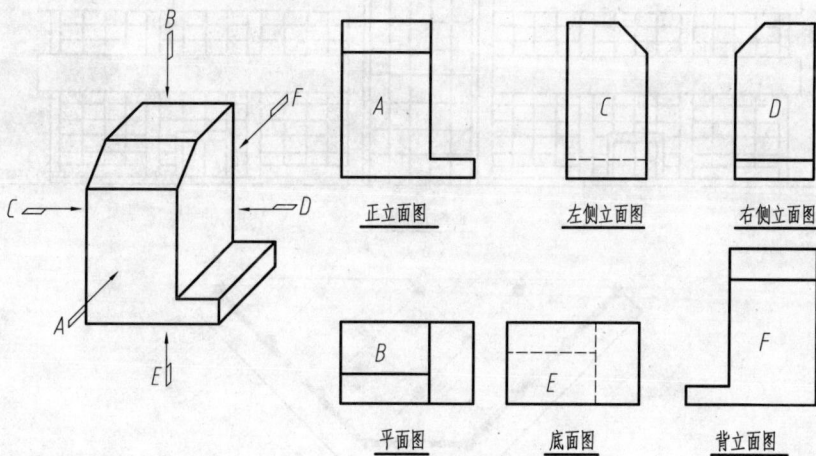

图 10461　六面基本视图的配置

2. 辅助视图

（1）局部视图。

将形体的某一部分向基本投影面投射所得到的视图称为局部视图，其目的是用于表达形体上局部结构的外形。

画图时，局部视图的名称用大写字母表示，标注在视图的下方，在相应视图附近用箭头指明投影部位和投影方向，并注记上同样的大写字母（如 A，B，…）。

局部视图一般按投影关系配置，如图 10462 中 A 向视图；必要时也可配置在其他适当位置，如图 10462 中 B 向视图。

局部视图的范围应以视图轮廓线和波浪线的组合表示，如图 10453 中的 A 向视图；当所表示的局部结构形状完整，且轮廓线成封闭时，波浪线可省略，如图 10462 中的 B 向视图。

※在线动画链接：图 10462 的立体模型（http://218.65.5.218/jz/JZ17/xm4/JZ1-36.html）。

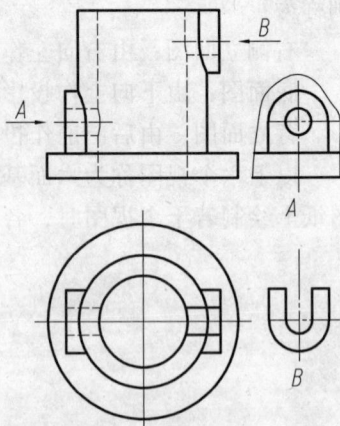

图 10462　局部视图的画法

（2）旋转视图（又称展开视图）。

当形体的某一部分与基本投影面倾斜时，假想将形体的倾斜部分旋转到与某一选定的基本投影面平行，再向该基本投影面投影，所得的视图称为旋转视图（又称展开视图），其目的是用于表达形体上倾斜部分的结构外形。

※在线动画链接：旋转视图（http://218.65.5.218/jz/JZ17/xm4/JZ1-55.html）。

如图 10463 所示房屋，中间部分的墙面平行于正立投影面，在正面上反映实形，而左右两侧面与正立投影面倾斜，其投影图不反映实形。为此，可假想将左右两侧墙面展至和中间墙面在同一平面上，这时再向正立投影面投影，则可以反映左右两侧墙面的实形。

展开视图可以省略标注旋转方向及字母，但应在图名后加注"展开"字样。

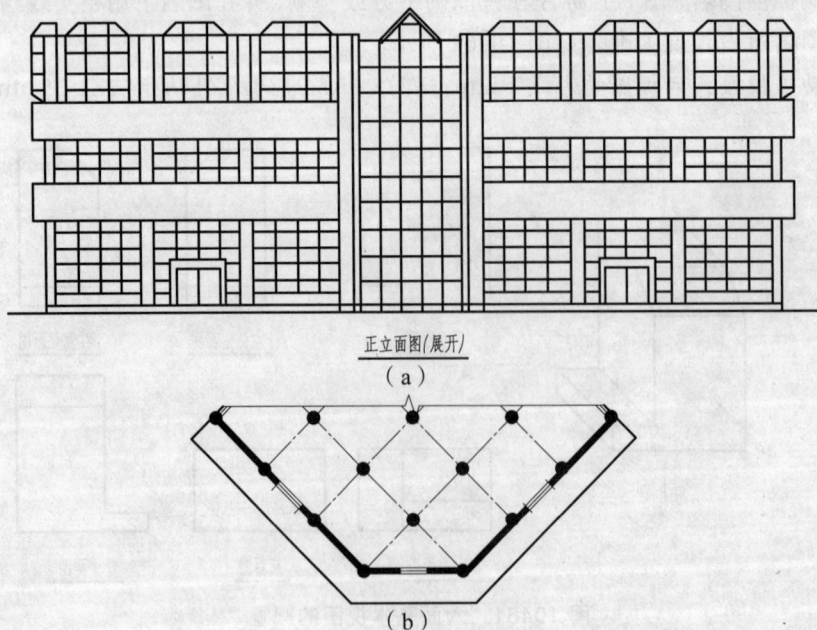

正立面图(展开)

（a）

（b）

图 10463　展开视图

220

（3）镜像视图。

把镜面放在形体的下面代替水平投影面，在镜面中反射到的图像，称为镜像投影图。由图 10464 可知，它与通常投影法绘制的平面图是不相同的。

当直接用正投影法所绘制的图样虚线较多，不易表达清楚某些工程构造的真实情况时，对于这类图样可用镜像投影法绘制，但应在图名后注写"镜像"两字。

在室内设计中，镜像投影常用来反映室内顶棚的装修、灯具，或古代建筑中殿堂室内房顶上藻井（图案花纹）等的构造情况。

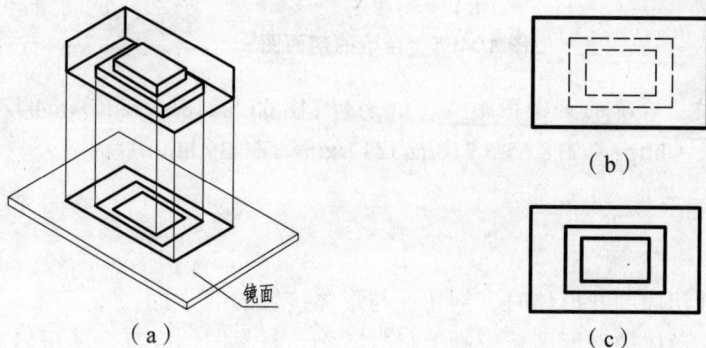

图 10464　镜像视图

※在线动画链接：<u>镜像投影</u>（http：//218.65.5.218/jz/JZ17/xm4/JZ1-37.html）。

4.3.2　剖面图表达方法的应用

在工程图样中，按国标规定，物体上可见的轮廓线用实线表示，不可见的轮廓线用虚线表示。很显然，如果物体的内部构造复杂，图样中就会出现很多虚线。过多的虚实线交错，会给画图、读图和标注尺寸带来不便，也容易产生差错。此外，工程上还常要求标示出建筑构件的某一部分形状及所用建筑材料。为了解决以上问题，可以假想地将物体剖开，让它的内部构造显露出来，使物体的不可见部分变成可见部分，从而可以用实线表示其内部形状和构造。

1．剖面图的形成

用假象剖切面剖开形体，将处在观察者和剖切面之间的部分移去，而将其余部分向投影面作正投影所得到的视图称为剖视图。其目的是用于表达形体的内部结构。

图 10465a 所示为一台阶的三视图。左视图中，由于踏步被侧挡板遮住而不可见，所以在左侧立面图中画成虚线。现假想用一侧平面 P 作为剖切平面，把台阶沿着踏步剖开，如图 10465b 所示；再移去观察者和剖切平面之间的那部分台阶，然后作出台阶剩下部分的投影，则得到图 10465c 所示的 I — I 剖面图。

剖面图除应画出剖切面切到的断面图形外，还应画出沿投射方向看到的其余部分的投影。被剖切面切到的断面轮廓线用粗实线绘制，剖切面没有切到、但沿投射方向可以看到的部分，用中实线或细实线绘制。剖面图常与基本视图相互配合，使建筑形体的图样表达得完整、清晰、简明。

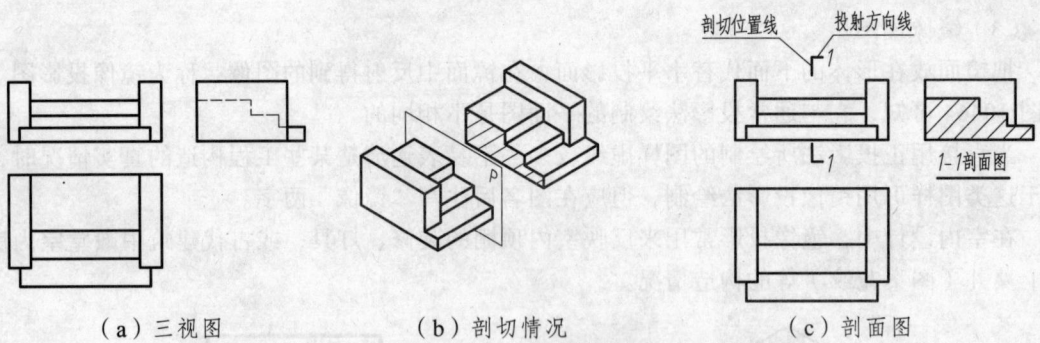

（a）三视图　　　　　　　　（b）剖切情况　　　　　　　（c）剖面图

图 10465　台阶的剖面图

※在线动画链接：台阶的剖面图形成（http：//218.65.5.218/jz/JZ17/xm4/JZ1-38.html）、一形体的剖面图形成（http：//218.65.5.218/jz/JZ17/xm4/JZ1-39.html）。

2．剖面图的表示方法

（1）材料图例。

剖面区域：用剖切面剖开形体时，剖切面与形体接触的部分。

绘制剖面图时，形体的剖面区域应画上材料图例，材料图例应符合《房屋建筑制图统一标准》（GB/T50001—2001）的规定。当不需要标明建筑材料的种类时，可用同方向、等间距的 45°细实线表示剖面线，如图 10466 所示。

由不同材料组成的同一物体，剖开后，在相应的断面上应画不同的材料图例，并用粗实线将处在同一平面上两种材料图例隔开，如图 10467 所示。

物体剖开后，当断面的范围很小时，材料图例可涂黑表示，在两个相邻断面的涂黑图例间，应留有空隙，其宽度不得小于 0.7 mm，如图 10468 所示。

在钢筋混凝土构件中，当剖面图主要用于表达钢筋分布时，构件被切开部分，不画材料符号，而改画钢筋。

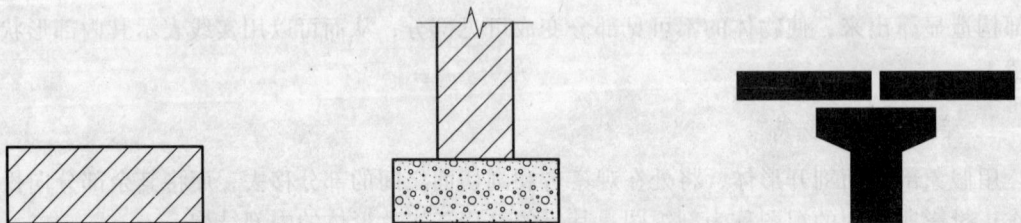

图 10466　普通砖图例　　图 10467　不同材料组成的物体画法示例　　图 10468　涂黑的画法示例

（2）剖切符号。

用剖面图配合其他视图表达物体时，为了明确视图之间的投影关系，便于读图，对所画的剖面图一般应标注剖切符号，注明剖切位置、投射方向和剖面名称。

剖面图的剖切符号由剖切位置线、投射方向线及编号三部分组成。剖切位置线、投射方向线勾应以粗实线绘制。剖切位置线长度宜为 6～10 mm；投射方向线应与剖切位置线垂直，画在剖切位置线的同一侧，长度应短于剖切位置线，宜为 4～6 mm。画图时，剖切符号不应与其他图线相接触。

222

为了区分同一形体上的剖面图，在剖切符号上宜用阿拉伯数字加以编号，数字应写在投射方向线一侧。

视图中，在剖面图的下方或一侧应注写相应的编号，如"1—1 剖面图"，并在图名下画一粗实线，见图10469c。

（3）画剖面图时应注意的几个问题。

① 剖切是假想的，把物体剖开是我们为了表达其内部形状所作的假设，物体仍是一个完整的整体，并没有真的被切开和移去一部分。因此，每次剖切都应把物体看做是一个整体，不受前面剖切的影响；其他视图仍应按原先未剖切时完整地画出。图10469所示为俯视图的绘制。

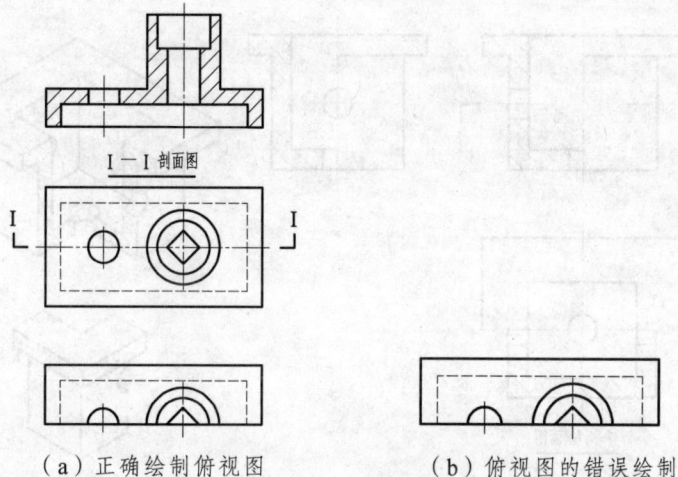

（a）正确绘制俯视图　　　　（b）俯视图的错误绘制

图 10469　其他视图的绘制

② 剖切平面一般应通过形体的对称面、内部孔等结构的轴线，并且平行于基本投影面。

③ 剖切平面后面的可见的轮廓线应全部画出；剖切平面前方已剖去部分的可见轮廓线不应画出。

④ 凡已表达清楚的内部结构，虚线可省略不画；没有表达清楚的部分，必要时可画出虚线。

4.3.3　剖面图的种类及应用

1. 全剖面图

（1）定义：用剖切面将物体完全剖开所得到的视图称为全剖面图。

（2）应用：当物体的外形比较简单，内部结构较复杂时，常用全剖面图表达物体的内部结构，如图10470所示。

（3）标注：全剖面图一般都需要标注剖切符号。但若剖切平面与物体的对称面重合，剖面图又按投影关系配置时，剖切平面位置和视图关系比较明确，可省略标注。

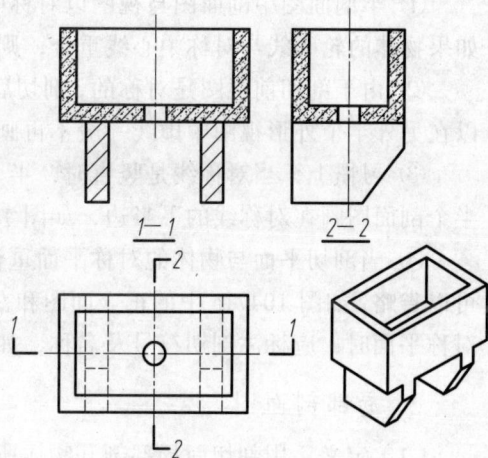

图 10470　洗手池全剖面图

2. 半剖面图

（1）定义：当物体具有对称平面时，在垂直于对称平面上的投影面上投影所得图形，可以对称中心为界，一半画成视图，另一半画成剖面图，这样组合的图形称为半剖面图。

（2）应用：适用于内外结构都需要表达的对称物体，一半表示物体的外部形状，另一半表示物体的内部构造。

（3）标注：与全剖面图相同。

图 10471 所示为一箱体，因它的左右、前后均对称，故三个视图都可采用半剖面图表示，使其内、外形状表达清晰、简明。

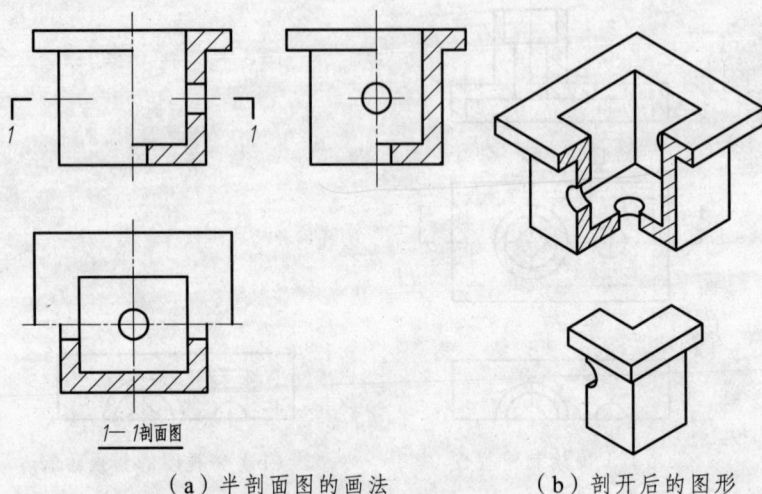

（a）半剖面图的画法   （b）剖开后的图形

图 10471　半剖面图

※在线动画链接：图 10471 的三维模型（http：//218.65.5.218/jz/JZ17/xm4/JZ1-40.html）。

画半剖面图时应注意以下几点：

① 半剖面图中剖面图与视图以对称中心线（单点长画线）为分界线，而不能画成实线。如果物体的轮廓线与对称中心线重合，则不能采用半剖视图。

② 由于剖切前视图是对称的，剖切后在半个剖面图中已清楚地表达了内部结构形状，所以在另外半个外形视图中虚线一般不再画出。

③ 习惯上，当对称线是竖直时，半个剖面图画在对称线的右半边；当对称线是水平时，半个剖面图画在对称线的下半边，如图 10471a 所示。

④ 当剖切平面与物体的对称平面重合，且半剖面图又位于基本投影图的位置时，其标注可以省略，如图 10471a 中的正立面图和左侧立面图位置的半剖面图。当剖切平面不是物体的对称平面时，应标注剖切符号及名称，如图 10471a 中的 1—1 剖面图。

3. 局部剖面图

（1）定义：用剖切面局部剖开物体所得的剖视图。

（2）应用：用于表达物体局部的内部结构。

（3）标注：单一剖切平面位置明显时，一般可不标注。

图 10472 所示为钢筋混凝土杯路基础的一组视图，为了表示其配筋形式，平面图采用了局部剖面图，其余部分仍画外形视图。

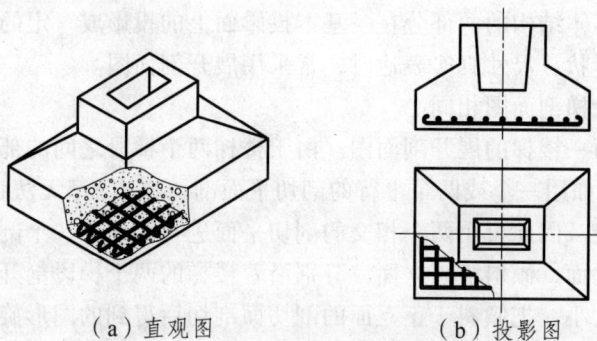

(a) 直观图　　　　　　　(b) 投影图

图 10472　局部剖面图

局部剖面图的剖切范围用波浪线表示，波浪线不可与图形轮廓线重合，也不应超出视图的轮廓线。

※在线动画链接：支撑台的局部剖切及局部剖面图（http: //218.65.5.218/jz/JZ17/xm4/JZ1-41.html）。

4. 阶梯剖面图

（1）定义：用几个平行的剖切平面剖开物体的方法，称为阶梯剖。

（2）应用：适用于物体需要表达的内部结构的轴线或对称面不在同一平面内，但相互平行，宜采用几个平行的剖切平面剖切。

（3）标注：在剖切平面的起止和转折处均应标注剖切符号和投射方向。当刮切平面位置明显，又不致引起误解时，转折处可不标注剖切符号和投射方向。

如图 10473 所示的水箱，两孔的轴线不在同一正平面内。为了表示水箱的内部结构，采用两个互相平行的正平面作为剖切面，如图 10473b 所示，从而得到反映水箱壁厚和两个圆孔位置的阶梯剖面图。为反映物体上各内部结构的实形，阶梯剖面图中的几个剖切平面必须平行于某一基本投影面。

因为剖切是假想的，所以在画阶梯剖面图时，剖切平面转折处的交线不能画出，如图 10473c 的画法是错误的。

※在线动画链接：一形体的阶梯剖及阶梯剖面图（http: //218.65.5.218/jz/JZ17/xm4/JZ1-43.html）、水池的阶梯剖（http: //218.65.5.218/jz/JZ17/xm4/JZ1-56.html）。

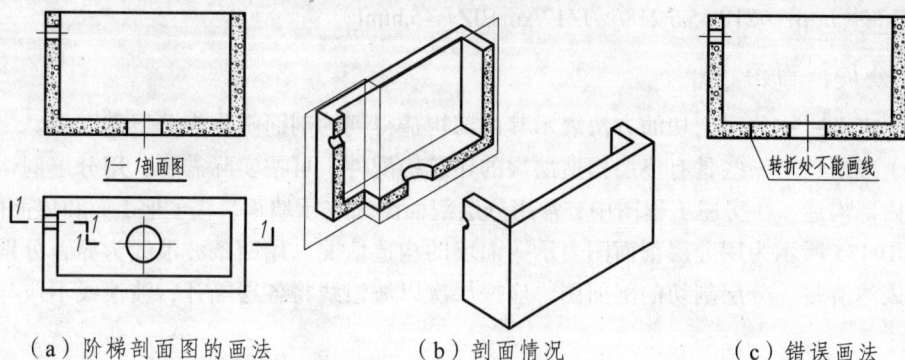

(a) 阶梯剖面图的画法　　　　　(b) 剖面情况　　　　　(c) 错误画法

图 10473　阶梯剖面图

225

5. 展开剖面图

（1）定义：用两个或两个以上的相交平面剖切物体，所得的剖面图称为展开剖面图。

（2）应用：当形体结构的两部分在一基本投影面上的投影成一定的角度，用一个剖切平面无法将各部分的形状、尺寸真实表达时，常采用展开剖面图。

（3）标注：与阶梯剖面图相同。

图 10474 所示为一楼梯的展开剖面图。由于楼梯两个梯段之间的部分在水平投影面上的投影成一定的夹角，如用一个或两个平行的剖切平面剖切物体，都无法将楼梯各部分的形状、尺寸真实的表达清楚。因此可用两个相交的剖切平面进行剖切，一个剖切面平行于正立面，另一个剖切面为铅垂面，倾斜于正立面，分别沿着楼梯的两个梯段剖开楼梯。为了反映两个梯段的真实形状和大小，把倾斜于正立面的剖切面剖切后得到的图形旋转到与正立面平行后再进行投影，便得到 1—1 剖面图（展开）。展开剖面图的图名后应加注"展开"字样。

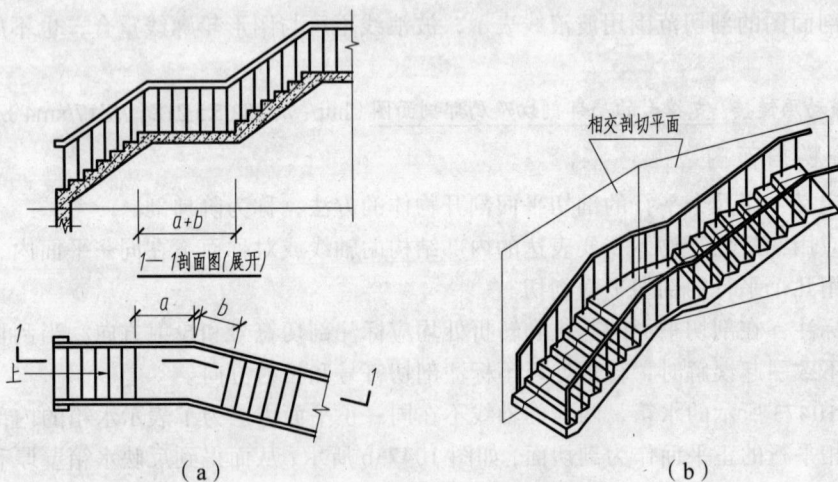

（a）　　　　　　　　　　　（b）

图 10474　展开剖面图

当两相交剖切平面的交线垂直于某一基本投影面且与形体上的旋转轴线重合时，剖开的倾斜结构及其有关部分旋转到与选定的投影面平行后再投影，所得的剖面图称为旋转剖面图。

用组合的剖切平面剖开形体，所得的剖面图称为复合剖面图。

※在线动画链接：一形体的旋转剖及旋转剖面图（http：//218.65.5.218/jz/JZ17/xm4/JZ1-44.html）、复合剖示例（http：//218.65.5.218/jz/JZ17/xm4/JZ1-45.html）。

6. 分层剖面图

（1）定义：用分层剖切的方法表示其内部构造得到的剖面图称为分层剖面图。

（2）应用：对一些具有多层构造层次的建筑构配件，可按实际需要，用分层剖切的方法表示其内部构造。在房屋工程图中，常用分层剖面图来表示墙面、楼（地）面和屋面的构造。

图 10475 所示为用分层剖面图表示一面墙的构造情况。用两条波浪线为界，分别把三层构造都表达清楚。分层剖切的剖面图，应按层次以波浪线将各层隔开，波浪线不应与任何图线重合。

阶梯剖面图、展开剖面图和分层剖面图都是用两个或两个以上的平面剖切物体得到的。

226

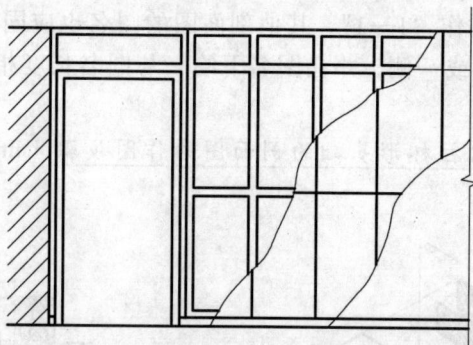

图 10475　分层剖面图

【任务实施】

4.3.4　双柱杯形基础的剖面图的作图步骤

1. 先画出双柱杯形基础的三视图投影图

由于剖切是假想的，只在画剖面图时才假想将形体切去一部分，其他视图仍应完整画出。所以，在绘制剖面图时应先绘制其三视图（见图 10476），然后再将相应的投影图改为剖面图。

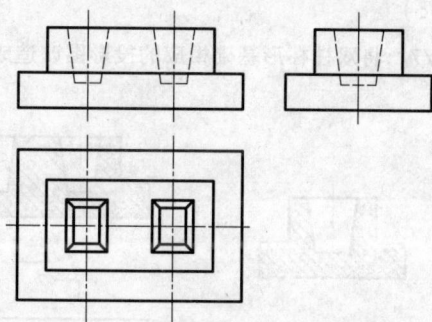

图 10476　双柱杯形基础的三视图投影图

2. 根据剖切位置和投射方向将相应的投影图改造成剖面图

在此过程中，先确定断面部分，在断面轮廓内画上材料图例；再确定非断面部分，即保留物体上的可见轮廓线，擦除原有投影图中剖切后不存在的图线。

在图 10477 所示的剖切过程中，假想用正平面 P 沿基础前后对称面进行剖切，移去平面 P 前面的部分，将剩余的后半部分向正立投影面投射 [见图 10477（a）]，即得到杯形基础的正向剖面图[见图 10477（b）]。选择侧平面沿基础上杯口的中心线进行剖切，投影后得到基础的左向剖面图[见图 10477（c）]。完成后的效果如图 10478 所示。

3. 标注剖视剖切符号及图名

剖面图的图名以剖切符号的编号命名。如剖切符号编号为 1，则相应的剖面图命名为

"1—1剖面图"，也可简称作"1—1"，其他剖面图的图名也应同样依次命名和标注。图名一般标注在剖面图的下方或一侧，并在图名下绘一与图名长度相等的粗横线，如图10479所示。

　　※在线动画链接：双柱杯形基础的剖面图的作图步骤（http：//218.65.5.218/jz/JZ17/xm4/JZ1-57.html）。

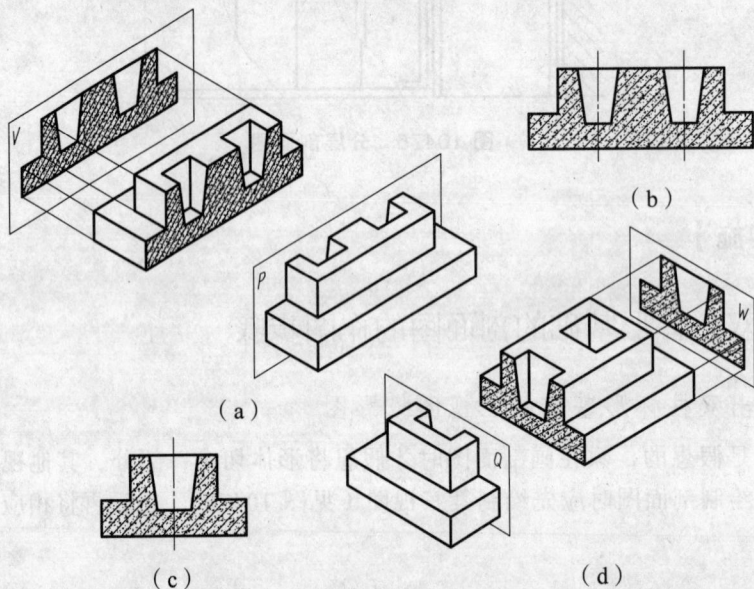

图10477　将双柱杯形基础相应的投影图改造成剖面图

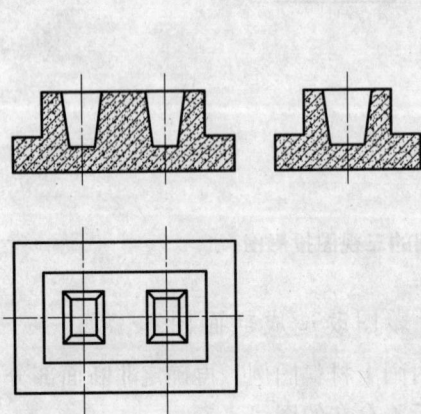

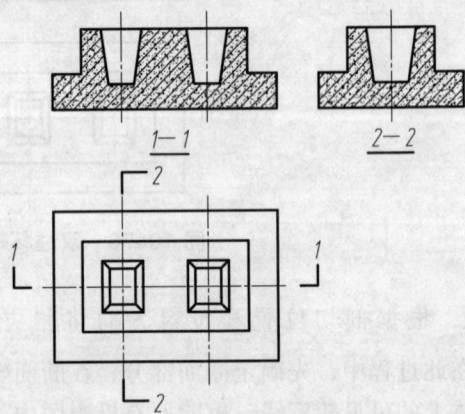

图10478　双柱杯形基础的剖面图　　　图10479　标注剖视剖切符号及图名

【巩固训练】

1. 求作图10480所示形体的 W 面投影，并将 V、W 面投影改为合适的剖面。

2. 求作图10481所示形体的1—1阶梯剖面图。

3. 求作图10482所示高窗的1—1、2—2的剖面图？

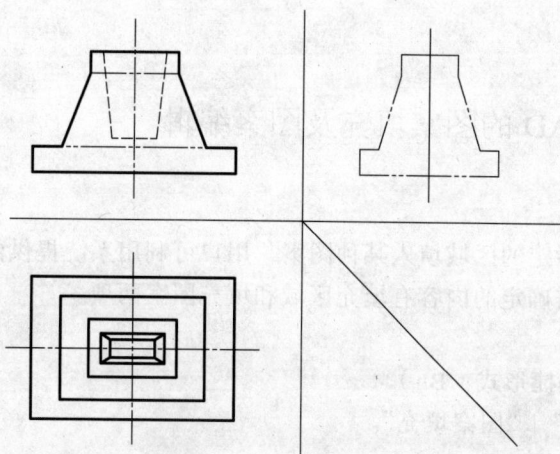

图 10480　训练 1 用图

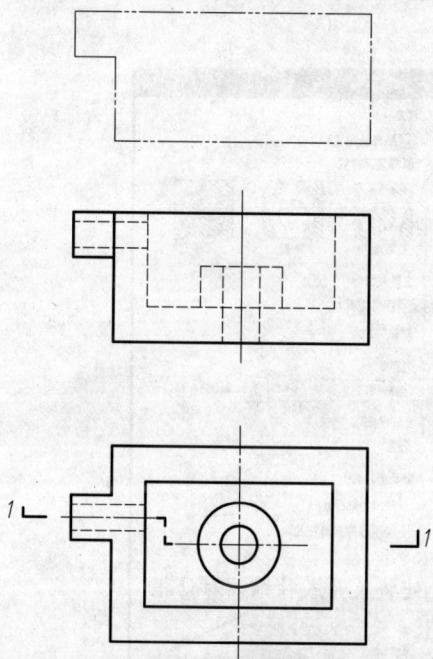

图 10481　训练 2 用图

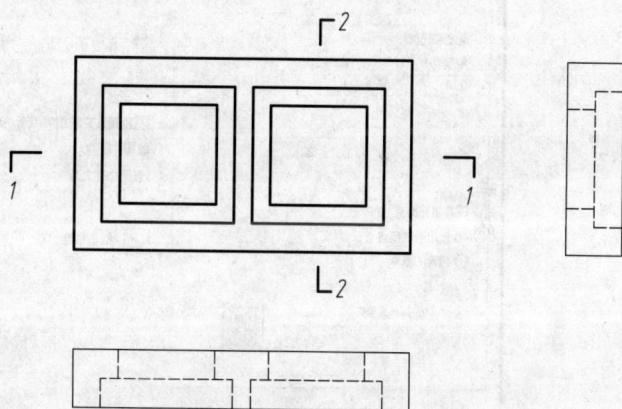

图 10482　训练 2 用图

【思考与练习】

1. 什么叫基本视图? 表达建筑形体的六个基本视图是哪些?

2. 什么叫剖面图? 在什么情况下使用剖面图表示方法?

3. 剖面图有哪些种类? 其应用如何?

4. 各种剖面图如何进行标注?

【技能拓展】

4.3.5 AutoCAD 的图案填充及图案编辑

1. 图案填充

图案填充是指在指定的区域填入某种图案，用户可利用系统提供的图案或自定义的图案进行填充。图案填充需确定的内容有填充区域和填充图案两项。

（1）命令执行方式。

命令：Bhatch（快捷形式：Bh）。

下拉菜单："绘图"｜"图案填充"。

工具栏："绘图"｜🔳。

（2）相关说明。

执行"Bhatch"命令时，系统弹出"图案填充和渐变色"对话框，如图 10483 所示。该对话框各项目的功能如下：

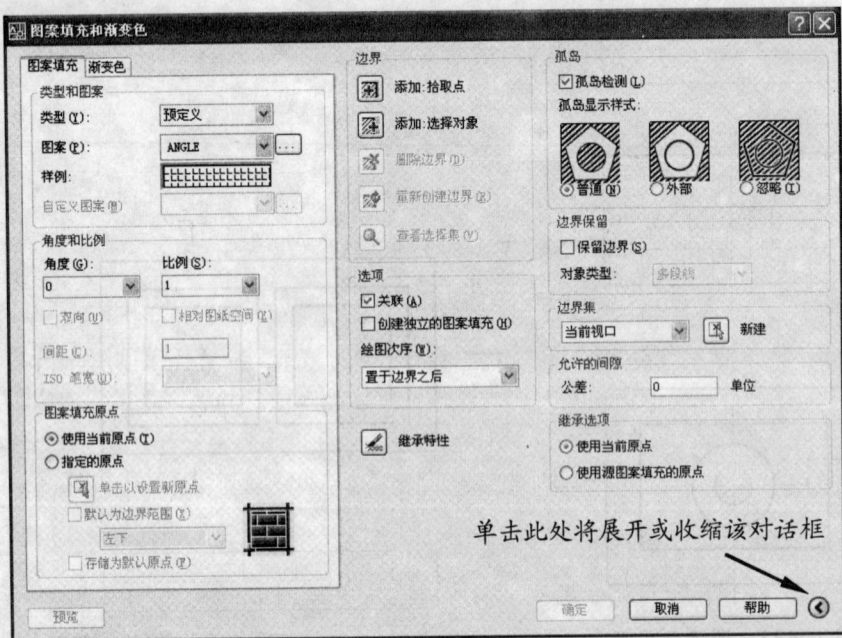

图 10483 "图案填充和渐变色"对话框

① "图案填充"选项卡。

"类型和图案"区用于指定填充的图案类型和具体图案。图案类型有"预定义"、"用户定义"和"自定义"三种类型，"预定义"类型表示利用 AutoCAD 标准图案文件中的图案；"用户定义"类型表示用户可以临时定义一种平行线填充图案，以便用户控制剖面线的间距和角度；"自定义"类型表示用户可以自己定义图案。

"角度和比例"区用于控制图案填充时的旋转角度和比例。

"图案填充原点"区用于确定生成图案填充的起始位置。

②"边界"选项组区的作用是确定填充的边界。

"添加：拾取点"按钮用于以拾取点的方式确定填充边界。

"添加：选择对象"按钮用于以选择对象的方式确定填充边界。这种方式通常用于填充边界不封闭的情况。

"删除边界"按钮用于从已确定的填充边界中废除某些边界对象。

"查看选择集"按钮用于查看选择的填充边界。

③"选项"选项组区用于控制几个常用的图案填充设置。

"关联"复选框可控制所填充的图案与填充边界是否建立关联关系。建立关系后，若对边界进行边界操作，所填充的图案会随边界的变化而更新，由此与边界相适应，否则图案就会与边界相分离。

"创建独立的图案填充"复选框可通过几个指定的独立闭合边界来控制创建单一的图案填充对象还是创建多个图案填充对象。

"绘图次序"下拉列表框用于为填充图案指定绘图次序。

"继承特性"按钮控制是否选择图形中已有的填充图案作为当前填充图案。

④"孤岛"选项组区。

填充区域内的封闭区域称为孤岛。该选项组的作用是，当存在孤岛时控制图案的填充方式。

"孤岛检测"复选框用于确定是否进行孤岛检测以及孤岛的填充方式（普通、外部和忽略）。

⑤"边界保留"选项组区用于确定是否将填充边界保留为对象。如果保留，还可以确定对象的类型，此时将根据填充边界再创一个边界对象，并添加到图形中。

⑥"边界集"选项组区。

当以拾取点的方式确定填充边界时，该选项组用于确定填充边界的对象集。"当前视口"是根据当前视口范围内的所有对象定义边界集；"新建"提示用户选择用来定义边界集的对象；"现有集合"通过使用"新建"选定的对象定义边界集。

⑦"允许的间隙"文本框用于设置将对象用作图案填充边界时可以忽略的最大间隙。最大间隙值为 0 时，表明指定对象必须为封闭区域而没有间隙。

⑧"继承选项"选项组区。

当利用"继承特性"按钮创建图案填充时，需控制图案填充原点的位置。

"使用当前原点"单选按钮表示将使用当前的图案填充原点设置。

"使用源图案填充的原点"单选按钮表示使用源图案填充的图案填充原点进行填充。

⑨"渐变色"选项卡。

该选项卡用于创建一种或两种颜色形成的渐变色对图形进行填充。

※在线动画链接：图案填充-1（http://218.65.5.218/jz/JZ17/xm4/JZ1-46.html）、图案填充-2（http://218.65.5.218/jz/JZ17/xm4/JZ1-47.html）、图案填充-3（http://218.65.5.218/jz/JZ17/xm4/JZ1-48.html）。

2. 编辑图案填充

（1）命令执行方式。

命令：Hatchedit（快捷形式：He）。

下拉菜单："修改"|"对象"|"图案填充"。

（2）相关说明。

执行"Hatchedit"命令或用鼠标左键双击要编辑的图案填充对象，系统弹出与"图案填充和渐变色"对话框内容相同的"图案填充编辑"对话框。利用该对话框，用户可以更改填充的图案、填充比例、旋转角度等。

4.3.6 局部剖面图中波浪线的绘制

局部剖面图中波浪线在 AutoCAD 软件中一般用"样条曲线"命令绘制。样条曲线是一种通过或接近指定点的拟合曲线，主要用于表达具有不规则变化曲率半径的曲线。

1. 样条曲线的绘制

命令：Spline（快捷形式：Spl）。

下拉菜单："绘图"|"样条曲线"。

工具栏："绘图"|～。

执行该命令时，依据提示分别指定样条曲线上的第一拟合点、下一个拟合点。回车后再依据提示，拖动鼠标确定样条曲线在起始点和终止点处的切线方向。

绘制样条曲线的过程中，执行"闭合（C）"选项，可使样条曲线封闭；执行"拟合公差（F）"选项，可根据给定的拟合公差绘制样条曲线；执行"对象（O）"选项，可将样条拟合多段线转换成等价的样条曲线并删除多段线。

2. 编辑样条曲线

命令：Splinedit（快捷形式：Spe）。

下拉菜单："修改"|"对象"|"样条曲线"。

样条曲线编辑命令是一个单对象编辑命令，一次只能编辑一个样条曲线对象。执行该命令并选择需要编辑的样条曲线后，在曲线周围将显示控制点，并提示：

输入选项[拟合数据（F）/闭合（C）/移动顶点（M）/精度（R）/反转（E）/放弃（U）]:

各选项的意义如下：

"拟合数据（F）"选项用来编辑样条曲线所通过的某些特殊点，选择此项后，再根据需要选择相关的下一级选项。

"闭合（C）"选项用于封闭选定的样条曲线。

"移动顶点（M）"选项用于移动样条曲线上的当前点。

"精度（R）"选项用于对样条曲线上的控制点进行细化操作。

"反转（E）"选项用于反转样条曲线的方向。

"放弃（U）"选项用于取消上一次操作。

※在线动画链接：绘制与编辑样条曲线（http：//218.65.5.218/jianzhu/6/chapter08/02/07r03.html）。

【实训指导】

实训 11 图案填充

1. 实训目的与要求

熟练掌握图案填充与编辑的操作方法和步骤。

2. 实例及操作指导

例题1 填充图案，达到图 SX30 所示的效果。

要求：调用已下载的课程网站中的文件"SX7-1.dwg"，使用 Bhatch 命令的孤岛检测功能，采用普通样式填充。

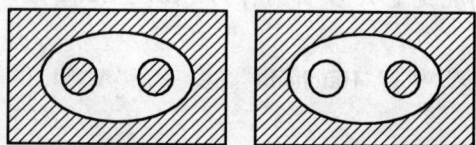

（a）不删除孤岛　　　（b）删除左边的孤岛

图 SX30　例题 1 图形

主要操作步骤如下：

（1）执行"Bhatch"命令，在弹出的"图案填充和渐变色"对话框中，在孤岛显示样式区，勾选"普通"单选项。单击"添加：拾取点"按钮，按命令行的提示在矩形和椭圆之间拾取内部点。

（2）按图 SX30 所示的填充效果，选择填充图案、设置合适的比例。

（3）单击"删除边界"按钮，按命令行的提示选择图 SX30（b）左边的圆。

（4）点击"预览"按钮，查看填充效果。

（3）将文件继续保存为"SX7-1.dwg"

※在线动画演示：实训 11-1（http：//218.65.5.218/jzCAD/6/07r01.html）。

例题2 完成图 SX31 所示图形的绘制工作并填充图案。

要求：调用 A4 样板文件，将图框标题栏放大 10 倍，文件保存为"SX7-2.dwg"。图案分别选择"ANSI31"、"ARCONC"。

主要操作步骤如下：

（1）执行"Line"命令，在相应的图层，绘制图 SX31 所示的图形。

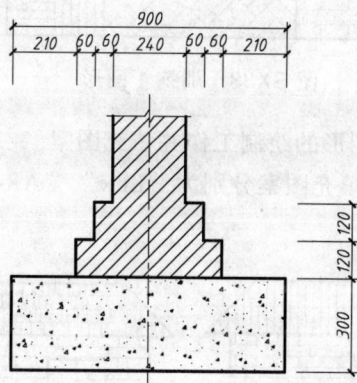

图 SX31　例题 2 图形

（2）执行"Bhatch"命令，按例题 1 的操作过程，完成相应图案的填充。

（3）将文件保存为"SX7-2.dwg"。

※在线动画演示：实训 11-2（http：//218.65.5.218/jzCAD/6/07r02.html）。

例题 3 修改例题 2 的填充图案，结果如图 SX32 所示。

要求：打开"SX7-2.dwg"文件，将"ANSI31"（普通砖）图案更改为"ANSI33"（天然石材）、"ARCONC"（混凝土）更改为"ANSI31 + ARCONC"（钢筋混凝土）。文件另存为"SX7-3.dwg"。

主要操作步骤如下：

（1）打开文件"SX7-2.dwg"，执行"Hatchedit"命令或在"ANSI31"图案上双击。

（2）在弹出的"图案填充编辑"对话框中，通过图案下拉列表框，将图案更改为"ANSI33"。

（3）执行"Bhatch"命令，在图案"ARCONC"区域，再填充"ANSI31"图案。

（4）将文件另存为"SX7-3.dwg"。

图 SX32　例题 3 图形

※在线动画演示：实训 11-3（http：//218.65.5.218/jzCAD/6/07r03.html）。

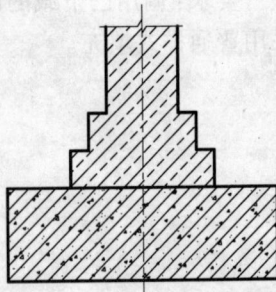

3. 实训内容

训练 1 绘出图 SX33 所示的图形，并填充图案。

要求：调用 A4 样板文件，使用 Bhatch 命令的孤岛检测功能，采用普通样式填充。文件保存为"SX33.dwg"。

图 SX33　训练 1 图形

训练 2 完成图 SX34 所示图形的绘制工作并填充图案。

要求：调用 A4 样板文件，填充图案分别为"Line"、"AR-B816"、"GRAVEL"。文件保存为"SX34.dwg"。

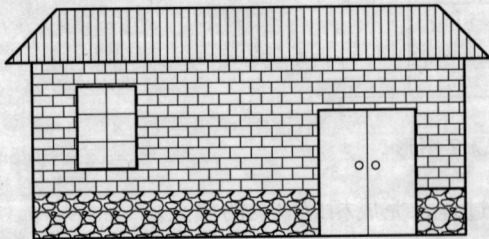

图 SX34　训练 2 图形

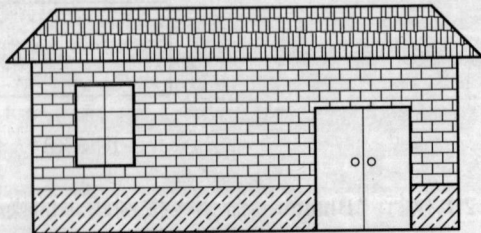

图 SX35　训练 3 图形

234

训练 3　修改训练 2 的填充图案，结果如图 SX35 所示。

要求：打开文件"SX34.dwg"，将图案"Line"更改为"AR-RSHKE"、图案"GRAVEL"更改为"ANSI33"。文件另存为"SX35.dwg"。

任务 4.4　钢筋混凝土梁断面图的绘制

【任务载体】

钢筋混凝土梁断面图（见图 10484）

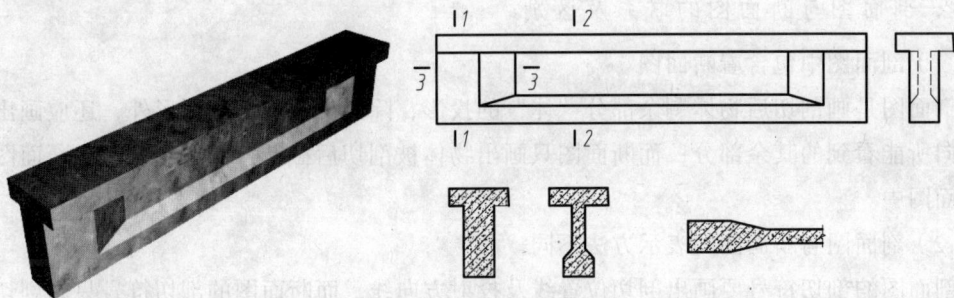

图 10484　钢筋混凝土梁

【知识导入】

4.4.1　断面图表达方法的应用

1．断面图的概念及表示方法

（1）断面图的概念。

① 定义：假想用剖切面将物体的某处断开，仅画出该剖切面与物体接触部分的图形，称为断面图。

② 应用：常用于表达形体上某一部分的断面形状，如建筑及装饰工程中梁、板、柱、造型等某一部位的断面真形，如图 10485 所示。断面图需单独绘制。

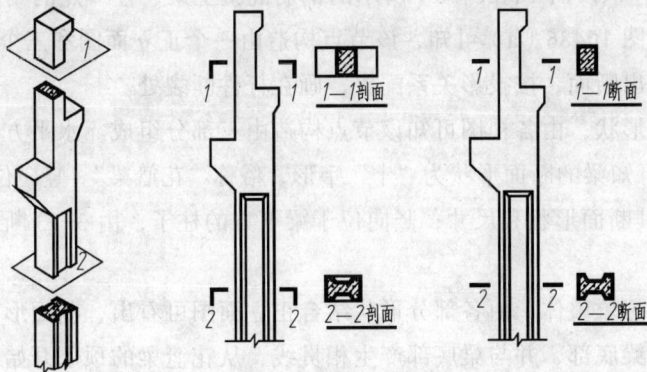

（a）剖切情况　　（b）柱的剖面图　　（c）柱的断面图

图 10485　剖面图与断面图的比较

（2）断面图的表示方法。

断面图的断面轮廓线用粗实线绘制，断面轮廓线范围内也要绘出材料图例，画法同剖面图。

断面图的剖切符号由剖切位置线和编号两部分组成，不画投射方向线，编号写在剖切位置线的一侧表示投射方向，如图 10485 所示，断面图剖切符号的编号注写在剖切位置线的下方，则表示投射方向从上向下。在断面图的下方或一侧也应注写相应的编号，如"1—1"并在图名下画一粗实线。

※在线动画链接：立柱的断面图与剖面图（http://218.65.5.218/jz/JZ17/xm4/JZ1-58.html）。

2. 剖面图与断面图的联系及区别

（1）剖面图中包含着断面图。

剖面图是画剖切后物体剩余部分"体"的投影，除画出截断面的图形外，还应画出沿投射方向所能看到的其余部分；而断面图只画出物体被剖切后截断"面"的投影，断面图包含于剖面图中。

（2）剖面图与断面图的表示方法不同。

剖面图的剖切符号要画出剖切位置线及投射方向线，而断面图的剖切符号只画剖切位置线，投射方向用编号所在的位置来表示，如图 10485（b）、（c）所示。

（3）剖面图与断面图中剖切平面数量不同剖面图可采用多个剖切平面；而断面图一般只使用单一剖切平面。通常，画剖面图是为了表达物体的内部形状和结构，而断面图则常用来表达物体中某一局部的断面形状。

3. 断面图的种类及应用

（1）移出断面图。

① 画在视图轮廓线以外的断面图称为移出断面图。

② 移出断面图的轮廓线用粗实线画出，可以画在剖切平面的延长线上或其他适当的位置。

③ 移出断面图一般应标注剖切位置、投射方向和断面名称。

【例题 4.14】 识读图 10486（a）所示的钢筋混凝土梁、柱节点的具体构造。

分析：（1）由图 10486（a）可知，该节点构造由一个正立面图和三个断面图共同表达。三个断面图均为移出断面，按投影关系配置，画在杆件断裂处。

（2）分部分想形状，由各视图可知该节点构造由三部分组成。水平方向的为钢筋混凝土梁，由 1—1 断面可知梁的断面形状为"十"字形，俗称"花篮梁"。竖向位于梁上方的柱子，由 2—2 断面可知其断面形状和尺寸；竖向位于梁下方的柱子，由 3—3 断面可知其断面形状和尺寸。

（3）综合起来想象整体，由各部分形状结合正立面图可看出，断面形状为方形的下方柱由下向上通至花篮梁底部，并与梁底部产生相贯线，从花篮梁的顶部开始向上为断面变小的楼面上方柱。该梁、柱节点构造的空间形状如图 10486（b）所示。

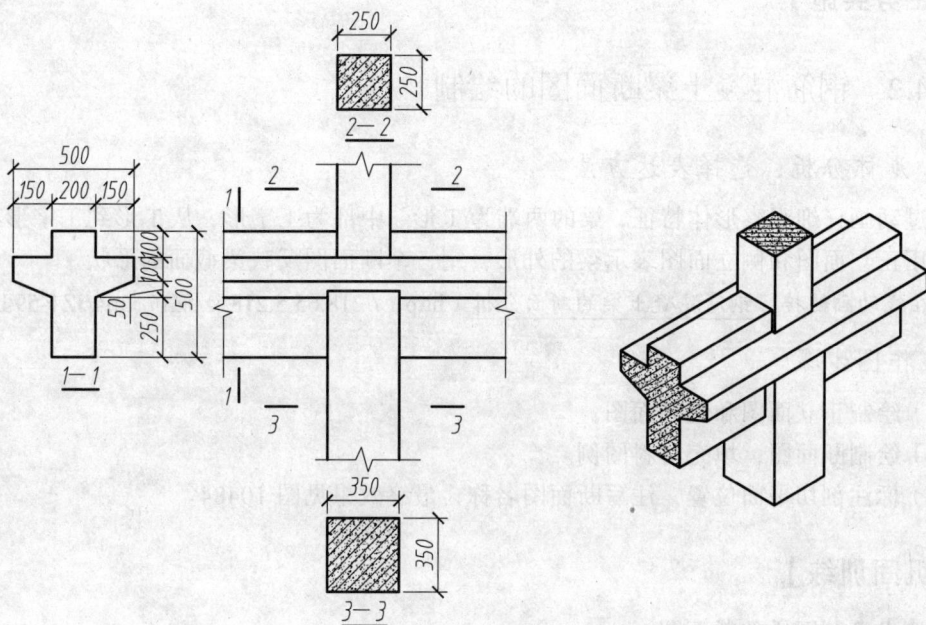

图 10486　梁与柱的节点详图

（2）中断断面图。

有些构件较长且断面图对称，可以将断面图画在构件投影图的中断处。画在投影图中断处的断面图称为中断断面图。

中断断面图的轮廓线用粗实线绘制，投影图的中断处用波浪线或折断线绘制，如图 10487 所示。此时不画剖切符号，图名还用原图名。

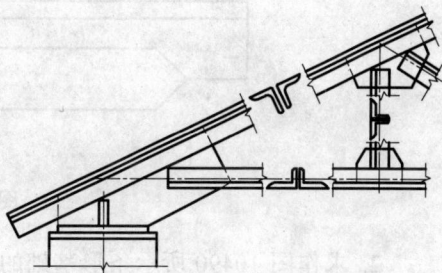

（3）重合断面图。

画在视图轮廓线内的断面图称为重合断面图。重合断面图的轮廓线用细实线画出。当投影图的轮廓线

图 10487　钢屋架节点的中断断面

与断面图的轮廓线重叠时，投影图的轮廓线仍需要完整地画出，不可间断，如图 10488 所示。

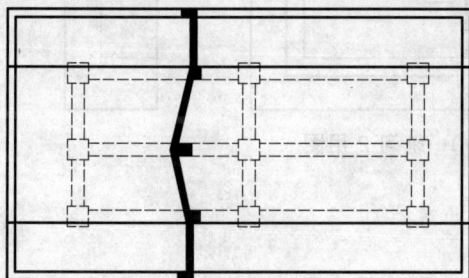

（a）梁板结构的重合断面　　　　　　（b）等边角钢的重合断面

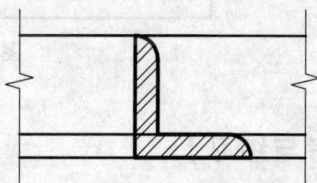

图 10488　重合断面图

【任务实施】

4.4.2 钢筋混凝土梁断面图的绘制

1. 形体分析，选择表达方法

通过动画仔细观察形体特征，梁的两端为 T 形、中部为工字形，从 T 形到工字形有一过渡段。用正立面图和侧立面图表示梁的外形，用三个断面图反映梁截面的形状。

※在线动画链接：钢筋混凝土梁的断面分析（http：//218.65.5.218/jz/JZ17/xm4/JZ1-59.html）。

2. 作图步骤

（1）绘制正立面图和侧立面图。

（2）绘制断面图，填充材料图例。

（3）标注剖切平面位置，注写断面图名称，最终效果见图 10484。

【巩固训练】

按要求绘制图样的断面图

1. 求作图 10489 所示梁的 1—1 和 2—2 断面图。

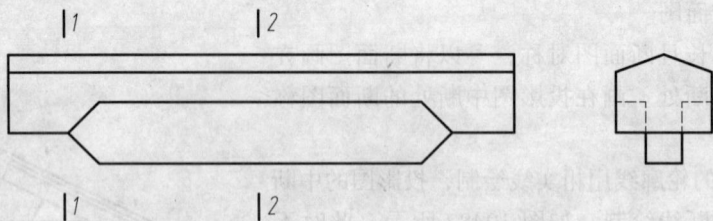

图 10489 练习 1 用图

2. 求作图 10490 所示条形基础的 3—3 和 4—4 断面图。

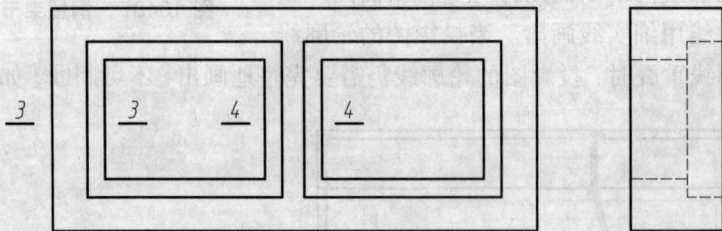

图 10490 练习 2 用图

【思考与练习】

1. 什么叫断面图？断面图有哪些种类？

2. 断面图和剖面图有什么区别？

3. 断面图如何进行标注？

4.4.3　简化画法

1. 对称图形的简化画法

对称形体的图形可只画一半（习惯上画左半部或上半部），并画出对称符号，如图 10491（a）所示；也可以超出图形的对称线，画一半多一点儿，然后加上波浪线或折断线，而不画对称符号，如图 10491（c）所示。

若对称形体的图形有两条对称线，可只画图形的 1/4，并画出对称符号，如图 10491（b）所示。

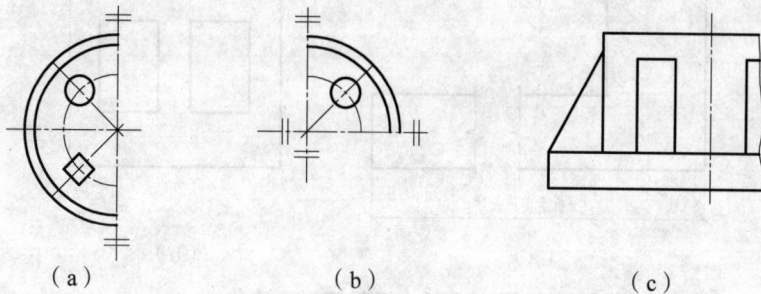

（a）　　　　　　　（b）　　　　　　　（c）

图 10491　对称图形的简化画法

2. 相同要素的简化画法

如果形体上有多个形状相同且连续排列的结构要素时，可只在两端或适当位置画少数几个要素的完整形状，其余的用中心线或中心线交点来表示，并注明要素总量，如图 10492（a）、（b）、（c）所示。

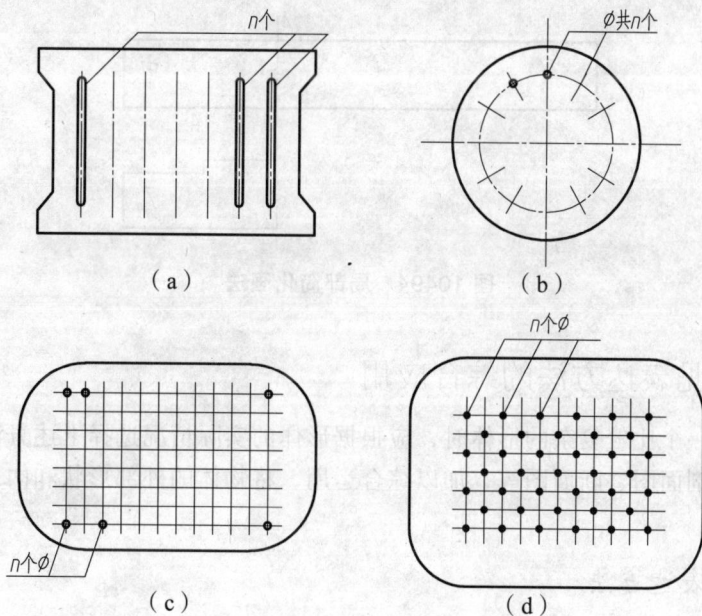

（a）　　　　　　　　　　　（b）

（c）　　　　　　　　　　　（d）

图 10492　相同要素的简化画法

如果形体上有多个形状相同但不连续排列的结构要素时，可在适当位置画出少数几个要素的形状，其余的以中心线交点处加注小黑点表示，并注明要素总量，如图10492（d）所示。

3. 折断简化画法

当形体较长且沿长度方向的形状相同或按一定规律变化时，可采用折断的办法，将折断的部分省略不画。断开处以折断线表示，折断线两端应超出轮廓线 2～3 mm，如图 10493（a）所示。需要注意的是尺寸要按折断前原长度标注。

当只需表示形体某一部分的形状时，可以只画出该部分的图形，其余部分折去不画，并在折断处画上折断线，如图10493（b）所示。

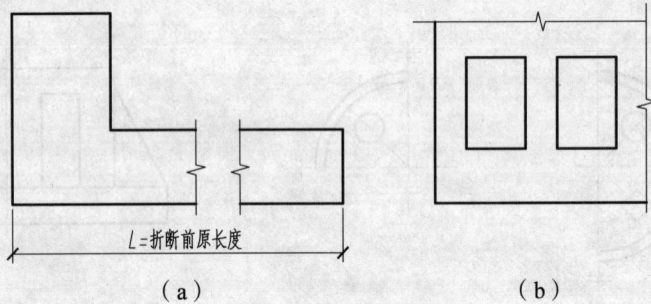

$L=$折断前原长度

（a）   （b）

图 10493　折断简化画法

4. 局部简化画法

当两个形体仅有部分不同时，可在完整地画出一个后，另一个只画不同部分，但应在形体的相同与不同部分的分界处分别画上连接符号，两个连接符号应对准在同一线上，如图10494所示。连接符号用折断线和字母表示，两个相连接的图样字母编号应相同。

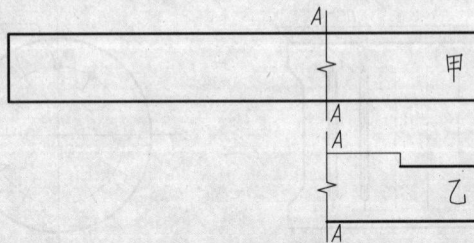

图 10494　局部简化画法

4.4.4　常见表达方法的综合应用

在具体表示一个比较复杂的形体时，应根据形体的实际情况选择上述方法，包括基本视图、辅助视图、剖面图、断面图等，加以综合运用，将物体的外部形状和内部结构完整、清晰地表示出来。

1. 房屋的表达方法

图10495是某公司库房的一组视图，用正立面图和右侧立面图表示房屋的外形，水平剖

面图、1—1 横剖面图、2—2 阶梯剖面图表示房屋的内部情况。

※在线动画链接：*房屋的表达方法*（http：//218.65.5.218/jz/JZ17/xm4/JZ1-62.html）。

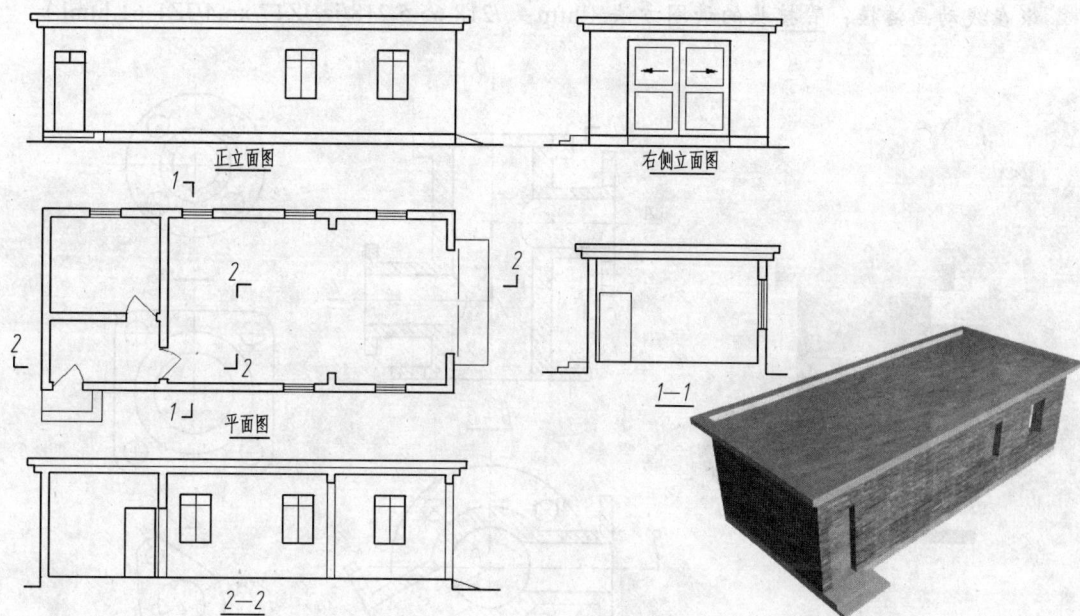

正立面图　　右侧立面图

平面图　　1—1

2—2

图 10495　某房屋的表达方法

2. 支架的表达方法

图 10496 所示为支架的一组视图，用正立面图表示各组成部分之间的位置关系，用局部剖表达轴孔和安装孔的内部结构，用移出断面图表达支撑部分的断面形状，有 B 向视图表达上部的端面形状，用 A 向视图表达底板的实形。

※在线动画链接：*支架的表达方法*（http：//218.65.5.218/jz/JZ17/xm4/JZ1-60.html）。

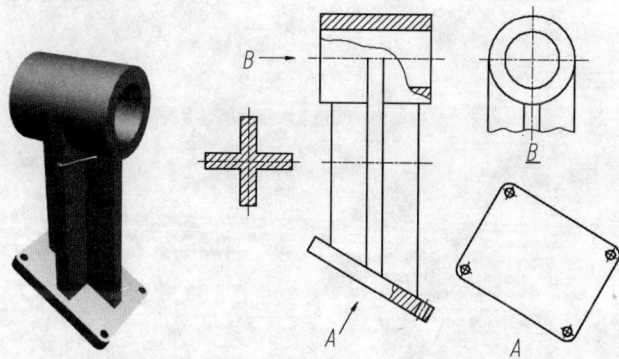

图 10496　支架的表达方法

3. 管接头的读图方法

图 10497 是管接头的一组视图，读图时首先应结合 A—A 剖面图仔细阅读 B—B 剖面图，不难看出管接头主要三个中空圆柱体组成。A—A 剖面图是阶梯剖面图，B—B 剖面图是旋转

剖面图，这两个图清楚地表达了三个中空圆柱体之间的上下位置关系和方位关系。$C—C$ 剖面图、D 向视图、E 向斜视图和 $A—A$ 剖面图均清楚地表达了中空圆柱体上法兰的形状。

※在线动画链接：管接头的读图方法（http：//218.65.5.218/jz/JZ17/xm4/JZ1-61.html）。

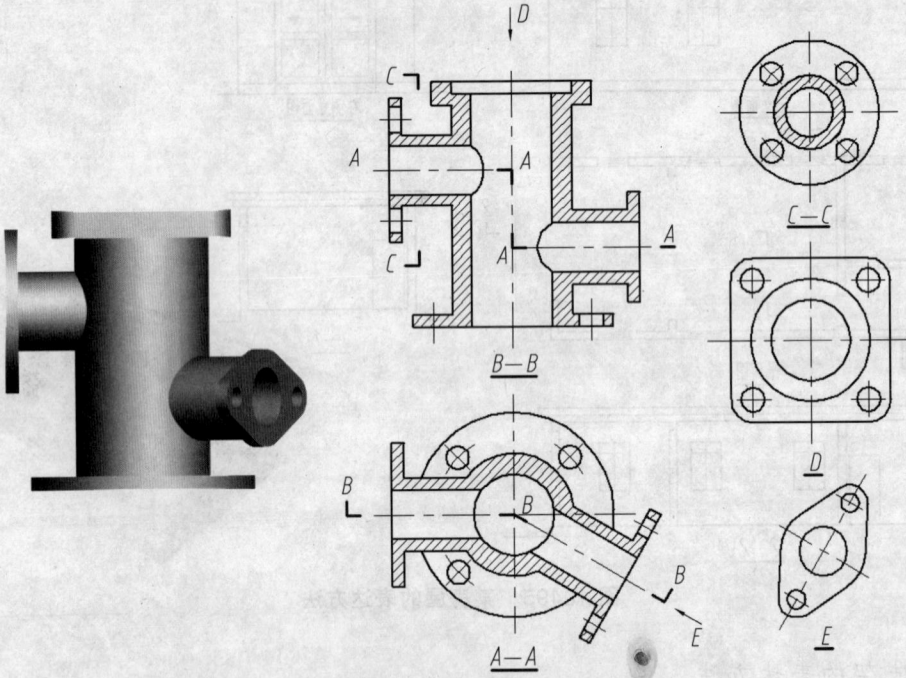

图 10497　管接头的表达方法

情境 2 房屋建筑工程施工图的绘制与识读

【情境导入】

房屋是供人们生活、生产、工作、学习和娱乐的场所。将一栋房屋的内外形状、大小布置以及各部分的结构、构造、装修、设施等内容用正投影的图示方法，详细、准确绘制出来的图样称为房屋的建筑工程施工图。

建筑工程施工图的主要用途是在房屋的建造过程中作为组织、指导施工的依据；是审批建筑工程项目的依据；是编制工程概算、预算、决算以及审核工程造价的依据；也是竣工时按设计要求进行质量检查、验收以及评价工程质量优劣的依据。房屋建筑工程施工图是具有法律效力的文件。因此，为了保证建筑工程施工图的统一简明，绘制时必须严格遵照《房屋建筑制图统一标准》中的相关规定，同时还要掌握绘制和识读建筑工程施工图的基本知识和基本技能。本情境将通过 6 个任务的实施与引导，要求学生掌握房屋建筑施工图的内容及相关规定，建筑平、立、剖面图的绘制和识读，建筑详图的绘制和识读，结构平面施工图的识读以及结构详图的识读等基本技能。

项目 1　建筑施工图的绘制与识读

【学习内容】

1. 房屋建筑施工图的内容及相关规定。
2. 房屋建筑施工图首页及总平面图的概念。
3. 建筑平面图的绘制和识读。
4. 建筑立面图的绘制和识读。
5. 建筑剖面图的绘制和识读。
6. 建筑详图的绘制和识读。
7. 多线的绘制与编辑、块及其属性的应用。

【学习目标】

1. 知识目标

（1）熟悉房屋建筑工程施工图的图示特点、表达方法及相关的符号标注、尺寸标注、图样画法等有关规定。

（2）熟悉运用 AutoCAD 软件绘制房屋建筑施工图的方法和步骤。

2. 能力目标

能运用 AutoCAD 软件绘制符合国家标准的房屋建筑施工图图样、能正确阅读房屋建筑施工图的图样。

【任务载体】

××花园 3 号别墅建筑工程施工图的绘制（见图 20101）

图 20101　××花园 3 号别墅效果图

任务 1.1　建筑平面图的绘制和识读

【知识导入】

1.1.1　房屋建筑工程施工图的内容及相关规定

1. 房屋的组成及其作用

房屋的使用要求、空间结合、外形样式、结构形式和规模大小各有不同，但基本构造组成是类似的。一幢房屋主要由六大部分组成：基础、墙或柱、楼地面、楼梯、屋顶以及门窗；同时还包含一些辅助附属设施，如图20102所示。

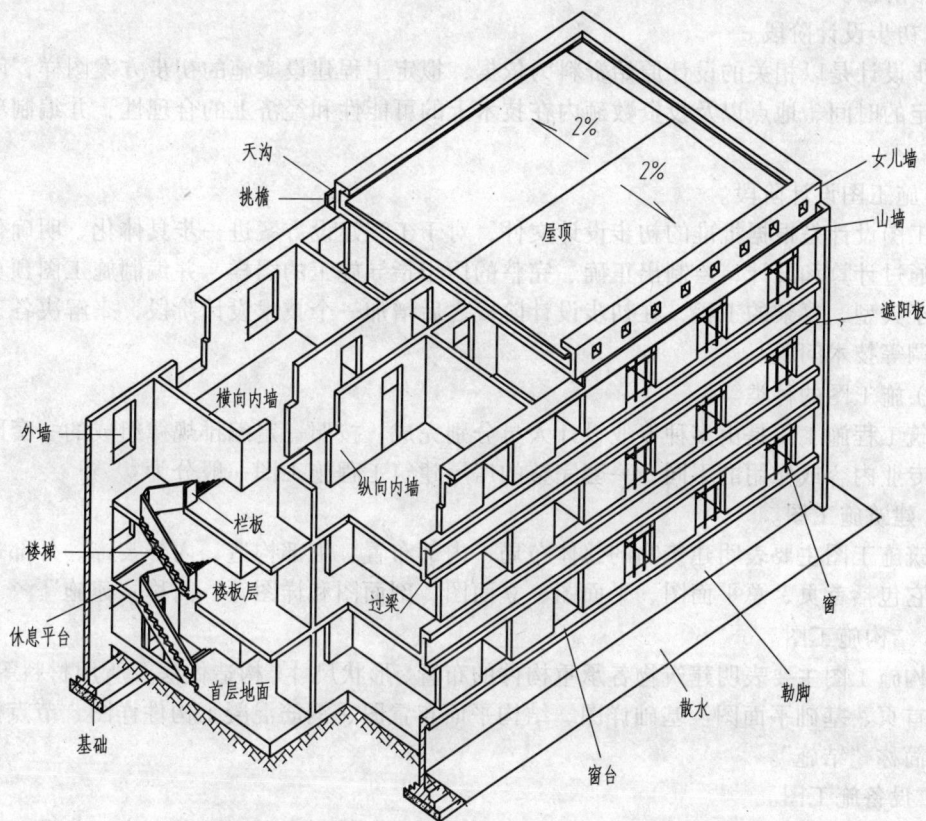

图 20102　房屋的构造及组成

（1）基础。基础是房屋埋在地面下方的承重构件，承受着房屋的全部荷载，并把这些荷载传给地基。

（2）墙柱。墙或柱是房屋的垂直承重构件，承受屋顶、楼层传来的各种荷载，并传给基础。外墙也是房屋的围护构件，抵御风雪及寒暑对室内的影响；内墙则起分隔房间的作用。

（3）楼板。楼板是水平的承重和分隔构件，承受着人和家具设备的荷载并将这些荷载传给柱或墙。楼面是楼板上的铺装面层；地面是指首层室内地坪。

（4）楼梯。楼梯是楼房中联系上下层的垂直交通构件，供人们上下通行使用。

（5）屋顶。屋顶是房屋顶部的围护和承重构件，其承受自重及外部荷载。可以抵御风吹、日晒、雨雪等自然界侵害，同时起到隔声防噪、御寒保温的作用。

（6）门窗。门具有进出、采光、通风、疏散等多种功能，窗具有采光、通风、观察、眺望的作用。

（7）辅助附属设施。此外房屋还有电梯、阳台、壁橱、通风道、烟道、勒脚、散水、雨篷、台阶、天沟、雨水管等配件和设施，在房屋中根据功能需求分别设置。

2. 房屋建筑工程施工图的产生、种类及特点

（1）施工图的产生。

建筑工程施工图是通过建筑设计过程完成的。房屋设计一般分为初步设计阶段和施工图设计两个阶段。

① 初步设计阶段。

初步设计是以相关的设计原始资料为依据，拟定工程建设实施的初步方案图样，阐明工程在拟定的时间、地点以及投资数额内在技术上的可能性和经济上的合理性，并编制项目的总概算。

② 施工图设计阶段。

施工图设计是根据批准的初步设计文件，对于工程建设方案进一步具体化、明确化、详尽化，通过计算和设计，绘制出正确、完整的用于指导施工的图样，并编制施工图预算。

对于大型、复杂的工程，在初步设计阶段之后增加一个技术设计阶段，来解决各工种之间的协调等技术问题。

（2）施工图的种类。

建筑工程施工图是由多种专业设计人员分别完成，按照一定编排规律组成的一套图样。根据其专业内容或作用的不同，一套完整的房屋建筑工程施工图一般分为：

① 建筑施工图。

建筑施工图主要表明建筑物的总体布局、内部布置、细部构造、内外装饰、外部造型等情况。它包括首页、总平面图、平面图、立面图、剖面图和详图等，简称"建施"。

② 结构施工图。

结构施工图主要表明建筑物各承重构件的布置、形状尺寸、构造做法及所用材料等内容。它包括首页、基础平面图、基础详图、结构平面布置图、钢筋混凝土构件详图、节点构造详图等，简称"结施"。

③ 设备施工图。

设备施工图表达了建筑工程各专业设备、管道及埋线的布置和安装要求，简称"设施"。它包括给水排水施工图（简称"水施"）、采暖通风空调施工图（简称"暖施"）、电气施工图（简称"电施"）等。它们一般都是由首页、平面图、系统图、详图等组成。

一幢建筑全套施工图的编排顺序为：图纸目录、总平面图、建筑施工图、结构施工图、给水排水施工图、采暖通风施工图、电气施工图。

（3）房屋建筑施工图的特点。

① 施工图中的图样，主要是依据正投影原理，并严格遵守国家标准规定绘制的，包括字体、图线、尺寸等内容。

② 施工图应根据形体的大小，采用不同的比例绘制。整体建筑物一般采用小比例（1：100、1：200、1：500 等），局部构造用较大比例（1：10、1：20、1：50 等），尺寸小的细节可采用放大比例（1：1、2：1 等）。

③ 由于房屋建筑工程的构配件和材料种类繁多，为作图简便起见，"国标"和有关标准图集规定了一系列的图例符号来代表建筑构件、建筑材料、卫生设备以及配套设施等。

④ 对于施工图中的尺寸，标高和总平面图以 m 为单位，一般施工图中应以 mm 为单位，在尺寸数字后面不加标注尺寸单位。

⑤ 一套施工图是由多张各工种的图样组成，各图样之间是互相配合、紧密联系的。图样的绘制和阅读应按顺序、有联系、综合地进行。

3. 房屋建筑工程施工图的有关规定

（1）定位轴线。

定位轴线是确定建筑物主要承重构件的平面定位基准线。在施工图中，凡是承重的墙、柱子、大梁、屋架等主要承重构件，都要画出定位轴线来确定其位置。

定位轴线应用细单点长画线绘制。

定位轴线应编号，编号注写在轴线端部的圆圈内。圆应用细实线绘制，直径为 8~10 mm，定位轴线圆的圆心，应在定位轴线的延长线上。横向编号采用阿拉伯数字，从左到右顺序编写；竖向编号采用大写拉丁字母，从下自上顺序编写，拉丁字母的 I、O、Z 不得用做轴线编号。定位轴线的编号顺序如图 20103 所示。

组合较复杂的平面图中的定位轴线也可采用分区编号。

对于非承重的隔墙或次要构件，其位置可用附加定位轴线来确定。附加定位轴线的编号以分数形式表示，所以也称分轴线。两根轴线间的附加轴线，应以分母表示前一轴线的编号，分子表示附加轴线的编号，而位于 1 号轴线和 A 号轴线之前的附加轴线，分母以 01 或 0A 表示。附加轴线的编号宜用阿拉伯数字顺序编写，如图 20104 所示。

对于详图上的轴线编号，若该详图适用于几根轴线时，应同时标注有关轴线的编号；通用详图中的定位轴线，一般只画圆，不注写轴线编号，如图 20105 所示。

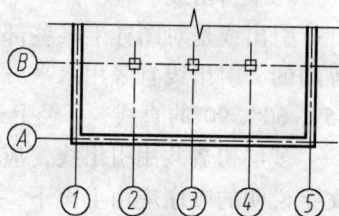

图 20103　定位轴线的编号顺序

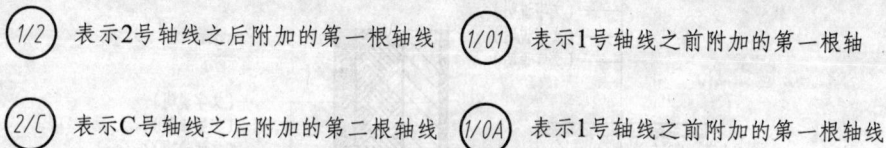

(1/2) 表示2号轴线之后附加的第一根轴线　(1/01) 表示1号轴线之前附加的第一根轴

(2/C) 表示C号轴线之后附加的第二根轴线　(1/0A) 表示1号轴线之前附加的第一根轴线

图 20104　附加轴线的编号

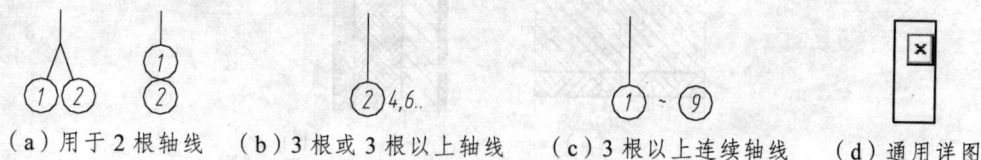

（a）用于2根轴线　（b）3根或3根以上轴线　（c）3根以上连续轴线　（d）通用详图

图 20105　详图轴线的编号

（2）索引符号与详图符号。

① 索引符号。

图样中的某一局部或构件，如需另见详图，应以索引符号标出。索引符号是由直径为 10 mm 的圆和水平直径组成，圆及水平直径均以细实线绘制，如图 20106a 所示。上半圆中用阿拉伯数字注明该详图的编号，如详图与被索引的图样同在一张图纸内，在下半圆中画一段水平细实线，如图 20106b 所示；如详图与被索引的图样不在同一张图纸内，下半圆中用阿拉伯数字注明该详图所在图纸的编号，如图 20106c 所示；索引出的详图，如采用标准图，应在索引符号水平直径的延长线上加注该标准图册的编号，如图 20106d 所示。索引符号用于索引剖视详图，应在被剖切的部位绘制剖切位置线，并以引出线引出索引符号，引出线所在的一侧应为投射方向，图 20106e 所示投射方向向左，图 20106f 所示投射方向向上，图 20106g 所示投射方向向下，图 20106h 所示投射方向向右。

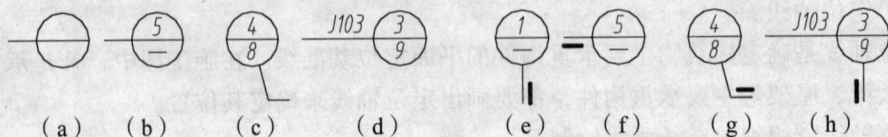

图 20106　索引符号的形式

② 详图符号。

详图上应以详图符号表示详图的位置和编号。详图符号为直径 14 mm 的粗实线圆。详图与被索引的图样同在一张图纸内时，应在详图符号内用阿拉伯数字注明详图的编号，如图 20107a 所示；详图与被索引图样不在同一张图纸内，应用细实线在详图符号内画水平直径线，上半圆中注明详图编号，下半圆中注明被索引的图纸的编号，如图 20107b 所示。

图 20107　详图符号

（3）引出线。

引出线是对图样上某些部位引出文字说明、符号编号和尺寸标注等用的。引出线宜采用水平方向的细实线绘制，与水平方向成 30°、45°、60°、90°的直线，可经上述角度再折为水平线。文字说明可注写在水平线的上方或端部。

多层构造共用引出线，应通过被引出的各层。文字说明可注写在水平线的上方或端部，文字说明的顺序应由上至下，并与被说明的层次一致，如图 20108a 所示；如层次为横向排序，则由上自下的说明顺序应与由左至右的层次相互一致，如图 20108b 所示。

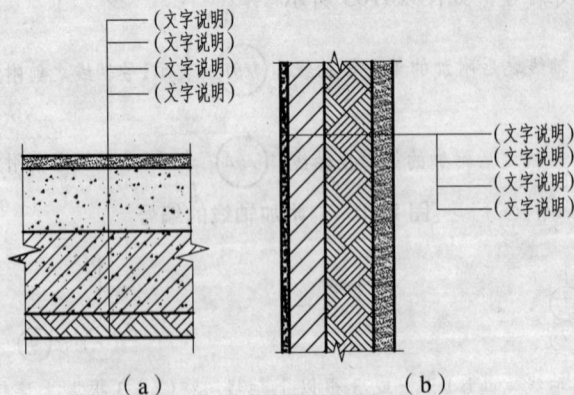

图 20108　多层构造引出线

（4）标高。

标高是标注建筑物各部分高度的一种尺寸形式。

标高有绝对标高和相对标高之分。绝对标高是以我国青岛附近黄海平均海平面为零点，以此为基准的标高。相对标高一般是以新建建筑物底层室内主要地面为零点基准的标高。图样中除总平面图一般都用相对标高。在施工总说明中，应说明相对标高和绝对标高之间的联系。

标高符号以直角等腰三角形表示，用细实线绘制，标高符号的尖端指向被标注的高度引线，引线为短细实线，并与被标注的高度平齐，如图 20109a 所示。

标高数字以米为单位，一般保留三位小数，总平面图可保留两位小数。零点标高注写成 ±0.000，负数标高（零点以下）前应注"–"号，正数标高可不注"+"号。

立面图、剖面图标高标注形式可按图 20109a 注写；平面图、总平面图室内标高不加引线如图 20109b 所示；总平面图室外地坪标高符号，用涂黑的三角形表示，如图 20109c 所示；在图样的同一位置表示几个不同标高时，可按图 20109d 注写。

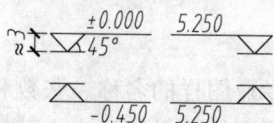

（a）立面图、剖面图标高   （b）平面图、总平面图室内标高

（c）总平面图室外标高   （d）同一位置标注多个标高

图 20109 标高符号及其应用

（5）风玫瑰与指北针。

① 风玫瑰。

由十字指北针和风向频率玫瑰图组成，用来表示房屋的朝向和该地区常年的风向频率，一般绘制在总平面图中。箭头或符号"N"表示朝北方向。风向频率玫瑰图是根据当地风向资料，将全年中不同风向的次数用同一比例画在一个十六方位线上，然后将各点用实线连成一个似玫瑰的多边形，即风向玫瑰图，如图 20110 所示。风的吹向是从外吹向中心，图中离中心最远的点表示全年该风向风吹的天数最多，即主导风向。虚线多边形表示夏季 6、7、8 三个月的风向频率情况。

② 指北针。

指北针如图 20111 所示，圆的直径为 24 mm，用细实线绘制。指针头部（针尖）应注"北"或"N"字；指针尾部的宽度为 3 mm，需用较大直径绘制指北针时，指针尾部宽度宜为直径的 1/8。

图 20110　风玫瑰

图 20111　指北针

1.1.2　房屋建筑施工图首页及总平面图的概念

建筑施工图首页图是建筑施工图的第一张图样，主要内容包括图样目录、设计说明、工程做法和门窗表。

1. 图样目录

图样目录说明工程由哪几类专业图样组成，各专业图样的名称、张数和图纸顺序，以便查阅图样，如表 20101 所示为××花园别墅建筑工程图样目录。从表中可知，本套施工图共有 20 张图样，其中建筑施工图 10 张，结构施工图 5 张，给水排水施工图 3 张，电器施工图 2 张。看图前应首先检查整套施工图图样与目录是否一致，防止缺页给识图和施工造成不必要的麻烦。

表 20101　××花园别墅图样目录

序号	图样名称	图样编号	备注	序号	图样名称	图样编号	备注
1	设计说明	建施 1		11	结构设计说明	结施 1	
2	总平面图	建施 2		12	基础图	结施 2	
3	一层平面图	建施 3		13	楼层结构平面图	结施 3	
4	二层平面图	建施 4		14	屋顶结构平面图	结施 4	
5	三层平面图	建施 5		15	楼梯结构图	结施 5	
6	屋顶平面图	建施 6		16	给排水设计说明	水施 1	
7	南立面图	建施 7		17	楼层给水平面图、系统图	水施 2	
8	北立面图	建施 8		18	楼层给排平面图、系统图	水施 3	
9	侧立面图、剖面图	建施 9		19	楼层照明平面图	电施 1	
10	楼梯详图	建施 10		20	供电系统图	电施 2	

2. 设计说明

设计说明是对图样中无法表述清楚的内容用文字加以详细的说明，其主要内容有建筑设

250

计依据、建设工程概况、建筑构造与建筑装修的要求、所选用的标准图集的代号以及设计人员对施工单位的要求等，详尽参照表 20102。

3. 工程做法表及门窗表

工程做法表主要是对建筑各部位构造做法用表格的形式加以详细说明，在表中对各施工部位的名称、做法等详细表达清楚，如采用标准图集中的做法，应注明所采用标准图集的代号、做法编号，如有改变，在备注中说明。

门窗表是对建筑物上所有不同类型的门窗统计后列成的表格，以备施工、预算需要。表20103 为××花园别墅门窗表，在门窗表中应反映门窗的类型、大小。所选用的标准图集及其类型编号，如有特殊要求，应在备注中加以说明。

表 20102　××花园别墅设计说明

建筑设计说明	五、装饰工程
一、工程名称 　××花园别墅。 二、设计依据 　1. 建设单位提供的设计条件。 　2. 有关部门审定的建筑设计方案。 　3. 国家现行建筑设计规范。 　（1）房屋建筑制图统一标准（GB/T 50001—2001）。 　（2）民用建筑设计通则（GB 50352—2005）。 　（3）住宅设计规范（GB 50096—1999）。 　（4）建筑设计防火规范（GB 50016—2006）。 三、工程概况 　1. 建设规模：三层。总建筑面积为 1 131.47 m²。 　2. 结构形式：砖混结构。 　3. 抗震设计：抗震设防等级烈度为 6 度。 　4. 耐火等级：二级。 　5. 使用年限：房屋合理使用年限为 50 年。 　6. 本工程 ±0.000 相当于绝对标高 43.20 m。 四、砌体工程 　1. ±0.000 以下采用 C15 素混凝土浇筑。 　2. ±0.000 以上墙体采用 240 厚 MU10 承重多孔黏土砖，M5 混合砂浆砌筑。	1. 外装饰：外墙面粉 1∶3 水泥砂浆 20 厚，面层材料见立面图。 　2. 内装饰：详见室内装修表。 六、屋面工程 　详见屋顶平面图。 七、油漆工程 　1. 木门漆中等乳黄色调和漆三遍。 　2. 楼梯铁栏杆，外露铁件红丹打底，防锈漆二遍，面油银粉漆二遍。 　3. 予埋构件凡伸入墙内与墙体接触面的木材须涂柏油防腐，铁件刷樟丹防锈。 八、本工程选用标准图集 　1.《室外构配件》赣 04J701。 　2.《楼地面图集》赣 01J301。 　3.《内外墙及天棚饰面图集》赣 02J802。 　4.《楼梯栏杆》赣 94J402。 　5.《平屋面建筑构造》赣 06J201。 　6.《铝合金门窗》国标 03J603。 九、土建施工时注意水电等各工种密切配合，做好各种管线、洞口的预留及穿过楼面的管道防水处理。 十、其他未尽事宜按现行规范执行。

表 20103　××花园别墅门窗表

门窗编号	洞口尺寸 宽×高/mm	数量	备注
M-1	1 000×2 000	24	木质镶板门
C-1	1 500×1 800	36	白铝白玻窗
C-2	1 800×1 510	2	白铝白玻窗
GC	1 000×600	12	白铝白玻窗

4. 建筑总平面图的概念

（1）建筑总平面图形成和用途。

总平面图是将新建工程四周一定范围内的新建、拟建、原有和拆除的建筑物连同其周围的地形地物状况用水平投影方法和相应的图例所画出的工程图样。它表示新建房屋的平面轮廓形状、位置、朝向、层数、与原有建筑物的关系，以及周围道路、绿化、给排水、供电条件等方面的情况。作为新建房屋施工定位、土方施工、设备管网平面布置，安排运输道路，进入现场的材料、构配件堆放场地，构件预制场地等的依据。

（2）建筑总平面图的图示方法。

总平面图是以正投影的原理用图例的形式表达，总平面图的图例采用《总图制图标准》（GB/T50103—2001）规定的图例，画图时应严格执行该图例符号。如图中采用的图例不是标准中的图例，则应在总平面图中加以说明。

总平面图图线的宽度 b，应根据图样的复杂程度和比例，按《房屋建筑制图统一标准》（GB/T50001—2001）中图线的相关规定执行。

总平面图中的标高、距离以及坐标应以米为单位，且至少取至小数点后两位。

总平面图所反映的内容范围较大，常用的比例为 1∶500、1∶1 000、1∶2 000、1∶5 000 等。

（3）建筑总平面图的图示内容。

图 20112 所示为××花园总平面图，在总平面图中一般应表示如下内容：

① 新建建筑物所处的地形。如地形变化较大，应画出相应的等高线。

② 新建建筑物的位置，总平面图中应详细地绘出其定位方式。

③ 相邻原有建筑物、拆除建筑物的位置或范围。

④ 附近的地形、地物等，如道路、池塘、河流、土坡等。

⑤ 指北针或风向频率玫瑰图。

⑥ 绿化规划和管道布置。

1.1.3 建筑平面图的概念

1. 建筑平面图的形成和作用

（1）建筑平面图的形成。

用一个假想的水平剖切平面沿略高于窗台的位置横向剖切房屋，移去上半部分，将剩余部分向水平面做正投影，所得的水平剖面图，即为建筑平面图，简称平面图。

一般情况下，房屋有几层就应画几个平面图，并在图的下方注写相应的图名，如一层（底层）平面图、二层平面图等。有些建筑的二层至顶层之间的楼层构造、布置情况基本相同，则画一个标准层（或中间层）平面图即可。若中间有个别层平面布置不同，应单独补画平面图。

建筑平面图还包括屋顶平面图。屋顶平面图是从建筑物上方向下所做的平面投影，主要是表明建筑物屋顶上的布置情况与排水方式。

（2）建筑平面图的作用。

建筑平面图主要反映了房屋的形状、大小、房间格局、布置、墙体位置、门窗位置以及其他建筑构配件的位置和大小等。建筑平面图施工放线、砌墙、安装门窗、室内装修和编制预算的重要依据。

图 20112　新湖花总园平面图

总平面图　1:1000

253

2. 建筑平面图的分类和图示内容

（1）建筑施工图中一般包括下列几种平面图：

① 地下室平面图。

表示房屋建筑地下室的平面形状、各房间的平面布置及楼梯布置情况。

② 底层平面图。

表示房屋建筑底层的布置情况。在底层平面图上还需反映室外可见的台阶、散水等构造构件。此外，还应标注剖切符号及指北针。

③ 楼层平面图。

表示房屋建筑中间各层及顶层的布置，楼层平面图还需画出本层的室外阳台和下一层的雨篷等构件。

④ 屋顶平面图。

屋顶平面图是在房屋的上方，向下作屋顶外形的水平投影而得到的投影图。用它表示屋顶情况，如屋面排水的方向、坡度、雨水管的位置、上人孔及其他建筑配件的位置等。

（2）建筑平面的图示内容主要有：

① 平面布局。表示房屋的平面形状。

② 定位轴线。确定房屋各承重构件，如承重墙、柱等的位置。

③ 尺寸标注。平面图中的尺寸分为外部尺寸和内部尺寸两部分。

a. 外部尺寸。

第一道尺寸用于表示门、窗洞口宽度尺寸、定位尺寸、墙体的宽度尺寸，以及细小部分的构造尺寸；第二道尺寸表示轴线之间的距离；第三道尺寸表示外轮廓的总尺寸。另外，室外台阶或坡道的尺寸可单独标注。

b. 内部尺寸。

表明房间的净空间和室内的门窗洞的大小、墙体的厚度等尺寸。

④ 标高。

平面图要分别标注室内各楼地面标高以及卫生间、厨房地面、楼梯平台等的标高；在底层平面图上还要标记室外地面、室外台阶等标高。各标高是相对标高零点（即正负零）的相对高度。

⑤ 其他。

在底层平面图中要标注剖面图的剖切符号及编号；在图幅的左下角或右上角画出指北针或风玫瑰图。各平面图需要时还要标注有关部位详图的索引符号、按标准图集采用的构配件的编号及文字说明等。

3. 建筑平面图的图例及规定画法

平面图常用 1 : 100、1 : 50 的比例绘制，由于比例较小，所以门窗及细部构配件等均应按规定图例绘制。

※ 在线图片链接：常用建筑构件及配件图例（http://218.65.5.218/jz/jz15/image/07.jpg）。

平面图中的线型应粗细分明，凡被剖切到的墙、柱断面轮廓线用粗实线画出，没有剖切到的可见轮廓线，如窗台、梯段、卫生设备、家具陈设等用中实线或细实线画出尺寸线、尺寸界线、索引符号、标高符号等用细实线画出，轴线用细单点长画线画出。平面图比例若小于等于 1 : 100 时，可画简化的材料图例（如砖墙涂红、钢筋混凝土涂黑等）。

【任务实施】

1.1.4　××花园 3 号别墅建筑平面图的识读

1. 底层平面图的识读

现以图 20113 所示××花园 3 号别墅楼底层建筑平面图为例，说明平面图的识读步骤和方法。

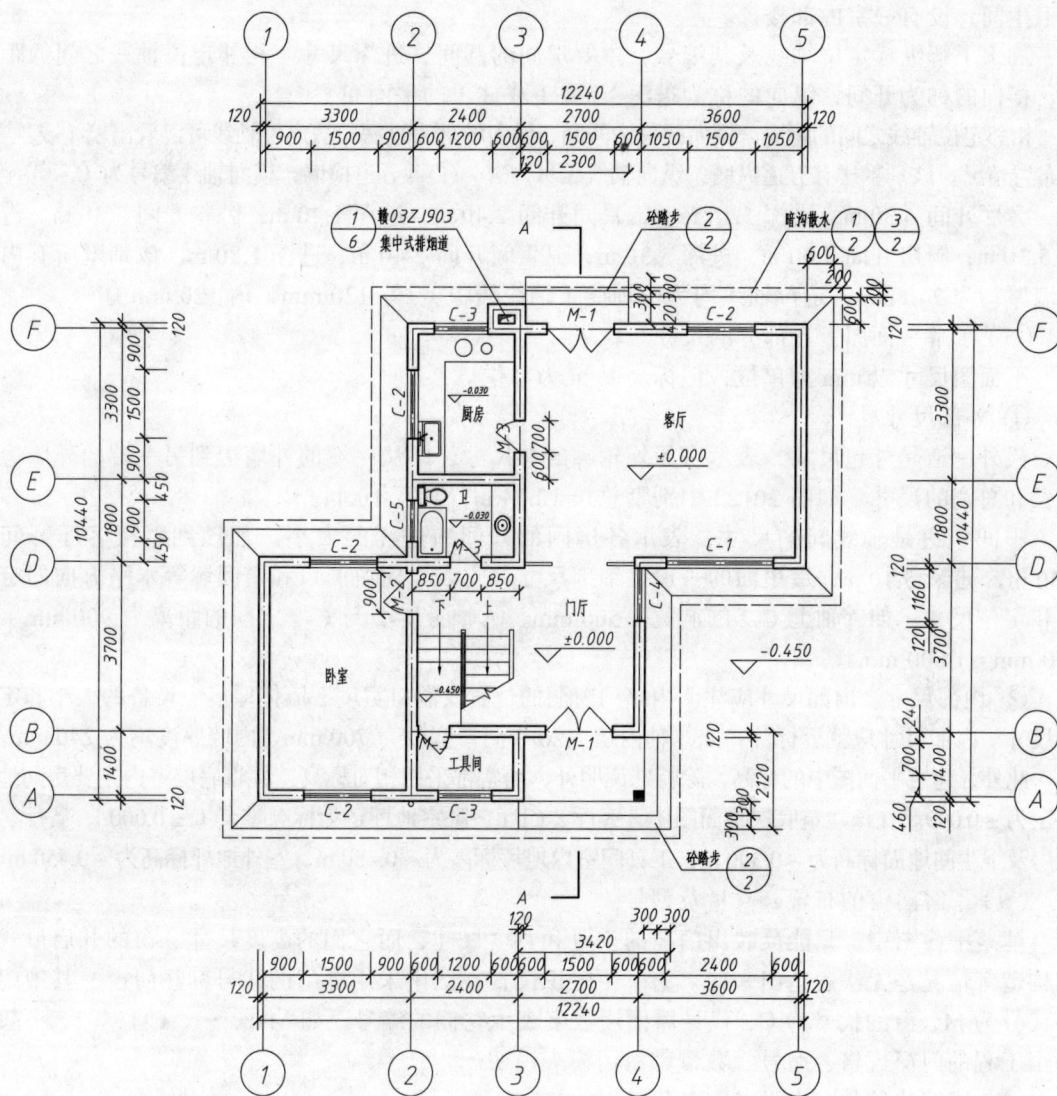

一层平面图　1:100

图 20113　底层平面图

（1）了解图名、比例及文字说明。

从图中可知该图为底层平面图，比例为 1：100。文字说明了地面标高中厨卫低于楼地面 30 mm，阳台低于楼面 50 mm。

（2）了解建筑的朝向。

从指北针得知该住宅楼是坐北朝南的方向。

（3）了解建筑物的平面布置以及内部房间的功能关系等。

该别墅楼，平面基本形状为矩形。一幢独户，在南北向均设有出入口，主出入口面朝南向、次出入口在北向；在南向设有门厅、楼梯间、工具间和一间卧室在北向设有客厅、厨房、及卫生间；设有一室内部楼梯。

（4）了解纵横定位轴线及其编号，主要房间的开间、进深尺寸（相邻定位轴线之间的距离，横向的称为开间，纵向的称为进深），墙（或柱）的平面布置。

相邻定位轴线之间的距离，横向的称为开间，纵向的称为进深。从定位轴线可以看出墙（或柱）的布置情况。该别墅楼有五道纵墙，纵向轴线编号为Ⓐ～Ⓕ，五道横墙，横向轴线编号为①～⑤。

客厅开间 6.30 m，进深 5.10 m；工具间开间 2.40 m，进深 1.40 m；卧室开间 3.30 m，进深 5.30 m；厨房开间 2.40 m，进深 3.30 m；卫生间开间 2.40 m，进深 1.80 m。该别墅所有内外墙厚均为 240 mm，定位轴线均为中轴线（轴线居中）（外 120 mm，内 120 mm）。

（5）了解平面图上各部分的尺寸。

平面图尺寸以 mm 为单位，但标高以 m 为单位。

① 外部尺寸。

最外一道是外包尺寸，表示房屋外轮廓的总尺寸，即从一端的外墙边到另一端的外墙边总长和总宽的尺寸。如图 20122 中别墅总长 12.24 m，总宽 10.44 m。

中间一道是轴线间的尺寸，表示各房间的开间和进深的大小。如该别墅楼客厅开间 6.30 m，进深 5.10 m；最里面的一道是细部尺寸，它表示门窗洞口和窗间墙等水平方向的定形和定位尺寸。如Ⓐ轴上 C-2 的洞宽 1 500 mm，Ⓐ轴上 C-2 与 C-3 之间的距离为 900 mm + 600 mm = 1 500 mm。

② 内部尺寸。内部尺寸应注明内墙门窗洞的位置及洞口宽度、墙体厚度、设备的大小和定位尺寸。内部尺寸应就近标注，如③轴内墙上 M-3 洞口宽度为 700 mm、内墙厚度均为 240 mm。

此外，建筑平面图中的标高，除特殊说明外，通常都采用相对标高，并将底层室内主要房间地面定为 ±0.000。在该建筑底层平面图中，客厅、门厅、卧室地坪定为标高零点（±0.000），餐厅、厨房及卫生间地面标高为 -0.300 m，工具间室内地坪标高为 -0.450 m，室外地坪标高为 -0.450 m。

（6）了解门窗的布置、数量及型号。

建筑平面图中，只能反映出门窗的位置和宽度尺寸，而它们的高度尺寸、窗的开启形式和构造等情况是无法表达出来的。为了便于识读，在图中采用专门的代号标注门窗，其中门的代号为 M，窗的代号为 C，代号后面用数字表示它们的编号，如 M-1，…，C-1，…。一般每个工程的门窗规格、型号、数量都由门窗表说明。

（7）了解建筑物室内设备配备等情况。

如该别墅楼卫生间设有盥洗台、坐便器等。

（8）解建筑物外部的设施，如散水、雨水管、台阶等的位置及尺寸。

底层平面图中还应标出室外台阶、花台、散水等尺寸。如该别墅北向（即Ⓕ轴）的室外台阶宽度为 23 mm，散水宽 600 mm。

（9）了解建筑物剖面图的剖切位置、索引符号等。

底层平面图中需画出指北针，以表明建筑物的朝向。通过右左上角指北针，可以看出该建筑坐北朝南。在底层平面图中，还应画上剖面图的剖切位置（其他平面图上省略不画），以便与剖面图对照查阅。如图中 1—1 剖面符号，又如图中的集中式排烟道的索引符号表示其详图参看第 6 张建筑图中的 1 号详图，其构造做法参见标准图集——赣 03ZJ903。

2. 标准层平面图和顶层平面图的识读

标准层平面图和顶层平面图的形成与底层平面图的形成相同。为了简化作图，已在底层平面图上表示过的内容在标准层平面图和顶层平面图上不再表示，如散水、明沟、室外台阶等。顶层平面图上不再画二层平面图上表示过的雨篷等。

如该别墅二层和三层平面图 20114、图 20115 中散水、暗沟、室外台阶都不再表示，在三层平面图中布置有楼梯间、库房和活动室及 2 个晒台，晒台的排水坡度为 2%。

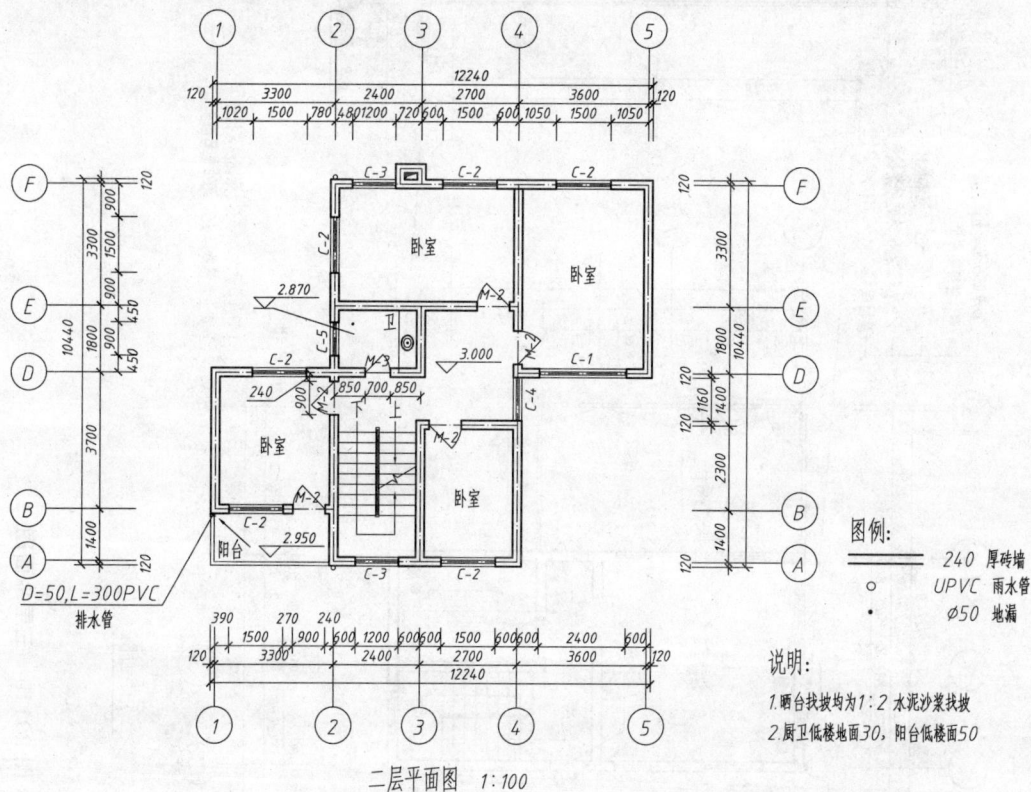

图例：
———— 240 厚砖墙
○ UPVC 雨水管
● Ø50 地漏

说明：
1. 晒台找坡均为1：2 水泥砂浆找坡
2. 厨卫低楼地面30，阳台低楼面50

二层平面图 1：100

图 20114 二层平面图

3. 顶层平面图的识读

屋顶平面图主要反映屋面上天窗、水箱、铁爬梯、通风道、女儿墙、变形缝等的位置以及采用标准图集的代号、屋面排水分区、排水方向、坡度、檐沟、泛水、雨水口的位置、尺寸等内容。

如图 20116 所示，该别墅屋顶在 Ⓐ 轴 ~ Ⓓ 轴、Ⓓ 轴 ~ Ⓕ 轴之间有两个有组织的单坡挑檐排水屋顶，水从屋面向檐沟成品水槽汇集到雨水管排出。雨水管设在 Ⓐ、Ⓕ 轴线墙上 2、5 轴线处，构造作法采用标准图集 01SJ205 第 32 页 2 图的做法。屋面老虎窗做法采用 00J202-1 标准图集第 32 页 1 号图的构造做法。

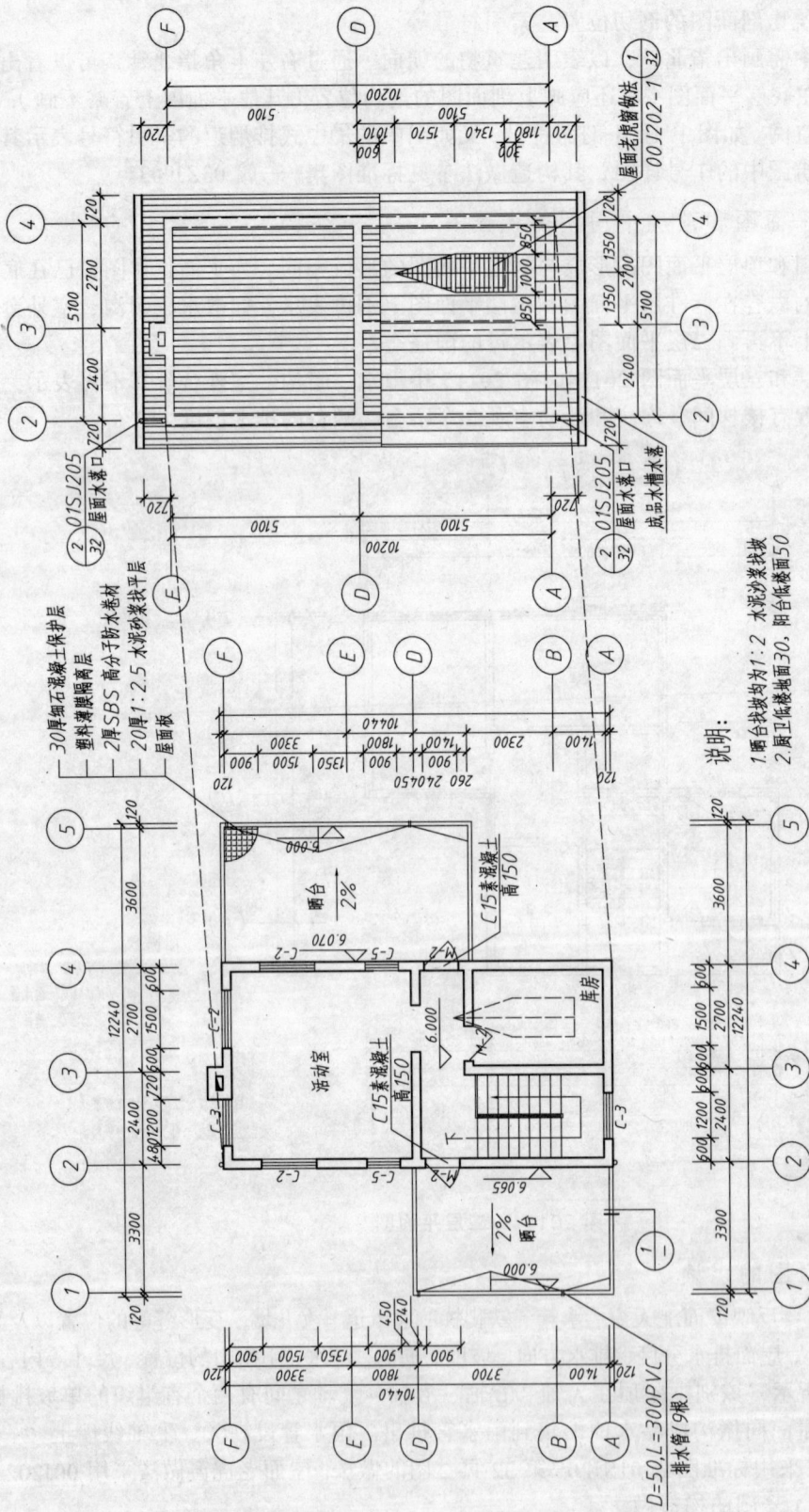

屋面老虎窗做法
00J202-1 32

② 01SJ205
32 屋面水落口

② 01SJ205
32 屋面水落口
成品水槽木溶

屋顶平面图 1:100

图20116 顶层平面图

30厚细石混凝土保护层
塑料薄膜隔离层
2厚SBS高分子防水卷材
20厚1:2.5水泥砂浆找平层
屋面板

说明:
1. 晒台找坡均为1:2 水泥砂浆找坡
2. 厨卫低楼地面30，阳台低楼面50

晒台 2%

活动室
C15素混凝土 高150

库房

C15素混凝土 高150

排水管(9根) D=50,L=300PVC

三层平面图 1:00

图20115 三层平面图

1.1.5 ××花园 3 号别墅建筑平面图的绘制

1．绘制内容

建筑平面图是房屋各层的水平剖面图，表达了房屋的平面形状、大小和房间的布置，墙和柱的位置、厚度和材料，门窗的位置和大小等。建筑平面图是重要的施工依据，在绘制前首先应清楚需绘制的内容。建筑平面图的主要内容如下：

（1）图名、比例。

（2）纵横定位轴线及其标号。

（3）建筑的内外轮廓、朝向、布置、空间与空间的相互联系、入口、走道、楼梯等，首层面图需绘制指北针表达建筑的朝向。

（4）建筑物的门窗开启方向及其编号。

（5）建筑平面图中的各项尺寸标注和高程标注。

（6）建筑物的造型结构、空间分隔、施工工艺、材料搭配等。

（7）剖面图的剖切符号及编号。

（8）详图索引符号。

（9）施工说明等。

2．绘制要求

（1）图纸幅面。

A3 图纸幅面是 297×420 mm²，A2 图纸幅面是 420×594 mm²，A1 图纸幅面是 594×841 mm²，其图框的尺寸见相关的制图标准。

（2）图名及比例。

建筑平面图的常用比例是 1∶50、1∶100、1∶150、1∶200、1∶300。图样下方应注写图名，图名下方应绘一条短粗实线，右侧应注写比例，比例字高宜比图名的字高小一号或二号。

（3）图线。

① 图线宽度。

图线的基本宽度 b 可从下列线宽系列中选取：

0.18、0.25、0.35、0.5、0.7、1.0、1.4、2.0 mm。

A2 图纸建议选用 $b = 0.7$ mm（粗线）、$0.5b = 0.35$ mm（中粗线）、$0.25b = 0.18$ mm（细线）。

A3 图纸建议选用 $b = 0.5$ mm（粗线）、$0.5b = 0.25$ mm（中粗线）、$0.25b = 0.13$ mm（细线）。

② 线型。

实线 continuous、虚线 ACAD_ISOO2W100 或 dashed、单点长画线 ACAD_ISOO4W100 或 Center、双点长画线 ACAD_ISOO5W100 或 Phantom。

线型比例大致取出图比例倒数的一半左右（在模型空间应按 1∶1 绘图）。

用粗实线绘制被剖切到的墙、柱断面轮廓线，用中实线或细实线绘制没有剖切到的可见轮廓线（如窗台、梯段等）。尺寸线、尺寸界线、索引符号、高程符号等用细实线绘制，轴线用细单点长画线绘制。

（4）字体。

① 图样及说明的汉字应采用长仿宋体，高度与宽度的比值是 $\sqrt{2}$。

文字的高度应从以下系列中选择：

2.5、3.5、5、7、10、14、20 mm。

② 汉字的高度不应小于 3.5 mm，拉丁字母、阿拉伯数字或罗马数字的字高不应小于 2.5 mm。

③ 在 AutoCAD 中，文字样式的设置见情境 1 项目 1 中的叙述。在执行 Dtext 或 Mtext 命令时，文字高度应设置为上述的高度值乘以出图比例的倒数。

（5）尺寸标注。

① 尺寸界线应用细实线绘制，一般应与被注长度垂直，其一端应离开图样轮廓线不小于 2 mm，另一端宜超出尺寸线 2~3 mm。

② 尺寸起止符号一般用中粗（0.5b）斜短线绘制，其斜度方向与尺寸界线成顺时针 45°，长度宜为 2~3 mm。半径、直径、角度与弧长的尺寸起止符号，宜用箭头表示。

③ 互相平行的尺寸线，应从被注写的图样轮廓线由近向远整齐排列，应将大尺寸标在外侧、小尺寸标在内侧。尺寸线距图样最外轮廓之间的距离不宜小于 10 mm。平行排列的尺寸线的间距宜为 7~10 mm，并应保持一致。

④ 所有注写的尺寸数字应距尺寸线约 1 mm。

⑤ 在 AutoCAD 中，标注样式的设置见项目 3 任务 4 的叙述，全局比例应设置为出图比例的倒数。

（6）剖切符号。

剖切位置线长度宜为 6~10 mm，投射方向线应与剖切位置线垂直，画在剖切位置线的同一侧，长度应短于剖切位置线，宜为 4~6 mm。为了区分同一形体上的剖面图，在剖切符号上宜用字母或数字，并注写在投射方向线一侧。

（7）其他绘制要求。

详图符号、索引符号、引出线、引出线、指北针、高程、定位轴线的具体绘制要求见本任务中的"房屋建筑工程施工图的内容及相关规定"。

3. 绘制方法

（1）选择比例，确定图纸幅面。

（2）绘制定位轴线。

（3）绘制墙体和柱的轮廓线。

（4）绘制细部，如门窗、阳台、台阶、卫生间等。

（5）尺寸标注、轴线圆圈及编号、索引符号、高程、门窗编号等。

（6）文字说明。

4. 绘制过程

下面以××花园别墅的底层平面图（见图 20113）为例介绍建筑平面图的具体绘制步骤。

（1）设置绘图环境。

设置绘图环境的主要内容如下：

① 设置图形界限。按所绘平面图的实际尺度和出图时的图纸幅面确定图形界限。本例用 A3 图纸，1∶100 出图，故将图形界限的左下角确定为（0，0），右上角确定为（42 000，29 700）。

② 设置图形单位。将长度单位的类型设置为"小数"，"精度"设置为"0"，其他使用默认值。

③ 设置图层。为方便绘图，便于编辑、修改和输出，根据建筑平面图的实际情况，建议按表 20104 设置图层。

表 20104　别墅一层平面图的图层设置

图层名	颜　色	线　型	线宽/mm
图框标题栏	白	Continuous	0.13
粗实线	白	Continuous	0.5
墙体	青	Continuous	0.5
标注	绿	Continuous	0.13
文字	白	Continuous	0.13
轴线	红	ACAD_ISO04W100	0.13
虚线	洋红	ACAD_ISO02W100	0.13
暗沟	黄	ACAD_ISO02W100	0.13
散水	白	Continuous	0.13
楼梯	白	Continuous	0.13
窗	蓝	Continuous	0.13
门	白	Continuous	0.13
室内布置	白	Continuous	0.13
阳台	白	Continuous	0.13
其他构造线	白	Continuous	0.13

④ 设置文字样式。

⑤ 设置标注样式。

※在线动画链接 : 别墅一层平面图的绘制——设置绘图环境（http：//218.65.5.218/jz/JZ17/xm5/JZ1-10.html）。

（2）绘制轴线。

① 执行 "Line" 命令，在轴线层绘制水平和垂直的两条基准轴线。

② 修改线型比例，此例可将单点画线的线型比例改为 35。

③ 执行 "Offset" 命令，画出其他轴线。

④ 执行 "trim"、"Erase" 命令，剪去、删除多余的轴线，其效果如图 20117 所示。

※在线动画链接：别墅一层平面图的绘制——绘制轴线（http：//218.65.5.218/jz/JZ17/xm5/JZ1-11.html）。

（3）绘制墙体。

墙体分内墙与外墙。墙线用双线表示，并通常以轴线为中心，用多线绘制，也可用偏移命令以轴线为基线向两边偏移得出。绘制步骤如下：

① 设置多线样式。

② 执行 "Mline" 命令，在墙体图层绘制外墙、内墙和其他墙体。绘制多线时注意按命令行的提示选择多线样式、对正方式和缩放比例。

③ 执行"Mledit"命令，对已绘制的墙体进行编辑。墙体绘制结果如图20118所示。

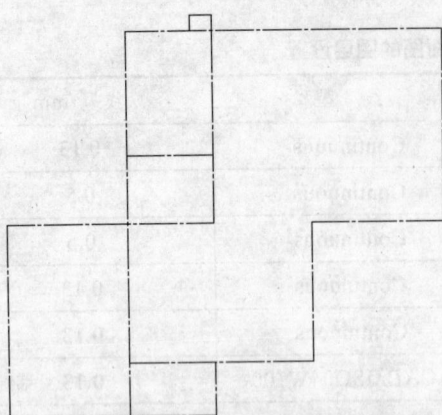

图 20117　轴线的绘制

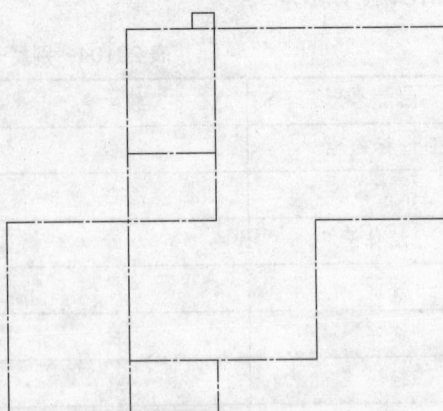

图 20118　墙体的绘制

※在线动画链接：<u>别墅一层平面图的绘制——绘制墙体</u>（http：//218.65.5.218/jz/JZ17/xm5/JZ1-12.html）。

（4）绘制门窗。

① 开设门窗洞口。用"Line"、"Offset"、"trim"等命令，依据图20113提供的门窗的定形尺寸和定位尺寸开设门窗洞口。

② 制作门窗图块。按图20119所示的图形和尺寸在0层制作门窗图块。

③ 插入门窗图块。按图20113所示的门窗尺寸，分别在门层和窗层插入门窗图块。插入时应调整好缩放比例和旋转角度。个别门插入后，还要执行"Mirror"命令，才能达到图20113所示的效果。图20120所示的是插入门窗后的效果。

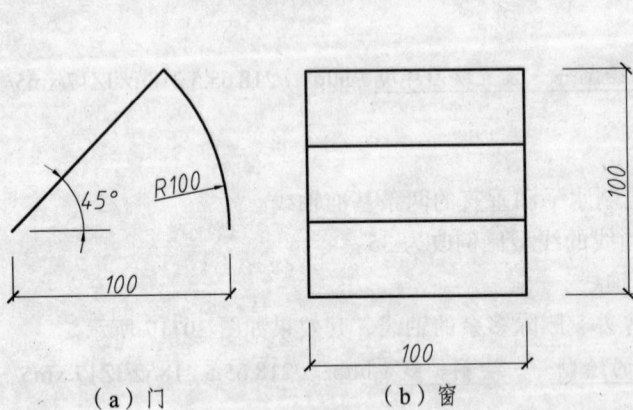

（a）门　　　　　　（b）窗

图 20119　门窗图块

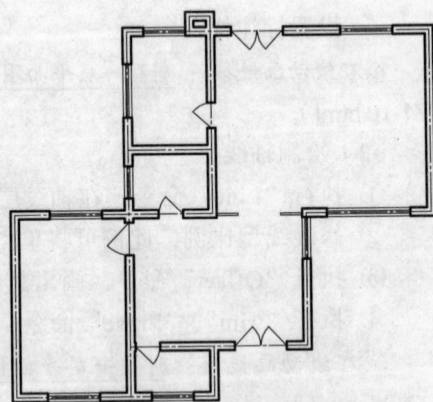

图 20120　门窗的绘制

※在线动画链接：<u>别墅一层平面图的绘制——绘制门窗</u>（http：//218.65.5.218/jz/JZ17/xm5/JZ1-13.html）。

（5）绘制阳台、台阶、散水等。

① 绘制台阶。执行"Line"命令或"Mline"命令，在阳台图层按照图20113所示的台阶平面位置绘制。

262

② 绘制暗沟散水。执行"Line"命令，在暗沟散水图层按照图20113所示的暗沟散水的平面位置绘制。图20121是绘制台阶和散水后的效果。

※在线动画链接：别墅一层平面图的绘制——绘制阳台、散水（http：//218.65.5.218/jz/JZ17/xm5/JZ1-14.html）。

（6）绘制厨房、卫生间的设置。

厨房、卫生间的设置主要有灶台、燃气灶、洗涤池、水龙头、浴盆等，这些可通过点击AutoCAD的设计中心的"主页"按钮，将"House Designer.dwg"和"Kitchens.dwg"文件中的相应图块插入到目标文件；也可按图20113所示的形状绘制。图20122是绘制厨房、卫生间设置后的效果。

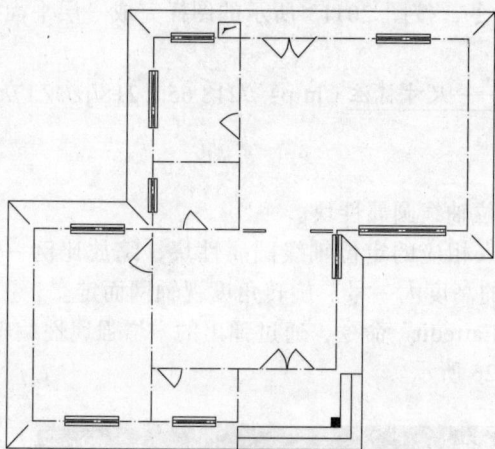

图20121　台阶和散水的绘制

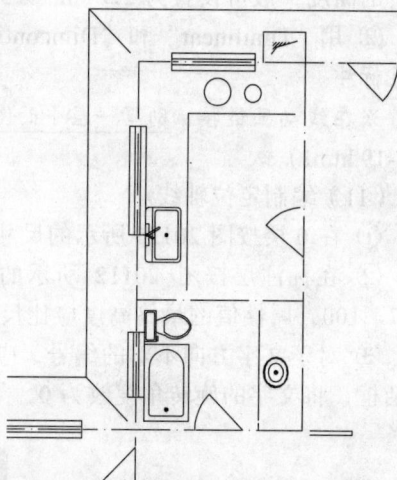

图20122　厨房、卫生间的设置绘制

※在线动画链接：别墅一层平面图的绘制——绘制厨房、卫生间的设置（http：//218.65.5.218/jz/ JZ17/ xm5/JZ1-15.html）。

（7）绘制楼梯。

① 将楼梯层切换为当前层，在楼梯间确定踏步线的起点。用"Line"、"Offset"或"Array"等命令绘制楼梯踏步线。

② 用"Line"、"Offset"等命令绘制扶手。

③ 用"Line"命令绘制折断线，然后用"trim"命令进行修剪。

④ 用"Qleader"命令绘制上下行箭头。

⑤ 注写上下文字等。图20123是绘制楼梯后的效果。

※在线动画链接：别墅一层平面图的绘制——绘制楼梯（http：//218.65.5.218/jz/JZ17/ xm5/JZ1-16.html）。

（8）绘制剖切符号、索引符号等。

在相应的图层，按前述建筑平面图绘制要求的第6点和第7点绘制剖切符号和索引符号。

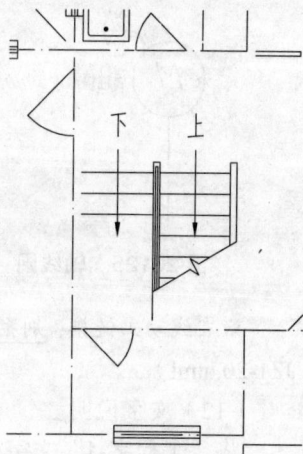

图20123　楼梯的绘制

※在线动画链接：别墅一层平面图的绘制——剖切符号、索引符号（http：//218.65.5.218/jz/JZ17/xm5/JZ1-17.html）。

（9）高程符号。

① 在 0 层按图 20124 所示的尺寸制作高程符号属性块。

② 在标注层插入高程符号属性块，缩放比例一般取 70.7、100，属性值的最终高度应和尺寸数字的高度一致。

※在线动画链接：别墅一层平面图的绘制——高程符号（http：//218.65.5.218/jz/JZ17/xm5/ JZ1-18.html）。

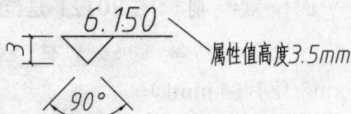

图 20124　高程符号

（10）尺寸标注。

① 设置标注样式，标注样式的设置应符合国标关于尺寸标注的相关规定，如果调用预先创建的 A3.dwt 模板文件，需将"建筑"标注样式的全局比例设置为 100，并置为当前。尺寸数字的高度一般可设置为 2.5 mm 或 3.5 mm。

② 用"Dimlinear"和"Dimcontinue"命令，按图 20113 所示的图样完成一层平面图的尺寸标注。

※在线动画链接：别墅一层平面图的绘制——尺寸标注（http：//218.65.5.218/jz/JZ17/xm5/ JZ1-19.html）。

（11）编制定位轴线。

① 在 0 层按图 20125 所示的尺寸制作定位轴线圆属性块。

② 在标注层按图 20112 所示的图样插入相应的定位轴线圆属性块，缩放比例一般取 70.7、100，属性值的最终高度应比尺寸数字的高度大一号。旋转角度视轴网而定。

③ 对于文字方向不对的编号，应执行"Eattedit"命令，通过弹出的"增强属性编辑器"对话框，将文字的旋转角度改为 0，如图 20126 所示。

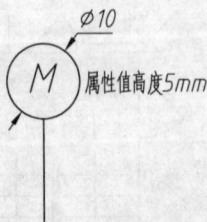

图 20125　轴线圆

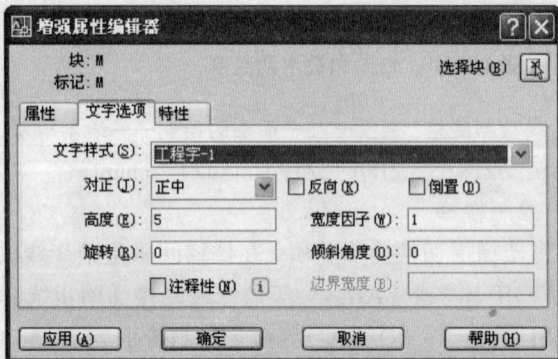

图 20126　"增强属性编辑器"对话框

※在线动画链接：别墅一层平面图的绘制——编制定位轴线（http：//218.65.5.218/jz/JZ17/xm5/ JZ1-20.html）。

（12）文字说明。

将"工程字-1"文字样式置为当前，用单行文字或多行文字输入图 20113 所示的文字。图名的字高 7 mm、标题和比例的字高 5 mm、正文和房间名称的字高 3.5 mm。因采用 1∶100 的比例出图，所以在模型空间输入文字时高度值还应乘上 100。

※在线动画链接：别墅一层平面图的绘制——注写文字（http：//218.65.5.218/jz/JZ17/xm5/ JZ1-21.html）。

【思考与练习】

1. 房屋建筑施工图纸的内容有哪些？分别有什么特点？之间有何联系？
2. 房屋建筑施工图的首页中包含了哪些内容？该如何识读？
3. 建筑总平面图的图示内容有哪些？
4. 建筑平面图的绘制内容有哪些？
5. 建筑平面图的绘制要求有哪些？
6. 绘制建筑平面图前的该如何设置绘图环境？
7. 如何制作、插入、编辑"块"？建筑施工图中使用"块"的目的和意义是什么？
8. 简述建筑平面图的绘制顺序。

【技能拓展】

1.1.6　多线的绘制与编辑

多线是由多条平行线构成的直线，平行线之间的间距和数目可以调整，可以具有不同的线型和颜色。多线对象突出的优点是能够提高绘图效率，保证图线之间的统一性，特别适用于建筑平面图中建筑墙体的绘制。

1．定义多线样式

（1）命令执行方式。

命令：Mlstyle。

下拉菜单："格式"|"多线样式"。

（2）相关说明。

执行"Mlstyle"命令时，系统弹出"多线样式"对话框，如图20127所示。各选项的功能如下：

"样式"列表区列出当前已有的多线样式，其中系统提供默认样式是 Standard。

"新建"按钮用于创建新样式，通过"新建多线样式"对话框，用户可设置多线中各元素的特性及起点和终点处样式。

"修改"按钮用于修改已有样式中各元素的特性及起点和终点处样式。

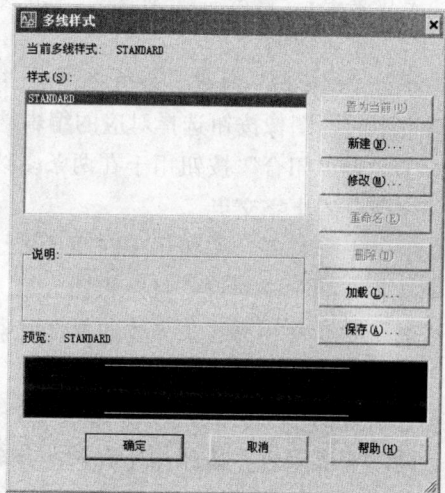

图 20127　多线样式对话框

"预览"区用于预览在"样式"列表区选中的具体样式。

"加载"按钮用于从多线文件中加载已定义的多线样式。

"保存"按钮用于将当前样式保存到多线文件中（*.mln），可供新的图形文件使用。

※在线动画链接：定义多线样式（http：//218.65.5.218/jz/JZ17/xm5/JZ1-1.html）。

2．绘制多线

（1）命令执行方式。

命令：Mline（快捷形式：Ml）。

下拉菜单："绘图"|"多线"。

（2）相关说明。

执行"Mline"命令时，命令行提示如下：

当前设置：对正 = 上，比例 = 20.00，样式 = STANDARD

指定起点或 [对正（J）/比例（S）/样式（ST）]：（用户应根据需要合理选择多线的样式、比例及对正方式）

指定下一点：

指定下一点或 [放弃（U）]：

指定下一点或 [闭合（C）/放弃（U）]：

"对正（J）"选项用于选择鼠标与多线之间的对正类型。

"比例（S）"选项用于设置多线的偏移比例，即控制多线的全局宽度。使用多线比例缩放功能，可以得到多种不同的多线宽度，以减少多线的定义。

"样式（ST）"选项用于选择已设置的多线样式。

3. 编辑多线

（1）命令执行方式。

命令：Mledit。

下拉菜单："修改"|"对象"|"多线"。

（2）相关说明。

执行"Mledit"命令，系统将弹出"多线编辑工具"对话框，如图 20128 所示。通过该对话框中的各图像按钮选择对应的编辑功能，然后按屏幕的提示进行操作。

① "十字闭合"按钮用于在两条多线之间创建闭合的十字交点。

② "十字打开"按钮用于在两条多线之间创建打开的十字交点。打断将插入第一条多线的所有元素和第二条多线的外部元素。

③ "十字合并"按钮用于在两条多线之间创建合并的十字交点。

④ "T形闭合"按钮用于在两条多线之间创建闭合的 T 形交点。

⑤ "T形打开"按钮用于在两条多线之间创建打开的 T 形交点。

⑥ "T形合并"按钮用于在两条多线之间创建合并的 T 形交点。

⑦ "角点结合"按钮用于使两条相交的多线形成一个角。

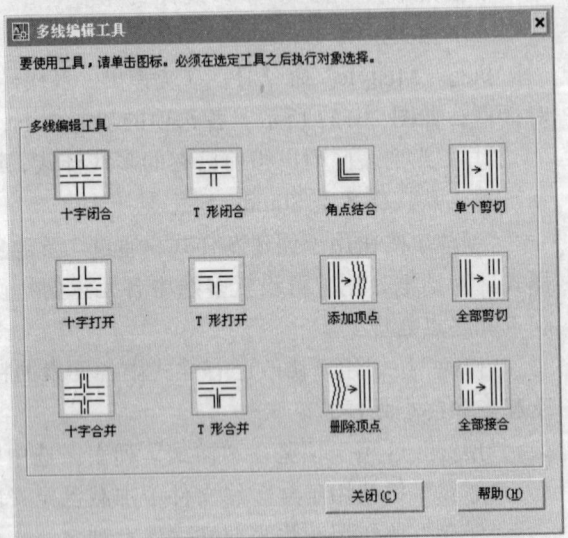

图 20128　多线编辑工具对话框

⑧ "添加顶点"按钮用于在多线上增加顶点。

⑨ "删除顶点"按钮用于在多线上删除顶点。

⑩ "单个剪切"按钮用于将多线上所指定元素的两点之间的线段剪去。

266

⑪ "全部剪切"按钮用于将多线上所指定两点之间的所有元素全部剪去。

⑫ "全部结合"按钮用于将已被剪切的多线线段重新接合起来。

※在线动画链接：绘制与编辑多线（http：//218.65.5.218/jz/JZ17/xm5/JZ1-2.html）。

1.1.7 块及其属性的应用

块是由单个或若干个对象组合起来所形成的对象集合。属性是块的文本信息。块通常用于绘制重复的图形，用户可以在图形中对块进行插入、缩放、移动和旋转等操作，也可以将块分解，然后对块的组成对象进行编辑。要使用块对象，首先需要创建块，定义一个块的三要素是：块名、插入基点和组成对象。

1. 创建块

（1）命令执行方式。

命令：Block 或 Bmake（快捷形式：B）。

下拉菜单："绘图" | "块" | "创建"。

工具栏："绘图" | ♂。

（2）相关说明。

① 执行命令时，将弹出"块定义"对话框，如图 20129 所示。图中"名称"文本框用于指定块的名称、"基

图 20129 "块定义"对话

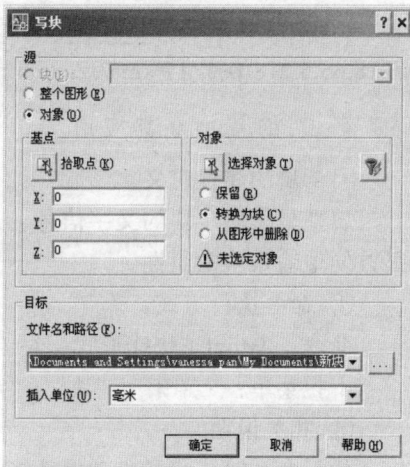

点"区用于确定块的插入基点位置、"对象"区用于确定组成块的对象，单选按钮"保留"、"转换为块"、"删除"用于决定如何处理用于定义块的图形、"设置"区用于确定块插入时的插入单位、是否统一比例缩放、以后是否可以分解。

② 定义块应在 0 层操作，并将颜色、线型和线宽设置成随层，否则插入块时将继承创建块时的对象特性。

③ 块图形的尺寸应设置成合适的整数尺寸，以便插入时放大或缩小。

※在线动画链接：创建块（http：//218.65.5.218/jz/JZ17/xm5/JZ1-3.html）。

2. 保存块

用上述方法创建的块从属于定义块时所在的图形，执行新建图形操作，该块消失。运用 AutoCAD 提供的定义外部块的功能，可将块以单独的文件保存。

（1）命令执行方式。

命令：Wblock（快捷形式：W）。

（2）相关说明。

执行命令时，将弹出"写块"对话框，如图 20130 所示。该对话框的各项目功能如下：

"源"区用于确定组成块对象的来源。勾选"块"复选框，使用当前图形中已定义的块来创建图形文件，只有在当前图形文件中存在"块"，该选项才可用。勾

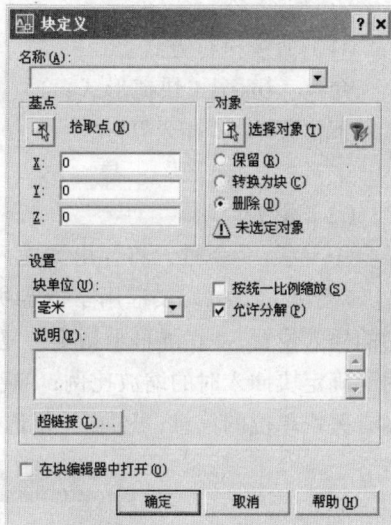

图 20130 "写块"对话框

267

选"整个图形"复选框，使用当前的整个图形来创建图形文件。勾选"对象"复选框，使用从当前图形中选择的图形对象来创建图形文件，其操作过程同"Block"命令。

"目标"区用于确定块的保存名称和保存位置。其他区域和上述的"块定义"对话框相同。

※在线动画链接：保存块（http：//218.65.5.218/jz/JZ17/xm5/JZ1-4.html）。

3. 插入块

（1）命令执行方式。

命令：Insert（快捷形式：I）。

下拉菜单："插入"|"块"。

工具栏："绘图" | 🔲。

（2）相关说明。

① 执行命令时，将弹出"插入"对话框，如图 20131 所示。各项目的功能如下：

"名称"下拉列表框用于指定所插于的块或图形的名称；"插入点"区用于确定块在图形中的插入位置，"在屏幕上指定"复选框用于控制是否在屏幕上指定块的插入点。"缩放比例"用于确定块插入时的缩放比例；"旋转"区用于确定块插入时的旋转角度；"块单位"区用于显示有关块单位的信息；"分解"复选框用于确定是否将插入的块分解成组成块的各个基本对象。

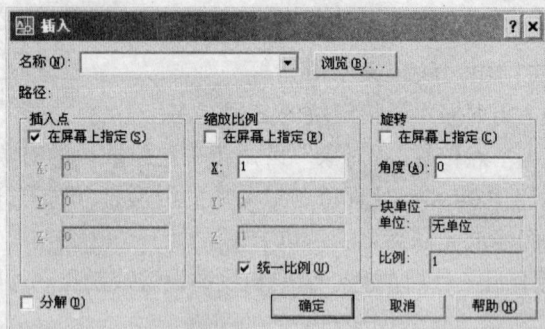

图 20131　插入块"对话框

② "Minsert"命令是以矩形阵列方式插入块，"-Insert"是以命令行方式插入快。

※在线动画链接：插入块1（http：//218.65.5.218/jz/JZ17/xm5/JZ1-5.html）、插入块2（http：//218.65.5.218/jz/JZ17/xm5/JZ1-6.html）。

4. 块的属性及其应用

（1）块的属性定义。

属性是从属于块的文字信息，是块的重要组成部分。用户插入带有属性块的时候，可以很方便地输入块的属性。

① 命令执行方式。

命令：Attdef（快捷形式：Att）。

下拉菜单："绘图"|"块"|"定义属性"。

② 相关说明。

执行命令时，将弹出"属性定义"对话框，如图 20132 所示。各项目的功能如下：

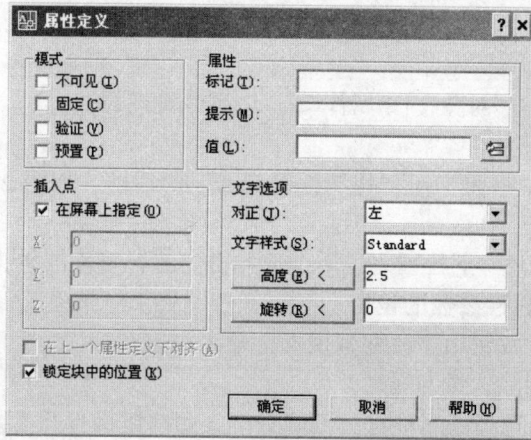

图 20132 "属性定义"对话框

"模式"区用于设置对象的属性，其中，"不可见"复选框控制属性值是否可见，"固定"复选框确定属性是否为固定值，"验证"复选框确定属性值是否校验。选择此项，用户在插入块时，系统会对已输入的属性值提出校验，"预置"复选框确定是否将默认的属性值直接设置成实际属性值。

"属性"区用于确定属性的标记、提示内容和默认的属性值。

"插入点"区用户确定属性值的插入点。

"文字选项"区用户设置属性文字的对正方式、文字样式、文字高度及文字行的旋转角度。

完成属性定义后，还需继续完成创建块的操作。

※在线动画链接：定义含有属性的标题栏块（http：//218.65.5.218/jz/JZ17/xm5/JZ1-7.html）、定义含有属性的标高符号块（http：//218.65.5.218/jz/JZ17/xm5/JZ1-8.html）。

（2）修改属性定义。

在定义的属性与块关联之前，可以对其进行编辑操作。

① 命令执行方式。

命令：Ddedit（快捷形式：Ed）。

下拉菜单："修改"|"对象"|"文字"|"编辑"。

② 相关说明。

执行命令"Ddedit"并按提示选择需要修改的属性定义标记，将弹出"编辑属性定义"对话框，如图 20133 所示。通过该对话框就可完成属性标记、提示和默认值的修改。

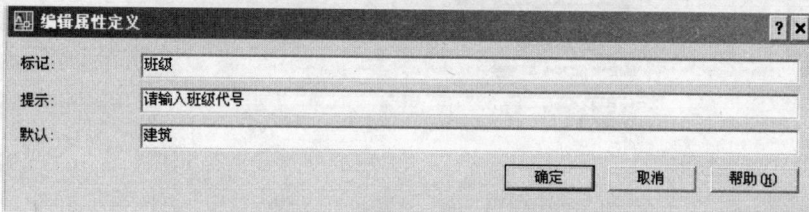

图 20133 "编辑属性定义"对话框

（3）块属性管理器。

在属性块插入后，若对其定义的属性进行修改可执行"Battman"命令。

① 命令执行方式。

命令：Battman。

下拉菜单："修改"|"对象"|"属性"|"块属性管理器"。

② 相关说明。

执行命令"Battman"，将弹出"块属性管理器"对话框，如图 20134 所示。各项目的功能如下：

"选择块"按钮和"块"下拉列表，用于选择需要编辑属性的块，选择一个块后，将在中间部分列表框中显示其属性参数的设置。

"上移"和"下移"按钮用于改变各属性的输入先后顺序。

"删除"按钮用于删除选择的属性。

"编辑"按钮用于对选择的属性进行编辑。单击此按钮将打开"编辑属性"对话框，如图 20135 所示。各选项的功能与"增强属性管理器"对话框中的同名选项相同。

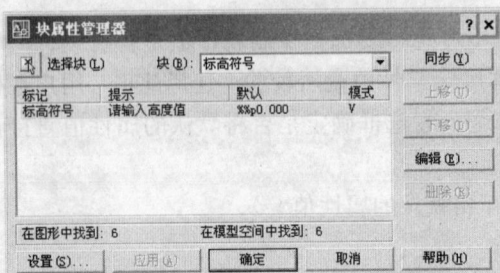

图 20134 "块属性管理器"对话框

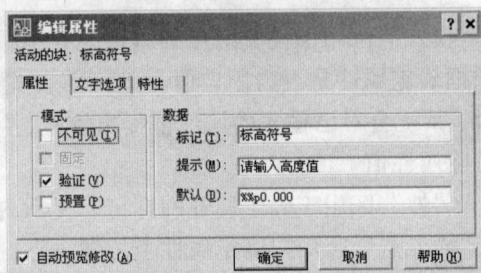

图 20135 "编辑属性"对话框

（4）编辑属性。

① 命令执行方式。

命令：Eattedit。

下拉菜单："修改"|"对象"|"属性"|"单个"。

② 相关说明。

"Eattedit"命令的作用是对单个块中的所有属性值进行修改。

执行"Eattedit"命令，并按提示选择包含属性的块后（或双击含有属性的块），系统弹出"增强属性编辑器"对话框，如图 20136 所示。对话框中的"属性"选项卡用于修改该块中每个属性的属性值、"文字选项"选项卡用于修改属性文字的格式、"特性"选项卡用于修改属性文字的图层、线型、颜色和线宽等。

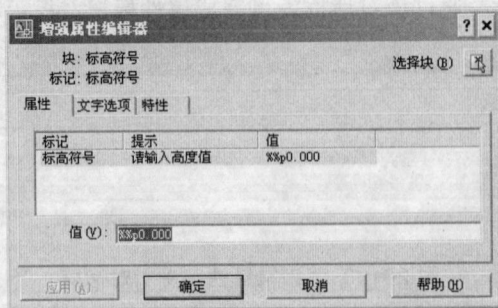

图 20136 "增强属性编辑器"对话框

※在线动画链接：编辑属性（http：//218.65.5.218/jz/JZ17/xm5/JZ1-9.html）。

270

实训 12　多线的绘制与编辑

1．实训目的与要求

熟悉多线样式的设置、熟练掌握多线的绘制方法和步骤、熟练掌握多线的编辑方法和步骤。

2．实例及操作指导

例题 1　新建一多线样式，以满足绘制图 SX36 所示图形的需要。

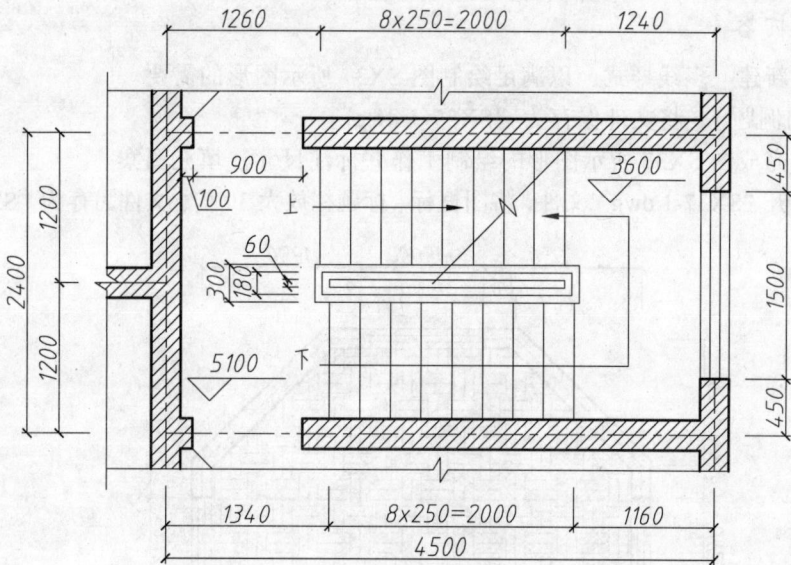

图 SX36　例题 1 图形（墙体厚度均为 240mm）

要求：调用 A3 样板文件、新建多线样式的图元偏移量设定为 ±120 mm、文件保存为"SX36.dwg"。

主要操作步骤如下：

（1）执行"Mlstyle"命令，在弹出的"多线样式"对话框中，点击"新建"按钮。

（2）在弹出的"创建新的多线样式"对话框中，将新样式名设定为"墙体"，然后点击"确定"按钮。

（3）在弹出的"新建多线样式：墙体"对话框中，将图元偏移量设定为 ±120 mm，其他参数均使用默认值。

（4）将文件保存为"SX36-1.dwg"。

※在线动画链接：实训 12-1（http：//218.65.5.218/jzCAD/6/08r01.html）。

例题 2　完成图 SX36 所示图形的绘制工作并标注尺寸、填充图案。

要求：打开"SX36-1.dwg"文件，将图框标、题栏放大 20 倍。文件另存为"SX36-2.dwg"。

主要操作步骤如下：

（1）执行"Line"命令，在"单点画线"层绘制轴线。

（2）执行"Mline"命令，在"粗实线"层绘制墙体。执行"Mledit"命令，按图 SX23 所示的图形进行多线的编辑。

（3）开门洞和窗洞，并在"细实线"层绘制门窗。

（3）执行"Line"命令，在"细实线"层绘制折断线。

（4）执行"Line"命令，在"细实线"层绘制楼梯。

（5）在"标注"层进行尺寸标注，并制作标高符号。

（5）在"细实线"层进行图案填充。

（6）将文件另存为"SX36-2.dwg"。

※在线动画链接：实训 12-2（http：//218.65.5.218/jzCAD/6/08r02.html）。

3. 实训内容

训练 1 新建一多线样式，以满足绘制图 SX37 所示图形的需要。

要求：同例题 1，将文件保存为"SX37-1.dwg"。

训练 2 完成图 SX37 所示图形的绘制工作并标注尺寸、填充图案。

要求：打开"SX37-1.dwg"文件，将图框标、标题栏放大 30 倍，文件另存为"SX37-2.dwg"。

图 SX37　训练 2 图形（墙体厚度均为 240 mm）

实训 13　块及其属性的应用

1. 实训目的与要求

（1）熟练掌握定义内部块和外部块的方法和步骤。

（2）掌握定义与编辑块属性的方法和步骤。

（3）掌握各种块的插入方法和步骤。

2. 实例及操作指导

例题 1 参见图 SX38，建立沙发的内部块文件。

要求：调用 A3 样板文件，将图框和标题栏放大 10 倍，文件保存为"SX38.dwg"。

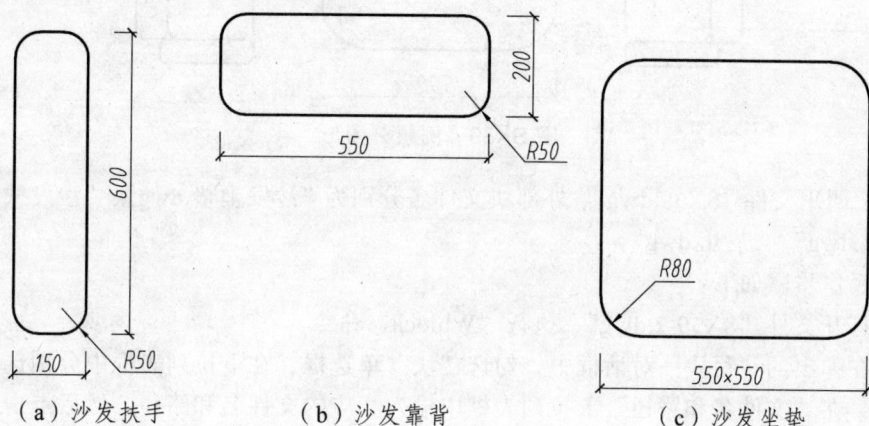

（a）沙发扶手　　　　（b）沙发靠背　　　　（c）沙发坐垫

图 SX38　例题 1 图形

主要操作步骤如下：

（1）执行"Rectang"命令，在 0 层按图示的尺寸绘制有圆角的矩形。

（2）对图示的三个图形分别执行"Block"命令，主要完成输入块名、选择块组成对象、确定插入基点（沙发扶手选择左下角、沙发靠背选择底边的中点、沙发坐垫选择左下角）。

（3）将文件保存为"SX38.dwg"。

※在线动画链接：实训 13-1（http：//218.65.5.218/jzCAD/6/06r01.html）。

例题 2 完成图 SX38 所示图形的绘制工作。

要求：调用"SX38.dwg"文件，使用"Insert"、"Minsert"、"Line"、"Arc"等命令，文件另保存为"SX39.dwg"。

主要操作步骤如下：

（1）打开"SX38.dwg"文件，另存为"SX39.dwg"文件。

（2）单人沙发：执行"Insert"命令，分别插入"沙发坐垫"、"沙发扶手"（旋转 90°）、"沙发靠背"（旋转 90°），比例 1：1。

（3）执行"Mirror"命令，将单人沙发镜像复制 1 个。

（4）三人沙发：执行"Minsert"命令，分别插入"沙发坐垫"和"沙发靠背"，在命令行输入 1 行 3 列，列间距 550。再次执行"Minsert"命令，插入"沙发扶手"，在命令行输入 1 行 2 列，列间距 1800。

（5）用"Line"和"Arc"命令绘制茶几。

※在线动画链接：实训 13-2（http：//218.65.5.218/jzCAD/6/06r02.html）。

例题 3 将图 SX39 中的"沙发坐垫"、"沙发扶手"、"沙发靠背"和"茶几"定义为外部块。

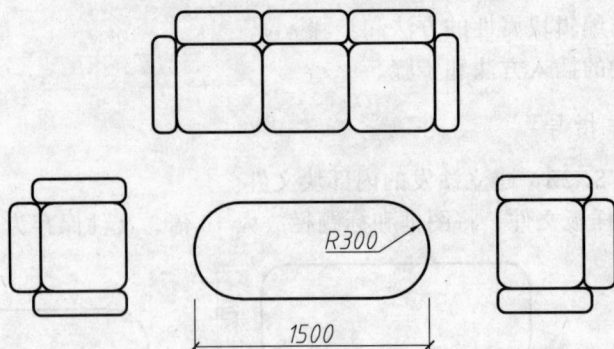

图 SX39　例题 2 图形

要求：调用文件"SX39.dwg"，外部块文件名分别为"沙发坐垫.dwg"、"沙发扶手.dwg"、"沙发靠背.dwg"、"茶几.dwg"。

主要操作步骤如下：

（1）打开文件"SX39-2.dwg"、执行"Wblock"命令。

（2）在弹出的"写块"对话框中，勾选"块"单选框，在下拉列表框中分别选择已定义的内部块，在"文件名和路径"下拉列表框中输入相应的文件名和路径，然后点击"确定"按钮（可通过右侧的"浏览"按钮选择路径）。

（3）在弹出的"写块"对话框中，勾选"对象"单选框，确定"茶几"对象和插入点，在"文件名和路径"下拉列表框中输入相应的文件名和路径，然后点击"确定"按钮。

※在线动画链接：实训 13-3（http：//218.65.5.218/jzCAD/6/06r03.html）。

例题 4　制作带属性的 A3 图框，标题栏格式如图 SX40 所示。各单元格的属性定义如表 SX13 所示。

图 SX40　例题 4 用图

要求：调用在实训 5 中创建的 A3 样板文件，块文件名"SX40-A3 图框标题栏.dwg"。

表 SX13　标题栏属性定义

属性序号	标记	提　示	默认值	对正	文字样式	高度
属性 1	图名	请输入图名	平面图形练习	正中	工程字	10
属性 2	校名	请输入校名	九江职业技术学院	正中	工程字	10
属性 3	姓名	请输入绘图人姓名	张聪聪	正中	工程字	5
属性 4	班级	请输入绘图人所在的班级	装饰 0701	正中	工程字	5
属性 5	专业	请输入绘图人所在的专业	室内设计	正中	工程字	5
属性 6	学号	请输入绘图人的学号	071668	正中	工程字	5

属性序号	标记	提　示	默认值	对正	文字样式	高度
属性7	图号	请输入图号	01	正中	工程字	5
属性8	教师	请输入教师的姓名	潘展	正中	工程字	5
属性9	日期	请输入绘图日期	071105	正中	工程字	5
属性10	成绩	请输入成绩	优	正中	工程字	5

主要操作步骤如下：

（1）通过 A3 样板文件创建新文件，将图框标题栏的图层更改为 0 层，内框线的线宽 0.5 mm、标题栏的框线 0.3 mm，其他随层。

（2）在需设置属性的单元格内，删除原文本并绘制对角线，以便属性文本对中。

（3）执行"Attdef"命令，在弹出的"属性定义"对话框中，勾选"验证"复选框，并按表 SX3 的要求完成相关的设置工作。

（4）大小相同的单元格，只需在一个单元格定义属性，执行"Copy"命令，将属性标记复制到各个需定义属性的单元格中。

（5）执行"Ddedit"命令，修改各单元格的属性定义。

（6）执行"Wblock"命令，将 A3 图框标题栏定义为外部块，文件名"SX62-A3 图框标题栏.dwg"。

※在线动画链接：实训 13-4（http：//218.65.5.218/jzCAD/6/06r04.html）。

3. 实训内容

训练 1　参见图 SX41，建立餐椅的内部块文件。

要求：调用 A4 样板文件，将图框和标题栏放大 10 倍，文件保存为"SX41.dwg"。

训练 2　完成图 SX42 所示图形的绘制工作。

要求：调用"SX41.dwg"文件，使用"Insert"、"Minsert"、"Rectang"等命令，文件另存为"SX42.dwg"。

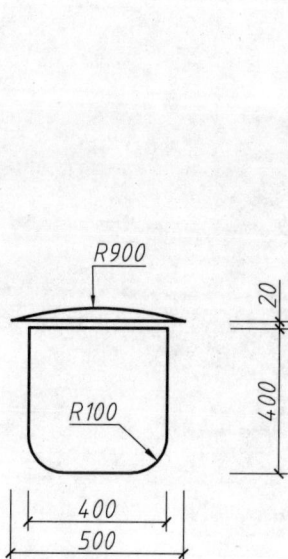

图 SX41　训练 1 图形　　　　图 SX42　训练 2 图形

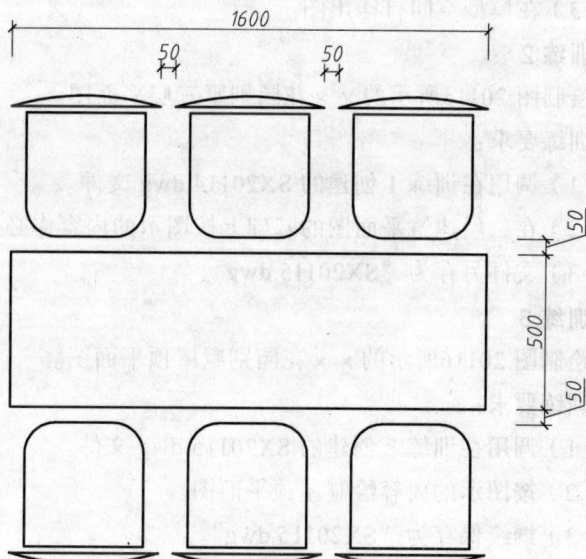

训练 3 将图 SX42 中的"餐椅"、"餐桌"定义为外部块。

要求：调用文件"SX42.dwg"，外部块文件名分别为"SX42-餐椅.dwg"、"SX42-餐桌.dwg"。

训练 4 制作带属性的 A4 图框，标题栏格式如图 SX40 所示。各单元格的属性定义如表 SX13 所示。

要求：调用 A4 样板文件，块文件名"SX40-A4 图框标题栏.dwg"。

实训 14 绘制建筑平面图

1. 实训目的与要求

（1）熟悉建筑平面图的绘制内容、绘制要求和绘制方法。

（2）熟练掌握建筑平面图的绘制方法和步骤。

2. 实训指导

本实训是项目 5 任务 5.1 的延续，建议在上机绘制建筑平面图前仔细阅读在任务 5.1 中所叙述的建筑平面图的绘制内容、绘制要求、绘制方法和过程，并仔细观摩课程网站所提供的用屏幕录像专家软件分段录制的绘制别墅底层建筑平面图的操作演示，以进一步熟悉建筑平面图的绘制内容、绘制要求和绘制方法。本实训的任务是绘制别墅的二层平面图、顶层平面图和屋顶平面图。

3. 实训内容

训练 1 绘制图 20114 所示的××花园别墅二层平面图，文件保存为"SX20114.dwg"。

训练要求：

（1）创建的 A3.dwt 模板文件，将图框标题栏放大 100 倍。

（2）按绘制建筑平面图的需要添加适当的图层。

（3）在模型空间打印出图。

训练 2

绘制图 20115 所示的××花园别墅三层平面图。

训练要求：

（1）调用在训练 1 创建的 SX20114.dwg 文件。

（2）在二层建筑平面图的基础上按图示的内容作必要的修改。

（3）文件另存为"SX20115.dwg"。

训练 3

绘制图 20116 所示的××花园别墅屋顶平面图。

训练要求：

（1）调用在训练 2 创建的 SX20115.dwg 文件。

（2）按图示的内容绘制屋顶平面图。

（3）继续保存为"SX20115.dwg"。

（4）在模型空间打印出图。

任务 1.2   建筑立面图的绘制和识读

【任务载体】

××花园 3 号别墅建筑立面图的绘制和识读，别墅效果图见任务 5.1 的插图 20101

【知识导入】

1.2.1   建筑立面图的形成和作用

在与房屋立面平行的投影面上所做的正投影图称为建筑立面图，简称立面图。它主要反映房屋的外貌、各配件的形状、关系以及外部立面做法构造等，是建筑及装饰施工的重要依据。

建筑立面图可依照三种方式命名：

（1）按照外貌特征命名：反映房屋的主要出入口或显著地反映房屋外貌特征的立面图称为正立面图，其余的立面图相应地称为背立面图和侧立面图。

（2）按房屋的朝向命名：以建筑物的立面朝向来命名，如东立面图、西立面图、南立面图和北立面图。其所指方向为建筑物的立面面向方向。

（3）按立面图中首尾轴线编号命名：可按照观察习惯，面向建筑物从左到右的方向，以立面图首尾的轴线编号来命名，如①～⑧立面图，⑧～①立面图，A～G 立面图，G～A立面图。

三种方式中以轴线编号的命名方式最为常用。但在绘图时应根据实际情况灵活选择其中一种。

1.2.2   建筑立面图的图示内容

建筑立面图内应包括投影方向可见的建筑外轮廓线和建筑构造、构配件、墙面装饰做法以及必要的尺寸和标高等信息。

建筑立面图的图示内容主要如下：

（1）图名与比例。立面图通常采用与平面图相同的比例：1∶50、1∶100、1∶200。

（2）房屋外观的正投影全貌。包括室外地坪线、外墙勒脚、门窗的形状位置及开启方向、其他构配件（如阳台、屋顶、檐口、女儿墙、雨水管、台阶、雨篷、外墙装饰线等）的样式和位置。

（3）外墙上构件构造的标高，如室外地面、台阶、窗台、门窗顶、阳台、雨篷、檐口、屋顶等处完成面的标高及局部尺寸。

（4）房屋两端的定位轴线及其编号。

（5）详图符号与索引符号。

（6）用以说明外墙面、窗台、雨篷、勒脚、阳台和墙面装饰线等构造构件材料与做法的文字、图例或列表。

【任务实施】

1.2.3 ××花园 3 号别墅建筑立面图的识读

现以图 20137××花园 3 号别墅建筑的正立面为例，说明立面图的识读步骤和方法。

（1）了解图名、比例及文字说明。

首先，从图名或轴线的编号了解图名，看表示的建筑物那个方向的立面图；再看比例，如该别墅各个立面图的比例均与平面图一样（1：100），以便对照阅读。

（2）从正立面图上了解该建筑的整个外貌形状，对照平面图，了解立面上的的屋顶、台阶、雨篷、阳台、花池及勒脚等细部的形式和位置。

如图 20137 中，该别墅为 3 层，正门超南，有一 3 步台阶与之相连、正门上方有一花格窗。二层有阳台，三层有露台。屋顶为单坡挑檐屋顶，南端坡屋顶上有一老虎窗，北端坡屋顶高出南端坡屋顶 1 500 mm。2 个单坡屋顶高差部分可见，顶层有一长度 4 860 mm 的窗。

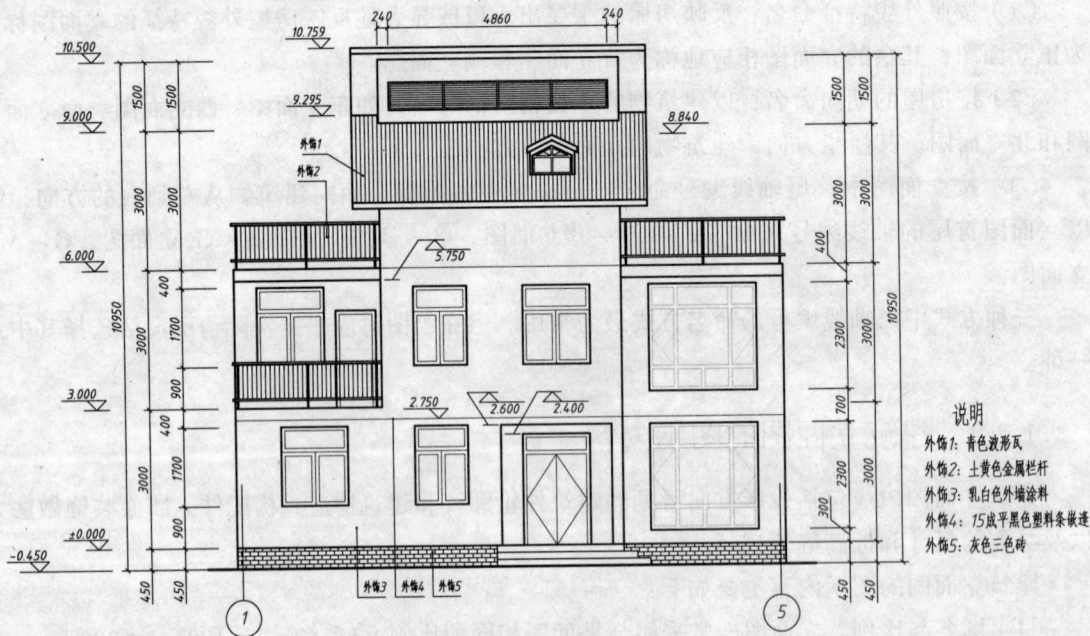

说明
外饰1：青色波形瓦
外饰2：土黄色金属栏杆
外饰3：乳白色外墙涂料
外饰4：15成平黑色塑料条嵌逢
外饰5：灰色三色砖

正立面图 1：100

图 20137 正立面图

（3）了解该建筑的高度。

从图 20137 中所标注的标高可知，此房屋最低处（室外地坪）比室内 ±0.000 低 450 mm，最高处北向坡屋顶顶面为 10.759 m，所以房屋的外墙总高度为 11.209 m。南向单坡屋顶的标高为 9.295 m，南北向坡屋顶顶面高差为 1.5 m。

一般标高注在图形外，并做到符号排列整齐、大小一致。若房屋左右对称时，一般注在左侧。不对称时，左右两侧均应标注。必要时为了更清楚起见，可标注在图内（如正门出入口上方的底面标高 2.600 m）。

（4）对照平面图及门窗表，综合分析外墙上门窗的种类、形式、数量、位置。

（5）阅读立面图上的文字说明和索引符号。了解外装修材料和做法，了解索引符号的标注及其部位，以便配合相应的详图阅读。

如正立面外墙为乳白色外墙涂料粉面及 15 mm 宽黑色塑料条嵌分格缝。勒脚用灰色三色砖贴面、二层阳台和三层露台栏杆为土黄色金属栏杆。坡屋顶采用青色波形瓦，门廊柱、窗间墙及女儿墙为水刷石粉面，窗台、窗顶等为白水泥粉面

（6）了解其他立面图，形成建筑物的整体三维空间形状。

对照平面图，应形成该建筑物的整体三维空间形状，包括形状、高度、装饰材质、颜色。

以下是别墅建筑的其他立面图，识读方法参照正立面图。

1.2.4 ××花园 3 号别墅建筑立面图的绘制

1. 绘制内容

建筑立面图反映了房屋的外貌、各部分配件的形状与相互关系以及外墙面装饰材料、做法等。建筑立面图是建筑施工中控制高度和外墙装饰效果的重要技术依据，在绘制前应清楚需绘制的内容。建筑立面图的主要内容如下：

（1）图名、比例。

（2）两端的定位轴线和编号。

（3）建筑物的体形和外貌特征。

（4）门窗的大小、样式、位置及数量。

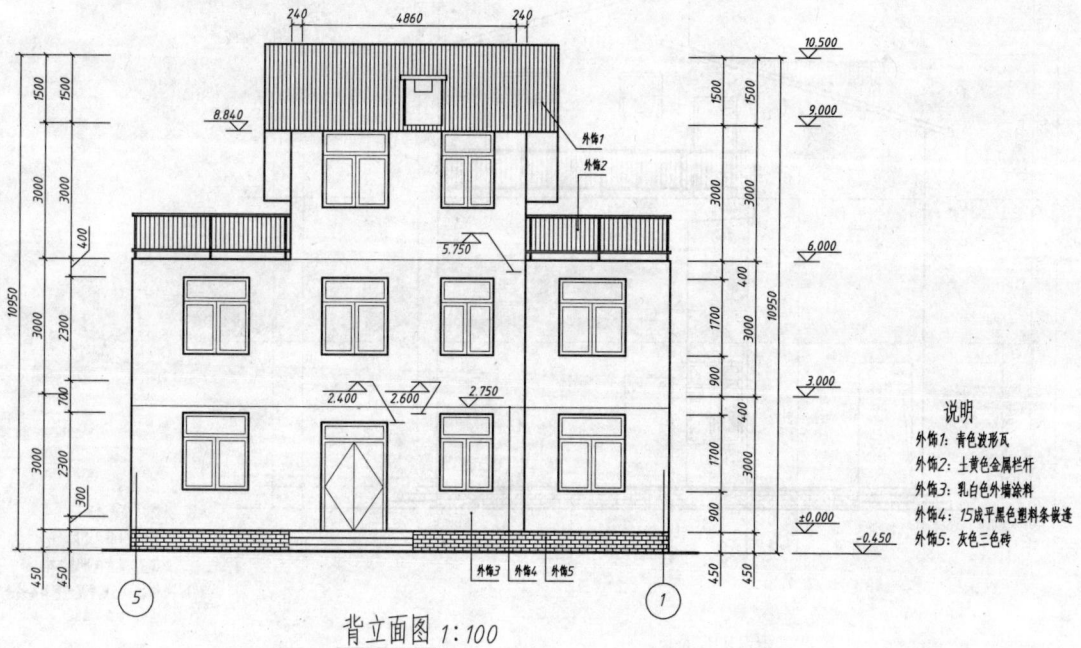

背立面图 1:100

图 20138　背立面图

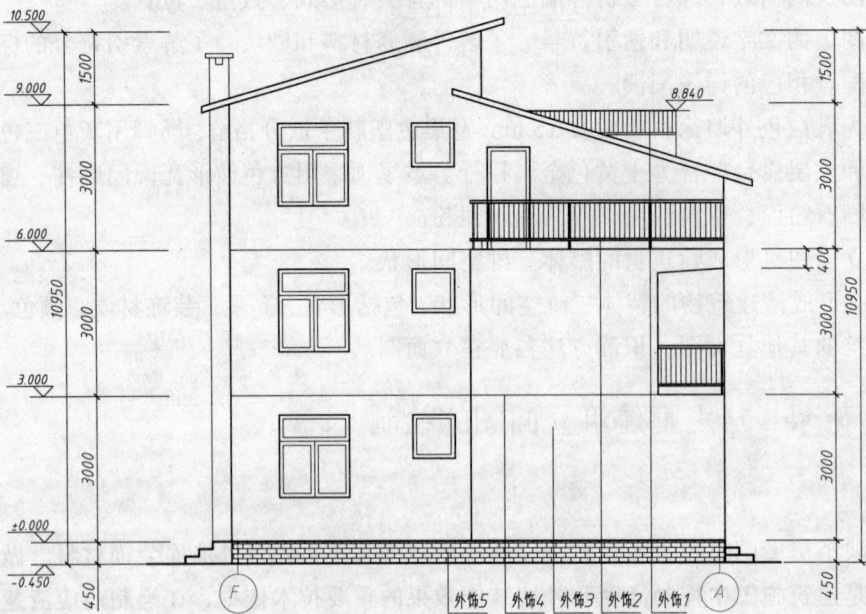

说明
外饰1: 青色波形瓦
外饰2: 土黄色金属栏杆
外饰3: 乳白色外墙涂料
外饰4: 15成平黑色塑料条嵌逢
外饰5: 灰色三色砖

左侧立面图 1:100

图 20139 左侧立面图

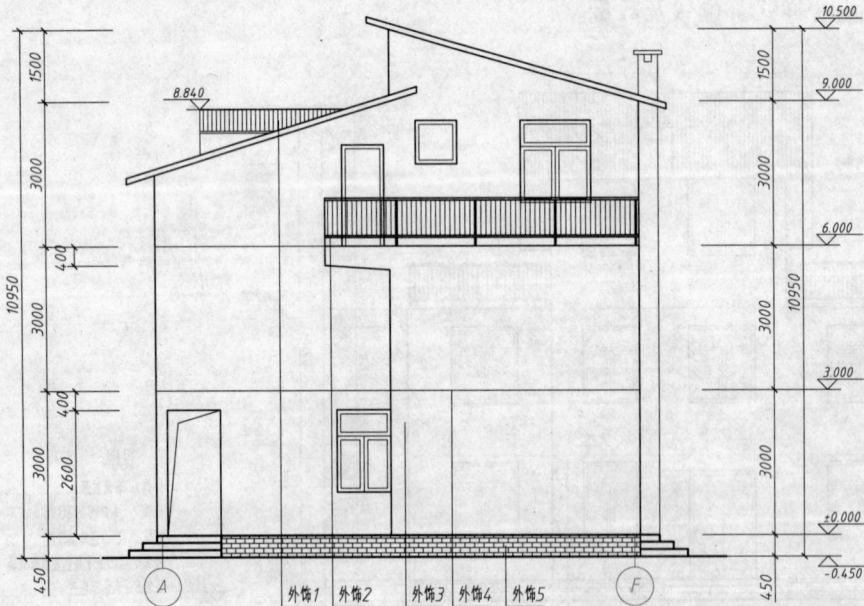

说明
外饰1: 青色波形瓦
外饰2: 土黄色金属栏杆
外饰3: 乳白色外墙涂料
外饰4: 15成平黑色塑料条嵌逢
外饰5: 灰色三色砖

右侧立面图 1:100

图 20140 右侧立面图

280

（5）各种墙面、台阶、阳台等建筑构造与构件的具体位置、大小、形状、做法。

（6）立面高程及局部需要说明的尺寸。

（7）详图的索引符号及施工说明等。

2. 绘制要求

（1）图纸幅面和比例。

通常建筑立面图的图纸幅面和比例的选择在同一工程中可考虑与建筑平面图相同，一般采用 1∶100 的比例。建筑物过大或过小时，可以选择 1∶200 或 1∶50。

（2）定位轴线。

在立面图中，一般只绘制两条定位轴线，且分布在两端与建筑平面图相对应。注意确认立面的方位，以方便识图。

（3）线型。

为了更能突现建筑物立面图的轮廓，使得层次分明，地坪线一般用特粗实线（1.4b）绘制；轮廓线和屋脊线用粗实线（b）绘制；所有的凹凸部位（如阳台、线脚、门窗洞等）用中实线（0.5b）绘制；门窗扇、雨水管、尺寸线、高程、文字说明的指引线、墙面装饰线等用细实线（0.25b）绘制。

（4）图例。

由于立面图和平面图一般采用相同的出图比例，所以门窗和细部的构造也常采用图例来绘制。绘制的时候我们只需要画出轮廓线和分格线，门窗框用双线。常用的构造和配件的图例可以参照相关的国家标准。

（5）尺寸标注。

立面图分三层标注高度方向的尺寸，分别是细部尺寸、层高尺寸和总高尺寸。

细部尺寸用于表示室内外地面高度差、窗口下墙高度、门窗洞口高度、洞口顶部到上一层楼面的高度等；层高尺寸用于表示上下层地面之间的距离；总高尺寸用于表示室外地坪至女儿墙压顶端檐口的距离。除此外还应标注其他无详图的局部尺寸。

（6）标高尺寸。

立面图中需标注房屋主要部位的相对高程，如建筑室内外地坪、各级楼层地面、檐口、女儿墙压顶、雨罩等。

（7）索引符号等。

建筑物的细部构造和具体做法常用较大比例的详图来反映，并用文字和符号加以说明。所以凡是需绘制详图的部位，都应该标上详图的索引符号，具体要求与建筑平面图相同。房屋左右对称时，正立面图和背立面图也可只画一半，单独布置或合并成一图。合并时，应在图的中间画一垂直的对称符号作为分界线。对于某些平面形状曲折的建筑物，可绘制展开立面图，圆形或多边形平面的建筑物，可分段展开绘制立面图，但均应在图名后加注“展开”二字。

3. 绘制方法

（1）选择比例，确定图纸幅面。

（2）绘制轴线、地坪线及建筑物的外围轮廓线。

（3）绘制阳台、门窗。

（4）绘制外墙立面的造型细节。

（5）标注立面图的文本注释。

（6）立面图的尺寸标注。

（7）立面图的符号标注，如高程符号、索引符号、轴标号等。

4. 绘制过程

下面以××花园3号别墅的正立面图（见图20137）为例介绍建筑立面图的具体绘制步骤。

（1）设置绘图环境。

建筑立面图的绘图环境设置与建筑平面图的绘图环境设置相同，可添加地坪线图层，线宽1.4b（b取0.5 mm）。

快速简单的方法是直接将上一任务的建筑平面图打开，按绘制立面图的需要适当添加图层，然后另存为本任务的建筑立面图文件。

※在线动画链接：别墅正立面图的绘制——设置绘图环境（http：//218.65.5.218/jz/JZ17/xm5/JZ1-22.html）。

（2）调整平面图、绘制地坪线和轴线及纵向定位辅助线。

① 将平面图中与正立面相关的图线保留，删除其他图线。

② 将平面图中剩余的图线按对正的方式移到图框的下方。

③ 在图面的适当位置，在地坪线图层绘制地坪线。

④ 利用"长对正"的作图原理绘制轴线及其他纵向定位辅助线，其效果如图20141所示。

※在线动画链接：别墅正立面图的绘制——调整平面图（http：//218.65.5.218/jz/JZ17/xm5/JZ1-23.html）。

（3）绘制立面第一层。

① 依据门窗洞口的高度定位尺寸绘制门窗洞口的横向定位辅助线。结合纵向定位辅助线用中实线绘制门窗洞口，然后删除横向辅助线，如图20142所示。

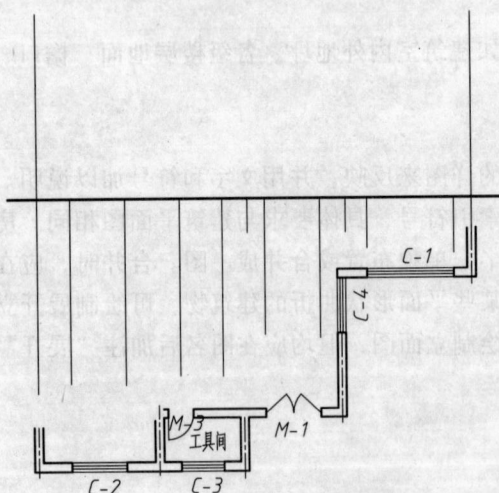

图 20141　别墅正面图的绘制（1）　　　　图 20142　别墅正面图的绘制（2）

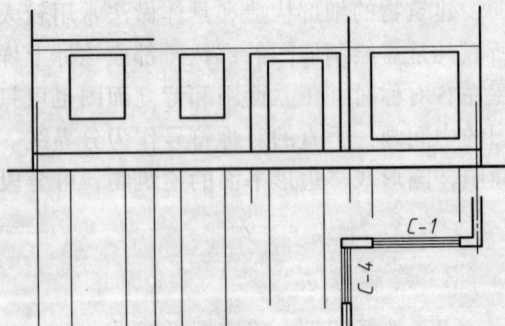

② 按图 20143 所示的图形尺寸在 0 层制作窗 C-1～C-4 和门 M-1 的图块，然后分别在门和窗图层插入门和窗的图块，其效果如图 20144 所示。

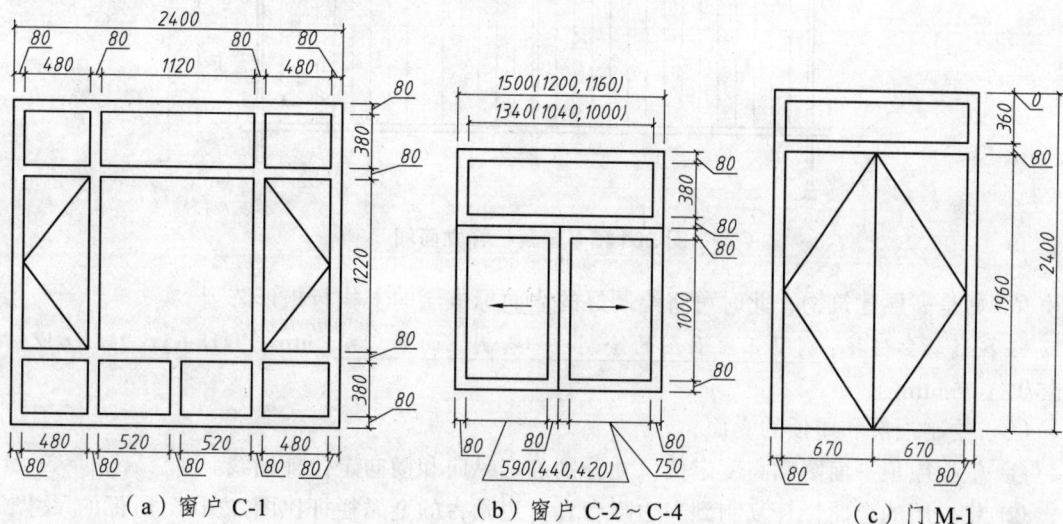

（a）窗户 C-1　　　（b）窗户 C-2～C-4　　　（c）门 M-1

图 20143　窗户 C-1～C-4 和门 M-1 的立面图

※在线动画链接：别墅正立面图的绘制——绘制立面第一层（http：//218.65.5.218/jz/JZ17/xm5/JZ1-24.html）。

（4）绘制立面标准层。

① 依据二层平面图确定纵向定位辅助线。

② 依据门窗洞口的高度定位尺寸绘制门窗洞口的横向定位辅助线。

③ 用中实线绘制门洞 M-2，然后按图 20145 所示的图形尺寸在 0 层制作门 M-2 的图块，接着在门层插入门 M-2。

图 20144　别墅正面图的绘制（3）

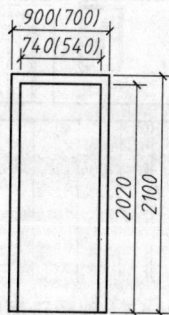

图 20145　门 M-2、M-3 的立面图

④ 将立面第一层中 C-1、C-2、C-3 窗洞及窗分别复制到第二层的指定位置。

⑤ 按图 20146 所示的图形尺寸在指定位置绘制金属栏杆。第二层立面的效果如图 20147 所示。

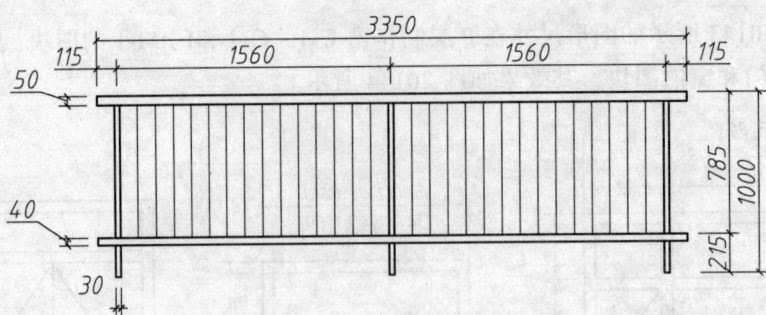

图 20146　金属栏杆立面图

⑥ 如是高层建筑物，此时可将绘制好的立面标准层向上执行矩形阵列。

※在线动画链接：*别墅正立面图的绘制——绘制立面第二层*（http：//218.65.5.218/jz/JZ17/ xm5/JZ1-25.html）。

（5）绘制顶层和屋顶的立面。

① 依据屋顶平面图和高度定位尺寸分别确定纵向和横向定位辅助线。

② 将二层的金属栏杆复制到左边晒台。右边晒台的金属栏杆比图 20146 所标的尺寸长 300 mm，作适当调整后再复制到右边晒台。

③ 按顶层平面图、A—A 剖面图和图 20137 所标的屋顶、天窗的尺寸绘制天窗、百叶窗 和屋顶的图线。百叶窗和屋顶均采用"Line"图案进行图案填充。顶层和屋顶的立面效果如 图 20148 所示。

※在线动画链接：*别墅正立面图的绘制——绘制顶层和屋顶的立面图*（http：//218.65.5.218/jz/ JZ17/ xm5/JZ1-26.html）。

图 20147　别墅正面图的绘制（4）

图 20148　别墅正立面图的绘制（5）

（6）绘制其他细部的造型、填充外立面的材料图案。

① 依据一层平面图中所标注的台阶的定形尺寸和定位尺寸，在台阶图层绘制台阶的立 面图。

② 在一层地面和地平面之间的外墙上，用"AR-B816"图案进行图案填充，其效果如图 20149 所示。

284

图 20149　别墅正立面图的绘制（6）

※在线动画链接：**别墅正立面图的绘制——绘制台阶和外墙立面的图案填充**（http：//218.65.5.218/jz/JZ17/xm5/JZ1-27.html）。

（7）尺寸标注。

按三级尺寸标注法，分别标注细部尺寸、层高尺寸和总高尺寸。除此外还应标注屋顶细部无详图的局部尺寸。尺寸数字的高度一般取 2.5 mm 或 3.5 mm。标注尺寸后的效果如图 20150 所示。

※在线动画链接：**别墅正立面图的绘制——尺寸标注**（http：//218.65.5.218/jz/JZ17/xm5/JZ1-28.html）。

图 20150　别墅正立面图的绘制（7）

（8）注写文字及相关符号的标注。

按图 20137 所示的文字内容，注写施工说明。文字高度应设定为 3.5mm 乘上出图比例的倒数。其他文字高度的设定与建筑平面图相同。

高程符号和索引符号只需插入在上一任务制作的属性块，视图面的复杂程度确定缩放比例，一般为 70.7、100。高程数字的高度应和尺寸数字的高度一致，定位轴线编号的数字、字母的高度应比尺寸数字大一号。某小区别墅正立面图的最终效果如图 20137 所示。

※在线动画链接：别墅正立面图的绘制——注写文字及相关符号的标注（http：//218.65.5.218/jz/JZ17/xm5/JZ1-29.html）。

【思考与练习】

1. 建筑立面图有哪几种命名方式？最常用的是哪种？

2. 建筑立面图的图示内容有哪些？

3. 建筑立面图的尺寸标注与平面图有什么不同？

4. 识读建筑立面图时该注意哪些内容？按何顺序？

【实训指导】

实训 15 绘制建筑立面图

1. 实训目的与要求

（1）熟悉建筑立面图的绘制内容、绘制要求和绘制方法。

（2）熟练掌握建筑立面图的绘制方法和步骤。

2. 实训指导

本实训是本情境任务 1.2 的延续，在绘制建筑立面图前请仔细阅读在任务中所叙述的建筑立面图的绘制内容、绘制要求、绘制方法和过程，并仔细观摩课程网站所提供的用屏幕录像专家软件分段录制的绘制别墅正立面图的操作演示，以进一步熟悉建筑立面图的绘制内容、绘制要求和绘制方法。本实训的任务是绘制别墅的背立面图、左侧立面图和右侧立面图。

3. 实训内容

绘制图 20138、20139、20140 所示的别墅背立面图、左侧立面图、右侧立面图，文件分别保存为"SX20138.dwg"、"SX20139.dwg"、"SX20140.dwg"。

训练要求：

（1）调用 A3.dwt 模板文件，将图框标题栏放大 100 倍。

（2）按绘制建筑立面图的需要添加适当的图层，分别设置在模型空间打印出图。

任务 1.3　建筑剖面图的绘制和识读

【任务载体】

××花园 3 号别墅建筑剖面图的绘制和识读，别墅效果图见任务 5.1 的插图 20101

【知识导入】

1.3.1　建筑剖面图的形成和作用

假想用一个或多个垂直于外墙轴线的铅垂剖切平面剖切房屋，所得剖面图称为建筑剖面图，简称剖面图。剖面图用以表示建筑内部的结构与构造形式、垂直方向的分层情况、各层楼面、屋顶的构造及相关尺寸、标高等。

剖面图的数量应根据房屋的复杂情况和施工需要来决定。一般剖切位置选择房屋的主要部位或构造较为典型的部位，如楼梯间等，剖切面一般为横向且应尽量使剖切平面通过门窗洞口。剖面图的图名应与建筑平面图的剖切符号一致，如 1—1 剖面图、2—2 剖面图等。

1.3.2　建筑剖面图的图示内容

建筑剖面图的图示内容主要如下：

（1）图名与比例。剖面面图通常采用与平面图相同的比例：1∶50、1∶100、1∶200。

（2）房屋内外被剖切到的墙、柱、梁及其定位轴线。

（3）室内底层地面、各层楼面、顶棚、门窗、雨篷、楼梯、阳台、女儿墙、天窗、防潮层、踢脚板、室外地面、散水、明沟、水池及室内外装修等被剖切到和可见的内容。

（4）被剖切到的室外地面的标高、外墙窗口的标高、檐口、女儿墙顶的标高、楼梯间顶面以及各层楼地面的标高。

（5）详图符号与索引符号。

（6）用以说明外墙面、窗台、雨篷、勒脚、阳台、和墙面装饰线等构造构件材料与做法的文字、图例或列表。

【任务实施】

1.3.3　××花园 3 号别墅建筑剖面图的识读

图 20151 为该××花园 3 号楼别墅的 A—A 剖面图，现以该图为例说明剖面图的识读方法。

（1）先了解剖面图的剖切位置与编号，从底层平面图上可以看到 A—A 剖面图的剖切位置在③—④轴线之间，断开位置从门厅到客厅，切断了底层门厅、客厅的前后两个出入口 M-1 和两个出入口处的台阶。

（2）了解被剖切到的墙体、楼板和屋顶，从 A—A 剖面图中看到，被剖切到的有Ⓑ、Ⓕ轴线上两个 M-1，以及屋面两个单坡挑檐坡屋顶。如图 20151 所示，Ⓐ轴—Ⓓ轴间的单坡挑檐坡屋顶高差为层高 3 000 mm − 1 544 mm，其上还有一老虎窗，窗高 400 − 160 + 240 = 380 mm；
Ⓓ轴—Ⓕ轴间的单坡挑檐坡屋顶高差 1 500 mm。

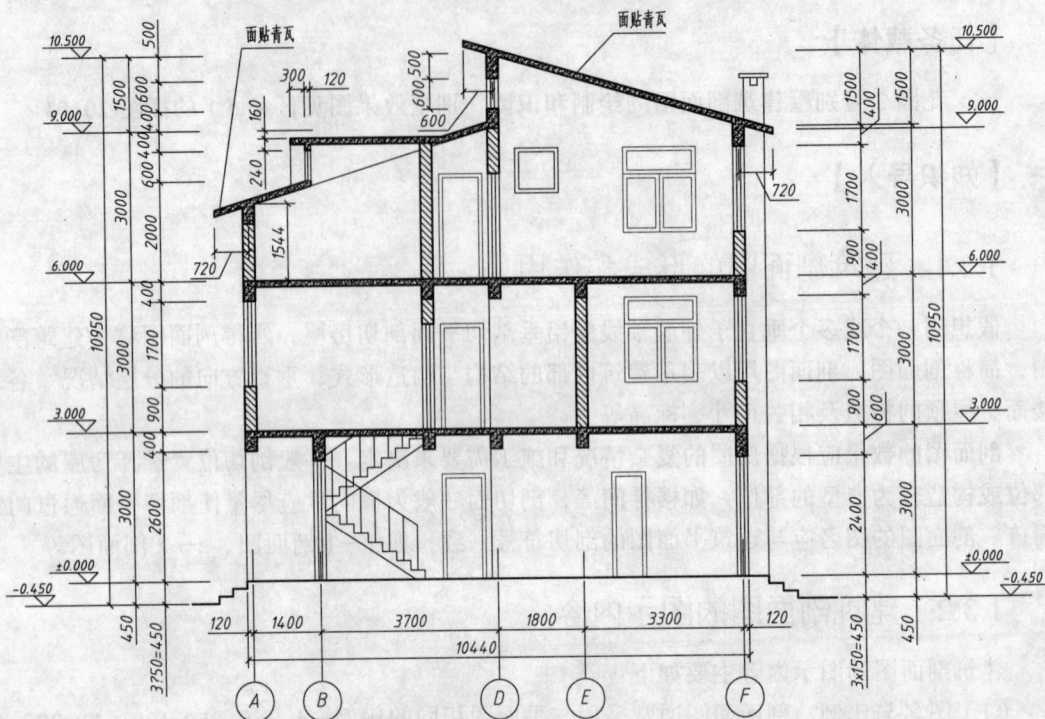

A−A剖面图 1:100

图 20151   别墅 A—A 剖面图

（3）了解 A—A 剖面图中可见部分，底层是厨房和卧室的门；二层是 1、2-Ⓐ、Ⓓ卧室的门和 2、4-Ⓔ、Ⓕ的窗；三层是 1、2-Ⓐ、Ⓓ卧室的门，2、4-Ⓓ、Ⓕ的 2 个窗，门高 2 100 mm，门宽在平面图上表示，为 900 mm。

（4）了解剖面图上的尺寸标注。从左侧的标高可知住出入口门洞的高度为 2 600 mm，从右侧的标高可知次出入口门的为 2 400 mm。窗洞高度均为 1 700 mm。建筑物层高底层和二层均为 3 000 mm，建筑物朝北后半部分的三层层高为 3 000 mm，建筑物朝南后半部分的层高为 4 500 mm。

1.3.4   ××花园 3 号别墅建筑剖面图的绘制

1. 绘制内容

建筑剖面图表达了房屋内部的分层情况、垂直方向的高度、楼地面和屋顶的结构及各构配件在垂直方向的相互关系。建筑剖面图是与平面图、立面图相互配合且不可缺少的重要图样。建筑剖面图的主要内容如下：

（1）图名与比例。

（2）轴线及编号。

288

（3）被剖切到的梁、柱、板、平台、地面等图形。

（4）被剖切到的门洞窗洞。

（5）被剖切处各种配件的材质符号。

（6）未剖切到的所有可见部分，如门窗图形、楼梯段、栏杆扶手、室内装饰和室外可见的水漏、雨水管等和各层的踢脚和底层的勒脚。

（7）尺寸的标注及高程。

（8）详图索引符号。

（9）文字说明。

2. 绘制要求

（1）图名和比例。建筑剖面图的图名必须与底层平面图中剖切符号的编号一致。

建筑剖面图的比例应与平面图、立面图保持一致，通常采用 1∶50、1∶100、1∶200 等较小比例绘制。

（2）绘制的建筑剖面图与建筑平面图、建筑立面图之间应符合"长对正"、"宽相等"、"高平齐"的投影关系。

（3）图线。被剖切到的墙、柱、板、梁等构件的轮廓线一律用粗实线表示，没有剖切到的其他构件投影线用细实线表示。

（4）图例。剖面图中的门窗等构配件应采用国家标准规定的图例表示。

为了清楚地表达建筑各部分的材料及构造层次，当剖面图的比例大于 1∶50 时，应在被剖切到的构件断面上画出材料图例；当剖面图的比例小于 1∶50 时，不画材料图例，用简化法表达断面的材料，如钢筋混凝土的梁、板可在断面处涂黑。

（5）尺寸标注与其他标注。

剖面图外侧竖向一般应标注三道尺寸：第一道为细部尺寸，标注门窗洞及窗间墙的高度尺寸；第二道为层高尺寸；第三道为总高尺寸。除了这三道尺寸外，还应在室内外地面、楼面、楼梯平台面、檐口顶面、门窗洞口等处标注高程。剖面图内部的各层楼板、梁底面也需标注高程。

（6）详图索引符号。由于剖面图的比例较小，部分构件与结构如窗台、楼地面、墙脚、顶棚等节点无法表达详尽，可在剖面图上该部位处画上详图索引符号，另画详图表达其细部构造；也可引出多层构造线对楼地面、顶棚及墙体内外装修加以说明。

3. 绘制方法

（1）绘制定位轴线。

（2）绘制房屋的室内地坪线和室外地坪线。

（3）绘制被剖切到的墙体断面轮廓以及未被剖切到但可见的墙体轮廓与各层的楼面、屋面等。

（4）绘制楼梯、门窗洞、檐口等可见轮廓线。

（5）绘制梁、板的断面图形。

（6）绘制台阶、阳台等细节。

（7）标注尺寸、高程及文字说明等。

4. 绘制过程

下面以××花园3号别墅的 *A—A* 剖面图（见图20151）为例介绍建筑剖面图的具体绘制步骤。

（1）设置绘图环境。

建筑剖面图的绘图环境设置与建筑立面图的绘图环境设置相同。

快速、简单的方法是直接将上一任务的建筑正立面图打开，按绘制建筑剖面图的需要适当添加图层，然后另存为本任务的建筑剖面图文件。

※在线动画链接：**别墅建筑剖面图的绘制——设置绘图环境**（http：//218.65.5.218/jz/JZ17/xm5/JZ1-30.html）。

（2）调整平面图和正立面图的位置，绘制三视图的作图辅助线。

① 依据已绘制的建筑平面图、正立面图与将要绘制的 *A—A* 剖面图之间的投影关系和三视图的作图原则，在打开的建筑正立面图文件中，将底层平面图粘贴在正立面图的正下方，即长对正。

② 绘制三视图的方法，绘制三视图的坐标线和45°辅助线（按照作右视图的方法绘制辅助线）。

③ 按照宽相等的作图原则，绘制宽度方向的定位辅助线，如图20152所示。

※在线动画链接：**别墅建筑剖面图的绘制——绘制三视图的作图辅助线**（http：//218.65.5.218/jz/JZ17/xm5/JZ1-31.html）。

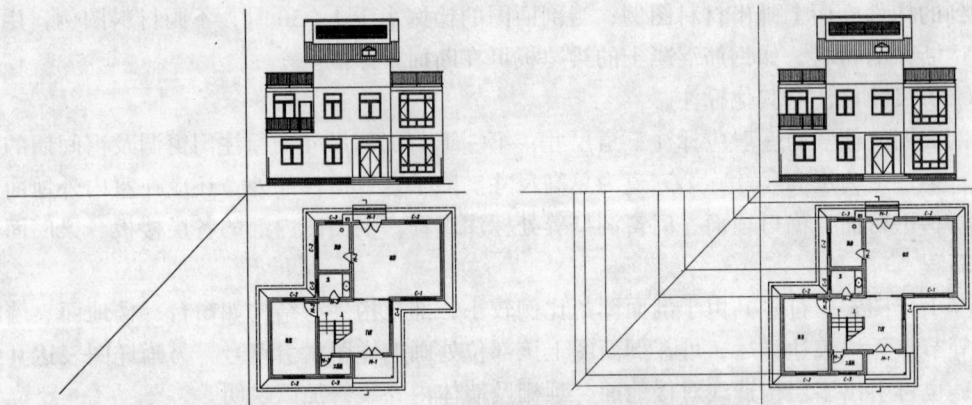

（a）绘制三视图的坐标线和45°辅助线　　　　（b）绘制宽度方向的定位辅助线

图20152　别墅 *A—A* 剖面图的绘制（1）

（3）绘制剖面图的室外地坪线、底层的地面线和前后的台阶。

在地坪线图层，依据高平齐的作图原则，绘制室外地坪线和底层的地面线以及前后的台阶，如图20153所示。

※在线动画链接：**别墅建筑剖面图的绘制——绘制室外地平线等**（http：//218.65.5.218/jz/JZ17/xm5/JZ1-32.html）。

（4）绘制底层的剖面图。

① 绘制内外墙体、楼地面和梁。

没有被剖切到的墙体用单实线绘制，剖切到的墙体用双线绘制。图形比例为 1∶100～1∶200 时，材料图例可采用简化画法，如砖墙涂红、钢筋混凝土涂黑。但在本例中还是填充了材料图例，省略了楼地面的面层线。

② 绘制门 M-1 的剖面图、绘制门 M-2 和门 M-3 的立面图。

③ 绘制楼梯及其扶手，如图 20154 所示。楼梯的具体绘制过程见下一任务。

※ 在线动画链接：别墅建筑剖面图的绘制——绘制底层的剖面图（http：//218.65.5.218/jz/JZ17/xm5/JZ1-33.html）。

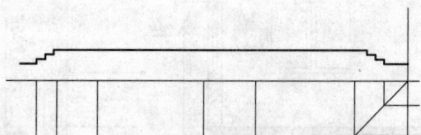

图 20153　别墅 A—A 剖面图的绘制（2）

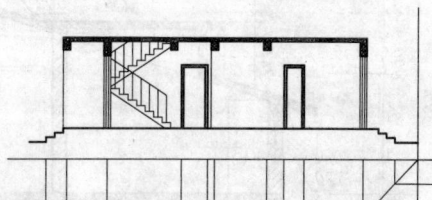

图 20154　别墅 A—A 剖面图的绘制（3）

（5）绘制标准层的剖面图。

① 绘制内外墙体、楼地面和梁。

② 绘制门 M-2 和窗 C-2 的剖面图、绘制门 M-2 的立面图，如图 20155 所示。

③ 如是高层建筑，此时可将绘制好的标准层的 A—A 剖面图向上复制或矩形阵列。

※ 在线动画链接：别墅建筑剖面图的绘制——绘制标准层的剖面图（http：//218.65.5.218/jz/JZ17/xm5/JZ1-34.html）。

（6）绘制顶层和屋顶的剖面图。

① 绘制顶层的内外墙体、门窗及其细部。

② 按图 20151 所示的尺寸绘制屋顶的斜坡、构造的厚度、门窗及其细部，如图 20156 所示。

※ 在线动画链接：别墅建筑剖面图的绘制——绘制顶层和屋顶的剖面图（http：//218.65.5.218/jz/JZ17/xm5/JZ1-35.html）。

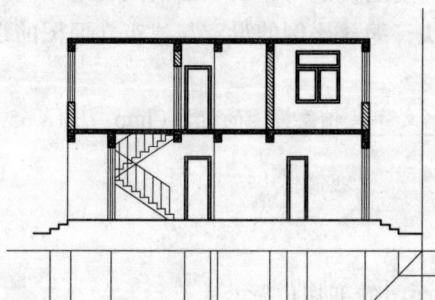

图 20155　别墅 A—A 剖面图的绘制（4）

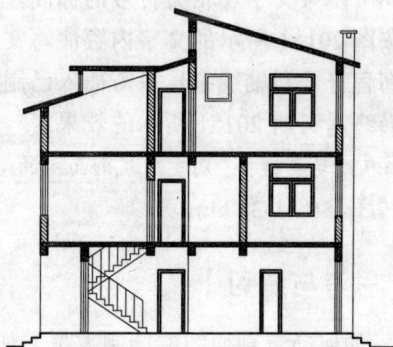

图 20156　别墅 A—A 剖面图的绘制（5）

（7）尺寸标注。

① 标注外墙上的细部尺寸、标注层高尺寸和总高尺寸。

② 标注轴线间距的尺寸和前后墙间的总尺寸。

③ 标注局部尺寸，效果如图 20157 所示。

※ 在线动画链接：别墅建筑剖面图的绘制——尺寸标注（http：//218.65.5.218/jz/JZ17/xm5/JZ1-36.html）。

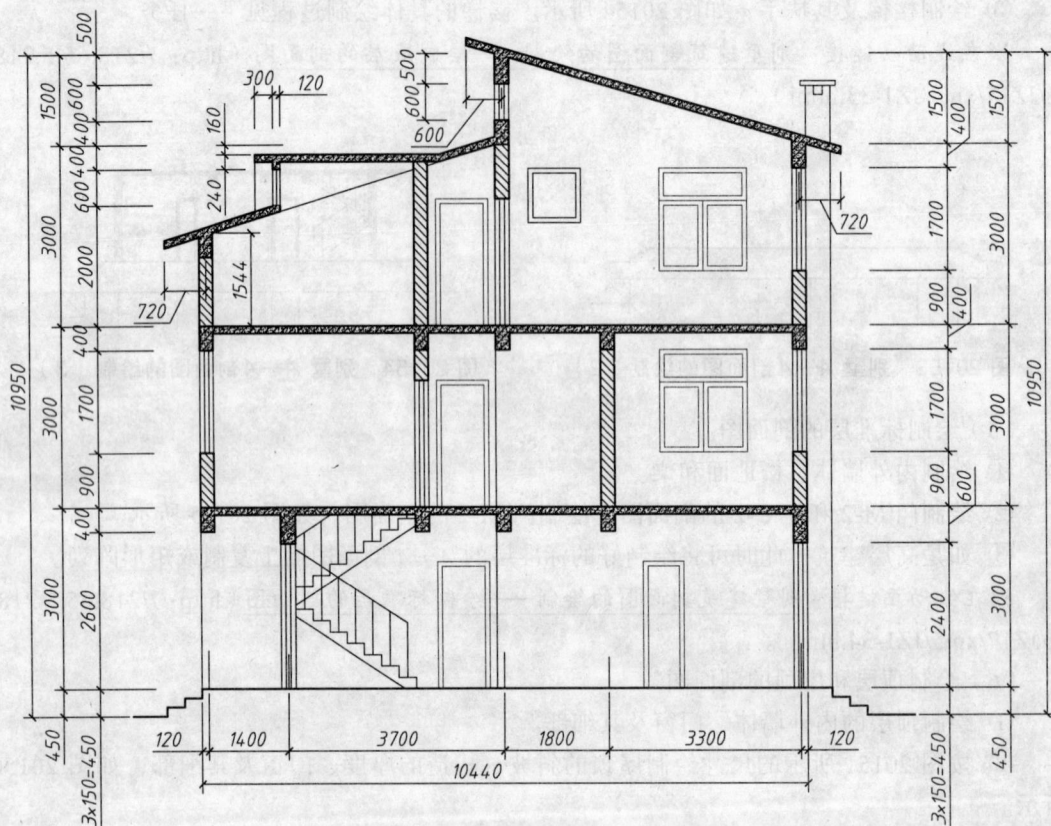

图 20157　别墅 *A—A* 剖面图的绘制（6）

（8）注写文字及相关符号的标注。

按图 20151 所示的文字内容注写文字，文字高度的设定与建筑立面图的设定相同。

高程符号和轴线编号只需插入已制作的属性块，缩放比例的设定与建筑立面图的设定相同。最终达到图 20151 所示的效果。

※ 在线动画链接：别墅建筑剖面图的绘制——注写文字及相关符号的标注（http：//218.65.5.218/jz/JZ17/xm5/JZ1-37.html）。

【思考与练习】

1. 如何确定剖面图的绘制数量？如何选择剖面图的剖切位置？

2. 在绘制剖面图时如何选择相应的线宽？

3. 给剖面图标注时需要注意哪些问题？

4. 除了本任务介绍的绘制过程，还可以按何种清晰、明了的顺序绘制剖面图？

实训16　绘制建筑剖面图和楼梯剖面图

1．实训目的与要求

（1）熟悉建筑剖面图的绘制内容、绘制要求和绘制方法。

（2）熟练掌握建筑剖面图的绘制方法和步骤。

2．实例及操作指导

本实训是绘制建筑剖面图 20151，在绘图前请仔细阅读在本情境任务 1.3 中所叙述的绘制内容、绘制要求、绘制方法和过程，并仔细观摩课程网站所提供的用屏幕录像专家软件分段录制的绘制别墅建筑剖面图的操作演示，以进一步熟悉其绘制内容、绘制要求和绘制方法。

3．实训内容

按上述的绘制步骤继续绘制图 20151 所示的×× 花园 3 号别墅 *A—A* 剖面图，文件保存为 "20151.dwg"。

训练要求：

（1）调用 "A3.dwt" 模板文件，按绘制建筑剖面图的需要添加适当的图层。

（2）将图框和标题栏移至布局 1 并设置。

（3）在图纸空间打印出图。

任务 1.4　建筑详图的绘制和识读

【任务载体】

×× 花园 3 号别墅建筑详图的绘制和识读，别墅效果图见任务 5.1 的插图 20101

【知识导入】

1.4.1　建筑详图的形成和作用

建筑详图是建筑细部的施工图，是建筑平面图、立面图、剖面图的补充。因为立面图、平面图、剖面图的比例尺较小，建筑物上许多细部构造无法表示清楚，根据施工需要，必须绘制比例较大的图样才能表达清楚，这样的图称为建筑详图，也叫做大样图。其比例大，反映的内容详尽，常用的比例有 1：50、1：20、1：10、1：5、1：2、1：1 等。建筑详图一般有构件详图，如门窗详图、阳台详图等；局部构造详图，如楼梯详图、墙身详图等；以及装饰构造详图，如墙裙构造详图、门窗套装饰构造详图等三类详图。

下面介绍建筑施工图中常见的详图。

1. 外墙身详图

外墙身详图也叫外墙大样图,是建筑剖面图的局部放大图样,表达地面、楼层、屋面、檐口构造、楼板与墙的连接情况以及门窗顶、窗台、踢脚、防潮层、散水、明沟的尺寸、材料、做法等构造情况,是编制施工预算以及估算材料的重要依据。

多层房屋中的各层构造情况基本相同,一般只画墙脚、檐口和中间部分三个节点。门窗应采用标准图集中的图样,通常以省略方法作图。

2. 楼梯详图

楼梯是房屋中上下层之间的主要垂直交通工具,它除了满足基本的交通疏散之外,还应有坚固性与耐久性。目前最常用的楼梯是预制和现浇钢筋混凝土楼梯。楼梯主要由楼梯段、休息平台、栏杆和扶手、四部分组成,另外还有楼梯梁、预埋件等。楼梯按形式分有单跑楼梯、双跑楼梯、三跑楼梯、转折楼梯、弧形楼梯、螺旋楼梯等。因双跑楼梯具有构造简单、施工方便、节省空间等特点而被广泛应用。双跑楼梯的每层楼有两个梯段连接组合。楼梯按传力途径分有梁板式楼梯和板式楼梯,梁板式楼梯的荷载由梯段传至支撑梯段的斜梁,再由斜梁传至平台梁。板式楼梯的传力途径是荷载由板传至平台梁,由平台梁传至墙或梁,再传给基础或柱。由于楼梯构造复杂,而建筑平面图、立面图和剖面图所用比例较小,使得楼梯的很多构造无法表达清楚,因此,建筑施工图中都应绘制楼梯详图。

楼梯详图由楼梯平面图、楼梯剖面图和楼梯节点详图三部分构成。

(1)楼梯平面图。

楼梯平面图就是将建筑平面图中的楼梯间比例放大后的图样,常用比例为 1:50,包括楼梯底层平面图、楼梯标准层平面图和楼梯顶层平面图等。底层平面图是从第一个平台下方剖切的,将第一跑楼梯段断开(用倾斜 30°、45°的折断线表示),因此只画半跑楼梯,用箭头表示上或下的方向,以及一层和二层之间的踏步数量,如上 18,表示一层至二层有 18 个踏步。楼梯标准层平面图是从中间层房间窗台上方剖切,既要画出被剖切的上行部分梯段,还要画出由该层下行的部分梯段及休息平台。楼梯顶层平面图是从顶层房间窗台上方剖切的,没有剖切到楼梯段,因此平面图中应画出完整的两跑楼梯段及中间休息平台,并在梯口处注"下"及箭头。

(2)楼梯剖面图。

楼梯剖面图是用假想的铅垂剖切面通过各层的一个梯段和门窗洞口将楼梯垂直剖切,向另一未剖到的梯段方向投影,所得的投影图。楼梯剖面图主要表达楼梯踏步、楼梯平台、扶手栏杆的构造及相关尺寸,常用比例为 1:30、1:40、1:50。如各层楼梯构造相同,且踏步数量与尺寸相同,则楼梯剖面图可只画底层、中间层和顶层剖面图,其余部分用折断线将其省略。楼梯剖面图应注明各楼层面、平台面、楼梯间窗洞的标高、踏步的数量与高度、栏杆的高度等。

(3)楼梯节点详图。

楼梯节点详图一般包括第一梯段基础做法详图、踏步做法详图、栏杆立面做法及与梯段连接、与扶手连接的详图、扶手断面详图、梯段与平台梁的连接关系详图等。这些详图可弥补楼梯间平面图与剖面图在表达上的欠缺,其采用的比例通常有 1:1、1:2、1:5、1:10、1:20 等。

图 20158 所示①号节点详图是表明栏板、踏步的具体尺寸和做法,所用比例为 1:20,其断面的材料均用《国标》规定的符号画出。②号节点详图是表明踏步防滑条和楼梯底面装饰的构造做法。

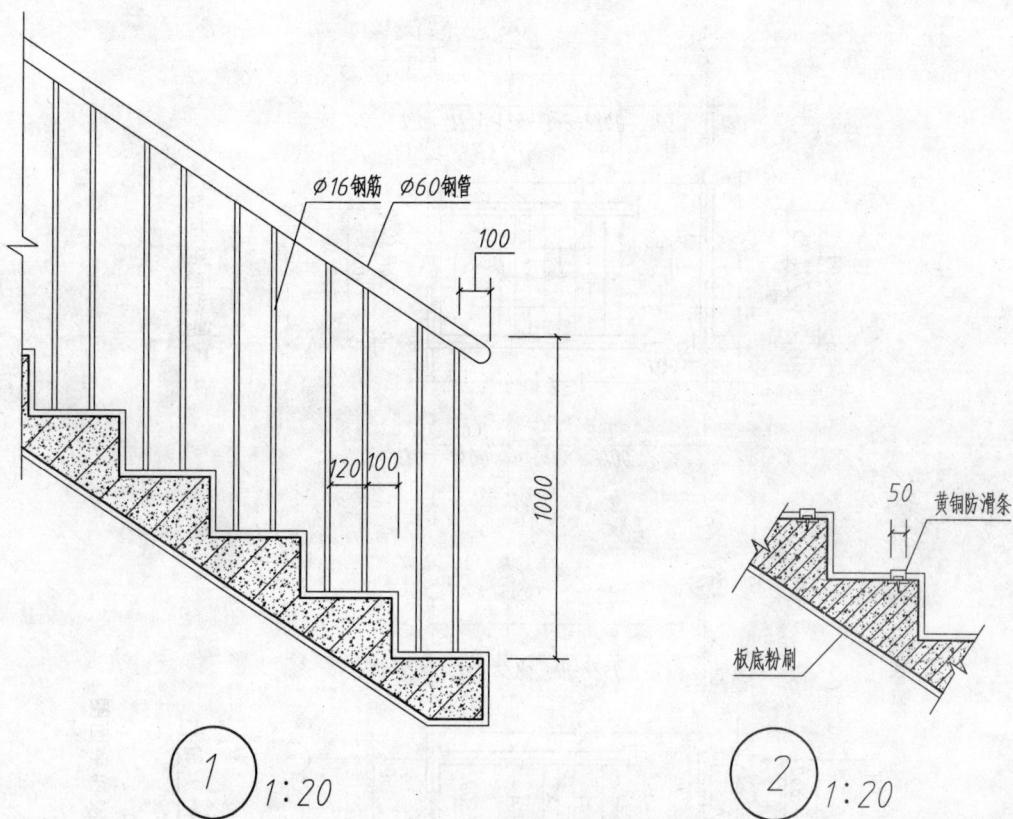

Ø16钢筋 Ø60钢管

100

120 100

1000

1:20

50 黄铜防滑条

板底粉刷

1:20

图 20158　节点详图

1.4.2　详图的图示内容

1. 外墙身详图的图示内容

（1）墙脚。外墙墙脚主要是指一层窗台及以下部分，包括散水、明沟、防潮层、踢脚、勒脚、一层地面等部分的形状、大小材料及其构造情况。

（2）中间部分。主要包括楼板层、门窗过梁、圈梁的形状、大小材料及其构造情况。还应表示出楼板与外墙的关系。

（3）檐口。表示屋顶、檐口、女儿墙、屋顶圈梁的材料、形状、大小及构造。

墙身大样图通常采用 1∶20 的比例绘制，由于比例较大，各部分的构造都应详细表达出来，并画出相应的图例符号。

2. 楼梯平面图的图示内容

（1）楼梯间的位置。用定位轴线表示。

（2）楼梯间的开间、进深、墙体的厚度。

（3）梯段的长度、宽度以及楼梯段上踏步的宽度和数量。通常把梯段长度尺寸和每个踏步宽度尺寸合并写在一起，如 12 × 280 mm = 3 360 mm，表示该梯段上有 12 个踏面，每个踏面的宽度为 280 mm，整跑梯段的水平投影长度为 3 360 mm，如图 20159 所示。

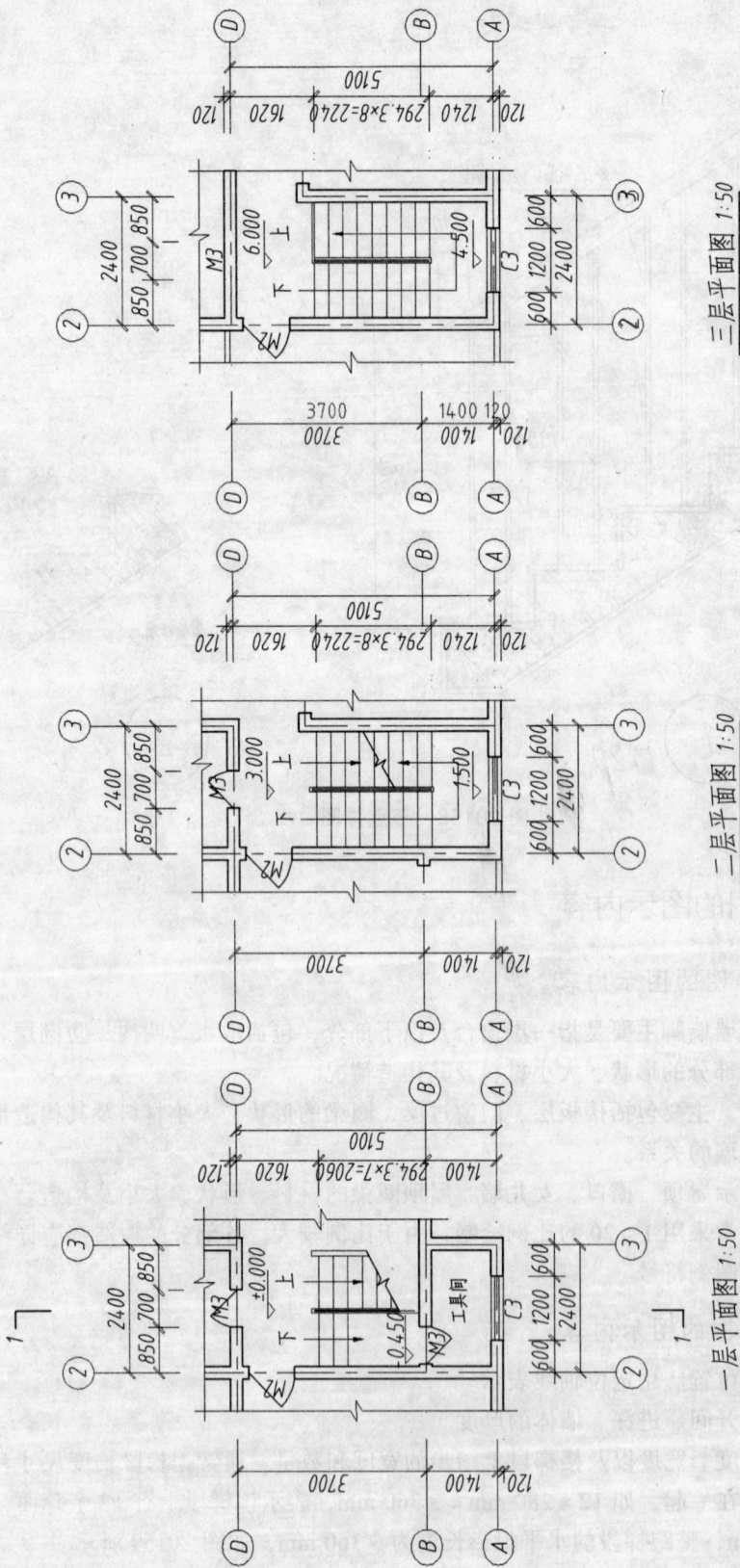

三层平面图 1:50

二层平面图 1:50

一层平面图 1:50

图 20159　楼梯平面图

296

（4）休息平台的形状和位置。

（5）楼梯井的宽度。

（6）各层楼梯段的起步尺寸。

（7）各楼层的标高、各平台的标高。

（8）在底层平面图中应注明楼梯剖面图的剖切符号。

【任务实施】

1.4.3　××花园3号别墅建筑详图的识读

1．外墙身详图的识读

图20160所示为××花园3号别墅Ⓕ轴的墙身大样图，识读时应按如下顺序进行：

（1）了解墙身详图的图名和比例。该图为某别墅Ⓕ轴线的大样图，比例为1：20。

（2）了解墙脚部分构造。从图中看到，Ⓕ轴墙脚处为一个三步台阶，台阶下有一暗沟，在墙身大样图中一般不再表示散水面、楼板的做法，而是将这部分做法放在工程做法表或节点详图中具体反映。

（3）了解中间节点。可知窗台高900 mm；楼板与过梁浇注成整体，楼板标高3.000 m、6.000 m、9.000 m。

（4）了解颇屋顶檐口部位。从图中可知该别墅挑檐的形状及尺寸，其屋面构造做法比较简单，直接贴青瓦形成防水层。

2．楼梯平面图的识读

现以图20159所示××花园3号的楼梯平面图为例说明其识读方法。

（1）了解楼梯间在建筑物中的位置。由图20159可知该别墅内部有一部楼梯，位于②—③轴线和③—⑤轴线与Ⓐ—Ⓓ轴线的范围内。

（2）了解楼梯间的开间、进深、墙体的厚度、门窗的位置。如图20161所示，该楼梯间开间为2 400 mm，进深为5 100 mm，墙体的厚度：内外墙均为240 mm，门窗居外墙中，洞宽都为1 200 mm。

（3）了解楼梯段、楼梯井和休息平台的平面形式、位置、踏步的宽度和数量和楼梯的走向。该楼梯为双跑式，梯段的宽度为1 035 mm，梯井宽度90 mm，平台的宽度为（1620 - 120）mm = 1 500 mm。底层楼梯段第一跑有7个踏步，踏步宽294.3 mm，整段楼梯水平投影长度为2 060 mm，底层从室内地面通往工具间有3个踏步，踏步宽同第一跑楼梯，为294.3 mm；楼梯的第二、三、四跑楼梯均为8个踏步，踏步宽294.3 mm，其楼梯水平投影长

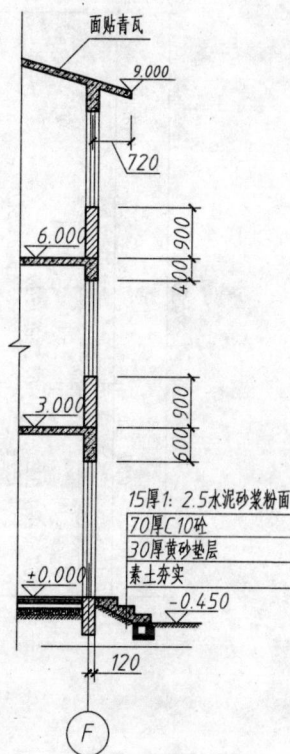

Ⓕ轴墙身大样图 1：20

图20160　墙身大样图

度均为 2 060 mm，二层休息平台的宽度为（1 240 − 120）= 1 120 mm，二层的楼层平台的宽度同底层平台宽度，为（1 620 − 120）mm = 1 500 mm。

（4）了解楼梯的走向：该楼梯走向如图 20161 中箭头所示，在一层楼梯平面图上，底层楼梯段第一跑向上，底层从室内地面通往工具间有 3 个踏步行走方向向下。

（5）了解楼梯段各层平台的标高：图中入口处地面标高为 ± 0.000 m，工具间地面标高为 − 0.450 m，其余中间平台标高分别为 1.500 m、4.500 m；其余楼层平台标高分别为 3.000 m、6.000 m。

（6）在底层平面图中了解楼梯剖面图的剖切位置及剖视方向。

3. 楼梯剖面图的识读

下面以图 20161 所示的 ×× 花园 3 号别墅楼梯剖面图为例，说明楼梯剖面图的识读方法。

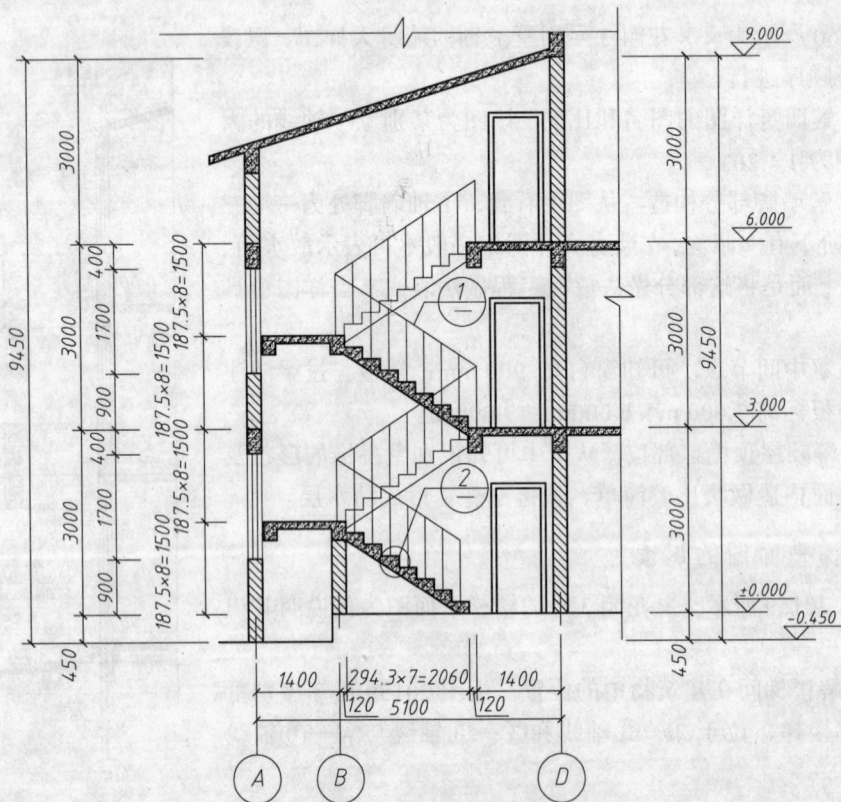

楼梯剖面图 1:100

图 20161　楼梯剖面图

（1）了解楼梯的构造形式，从图中可知该楼梯的结构形式为板式楼梯，双跑。

（2）了解楼梯的水平和竖向的有关尺寸：该别墅的楼梯进深为 5 100 mm，层高为 3 000 mm。

（3）了解楼梯段、平台、栏杆、扶手等的构造和用料说明。踏步和扶手的构造见索引的详图。

（4）被剖切梯段的踏步级数，由图 20161 可得 187.5 × 8 = 1 500 mm 表示从底层上到中间平台处共需上 8 个踏步，每步台阶的垂直高度为 187.5 mm，每跑楼梯的垂直高度为 1 500 mm。

（5）了解图中的索引符号，对照可知楼梯的细部构造做法。

298

1.4.4 ××花园 3 号别墅建筑详图的绘制

这里重点介绍楼梯剖面图和楼梯节点详图的绘制。

楼梯平面图实际上就是建筑平面图中楼梯间的局部放大,绘制方法在之前的绘制建筑平面图的操作演示中已提到过,将其绘制内容进一步细化即可得到楼梯平面图。

楼梯剖面图是用来表示各楼层及休息平台的高程、梯段踏步及各种构配件的竖向布置和构造情况。由底层楼梯平面图可知剖切位置和剖视方向。

1. 绘制内容

楼梯剖面图所需绘制的内容与建筑剖面图相似,主要包括:

(1)图名、比例。

(2)必要的轴线以及各自的编号。

(3)房屋的层数、楼梯的梯段数、踏步数。

(4)被剖切到的门窗、梁、板、平台、阳台、地面等。

(5)剖切处各种构配件的材质符号。

(6)一些虽然没有被剖切到,但是可见部分的构配件,如室内外的装饰和与剖切平面平行的门窗图形、楼梯段、栏杆的扶手等。

(7)可见的部分的勒脚和踢脚。

(8)楼梯的竖向尺寸和各处的高程等。

(9)详图的索引符号。

(10)文字说明等。

2. 绘制要求

(1)图名和比例。

楼梯剖面图应与楼梯平面图选取相同的比例,与建筑剖面图的比例基本一致。节点详图采用 1∶10、1∶20 等较大比例绘制。

楼梯剖面图的剖切符号的编号可直接命名楼梯剖面图。如楼梯底层平面图中有剖切符号,其剖面图的命名应与剖切符号的编号一致。

(2)图线。

凡是剖切到的墙、板、梁等构件的轮廓线用粗实线表示,没有剖切到的其他构件的投影线用细实线表示。

(3)图例。

剖面图中的门窗等构配件也可采用国家标准规定的图例表示。

(4)尺寸标注与其他标。

楼梯剖面图中应标出必要的尺寸。节点图需清楚地表达出细小的构造尺寸,而在之前的平面图和剖面图中出现过的尺寸可以不加标注。

(5)详图索引符号。

楼梯剖面图中,某些不能详细表达部位,可在该处画上详图索引符号,另用节点详图表示其细部构造。

3. 绘制方法

（1）绘制各定位轴线、墙身线、室内外地坪线、休息平台和顶面线。

（2）确定休息平台的宽度和梯段的起步点。

（3）依据楼梯踏步的宽度、步数和高度绘制楼梯的踏步。

（4）绘制楼梯板、平台板、楼梯梁、栏杆扶手等轮廓。

（5）绘制门窗洞、檐口及其他细节。

（6）尺寸标注、高程及文字说明等。

（7）绘制节点详图。

4. 绘制过程

下面以图 20161 所示的××花园 3 号别墅的楼梯剖面图为例，介绍楼梯剖面图的具体绘制步骤。

（1）设置绘图环境。

楼梯剖面图的绘图环境设置与绘制建筑剖面图的绘图环境设置相同，这里不再介绍。

（2）绘制与楼梯相关的定位图线。

① 绘制定位轴线。

② 绘制室内外地坪线，如图 20162 所示。

※在线动画链接：别墅楼梯剖面图的绘制——绘制与楼梯相关的定位图线（http://218.65.5.218/jz/JZ17/xm5/JZ1-38.html）。

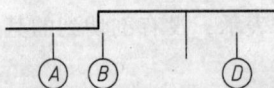

图 20162　楼梯剖面图的绘制（1）　　图 20163　楼梯剖面图的绘制（2）

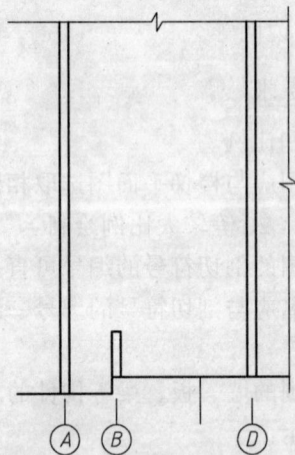

（3）绘制内外墙。

选择墙体图层，绘制内外墙图线和折断线，如图 20163 所示。

※在线动画链接：别墅楼梯剖面图的绘制——绘制内外墙图线（http：//218.65.5.218/jz/JZ17/xm5/JZ1-39.html）。

（4）绘制屋顶、楼板和梁。

选择相应的图层，绘制屋顶、楼板和梁图线。若是高层建筑，绘制完标准层的楼板和梁后可向上复制或矩形阵列，如图 20164 所示。

※在线动画链接：别墅楼梯剖面图的绘制——绘制屋顶等图线（http：//218.65.5.218/jz/JZ17/xm5/JZ1-40.html）。

（5）绘制门窗。

选择相应的图层，绘制窗 C-3 的剖面图和门 M-2 的立面图，如图 20165 所示。

※在线动画链接：别墅楼梯剖面图的绘制——绘制门窗（http：//218.65.5.218/jz/JZ17/xm5/JZ1-41.html）。

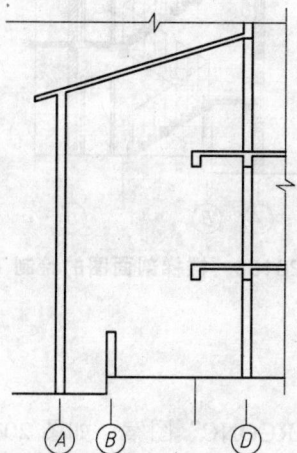

图 20164　楼梯剖面图的绘制（3）　　　　图 20165　楼梯剖面图的绘制（4）

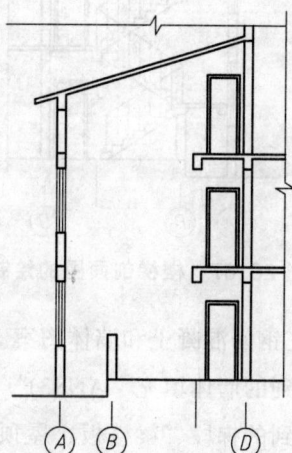

快速完成这五步的方法是将上一任务绘制的建筑剖面图打开，删除与楼梯剖面图无关的图线，并做些适当的修改就可达到图 20165 所示的效果。

（6）绘制休息平台。

选择相应的图层，绘制休息平台的楼板和梁。休息平台的边缘至梯段起步点的水平距离 = 踏步宽 ×（踏步数 – 1），高度 = 踏步高 × 踏步数，如图 20166 所示。

※在线动画链接：别墅楼梯剖面图的绘制 —— 绘制休息平台（http：//218.65.5.218/jz/JZ17/ xm5/JZ1-42.html）。

（7）绘制楼梯。

① 按上述的计算公式确定底层梯段踏步的起点，然后用"Line"命令绘制第一个踏步。

② 用"Copy"命令将已绘制的踏步逐个复制，直到第一个休息平台。

③ 用"Mirror"命令，将第一梯段的踏步以第一个休息平台的表面为镜像线进行镜像复制，得到第二梯段。

④ 用"Line"和"Offset"命令完成楼梯坡度线的绘制。

⑤ 绘制扶手和栏杆，并进行细部修正。

⑥ 将绘制好的底层楼梯逐层向上复制，如图 20167 所示。

图 20166　楼梯剖面图的绘制（5）

※在线动画链接：别墅楼梯剖面图的绘制—— 绘制楼梯（http：//218.65.5.218/jz/JZ17/xm5/JZ1-43.html）。

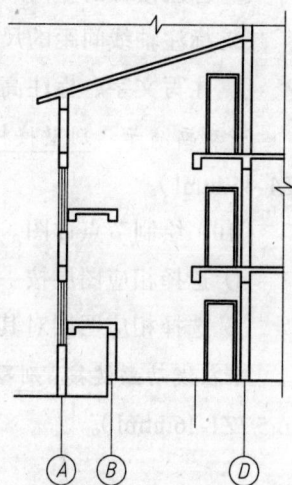

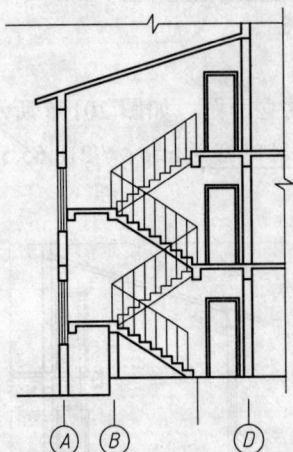

图 20167 楼梯剖面图的绘制（6）

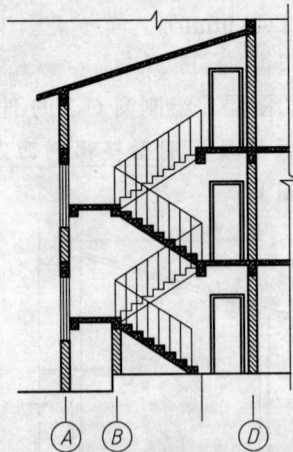

图 20168 楼梯剖面图的绘制（7）

（8）填充钢筋混凝土和墙体图案。

① 剖切到的墙体填充 "ANS31" 图案。

② 剖切到的梯段、梁楼板、屋顶填充 "ANS31 + ARCONC" 图案，如图 20168 所示。

※动画演示：*别墅楼梯剖面图的绘制——填充图案*（http：//218.65.5.218/jz/JZ17/xm5/
JZ1-44.html）。

（9）尺寸标注、注写文字及相关符号的标注。

① 标注楼梯的竖向尺寸、标注层高尺寸。

② 标注轴线间距的尺寸和楼梯的水平尺寸。

③ 注写文字、标注高度、轴线编号和索引符号等。

※动画演示：*别墅楼梯剖面图的绘制—— 尺寸标注等*（http：//218.65.5.218/jz/JZ17/xm5/
JZ1-45.html）。

（10）绘制节点详图。

① 选择相应图层按一般的作图顺序绘制详图的轮廓、细节。

② 选择相应图层对其加以标注和注写文字。

※在线动画链接：*别墅楼梯剖面图的绘制——绘制节点详图*（http：//218.65.5.218/jz/JZ17/
xm5/JZ1-46.html）。

【思考与练习】

1. 简述外墙身详图的图示内容。

2. 简述楼梯平面详图的图示内容。

3. 简述楼梯剖面详图的图示内容。

实训 17　绘制楼梯剖面图和楼梯剖面详图

1．实训目的与要求

（1）熟悉楼梯剖面图和楼梯剖面详图的绘制内容、绘制要求和绘制方法。

（2）熟练掌握楼梯剖面图和楼梯详图的绘制方法和步骤。

2．实例及操作指导

本实训是绘制楼梯剖面图和楼梯剖面详图，在绘图前请仔细阅读在任务 5.4 中所叙述的绘制内容、绘制要求、绘制方法和过程，并仔细观摩课程网站所提供的用屏幕录像专家软件分段录制的绘制楼梯剖面图的操作演示，以进一步熟悉其绘制内容、绘制要求和绘制方法。

3．实训内容

训练 1　绘制图 20161 所示的楼梯剖面图，将文件保存为"实训 20161.dwg"。

训练要求：

（1）调用"A3.dwt"模板文件，按绘制建筑剖面图的需要添加适当的图层。

（2）将图框和标题栏移至布局 1 并设置。

（3）在图纸空间打印出图。

训练 2　绘制图 SX43 所示的楼梯剖面详图，将文件保存为"SX43.dwg"。

要求：同训练 1。

实训 18　绘制其他建筑详图

1．实训目的与要求

熟练掌握绘制建筑详图的方法和步骤。

2．实例及操作指导

例题 1　绘制图 SX44 所示的混凝土踏步详图（对应的索引符号见图 20113）。

要求：按图示的内容绘制图样，全局比例 1∶20，使用图纸空间打印出图。文件保存为"SX44.dwg"。

主要操作步骤如下：

（1）调用"A4.dwt"模板文件，将图框和标题栏移至布局 1，文件保存为"SX65.dwg"。

（2）用粗实线绘制剖切到的轮廓，用细实线绘制台阶的面层线及其他图线。

（3）标注尺寸（全局比例 20）、高程符号等。

（4）填充材料图例，台阶面层填充图案"AR-SAND"、台阶填充图案"AR-CONC"、素土填充图案"AR-HBONE"。

（5）注写文字说明、详图符号、图名和比例。

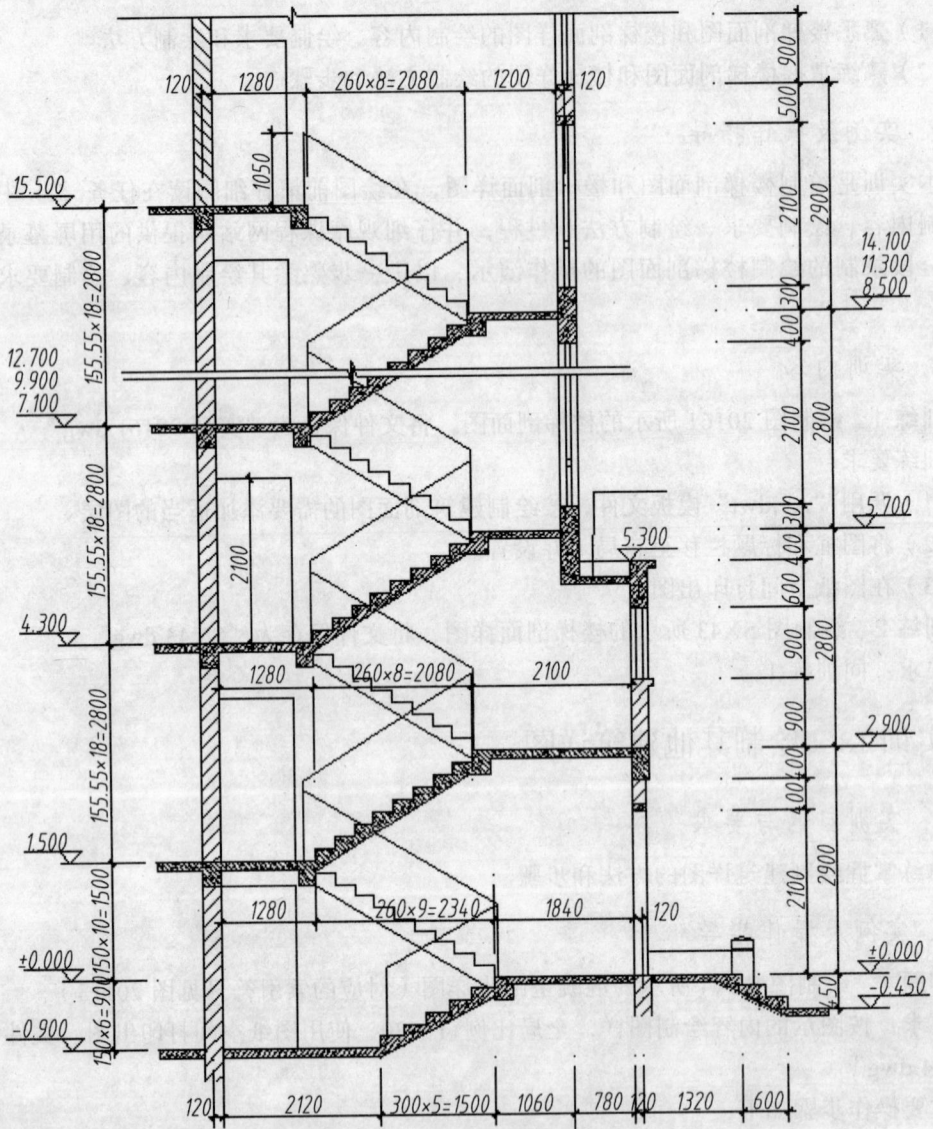

楼梯详图 1:50

图 SX43 楼梯剖面详图

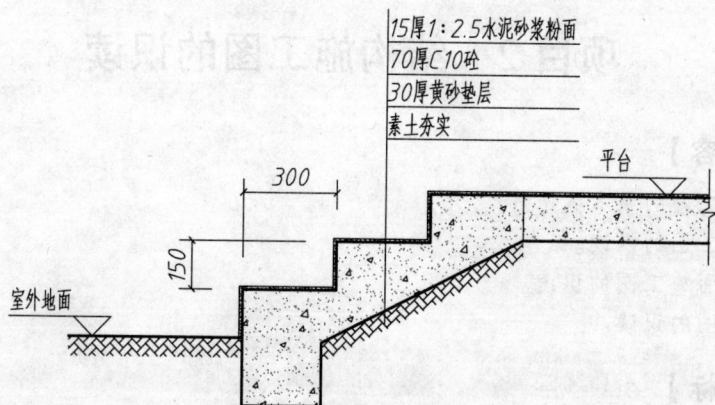

15厚1：2.5水泥砂浆粉面
70厚C10砼
30厚黄砂垫层
素土夯实

平台

300

150

室外地面

② 砼踏步 *1:20*

图 SX44 混凝土踏步详图

（6）按实训14所述的操作过程，对布局1进行页面设置，创建视口（1：20显示混凝土踏步详图），预览打印效果。

3．实训内容

训练1 绘制图 SX45 所示的砖砌暗沟和混凝土散水详图（对应的索引符号见图20113）。
训练要求：
（1）调用文件"SX18-1.dwg"，添加适当的图层，保存为"SX18-a.dwg"。
（2）按图示的内容在模型空间继续绘制图样，全局比例1：20。
（3）使用图纸空间打印出图。

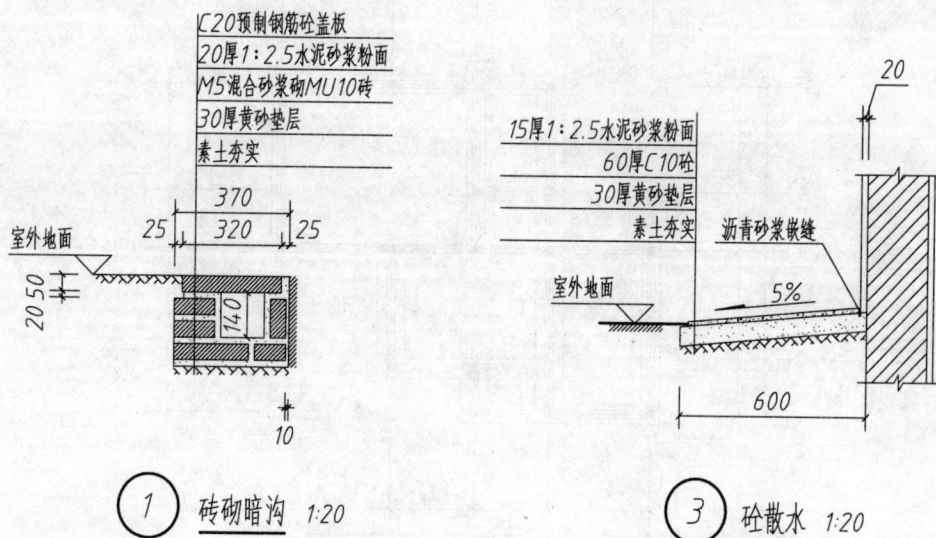

C20预制钢筋砼盖板
20厚1：2.5水泥砂浆粉面
M5混合砂浆砌MU10砖
30厚黄砂垫层
素土夯实

15厚1：2.5水泥砂浆粉面
60厚C10砼
30厚黄砂垫层
素土夯实

20

室外地面

室外地面

370
25 320 25

140

5%

沥青砂浆嵌缝

20 50

10

600

① 砖砌暗沟 *1:20*

③ 砼散水 *1:20*

图 SX45 砖砌暗沟和混凝土散水详图

项目 2 结构施工图的识读

【学习内容】

1. 结构施工图的基本概念。
2. 基础施工图的识读。
3. 结构平面施工图的识读。
4. 结构详图的识读。

【学习目标】

1. 知识目标

了解结构施工图的概念及作用；熟悉基础平面图、结构平面图、钢筋混凝土构件及楼梯结构的形式和表达方法。

2. 能力目标

能正确识读基础平面图、结构平面图、钢筋混凝土构件图、楼梯结构图。

任务 2.1 ××花园别墅基础施工图的识读

【任务载体】

××花园 3 号别墅基础施工图（见图 20201），别墅效果图 20101。

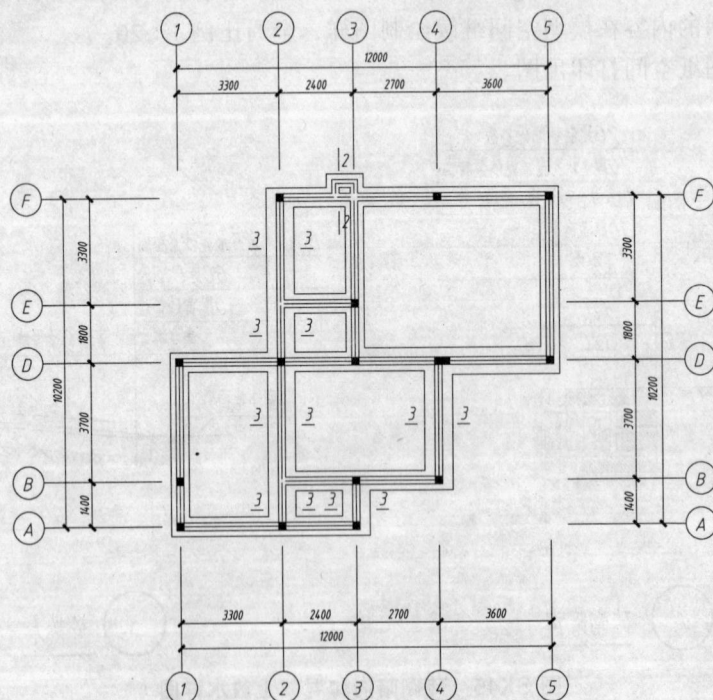

图 20201 ××花园别墅基础施工图

【知识导入】

2.1.1 结构施工图的基本概念

1．结构施工图简介

结构设计就是根据建筑设计的要求。经过结构选型、构件布置及结构计算，决定房屋各承重构件（如基础、梁、板、柱等）的材料、形状、大小和内部构造等，并把这些设计结果绘制成图样，用以指导施工，这样的图样称为结构施工图，简称"结施"。

结构施工图是施工放线、挖槽、支模板、绑钢筋、设置预埋件、浇捣混凝土和安装梁、板、柱以及编制预算与施工进度计划的重要依据。结构设计时要根据建筑要求选择结构类型，并进行合理布置，再通过力学计算确定构件的断面形状、大小、材料及构造等。结构施工图必须与建筑施工图密切配合，两者不能矛盾。

2．结构施工图的内容（见图20202）

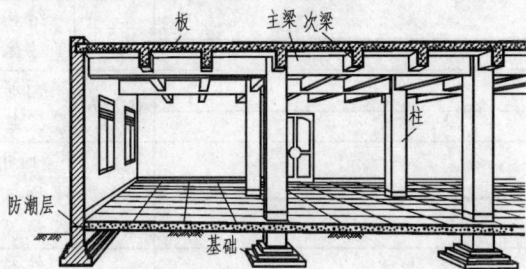

图 20202　钢筋混凝土结构示意图

结构施工图一般由结构设计说明、基础平面图、基础详图、楼层结构平面图、屋面结构平面图以及结构构件（如梁、板、柱、楼梯、屋架等）详图所组成。

（1）结构设计说明。

结构设计说明包括抗震设计与防火要求、地基与基础、地下室、钢筋混凝土各种构件、砖砌体、后浇带与施工缝等部分选用的材料类型、规格、强度等级和施工注意事项等内容。

（2）结构平面图。

① 基础平面图。

基础平面图是表示基础部分的平面布置的图样，工业建筑还包括设备基础布置图。

② 楼层结构平面布置图。

楼层结构平面布置图是表示楼层结构构件平面布置的图样，工业建筑还包括柱网、吊车梁、柱间支撑、连系梁布置等。

③ 屋面结构平面图。

屋面结构平面图是表示屋面处结构构件平面布置的图样，工业建筑还包括屋面板、天沟板、屋架、天窗架及支撑布置等。

（3）构件详图。

① 梁、板、柱及基础结构详图。其中，基础详图与基础平面图应布置在一张图纸上，若图幅不够，应画在与基础平面图连续编号的图纸上。

② 楼梯结构详图。其中，基础详图与基础平面图应布置在一张图纸上；若图幅不够，应画在与基础平面图连续编号的图纸上。

③ 屋架结构详图。

④ 其他详图如支撑详图等

3. 结构施工图的相关规定及常用构件代号

（1）结构施工图的相关规定。

① 绘制结构图，应遵守《房屋建筑制图统一标准》（GB/T50001—2001）和《建筑结构制图标准》（GB/T50105—2001）的规定。

结构图的图线、线型、线宽应符合表 20201 的规定。

表 20201　主要线型

名称		线型示例	线宽	一般用途
实线	粗		b	螺栓、钢筋线、结构平面布置图中单线结构构件线及钢、木支撑线
	中		$0.5b$	结构平面图中及详图中剖到或可见墙体轮廓线、钢木构件轮廓线
	细		$0.25b$	钢筋混凝土构件的轮廓线、尺寸线，基础平面图中的基础轮廓线
虚线	粗		b	不可见的钢筋、螺栓线，结构平面布置图中不可见的钢、木支撑线及单线结构构件线
	中		$0.5b$	结构平面图中不可见的墙身轮廓线及钢、木构件轮廓线
	细		$0.25b$	基础平面图中管沟轮廓线，不可见的钢筋混凝土构件轮廓线
点画线	粗		b	垂直支撑、柱间支撑线
	细		$0.25b$	中心线、对称线、定位轴线
双点画线	粗		b	预应力钢筋线
折断线			$0.25b$	断开界线
波浪线			$0.25b$	断开界线

② 绘制结构图时，针对图样的用途和复杂程度，选用表 20202 中的常用比例，特殊情况下，也可适当调整。

表 20202　结构图常用比例

图名	常用比例	可用比例
结构平面布置图、基础布置图	1：50、1：100、1：200	1：150
圈梁平面图、管沟平面图等	1：200、1：500	1：300
详图	1：10、1：20、1：50	1：5、1：25、1：30、1：40

③ 其他规定。

结构图上的轴线及编号应与建筑施工图相一致。

结构图上的尺寸标注应与建筑施工图相符合,但结构图所标注的尺寸是结构的实际尺寸,即不包括结构表层粉刷或面层的厚度。

结构图应用正投影法绘制。

（2）结构施工图的常用构件代号。

常用构件代号是用各构件名称的汉语拼音第一个字母表示的。《建筑结构制图标准》（GB/T50105—2001）规定的常用构件代号如表 20203 所示。

表 20203　常用构件代号

序号	名　称	代号	序号	名　称	代号	序号	名　称	代号
1	板	B	19	圈梁	QL	37	承台	CT
2	屋面板	WB	20	过梁	GL	38	设备基础	SJ
3	空心板	KB	21	过系梁	LL	39	桩	ZH
4	槽形板	CB	22	基础梁	JL	40	挡土墙	DQ
5	折板	ZB	23	楼梯梁	TL	41	地沟	DG
6	密肋板	MB	24	框架梁	KL	42	柱间支撑	ZC
7	楼梯板	TB	25	框支梁	KZL	43	垂直支撑	CC
8	盖板	GB	26	屋面框架梁	WKL	44	水平支撑	SC
9	挡雨板	YB	27	檩条	LT	45	梯	T
10	吊车安全道板	DB	28	屋架	WJ	46	雨篷	YP
11	墙板	QB	29	托架	TJ	47	阳台	YT
12	天沟板	TGB	30	天窗架	CJ	48	梁垫	LD
13	梁	L	31	框架	KJ	49	预埋件	M
14	屋面梁	WL	32	刚架	GJ	50	天窗端壁	TD
15	吊车梁	DL	33	支架	ZJ	51	钢筋网	W
16	单轨吊车梁	DDL	34	柱	Z	52	钢筋骨架	G
17	轨道连接	DGL	35	框架柱	KZ	53	基础	J
18	车挡	CD	36	构造柱	GZ	54	暗柱	AZ

2.1.2　钢筋混凝土构件图

1. 钢筋混凝土的基本知识

（1）钢筋混凝土的基本概念。

混凝土:由水泥、砂、石子和水按一定比例伴合,经搅拌、成型、养护后凝固而成的水泥石。它受压能力好，但抗拉能力差，容易因受拉而断裂。

钢筋混凝土：由于混凝土的抗拉强度比抗压强度低得多，一般仅为抗压强度的 1/10 ~ 1/20，而钢筋不但具有良好的抗拉强度，而且与混凝土有良好的黏合力，其热膨胀系数与混凝土相近。为提高混凝土的抗拉性能，因此常在混凝土受拉区域内，加入一定数量的钢筋，使两种材料粘结成一个整体，共同承受外力。这种配有钢筋的混凝土，称为钢筋混凝土。由钢筋混凝土制成的梁、板、柱、基础等构件，称为钢筋混凝土构件，它能够大大提高构件的承载能力，减小构件的断面尺寸。

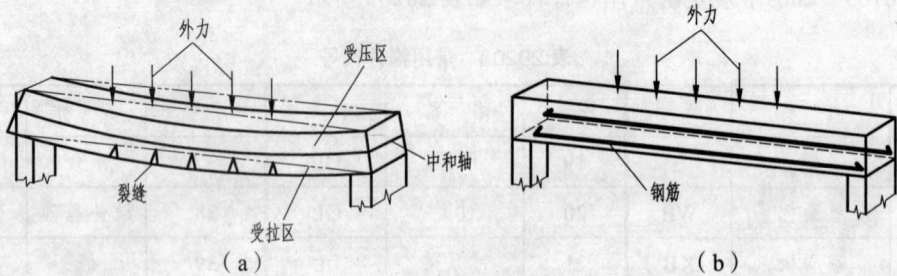

图 20203　钢筋混凝土梁受力示意图

如图 20203 所示的两端支承在砖墙上的钢筋混凝土的简支梁，将所需的纵向钢筋均匀地放置在梁的底部与混凝土浇筑在一起，梁在匀布荷载的作用下产生弯曲变形。

钢筋混凝土构件有现浇和预制两种。现浇指在建筑工地现场浇制，预制指在预制品工厂先浇制好，然后运到工地进行吊装，有的预制构件也可在工地上预制，然后吊装。

（2）混凝土的等级和钢筋的品种和代号。

普通混凝土按其抗压强度不同分为 C7.5、C10、C15、C20、C25、C30、C35、C40、C45、C50、C55、C60、C65、C70、C75、C80 等 16 个强度等级，等级越高，混凝土抗压强度也越高。

钢筋混凝土构件所使用的钢筋种类很多，按其强度和品种分为不同的等级，如表 20204 所示。

表 20204　常用钢筋种类

	种　类	符　号	d/mm
热轧钢筋	HPB300	φ	6 ~ 22
	HRB335、HRBF335	Φ、Φ_F	6 ~ 50
	HRB400、HRBF400、RRB400	Φ、Φ_F、Φ_R	6 ~ 50
	HRB500、HRBF500	Φ、Φ_F	6 ~ 50

（3）钢筋的作用和分类。

在钢筋混凝土构件中所配置的钢筋，按其作用不同可分为以下几种，如图 20204 所示。

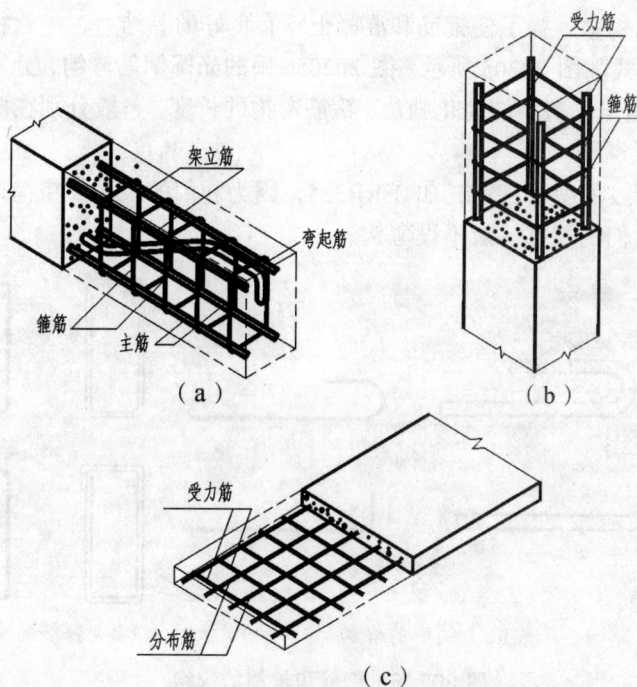

图 20204　钢筋混凝土配筋示意图

受力筋——主要承受构件中的拉力或压力，配置在梁板柱等承重构件中。

箍筋——主要用来固定受力钢筋的位置，并承受剪力，一般用于梁或柱中。

架立筋——主要用来固定箍筋的位置，形成构件的钢筋骨架。

分布筋——主要使外力均匀地分布到受力筋上，并固定受力筋的位置，一般用于钢筋混凝土板中。

构造筋——因构件的构造要求和施工安装需要配置的钢筋。架立筋和分布筋也属于构造筋。

（4）钢筋的弯钩及保护层。

为了保证钢筋与混凝土的黏结力，并防止钢筋的锈蚀，在钢筋混凝土构件中，从钢筋的外边缘到构件表面应有一定厚度的混凝土，该混凝土层称为保护层。一般梁柱的保护层厚度为 25～30 mm，板中保护层厚度为 15～20 mm，如表 20205 所示。

表 20205　钢筋混凝土构件钢筋保护层的厚度

环境条件	构件类别	混凝土强度等级		
		≤C20	C25 和 C30	≥C35
室内正常环境	板、墙、壳	15		
	梁和柱	25		
露天或室内高温度环境	板、墙、壳	35	25	15
	梁和柱	45	35	25

在钢筋混凝土结构中，为了使钢筋和混凝土具有良好的黏结力，一般将在光圆钢筋的端部应做成弯钩，其形式如图 20205 所示。图 20205a 中的光圆钢筋弯钩，分别标注了弯钩的尺寸；图 20205b 中仅画出了箍筋的简化画法，箍筋弯钩的长度，一般分别在两端各伸长 50 mm 左右。

对于表面有月牙纹的变形钢筋，如 HRB335，因为它们的表面较粗糙，能和混凝土产生很好的黏结力，故它们的端部一般不设弯钩。

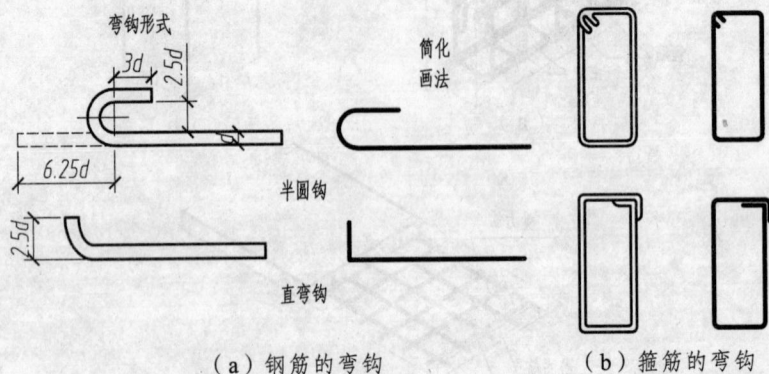

（a）钢筋的弯钩   （b）箍筋的弯钩

图 20205 钢筋和箍筋的弯钩

（5）钢筋的一般表示方法。

为了突出表示钢筋的配置状况，在构件的立面图和断面图上，轮廓线用中实线或细实线画出，图内不画材料图例，而用粗实线（在立面图）和黑圆点（在断面图）表示钢筋，并要对钢筋加以说明标注。钢筋的一般表示方法应符合表 20206 的规定。

表 20206 一般钢筋常用图例

序号	名称	图例	说明
1	钢筋横断面	•	
2	无弯钩的钢筋端部		下图表示长、短钢筋投影重叠时，短钢筋的端部用 45°斜划线表示
3	带半圆形弯钩的钢筋端部		
4	带直钩的钢筋端部		
5	带丝扣的钢筋端部		
6	无弯钩的钢筋搭接		
7	带半圆弯钩的钢筋搭接		
8	带直钩的钢筋搭接		
9	花篮螺丝钢筋接头		

（6）钢筋的标注。

钢筋的标注一般用引出线方式，具体如下：

312

① 标注钢筋的根数、级别和直径时，如图 20206 所示。

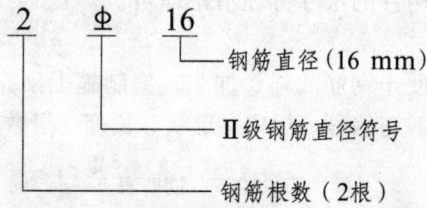

图 20206　标注钢筋的根数、级别和直径

② 标注钢筋的级别、直径和相邻钢筋的间距时，如图 20207 所示。

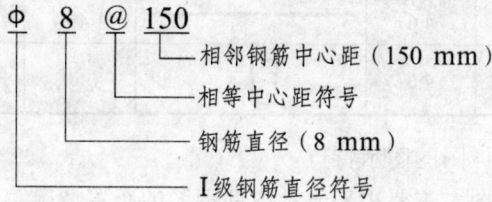

图 20207　标注钢筋的级别、直径和相邻钢筋的间距

③ 钢筋的编号。构件中的钢筋，凡等级、直径、形状、长度等要素不同时，一般应编号，并将数字写在 6mm 的细实圆中，且将编号圆绘在引出线的端部，如图 20208 所示。

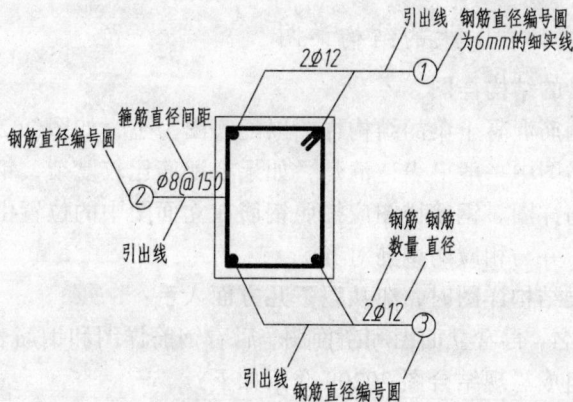

图 20208　钢筋的编号

2. 钢筋混凝土构件详图的内容和图示特点

（1）钢筋混凝土构件详图的内容。

钢筋混凝土构件详图，一般包括模板图、配筋图、钢筋表和预埋件详图。

① 配筋图主要用来表示构件内部的钢筋配置、形状、规格、数量等，是构件详图的主要图样。配筋图一般包括立面图、断面图和钢筋详图。

② 模板图也称外形图，它主要表达构件的外部形状、几何尺寸和预埋件代号及位置。它

适用于较复杂的构件，以便于模板的制作和安装。对于形状简单的构件，一般不必单独绘制模板图，只需在配筋图上把构件的尺寸标注清楚即可。

③ 钢筋表。

钢筋表的设置，主要是便于钢筋放样、加工、编制施工预算，同时也便于识图。其内容一般包括构件名称、数量与钢筋编号、规格、形状、长度、根数、重量等，如表 20207 所示。

表 20207　钢筋表

构件名称	构件数	钢筋编号	钢筋规格	简图	长度/mm	每件支数	总支数	累计质量/kg
L1	1	1	φ12		3 640	2	2	7.41
		2	φ12		4 204	1	1	4.45
		3	φ6		3 490	2	2	1.55
		4	φ6		650	18	18	2.60

（2）钢筋混凝土构件详图的图示特点。

构件的立面图和断面图，主要用来表示内部钢筋的布置情况。轮廓线用中实线或细实线画出，在立面图上用粗实线表示钢筋，在断面图上用黑点表示钢筋。箍筋用中实线表示，图内不画材料图例。为了清楚的表示构件的立面图和断面图，假想构件是透明的，即可在立面图上看到钢筋的立面形状和上下布置情况；在断面上看到钢筋的上下布置情况、箍筋的形状及与其他钢筋的关系。立面图和断面图上都应标出钢筋编号、直径和间距，并且应保持一致。

3. 钢筋混凝土梁、柱、板的结构详图

（1）钢筋混凝土梁的结构详图。

梁是受弯构件，钢筋混凝土梁的结构详图以配筋图为主，如图 20209 所示。

钢筋的形状在配筋图中一般已表达清楚，如果在配筋比较复杂，钢筋重叠无法看清时，应在配筋图外另加钢筋详图。钢筋详图应按照钢筋在立面图中的位置由上而下，用同一比例排列在配筋图的下方，并与相应的钢筋对齐。

阅读钢筋混凝土梁结构详图时，应从以下几方面入手：

① 读图时先看图名，再看立面图和断面图，后看钢筋详图和钢筋表。梁内的钢筋由受力筋、架立筋和箍筋所组成。现结合图 20209 介绍如下：

a. 受力筋（架立筋）。在梁的跨中下部配置 3 根受力筋（3φ14）承受拉力，梁的上部配置 2 根通长钢筋（2φ12）承受压力（或构造架立作用）。为了抵抗梁端部的斜向拉力，防止出现斜裂缝，常将一部分受力主筋在端部弯起，称作弯起钢筋（图中弯起 1φ14）。

b. 箍筋是将梁的受力主筋和架立筋连接在一起构成骨架的钢筋，它也能抑制斜裂缝的出现（图中 φ6@200）。

② 从立面图中的剖切位置线了解断面图的剖切位置。通过断面图，了解梁的断面形状、钢筋布置和变化情况。

③ 从钢筋详图中，了解每种钢筋的编号、根数、直径、各段设计长度以及弯起角度。另外，从钢筋表中也可了解构件的名称、数量、钢筋规格、简图、长度、重量等。

314

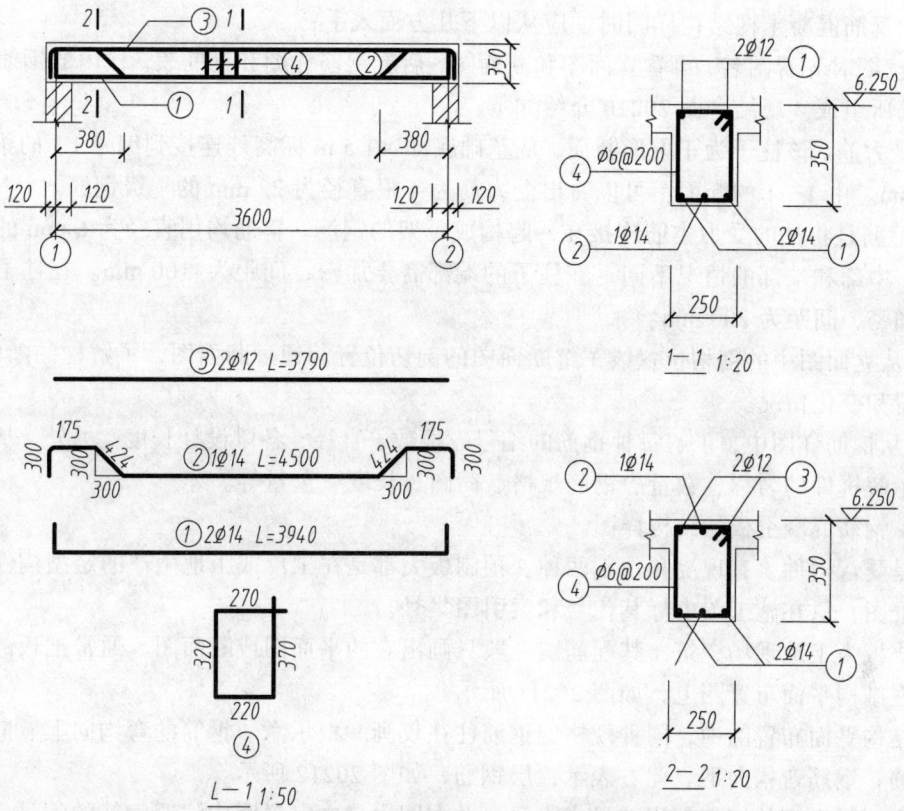

图 20209　钢筋混凝土梁的结构详图

（2）钢筋混凝土柱的结构详图。

柱是承重构件，钢筋混凝土柱的结构详图以配筋图为主，如图 20210 所示。

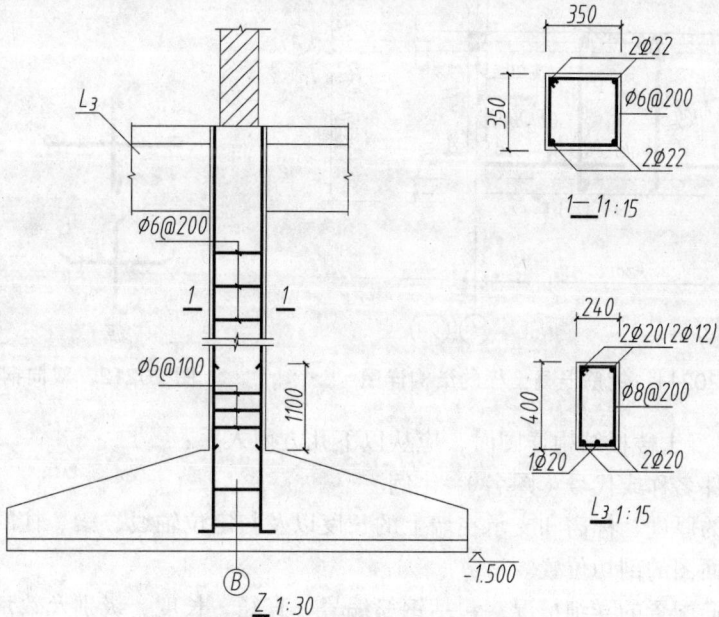

图 20210　钢筋混凝土柱的结构详图

阅读钢筋混凝土柱结构详图时，应从以下几方面入手：

① 读图时先看图名，再看立面图和断面图，后看钢筋详图和钢筋表。柱内的钢筋由受力筋和箍筋所组成。现结合图 20210 介绍如下：

a. 受力筋。该柱子为正方形断面，从基础底部 – 1.5 m 标高处连接到编号 L3 的梁，边长为 350 mm。由 1—1 的断面图可以看出受力筋为 4 根直径为 22 mm 的一级钢筋。

b. 箍筋是将柱的受力主筋连接在一起构成骨架的钢筋。箍筋均用直径为 6 mm 的一级钢筋，由于中部和端部的情况不同，在柱子的端部需要加密，间距为 100 mm。在柱子的中部不需要加密，间距为 200 mm。

② 从立面图中的剖切位置线了解断面图的剖切位置。通过断面图，了解柱的断面形状、钢筋布置和变化情况。

③ 从钢筋详图中，了解每种钢筋的编号、根数、直径、各段设计长度。另外，从钢筋表中也可了解构件的名称、数量、钢筋规格、简图、长度、重量等。

（3）钢筋混凝土板的结构详图。

板是受弯构件，有现浇和预制两种。预制板大都是在工厂或工地生产的定型构件，通常采用标准图，只在施工图中标其代号和索引图集号。

现浇板为工地现场浇筑，其配筋图一般只画出它的平面图或断面图。通常把板的配筋图直接画在结构平面布置图上，如图 20211 所示。

在结构平面布置图中，同种规格的钢筋往往仅画一根示意。钢筋的弯钩向上、向左表示底层钢筋；钢筋弯钩向下、向右表示顶层钢筋，如图 20212 所示。

板内不同类型的钢筋都用编号来表示，并在图中或文字说明中注明钢筋的编号、规格、间距等。钢筋编号写在细线圆圈内，圆圈直径为 6 mm。

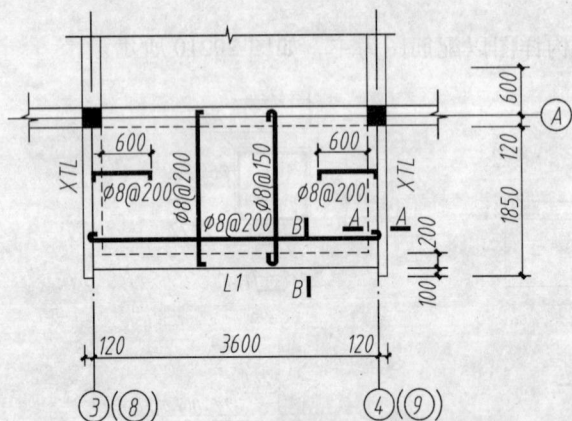

图 20211　钢筋混凝土板的结构详图　　图 20212　双向钢筋的表示方法

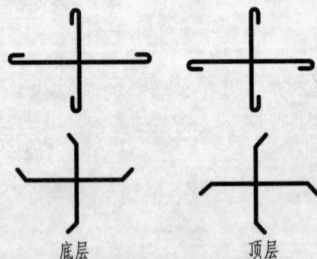

阅读钢筋混凝土楼板结构详图时，应从以下几方面入手：

① 了解构件名称或代号（图名）、比例。

② 了解板的厚度、标高和支承在墙上的长度以及与定位轴线、梁、柱的位置关系。

③ 了解断面图的剖切位置。

④ 弄清钢筋配置的详细情况，包括钢筋编号、直径、长度、级别及数量等。

316

2.1.3 钢筋混凝土构件的平面整体表示法

1. 平面整体表示法

1996 年 11 月 28 日，中华人民共和国建设部批准由山东省建筑设计研究院和中国建筑标准研究所编制的《混凝土结构施工图平面整体表示方法制图规则和构造详图》（96G101）图集作为国家建筑标准设计图集，并在全国推广使用。

平面整体表示法简称"平法"，是把结构构件的尺寸和配筋等，整体直接表达在该构件（钢筋混凝土柱、梁和剪力墙）的结构平面布置图上，再配合标准构造详图，构成完整的结构施工图。"平法"表示图面简洁、清楚、直观，图纸数量少，改变了传统的将构件从结构平面布置图中索引出来，再逐个绘制详图的繁琐方法，深受设计和施工人员欢迎。

在平面图上表示各构件尺寸和配筋值的方式有平面注写方式（标注梁）、列表注写方式（标注柱和剪力墙）和截面注写方式（标注柱和梁）三种。由于后两种方法与传统标注方式类似，下面以梁为例，简介其表示方法。

平面标注方式包括集中标注和原位标注两部分。集中标注表达梁的通用数值，原位标注表达梁的特殊数值。当集中标注中的某项数值不适合梁的某部位时，则将该项数值原位标注，施工时，原位标注取值优先。

2. 梁配筋的集中标注

梁集中标注的内容，有五项必注值和一项选注值（集中标注可以从梁的任意一跨引出），规定如下：

（1）梁编号。

（2）梁截面尺寸 $b \times h$（宽×高）。

（3）梁箍筋，包括钢筋级别、直径、加密区与非加密区间距及肢数。

（4）梁上部通长筋或架立筋配置。当同排纵筋中既有通长筋又有架立筋时，以加号"+"的形式相连。注写时将角部纵筋写在加号前面，架立筋写在加号后面的括号里；全部采用架立筋，将其写在括号里。当上下纵筋全跨相同且多数跨配筋相同时，此项可加注下部纵筋的配筋值，用分号";"隔开。

（5）梁侧面纵向构造钢筋或受扭钢筋配置。梁腹板高度大于 450 mm 时，须配置纵向构造钢筋，以大写字母 G 开头，接着注写梁两侧面的总配筋值，且为对称配置；当梁侧面需配置受扭钢筋时，以大写字母 N 开头，接着注写梁两侧面的总配筋值，且为对称配置。

（6）梁顶面标高高差，该项为选注值。梁顶面标高高差指梁顶面相对于结构层楼面标高的高度差，对于位于结构夹层的梁，指相对于结构夹层楼面标高的高度差。有高差时，写入括号内；无高差时，不作标注。

3. 梁配筋的原位标注

（1）梁支座上部纵筋，含通长筋在内的所有纵筋。

① 当上部纵筋多于一排时，用斜线"/"将各排纵筋自上而下分开。

② 当同排纵筋有两种直径时，用加号"+"将两种直径相连，注写时将角部纵筋写在前面。

③ 当梁中间支座两边的上部纵筋不同时，须在支座两边分别标注。当梁中间支座两边的

上部纵筋相同时，可仅在支座一边标注配筋，另一边省去不注。

（2）梁下部纵筋。

① 当下部纵筋多于一排时，用斜线"/"将各排纵筋自上而下分开。

② 当同排纵筋有两种直径时，用加号"＋"将两种直径的纵筋相连，且将角部钢筋写在前面。

③ 当梁下部纵筋不全伸入支座时，将梁支座下部纵筋减少的数量写在括号；如果全部伸入支座，不需再加括号。

④ 当梁的集中标注已经注写了梁上、下通长纵筋时，不需在梁下部重复做原位标注。

（3）附加箍筋或吊筋，将其直接画在平面图中的主梁上，用线引注总配筋值（附加箍筋的肢数注在括号里）；当多数附加箍筋或吊筋相同时，可在梁平法施工图上统一注明，少数和统一注明值不同时，再原位引注，如图20213所示。

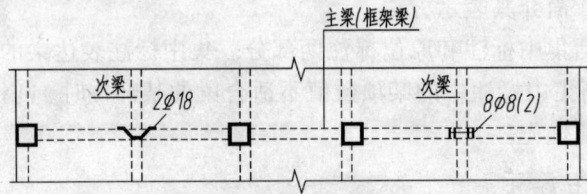

图20213　附加箍筋和吊筋的画法示例

4. 梁平面注写法示例

下面以一根钢筋混凝土框架梁为例，说明梁平面注写法的具体应用，如图20614所示。

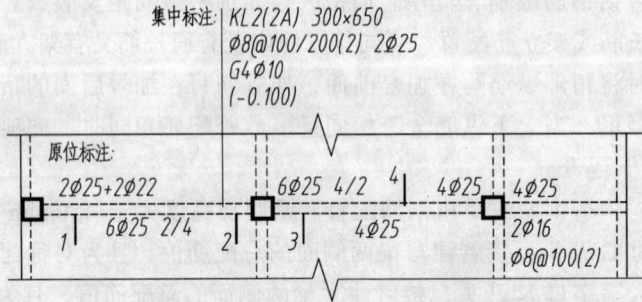

图20214　梁平面注写法示例

（1）KL2（2A）300×650。

KL表示这是一根框架梁，编号为2。共有两跨一端带悬挑（括号内数字2A），梁截面尺寸为300×650 mm。

（2）Φ8@100/200（2）2Φ25。

Φ8@100/200（2）表示箍筋直径为8 mm，Ⅰ级钢筋，加密区间距为100 mm，非加密区间距为200mm，均为双肢箍。

2Φ25表示梁的上部配有两根直径为25 mm的Ⅱ级钢筋，且为贯通筋。

（3）G4Φ10 表示梁两侧共配置 4 根直径为 10 mm 的构造钢筋。

（4）（－0.100）为选注内容. 表示梁顶面标高相对于结构层楼面标高的高度差，应写在括号里。当梁顶面标高高于结构层楼面标高时，高差为正；反之为负。此处表示该梁顶面标高比结构层楼面标高低 0.1 m。

（5）2Φ25＋2Φ22 表示该处放置了集中标注的 2Φ25 上部角部通长钢筋，还放置了 2Φ22 的端部支撑钢筋，且放置在上部中间。

（6）6Φ25 4/2 表示中部支座上部钢筋有两排，上部 4 根，且有两根是原位标注的通长钢筋；下部两根，全部伸入支座。

（7）4Φ25 表示两跨梁的底部都配有 4Φ25 的通长钢筋（全伸入支座）。

（8）2Φ16 Φ8@100（2）：

① 2Φ16 表示梁的悬挑端的底部都配有 2Φ16 的通长钢筋。

② Φ8@100（2）表示箍筋直径为 8 mm，Ⅰ级钢筋，间距为 100 mm，均为双肢箍。

2.1.4 基础施工图的识读

基础施工图是表示建筑物在相对标高 ±0.000 以下基础部分的平面布置和详细构造的图样。它是施工时在地基上放线，确定基础结构的位置、开挖基坑和砌筑基础的依据。基础施工图一般包括基础平面图、基础详图及文字说明三部分。在民用建筑中，最常见的基础类型有条形基础和独立基础，如图 20215 所示。

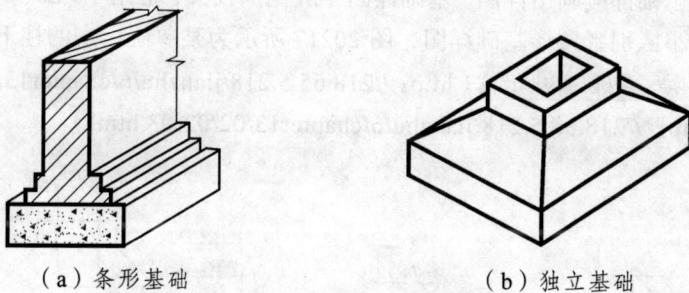

（a）条形基础　　　　　　　　（b）独立基础

图 20215　常见的基础类型

1. 基础平面图

（1）基础平面图形成与表达。

基础平面图是用一个假想的水平剖切平面沿房屋底层室内地面附近将整幢房屋剖开，移去剖切平面以上的房屋和基础四周的土层，向下作正投影所得到的水平剖面图。

在基础平面图中，只画出剖切到的基础墙、柱轮廓线（用中实线表示）和投影可见的基础底部的轮廓线（用细实线表示）以及基础梁等构件（用粗点画线表示），而对其他的细部如砖砌大放脚的轮廓线均省略不画。基础平面图中采用的比例、图例以及定位轴线编号和轴线尺寸应与建筑平面图一致。

（2）基础平面图的识读。

阅读基础平面图时，应从以下几方面入手：

① 了解图名和比例。

② 了解基础的平面布置、基础底面宽度以及与定位轴线的关系及轴线间的尺寸。

③ 了解基础墙（或柱）、基础梁、±0.000以下预留孔洞的平面位置、尺寸、标高等情况。

④ 了解基础断面图的剖切位置及其编号。

⑤ 通过文字说明，了解基础的用料、施工注意事项等情况。

⑥ 识读基础平面图时，要与其他有关图样相配合，特别是首层平面图和楼梯详图，因为基础平面图中的某些尺寸、平面形状、构造等情况已在这些图中表达清楚。

（3）基础平面图的绘图步骤。

① 画出与建筑平面图相一致的定位轴线。

② 画出基础墙（或柱）的边线及基础底部边线。

③ 画出不同断面图的剖切线及其编号。

④ 画出其他细部。

⑤ 标注轴线间的尺寸、基础及墙（或柱）的平面尺寸等。

⑥ 注写有关文字说明。

2．基础详图

（1）基础详图形成与作用。

基础详图是用铅垂剖切平面沿垂直于定位轴线方向切开基础所得到的断面图。它主要反映了基础各部分的形状、大小、材料、构造及基础的埋深等情况。为了表明基础的具体构造，不同断面不同做法的基础都应画出详图。基础详图一般比例较大，常用1∶20、1∶25、1∶30等。图20216所示为某小区别墅条形基础详图，图20217所示为某单层厂房的柱下独立基础详图。

※在线动画链接：条形基础示意（http：//218.65.5.218/jianzhu/6/chapter13/02/02r02.html）、独立基础示意（http：//218.65.5.218/jianzhu/6/chapter13/02/02r03.html）。

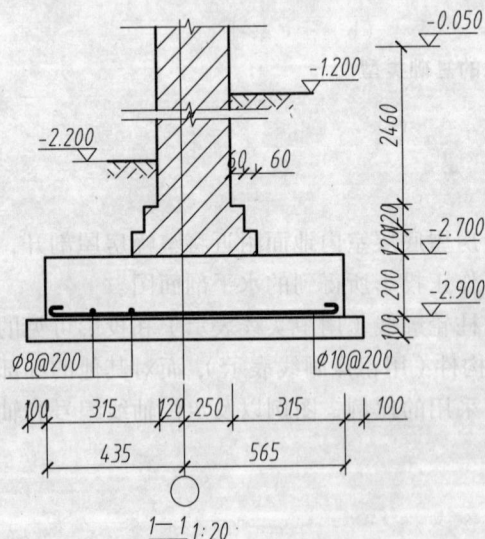

图20216　条形基础详图

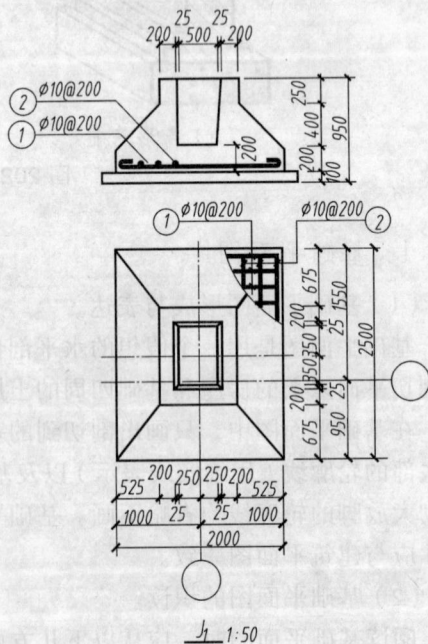

图20217　独立基础详图

（2）基础详图的识读。

阅读基础详图时，应从以下几方面入手：

① 根据基础平面图中的图名或详图的代号、基础的编号、剖切符号，查阅基础详图。

② 了解基础断面形状、大小、材料以及配筋等情况。

③ 了解基础断面图的详细尺寸以及室内外地面标高与基础底面的标高。

④ 了解基础梁的尺寸及配筋情况。

⑤ 了解基础墙防潮层和垫层的位置和做法。

（3）基础详图的绘图步骤。

① 画出基础的定位轴线。

② 画出室内外地面的位置线，并根据基础各部分的高、宽等尺寸画出基础、基础墙等断面轮廓线。

③ 画出基础梁、基础底板配筋等内部构造情况。

④ 标注室内外地面、基础底面的标高和各细部尺寸。

⑤ 书写文字说明。

【任务实施】

2.1.5　××花园别墅基础平面图的识读

识读图 20201 所示的××花园别墅基础平面图。

1．基础平面图的识读步骤

阅读基础平面图时，应从以下几方面入手：

（1）了解图名和比例。

（2）了解基础的平面布置、基础底面宽度以及与定位轴线的关系及轴线间的尺寸。

（3）了解基础墙（或柱）、基础梁、±0.000 以下预留孔洞的平面位置、尺寸、标高等情况。

（4）了解基础断面图的剖切位置及其编号。

（5）通过文字说明，了解基础的用料、施工注意事项等情况。

（6）识读基础平面图时，要与其他有关图样相配合，特别是首层平面图和楼梯详图，因为基础平面图中的某些尺寸、平面形状、构造等情况已在这些图中表达清楚。

2．识读××花园别墅基础施工图

（1）了解图名和比例。

图 20601 所示为××花园别墅基础平面图，绘图比例为 1：100，图中横向轴线有 5 根，用阿拉伯数字表示；纵向轴线有 5 根，用大写字母表示。

中粗线表示基坑的水平投影，基坑宽度及其到轴线的距离可以在图中查到；粗实线表示基础梁的投影，梁有 3 种类型，配筋用平法表示；涂黑的方块为钢筋混凝土构造柱。

（2）了解基础断面图的剖切位置及其编号。

从图 20601 中可看出，基础有 3 种截面形式，分别用 1—1、2—2、3—3 断面符号表示。

其中 2、A 轴基础截面形式为 3—3；3、F 轴基础截面形式为 2—2；其余的基础截面形式均为 1—1。

（3）了解基础的平面布置、基础底面宽度以及与定位轴线的关系及轴线间的尺寸。

基础分布在各道轴线上，与该建筑物的建筑平面图相一致。

基础均用轴线定位。1—1 基础墙体厚 240 mm，轴线居中布置，轴线两侧各 120 mm，基础底面宽 600 mm，轴线两侧各 300 mm；2—2 基础墙体厚 240 mm，轴线居中布置，轴线两侧各 120 mm，基础底面宽 1 020 mm；3—3 基础墙体厚 240 mm，轴线居中布置，轴线两侧各 120 mm，基础底面宽 1 040 mm，轴线两侧各 450 mm。

2.1.6 ××花园别墅基础详图的识读

识读图 20218 所示的××花园别墅基础详图。

1. 基础详图的识读步骤

阅读基础详图时，应从以下几方面入手：

（1）根据基础平面图中的图名或详图的代号、基础的编号、剖切符号，查阅基础详图。

（2）了解基础断面形状、大小、材料以及配筋等情况。

（3）了解基础断面图的详细尺寸和室内外地面标高及基础底面的标高。

（4）了解基础梁的尺寸及配筋情况。

（5）了解基础墙防潮层和垫层的位置和做法。

2. 识读××花园别墅基础详图

（1）根据基础平面图中的图名或详图的代号、基础的编号、剖切符号，查阅基础详图。

××花园别墅基础详图为条形基础，包括基础、基础圈梁三部分。图 20618 中有 3 种断面图，分别用 1—1、2—2、3—3 断面符号表示。

（2）了解基础断面形状、大小、材料以及配筋等情况。

① 基础 1—1 断面图。由图 20618 可知，从 ±0.000 到 −1.000 为基础大放脚，高度为 1 000 mm，宽度为 600 mm。

② 基础 2—2 断面图，由图 20618 可知，从 ±0.000 到 −1.000 为基础大放脚，高度为 1 000 mm，宽度为 1 020 mm。

③ 基础 3—3 断面图，由图 20618 可知，从 ±0.000 到 −1.000 为基础大放脚，高度为 1 000 mm，宽度为 1 040 mm。

（3）了解基础断面图的详细尺寸和室内外地面标高及基础底面的标高。

由图 20618 可知基础垫层为素混凝土，高 200 mm，宽有 600 mm、1 020 mm、1 040 mm 三种；基础垫层顶面标高为 −1 000 mm。说明中指明混凝土强度等级为 C20。

（4）了解基础梁的尺寸及配筋情况。

基础圈梁 JL1 的顶面标高为 ±0.000，其截面尺寸为宽度 240 mm，高度 300 mm，配筋为上部钢筋为 2Φ16 钢筋，下部钢筋为 3Φ22 钢筋，箍筋为 Φ8@200 的双肢箍。

基础圈梁 JL2 的顶面标高为 ±0.000，其截面尺寸为宽度 240 mm，高度 300 mm，配筋为上部钢筋为 2Φ12 钢筋，下部钢筋为 3Φ14 钢筋，箍筋为 Φ8@200 的双肢箍。

1—1条型基础大样

2—2条型基础大样

3—3条型基础大样

说明:
1.根据甲方提供的<岩土工程勘察报告>
持力层选择第2层粉质粘土层.$f_k=150Kpa$
2.地基由设计人员及地质部门共同验槽.
3.基础混凝土除注明外均为C25.
4.基础高差部分土按1000:500留台阶,然后用c20毛石混凝土找平.
5.非承重墙基础做法见总说明

图 20218 ××花园别墅基础详图

【巩固训练】

训练 1 识读图 20219，并按比例抄绘。

训练要求：

1. 用 A3 幅面绘图纸按比例识读和抄绘基础平面图和基础详图。

2. 要求线型分明，交接正确，注写认真。

3. 汉字写长仿宋体。图名用 10 号字，说明文字用 5 号字。

4. 尺寸数字用 3.5 号字。

5. 图框标题栏达到学生练习用要求。

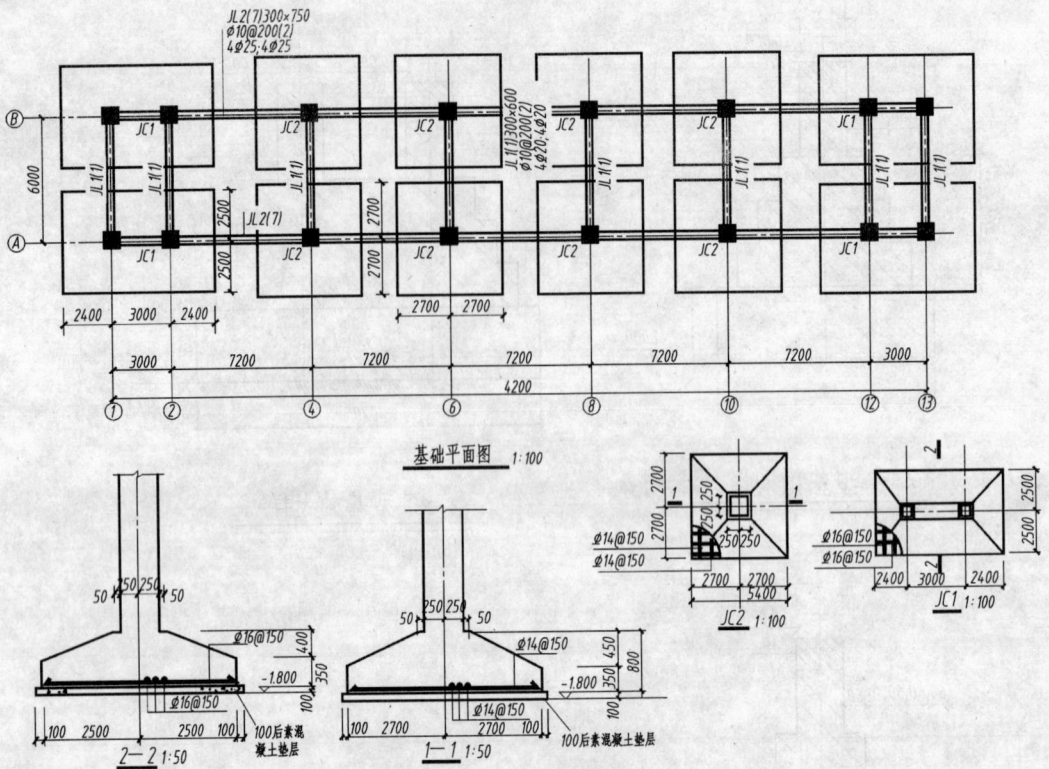

基础平面图 1:100

图 20219 训练 1 用图

训练 2 识读图 20220 基础详图,并按比例抄绘。

训练要求:同训练 1

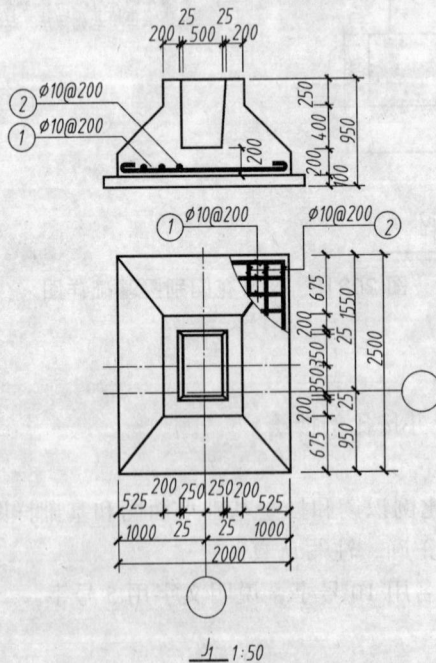

图 20220 训练 2 用图

【思考与练习】

1. 一般梁、柱和板的受力钢筋保护层厚度为多少？
2. 在钢筋混凝土结构中，为什么光圆钢筋的端部应做成弯钩？
3. 钢筋混凝土构件详图一般包括哪些内容？
4. 平面整体表示法的标注特点主要是什么？
5. 基础施工图一般包括哪几部分？

【知识拓展】

2.1.7　筏板基础的识读

天然浅基础除了前面介绍的条形基础和独立基础外，还有筏板基础、箱型基础及壳体基础等，其中又以筏形基础应用最为广泛。

图 20221 是一筏形基础示意图，当地基承载力低，而上部结构的荷重较大时，一般的浅基础基础无法满足地基承载力的要求，可选择将柱下独立基础或者条形基础全部用联系梁联系起来，下面再整体浇注底板，即得筏形基础（也称筏板基础）。此时的基础像一块倒置的楼盖，比一般浅基础的刚度更大，有利于调整地基的不均匀沉降。筏板基础分为平板式和梁板式两种类型，既可用于普通六层住宅也可用于 50 层摩天大楼，应用可谓相当广泛和灵活。

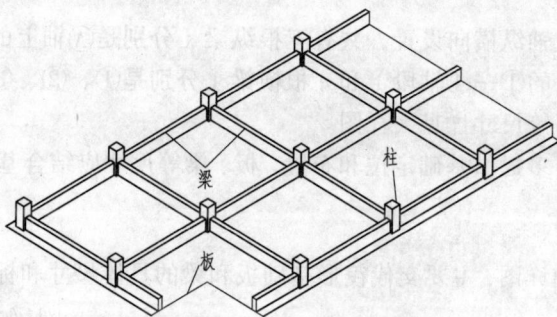

图 20221　筏形基础示意图

前文已经介绍了基础的识图步骤，这里主要就筏形基础的一些特有做法进行说明。现以某培训楼工程为实例，介绍关于筏形基础施工图的识读。

1. 基础平面图识读

图 20222 是一筏形基础施工图，其构成要素主要有基础地板和基础梁。

（1）基础底板。

底板是筏形基础的典型构成要素。板厚设置灵活，与承载力要求有关，常有 300、500 等。板沿轴线满堂浇筑，每隔 150 mm 的间距双层双向布置一根直径为 18 mm 的二级钢筋。本例中的底板四边设有边坡。具体尺寸详见后面大样图。

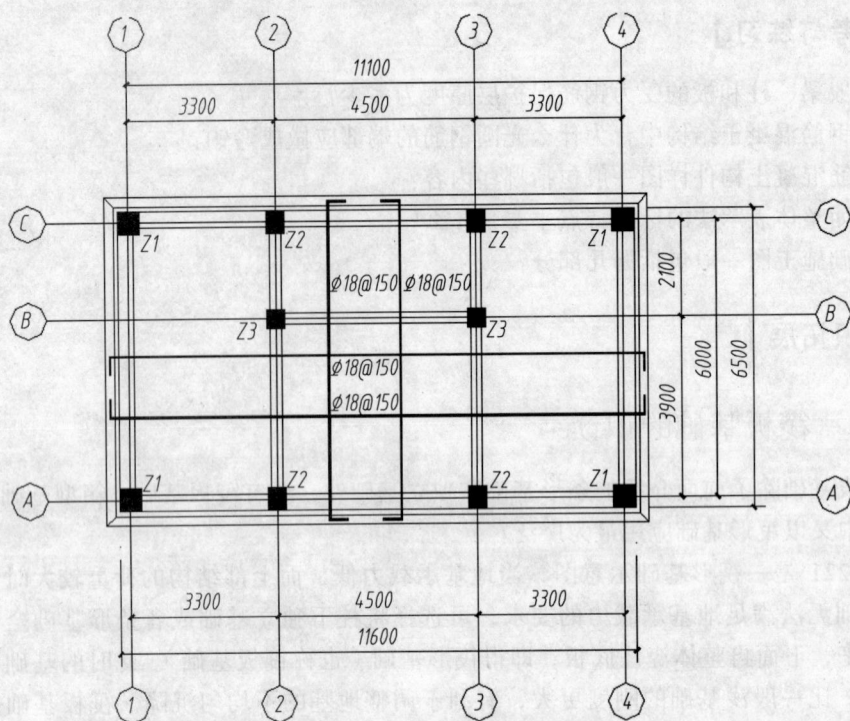

图 20222　筏形基础施工图

（2）基础梁。

基础梁在板上沿柱轴纵横向设置，共有三根纵梁（分别是Ⓐ轴上的①—④轴段、Ⓑ轴上的②—③轴段和Ⓒ轴上的①—④轴段）和 4 根横梁（分别是①、②、③轴上的Ⓐ—Ⓒ轴段）。梁厚、梁宽及梁顶标高等尺寸详见大样图。

筏板基础的平面图多提供基础定位和布置，板、梁等尺寸应结合基础大样图，统一识读。

2. 基础大样图识读

基础大样图即基础详图，主要交代筏形基础板和梁的具体尺寸和标高，如图 20223 所示。

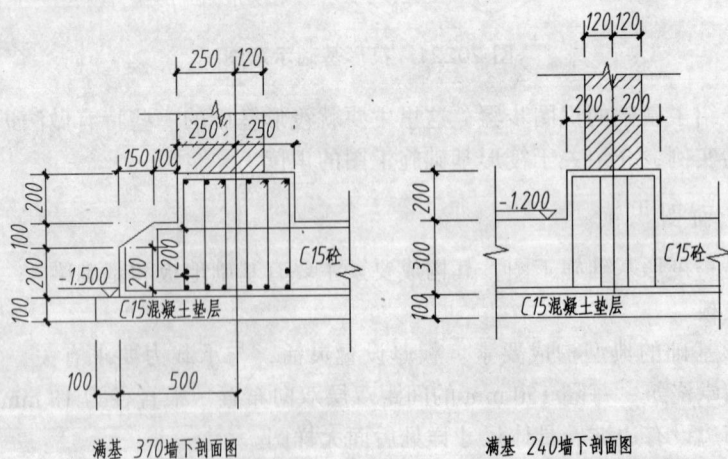

图 20223　筏形基础大样图

326

（1）基础底板。

因本工程有 370 外墙和 240 内墙两种砖墙，所以需绘制 2 个以上的筏基剖面图。通过识读可知，板厚 300 mm，板底标高 – 1.500 m，板四边边坡的尺寸为底 150 mm、高 100 mm。板外边缘距外侧轴线 500 mm。板下有 100 mm 厚的 C15 素混凝土垫层，并突出板 100 mm。

（2）基础梁。

370 墙下设置 500 mm 宽的梁，240 下设置 400 mm。梁底同板底平齐，梁高 500 mm。梁内布置了六肢箍和四肢箍。

【实训指导】

实训 18　基础施工图的绘制

1．实训目的与要求

熟悉并掌握基础详图的 CAD 绘制方法和步骤。

2．实例及操作指导

例题 1　运用 AutoCAD 软件绘制一基础的详图，如图 20224 所示。

具体步骤如下：

（1）绘制基础轮廓线。

将"构件"图层置为当前，用直线命令绘制轮廓线。得到图 20225 后，用"镜像"命令将除水平直线外的所有直线以水平直线中点所在垂线为对称轴进行镜像，就可得到图 20226。绘制时打开"对象捕捉"中的"中点捕捉"。

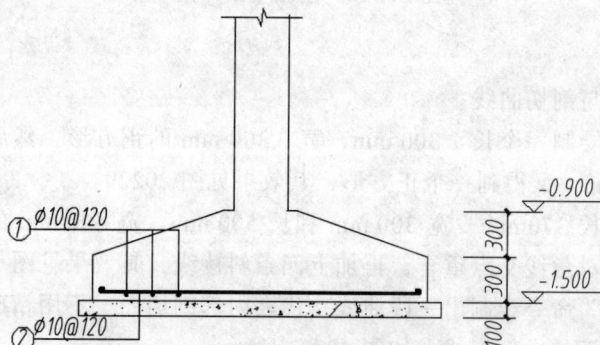

图 20224　一基础详图

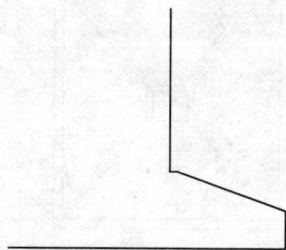

图 20225　基础轮廓线　　　图 20226　镜像后的基础轮廓线　　　图 20227　图案填充后的效果

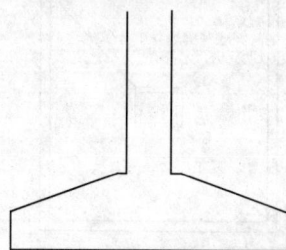

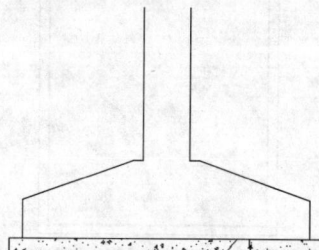

※在线动画链接：基础轮廓线的绘制（http：//218.65.5.218/jz/JZ17/xm6/JZ1-1.html）。

327

（2）绘制垫层并填充。

用"矩形"命令绘制长 2 500 mm、宽 100 的长方形，然后将长方形移动到基础底边。再用图案"AR-CONC"对其进行填充，其效果见图 20227。

※在线动画链接：绘制垫层并填充图案（http：//218.65.5.218/jz/JZ17/xm6/JZ1-2.html）。

（3）绘制钢筋和标注。

绘制钢筋的具体方法详见相关内容。整个图形绘制完后，进行相关的文字样式和标注样式的设置工作（钢筋标注样式最好与文字部分区分开来），最后进行尺寸标注、钢筋的引线标注及标高的注入。

※在线动画链接：绘制钢筋和标注（http：//218.65.5.218/jz/JZ17/xm6/JZ1-3.html）。

例题 2 绘制基础平面详图，如图 20228 所示。

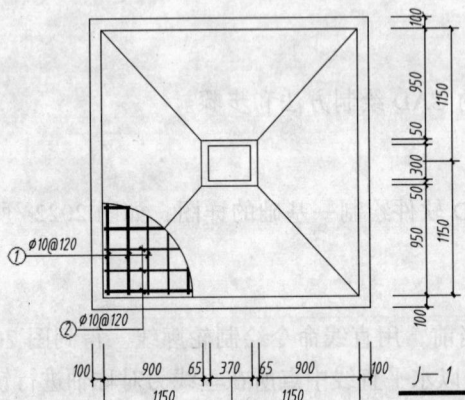

图 20228 基础平面详图

具体步骤如下：

（1）绘制轮廓线与剖切曲线。

用"矩形"命令绘制一个长 2 300 mm、宽 2 300 mm 的正方形，然后用"偏移"命令将正方形向里偏移 100 m，又得到一个正方形，其效果见图 20229。

再分别绘制一个长 370 mm、宽 300 mm 和长 500 mm、宽 400 mm 的长方形。移动这四个长方形，使它们的对角线交点重合，再加上四条斜棱线，其效果见图 20230。

运用"样条曲线"命令绘制出一段曲线，代表内部剖切面。不用精确定位，大致绘制出即可。之后删除剖切面的内部直线，如图 20231 所示。

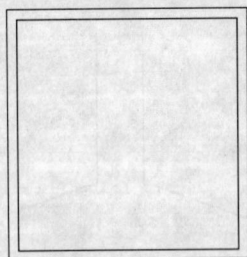

图 20229 基础轮廓图

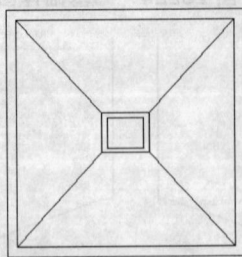

图 20230 基础斜棱线

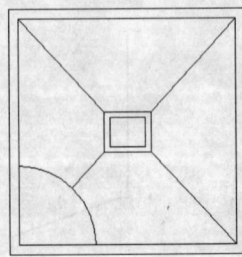

图 20231 绘制剖切曲线

※在线动画链接：绘制轮廓线与剖切曲线（http：//218.65.5.218/jz/JZ17/xm6/JZ1-4.html）。

328

（3）绘制钢筋线。

将"钢筋"图层置为当前。运用"多段线"命令（设置多段线宽度为 10 mm），绘制水平和竖向的钢筋各一根，注意保持钢筋线距离构件线一定间距，以保证保护层厚度，如图20232 所示。

运用"阵列"命令，将水平钢筋进行矩形阵列（行数 6，行偏移 120 mm）。用相同的方法阵列竖直钢筋，如图 20233 所示。

修剪剖面外的多余钢筋线，这样就准确表达出剖面内的钢筋分布，其效果如图 20234 所示。

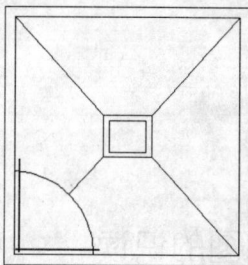

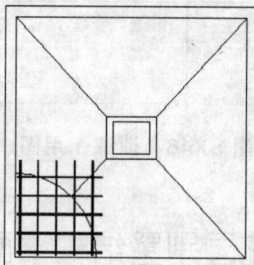

图 20232　阵列前基础线　　　图 20233　阵列后基础　　　图 20234　修剪后基础

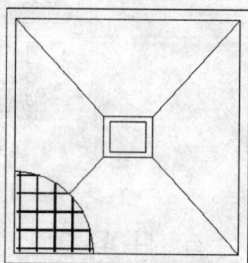

※在线动画链接：<u>绘制钢筋线</u>（http：//218.65.5.218/jz/JZ17/xm6/JZ1-5.html）。

（4）标注尺寸和注写文字。

标注尺寸同剖面详图。

注写文字时首先选择"文字标注"图层，然后在中间某排钢筋上绘制直线，在其与钢筋交接处绘制倾斜 45°的小短直线，如图 20235 所示。然后继续利用阵列命令，将其复制到其他交点，然后引出直线，进行钢筋标注，如图 20236 所示。

到此基础详图全部绘制完毕。

※在线动画链接：<u>标注尺寸和注写文字</u>（http：//218.65.5.218/jz/JZ17/xm6/JZ1-6.html）。

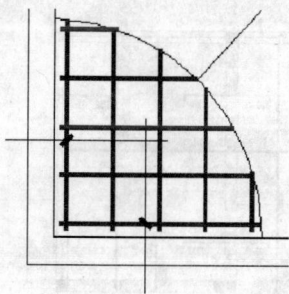

图 20235　标注直线　　　　　　图 20236　钢筋标注

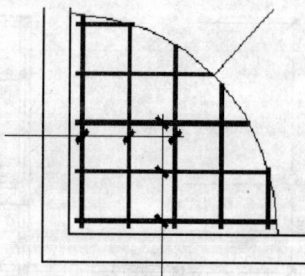

3. 实训内容

训练 1　绘制某基础剖面图，见图 SX46。

要求：同例题 1 的要求，文件保存为"SX46.dwg"。

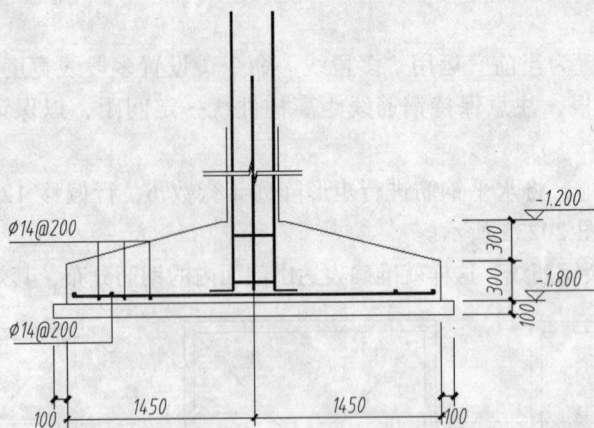

图 SX46　训练 1 用图

任务 2.2　××花园别墅结构平面施工图的识读

【任务载体】

××花园别墅楼层结构平面布置图（见图 20237），别墅效果图见本情境任务 2.1 的插图 20101。

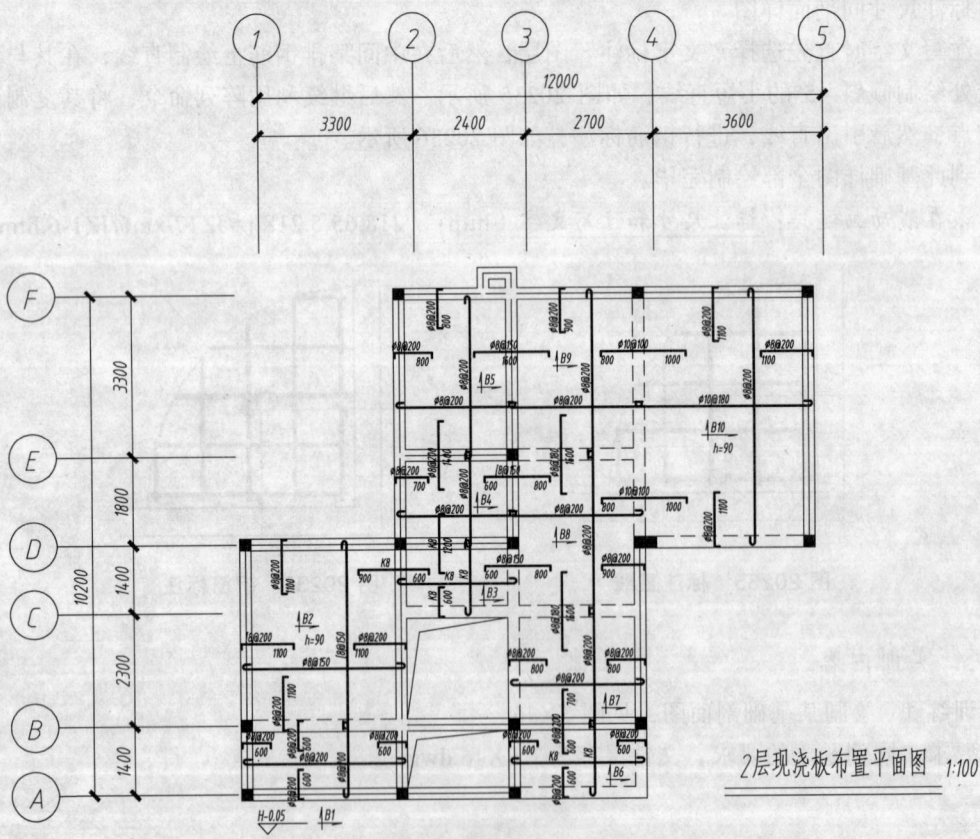

图 20237　××花园别墅楼层结构平面布置图

【知识导入】

用平面图的形式表示房屋上部各承重结构或构件的布置图样，叫做结构平面布置图。结构平面布置图是表示建筑物室外地面以上各层的承重构件（如梁、板、柱、墙、过梁等）布置的图样。它是施工时布置和安放各层承重构件的依据，一般包括楼层结构平面布置图和屋顶结构平面布置图。

2.2.1 楼层结构平面布置图

1. 楼层结构平面布置图形成与作用

楼层结构平面布置图是用一假想的水平剖切平面在所要表明的结构层没有抹灰时的上表面处水平剖开，向下作正投影而得到的水平投影图。它主要用来表示房屋每层的梁、板、柱、墙等承重构件的平面位置，说明各构件在房屋中的位置以及它们的构造关系。楼层结构平面图是施工各种结构构件的重要依据。

2. 楼层结构平面布置图的组成

楼层结构平面布置图主要包括以下几种图：

（1）建筑物各层结构平面图。

（2）各节点的截面详图。

（3）构件统计表、钢筋表及相关文字说明。

对于多层房屋，一般应分层绘制。如果各层构件的类型、大小、数量、布置均相同时，可以只画标准层的楼层结构平面图；如果平面对称，也可以一半画楼层结构平面图，一半画屋面结构平面图。楼梯间或电梯间因另有详图，在平面图上常用一对相交对角线（细实线）表示。

3. 楼层结构平面布置图的图示方法

在楼层结构平面布置图中，被剖切到或可见的构件轮廓线一般用中实线或细实线表示；被楼板挡住的墙、柱轮廓线用细虚线表示；预制楼板的平面布置情况一般用细实线表示；墙内圈梁及过梁用粗单点长画线表示；承重梁需表示其外形投影，且不可见时用细虚线表示；钢筋在结构平面图上用粗实线表示。楼层（屋顶）结构平面布置图的定位轴线、比例应与建筑平面图一致，并标注结构层上表面的结构标高。预制楼板按实际情况标注板的数量和构件代号。现浇楼板可另绘详图，并在结构平面图上标明板的代号，或者把结构平面图与板的配筋图合二为一，在结构平面图上直接绘出钢筋，并标明钢筋编号、直径、级别、数量等。如图20238所示为某小区别墅楼层结构平面布置图（即板的配筋图）。

4. 楼层结构平面布置图的识读

阅读楼层结构平面布置图时，应从以下几方面入手：

（1）了解图名和比例。

（2）了解定位轴线及其编号是否与建筑平面图相一致。

（3）了解结构层中楼板的平面位置和组合情况。在楼层结构平面布置图中，板的布置通常是用对角线（细实线）来表示板的布置范围。

标高6.300m结构平面布置图 1:50

图 20238　某小区别墅楼层结构平面布置图

（4）了解梁的平面布置和编号、截面尺寸等情况。

（5）了解现浇板的厚度、标高及支承在墙上的长度。

（6）了解现浇板中钢筋的布置以及钢筋编号、长度、直径、级别、数量等。

（7）了解各节点详图的剖切位置。

（8）了解楼层结构平面布置图上梁、板的标高，注意圈梁、过梁、构造柱等的布置情况。

5. 楼层结构平面布置图的绘图步骤

（1）画出与建筑平面图相一致的定位轴线。

（2）画出平面外轮廓、楼板下的不可见墙身线和门窗洞的位置线以及梁的平面轮廓线等。

（3）对于预制板部分，注明预制板的数量、代号、编号；对于现浇板，画出板中钢筋的布置，并注明钢筋的编号、规格、间距、数量等。

（4）标注断面图的剖切位置并编号。

（5）标注轴线编号和各部分尺寸、楼（屋）面结构标高等。

（6）书写文字说明。

2.2.2　屋顶结构平面布置图

屋顶结构平面布置图是表示屋面承重构件平面布置的图样。它与楼层结构平面布置图基本相同。由于屋面排水的需要，屋面承重构件可根据需要按一定的坡度布置，有时需设置挑檐板，因此，在屋顶结构平面布置图中要表明挑檐板的范围及节点详图的剖切符号，阅读屋顶结构平面布置图时，还要注意屋顶上人孔、通风道等处的预留孔洞的位置和大小。

1. 屋顶结构平面布置图的表达内容与图示要求

屋面结构平面布置图是主要表示屋面承重构件平面布置的图样，常见屋面结构形式有坡屋面和平屋面两种，其内容及图示要求与楼层结构平面图基本相同。

2. 识读时应注意的内容

结构平面布置图有楼层结构平面布置图和屋面结构平面布置图，主要表示各种构件的平面布置关系。其中，楼板有现浇和预制两种情况，注意区别。

应注意读图顺序，先把握整体，再熟悉局部，完全读懂一幅结构布置图。

【任务实施】

2.2.3　××花园楼层结构平面布置图的识读

1. 楼层结构平面布置图的识读

阅读楼层结构平面布置图时，应从以下几方面入手：

（1）了解图名、比例。

（2）了解定位轴线及其编号是否与建筑平面图相一致。

（3）了解结构层中楼板的平面位置和组合情况。在楼层结构平面布置图中，板的布置通常是用对角线（细实线）来表示板的布置范围。

（4）了解梁的平面布置以及编号、截面尺寸等情况。

（5）了解现浇板的厚度、标高及支承在墙上的长度。

（6）了解现浇板中钢筋的布置及钢筋编号、长度、直径、级别、数量等。

（7）了解各节点详图的剖切位置。

（8）了解楼层结构平面布置图上梁、板的标高，注意圈梁、过梁、构造柱等的布置情况。

2. 识读××花园楼层结构平面布置图

图 20635 所示的××花园楼层结构平面布置图识读步骤如下：

（1）看图名、比例和各轴线编号，从而明确承重墙、柱的平面关系。

该图为二层结构平面图，比例为 1:100，水平向轴线有 5 个，竖直向轴线有 5 个。

图中纵横墙交接处涂黑的小方块表示被剖切到的构造柱，用 GZ 表示，尺寸规格为 240×240 mm。

（2）看各种楼板、梁的平面布置，以及类型和数量等。

该图中楼板为现浇楼板。现浇板的钢筋配置采用直接画出的方法。其中底层钢筋弯钩向上或向左。顶层钢筋弯向下或向右，一般一种类型只画一根。例如钢筋类型为 $\phi 8@200$，表示直径为 8 mm 的一级钢筋每隔 200 mm 布置一根。

楼层结构平面图由于比例较小，楼梯结构部分不能清楚表达出来，需要另画绘制详图。

（3）看构件详图及钢筋表和施工说明（见图 20239）。

说明:
1. 负筋分布筋∅6@250（楼面），∅6@200（屋面）

2. 图中凡未注明钢筋的小跨度板
支座筋和底筋按∅8@200构造配筋，面筋伸入板长度为短跨L/4
（当短跨L<1500mm时，则拉通）

3. 未画明 ▬▬▬ 为∅8@200
未注明 ▬▬▬ 为∅8@200

4. 底筋相同的相邻跨板施工时其底筋可以连通

5. 图中未注明者板厚为80mm

6. 板面标高相差不超过20mm时其间面筋连通设置
但施工时需做成 ▔▔▔╲▁▁▁

7. 未注明 ▢ 为GZ，GZ砼强度等级为C20。

8. 本图平面整体表示方法制图规则和构造详见
《国家建标准设计03G101-1》

9. 本图中所标注负筋长度不含弯钩长度。

10. 图中K8表示∅8@200，K10表示∅10@200。

坡屋面			C20
3	5.970	3000	C20
2	2.970	3000	C20
1	±0.000	3000	C20
层号	标号（M）	层高（mm）	混凝土强度等级

结构层楼面标高
层高 混凝土强度等级

图 20239　××花园楼层结构设计说明

由施工说明可看出，楼板及板内钢筋未在图中表示内容，如未注明的楼板厚度和未注明的钢筋标注等。同时在施工说明中注明结构层楼面标高、层高和混凝土强度等级。

总之，读图时要把握由粗到细、由整体到局部的原则，才能全面掌握图纸，步步深入看清楚。

2.2.4　××花园屋顶结构平面布置图的识读

识读图 20240 所示的××花园屋顶结构平面布置图。

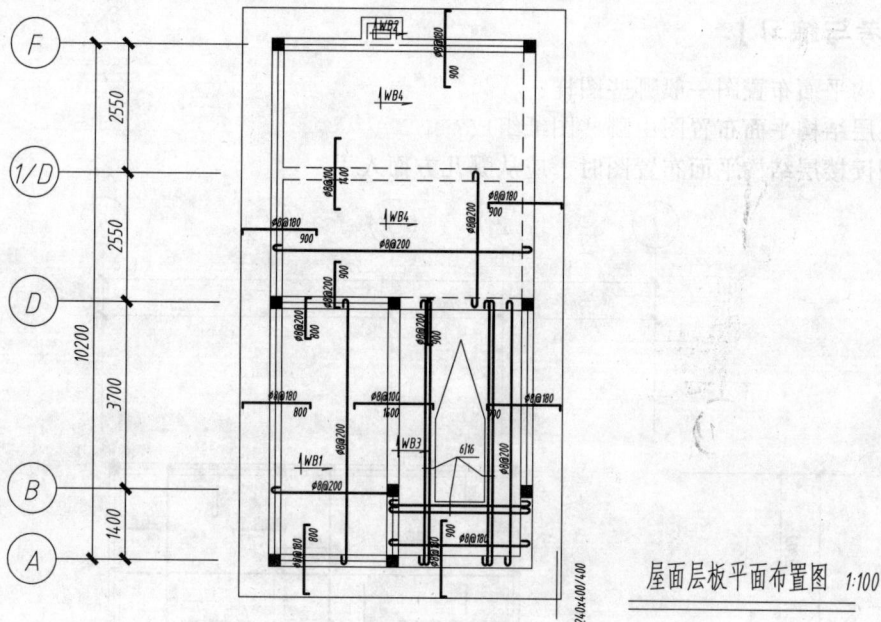

屋面层板平面布置图 1:100

图 20240　××花园别墅屋顶结构平面布置图

（1）看图名、比例和各轴线编号，从而明确承重墙、柱的平面关系。

该图为屋顶结构平面图，比例为 1∶100，水平向轴线有 2 个，竖直向轴线有 5 个。

图中纵横墙交接处涂黑的小方块表示被剖切的构造柱，用 GZ 表示，尺寸规格为 240×240 mm。

（2）看各种楼板、梁的平面布置，以及类型和数量等。

该图中屋面楼板为现浇楼板。现浇板的钢筋配置采用直接画出的方法。其中底层钢筋弯钩向上或向左。顶层钢筋弯向下或向右，一般一种类型只画一根。例如钢筋类型为φ8@180，表示直径为 8 mm 的一级钢筋每隔 180 mm 布置一根。

（3）看构件详图及钢筋表和施工说明。

××花园屋顶结构平面布置图的施工说明与结构平面布置图相同，其识读的方法和表示的内容与上述相同，在此不再介绍。

【巩固训练】

训练 1　按比例识读和抄绘图 20241 所示的图样。

训练要求：

（1）用 A3 幅面绘图纸按比例识读和抄绘××花园三层结构平面布置图。

（2）要求线型分明，交接正确，注写认真。

（3）汉字写长仿宋体。图名用 10 号字，说明文字用 5 号字，尺寸数字用 3.5 号字。

（4）图框标题栏达到学生练习用要求。

训练 2　用 A3 幅面绘图纸按比例识读和抄绘图 20242 所示的现浇楼板图。

训练要求：同上。

【思考与练习】

1. 结构平面布置图一般哪些图样?
2. 楼层结构平面布置图由哪些图纸组成?
3. 阅读楼层结构平面布置图时,应从哪几方面入手?

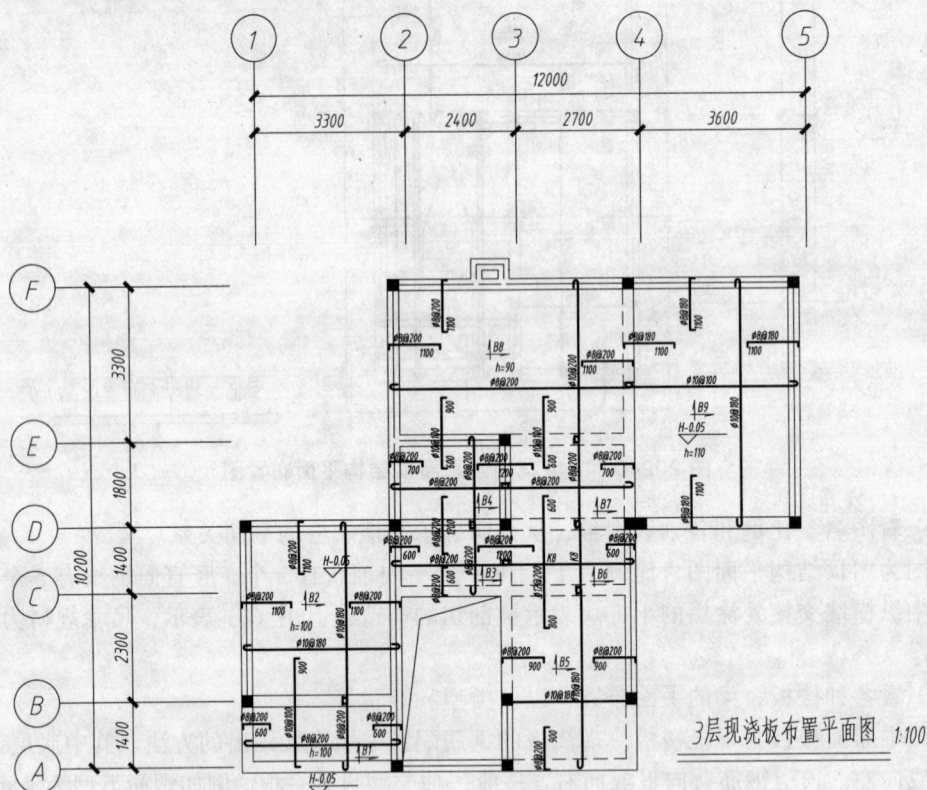

图20241 训练用图

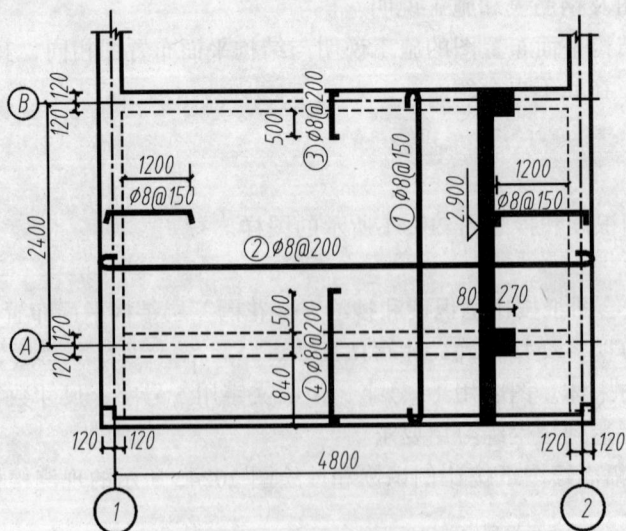

图20242 训练用图

实训 19　结构平面布置图的绘制

1. 实训目的与要求

（1）熟悉并掌握结构平面图的 CAD 绘制方法和步骤。

（2）熟练掌握结构平面图的 CAD 绘图命令。

2. 实例及操作指导

例题 1　下面以某工程一层结构图的局部框架部分（见图 20243）为例具体介绍绘制步骤。

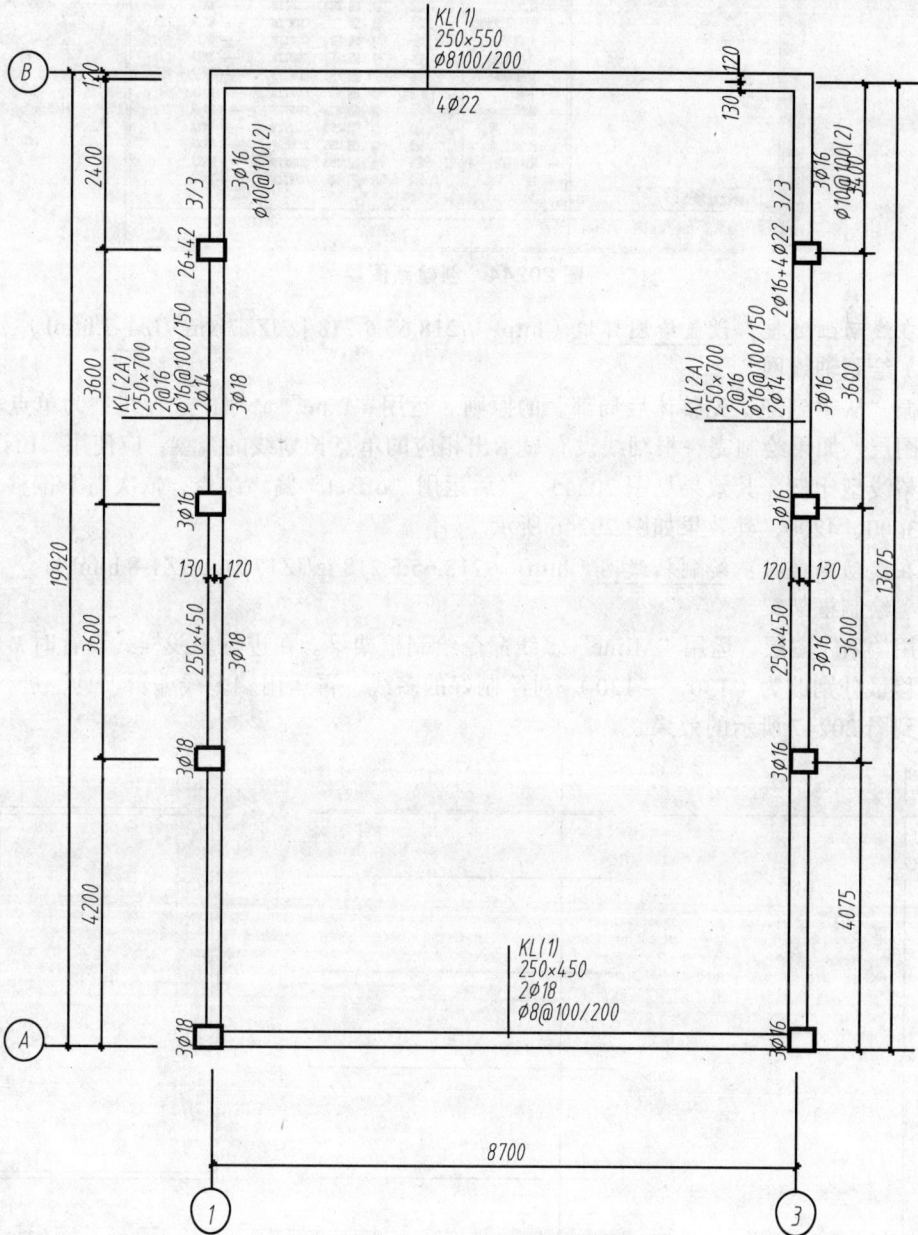

图 20243　一层结构图的局部框架部分

（1）设置绘图环境。

绘图环境设置的主要内容有设置图形界限和创建新图层。

图形界限按使用 A3 图纸、1：100 出图考虑，一般将模型空间的左下角点定为（0，0）右上角点（42000，29700）

按图 20244 所示的内容创建新图层。

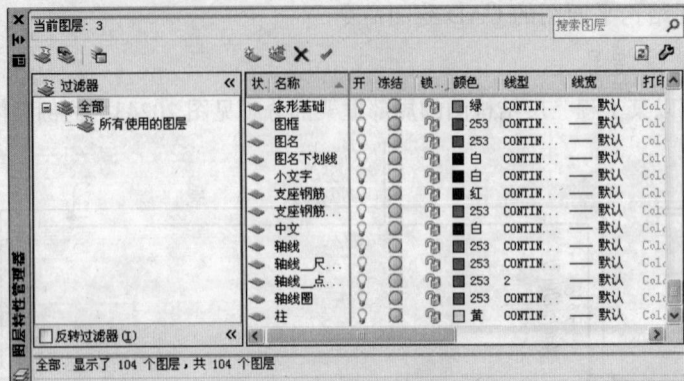

图 20244　创建新图层

※在线动画链接：设置绘图环境（http：//218.65.5.218/jz/JZ17/xm6/JZ1-7.html）。

（2）绘制轴线网。

遵循"从粗到细，先整体后局部"的原则。运用"Line"命令，选择线型为单点长划线的轴线图层。如果绘制完一根轴线没有显示出相应的单点长划线的线型，应使用"Lts"命令合理调整线型比例，其效果见图 20245；然后运用"offset"偏移命令，依次向下偏移 2400、3600、3600、4200，其效果如图 20246 所示。

※在线动画链接：绘制轴线网（http：//218.65.5.218/jz/JZ17/xm6/JZ1-8.html）。

（3）绘制框架梁。

选用"梁"图层，运用"Mline"多线命令绘制框架梁。在进行多线样式设置时，应将图元的偏移量分别改为（130，－120）。对绘制好的多线，再运用"多线编辑工具"进行修改，最后得到图 20247 所示的效果。

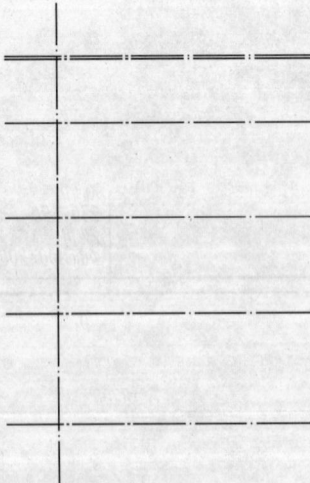

图 20245　轴线　　　　　　图 20246　轴线网　　　　　　图 20247　修改后的多线

338

※在线动画链接：绘制框架梁（http：//218.65.5.218/jz/JZ17/xm6/JZ1-9.html）。

（4）标注轴线。

轴线标注与建筑施工图标注基本一致，这里就不再重复讲述。需注意的是，轴线给出的是柱或梁的位置不一定居中，需要大家仔细读图。轴线的尽早标注为后面绘图定位带来很大方便。

※在线动画链接：标注轴线（http：//218.65.5.218/jz/JZ17/xm6/JZ1-10.html）。

（5）布置框架柱。

首先运用"rec"矩形命令绘制单个矩形，截面大小为 370×350。

第二步是运用"Block"或"Wblock"命令将绘制好的单个矩形做成块。为方便插入，做块时应选择好"拾取点"的位置。

第三步是按图 20243 所示的柱位置，插入已做好的图块，达到图 20248 所示的效果。

※在线动画链接：布置框架柱（http：//218.65.5.218/jz/JZ17/xm6/JZ1-11.html）。

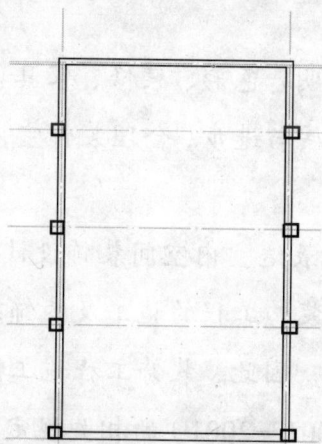

图 20248　柱子布置

（6）标注。

运用"标注"工具栏和"Dt"单行文字命令，进行全图的标注，最终达到图 20242 所示的效果 ，完成全图的绘制工作。

※在线动画链接：标注（http：//218.65.5.218/jz/JZ17/xm6/JZ1-12.html）。

3．实训内容

绘制图 20237 所示的别墅楼层结构平面布置图。

要求：同例题 1 的要求，文件保存为"SX20237.dwg"。

情境 3　装饰工程施工图的绘制与识读

【情境导入】

室内空间是由采光、照明、色彩、装修、家具、陈设等多种因素综合形成的围合空间。随着社会的发展与进步，合理装饰室内空间已成为人们精神与物质需求的主体之一。

装饰工程施工图是用来表达室内空间装饰设计（造型构思、材料及工艺要求）的主要图纸，用于指导装饰工程的施工及装饰工程的管理，也是进行造价管理、工程监理的主要依据。因此，装饰工程施工图的绘制也应遵守《房屋建筑制图统一标准》（GB/T 5001—2001）的相关规定。同时，相关的技术人员需要掌握绘制和识读装饰工程施工图的基本知识和技能。本情境将通过一个项目的实施与引导，要求学生主要掌握住宅空间装饰工程施工图的内容与相关规定、掌握住宅空间装饰工程施工图的绘制与识读、商业空间装饰工程施工图识读等基本技能。

项目 1 住宅空间装饰工程施工图的绘制和识读

【学习内容】

1. 住宅空间的特点及装饰工程施工图的内容与相关规定。
2. 平面布置图。
3. 地面平面图。
4. 顶棚平面图。
5. 室内立面图。
6. 装饰详图。

【学习目标】

1. 知识目标

（1）熟悉装饰工程施工图的图示特点、表达方法以及相关的符号标注、尺寸标注、图样画法等有关规定；

（2）熟悉住宅空间的特点及装饰工程施工图的图示内容。

2. 能力目标

会正确绘制和识读符合国家标准的住宅装饰工程施工图。

任务 1.1 平面布置图的绘制和识读

【任务载体】

××花园 3 号别墅建筑装饰工程施工图的绘制（见图 30101）。

图 30101 ××花园 3 号别墅室内装饰效果图

【知识导入】

1.1.1 住宅空间的概念与特点

住宅空间是以建筑给予的空间为基础，以创造内部环境为内容，以科学设计技术为手段，以满足人们的物质、精神需求为目的，集实用性与艺术性为一体的空间环境。它是人们根据物质功能需求和精神功能需求进行创造性构思与实践的形态。它具有人工性、局限性、隔离性、封闭性、艺术性等特点。

住宅空间的表达与绘制需涵盖合理的人体工程学技术与空间规划技术。其中，空间规划多通过家具和过道为载体，使人们在居住时感到舒适、便捷，符合人们的生活习惯与行为规律。

住宅空间中家具的布置可以最大限度地实现室内空间的再创造。营造全新室内空间感受的同时还可以在一定程度上弥补空间缺陷。所以在绘制住宅空间装饰施工图时通常先由家具和过道定下格局，然后再绘制其他的陈设品充实画面，形成给人以亲和力的住宅装饰工程图图样。

由此可见，住宅空间装饰工程图中合理的家具布置与绘制是其与建筑施工图最大的区别与特点。

1.1.2 装饰工程施工图的内容与相关规定

1. 装饰施工图的形成及特点

装饰工程施工图的图示原理与建筑施工图完全一样，是用正投影的方法，制图同样要遵守《房屋建筑制图统一标准》（GB/T50001—2001）的要求。

装饰施工图通常是在建筑施工图的基础上绘制出来的。与建筑施工图相比，装饰施工图侧重反映装饰材料及其规格、装饰构造及其做法、饰面颜色、施工工艺以及装饰件与建筑构件的位置关系和连接方法等。绘图时通常选用一定的比例、采用相应的图例符号（或文字注释）和标注尺寸、标高等加以表达，必要还可采用透视图、轴测图等辅助表达手段，以利识读。

建筑装饰设计需经方案设计和施工图设计两个阶段。方案设计阶段一般是根据甲方的要求、现场情况以及有关规范、设计标准等，用平面布置图、室内立面图、楼地面平面图、透视图、文字说明等将设计方案表达出来。而施工图设计阶段是在前者的基础上，经修改、补充，取得合理的方案后，经甲方同意或有关部门审批后，再进入此阶段。这是装饰设计的主要程序。

2. 装饰施工图的分类

一套完整的装饰施工图一般可由以下几个部分组成：

（1）装饰设计说明。

（2）装饰平面图。

装饰平面图一般包括平面布置图、楼地面平面图和顶棚平面图，若地面装饰较简单，楼地面图不必单独绘制，可在平面布置图中一并绘制。

（3）装饰立面图。

（4）装饰详图。

（5）家具图。

其中装饰设计说明、装饰平面图和装饰立面图为基本图样，表明装饰工程内容的基本要求和主要做法；装饰详图为装饰施工的详细图样，用于表明细部尺寸、凹凸变化、工艺做法等。家具图用以指导家具的施工。

3. 装饰施工图的有关规定

（1）图样的比例。

绘图所用的比例，应根据图样的用途和被绘对象的复杂程度，从表 30101 中选用（优先选用常用比例）。

一般情况下，一个图样应选用一种比例。根据专业制图的需要，同一图样可选用两种比例。

表 30101　装饰工程施工图常用比例

序号	图样名称	常用比例	可用比例
1	装饰平面图、立面图和剖面图等	1：50、1：100、1：150	1：40、1：60、1：80
2	装饰详图	1：1、1：2、1：5、1：10、1：20	1：3、1：4、1：6、1：15、1：25、1：30

（2）图例符号。

在装饰平面图中，为简化构图使图样清晰，常用图例符号来表示常用的设施及其构配件。图例符号的使用应遵守《房屋建筑制图统一标准》（GB/T50001—2001）的有关规定，除此之外因设计表达的需要还可采用相关图例符号，一般以简洁、象形为原则。

（3）字体、图线等其他制图要求。

字体、图线等其他制图要求与房屋建筑工程施工图相同。

（4）图纸目录及设计说明。

编辑图纸目录是为了方便查阅图纸，这对于成套图纸来说是必不可少的一个项目。一般在第一页图的适当位置编排本套图纸的目录，也可采用 A4 幅面的专设目录页。图纸的目录包括图别、图号、图纸内容、采用标准图集代号、备注等。设计说明是将工程概况、材料选用、施工工艺、做法及注意事项，以及施工图中不易表达或设计者认为重要的其他内容用文字的形式表达出来，如图 30102 所示。

某别墅室内装饰施工图

设计说明

本图为住宅室内装饰施工图,为方便施工,特做如下说明:

一、本施工图是依据业主提供的建筑图纸及业主所提的使用要求设计绘制而成的;

二、尺寸标注均以毫米为单位;

三、技术标准及规范:

1、总图制图标准(GB/T50103-2001)

2、建筑制图标准(GB/T50104-2001)

3、建筑内部装修防火施工及验收规范(GB50354-2005)

4、建筑内部装修设计防火规范(GB50222-95)

5、金属与石材幕墙工程技术规范(JGJ 33-2001、J113-2001)

6、高层民用建筑设计防火规范(GB50356-2005)

7、建筑地面工程施工质量验收规范(GB50209-2002)

8、建筑钢结构焊接技术规程(JGJSI-2002、J218-2002)

9、建筑涂饰工程施工及验收规程(JGJ/T29-2003)

10、建筑给排水及采暖工程施工质量验收规范(GB50242—2002)

11、建筑装饰装修工程质量验收规范(GB50210-2001)

12、建筑电气工程施工质量验收规范(GB50303-2002)

13、木结构工程施工质量验收规范(GB50206-2002)

14、施工现场临时用电安全技术规范(JGJ46-2005)

15、民用建筑工程室内环境污染控制规范(GB50325-2001)

16、安全防范工程技术规范(GB50348-2004)

17、钢结构工程施工质量验收规范(GB50205-2001)

四、现场尺寸与图纸尺寸可能有误差,施工员可在现场施工队伍技术人员的指导下适当调整;如发现较大出入时,则需立即与设计师联系解决方可施工;

五、装修施工时应先确认所有预埋管线已经完成,才能进行面层装修施工;

六、施工方需提供所选材料的样板与业主及设计师确认,在施工前应先进行纹理与色样的选拼,以达到最佳效果;

七、所有的油漆、粉刷等均预先做好样板,经业主和设计师认可后方可施工,清漆工程采用半光半哑面漆;

八、所有木作基层需按消防要求涂防火涂料,金属结构隐蔽工程均需刷防锈漆;

九、灯具应选择与设计风格相应的样式,需由业主及设计师认可。

图 30102　图纸目录及设计说明

1.1.3　平面布置图的概念

1.平面布置图的形成与表达

平面布置图是装饰施工图中的主要图样。从制图的角度看,它实际上是一种水平剖面图。即用一个假想的水平剖切面,通过门、窗洞的位置把房间切开,移去上面的部分,对剩余的部分由上向下进行正投影所得到的水平正投影图。

建筑平面图与平面布置图的形成方法是一致的,主要区别是它们的图示内容。前者用于反映建筑基本结构;后者在反映建筑基本结构的同时,着重反映室内环境要素,如家具与陈设等。

平面布置图一般采用简化的建筑结构,突出装饰布局的画图方法,对剖切到的墙、柱用粗实线或涂黑表示;未剖切到但能看到的内容用细实线表示,如家具、地面分格、楼梯台阶、门扇的开启线等。

2. 平面布置图的图示内容

住宅空间平面布置图通常应图示以下内容：

（1）建筑平面图的基本内容。

通过定位轴线及编号，表明装饰空间在建筑空间内的平面位置及其与建筑结构的相互关系尺寸，如房间的分隔与组合、门的开启方式等。

（2）装饰空间的结构形式、平面形状和长宽尺寸等。

（3）门窗的位置、平面尺寸、门的开启方式及墙柱的断面形状及尺寸。

（4）室内家具、陈设、卫生洁具及所有固定的设备等。

（5）水池、喷泉、假山、绿化等景物。

（6）剖面位置及剖视方向的剖面符号及编号、内视符号（又称立面指向符号）。

（7）不同地坪的标高、详图索引符号、各个房间的名称等。

（8）图名、比例及必要说明等。

【任务实施】

1.1.4 ××花园 3 号别墅平面布置图的识读

现以图 30103 ××花园 3 号别墅一层平面布置图为例加以说明。

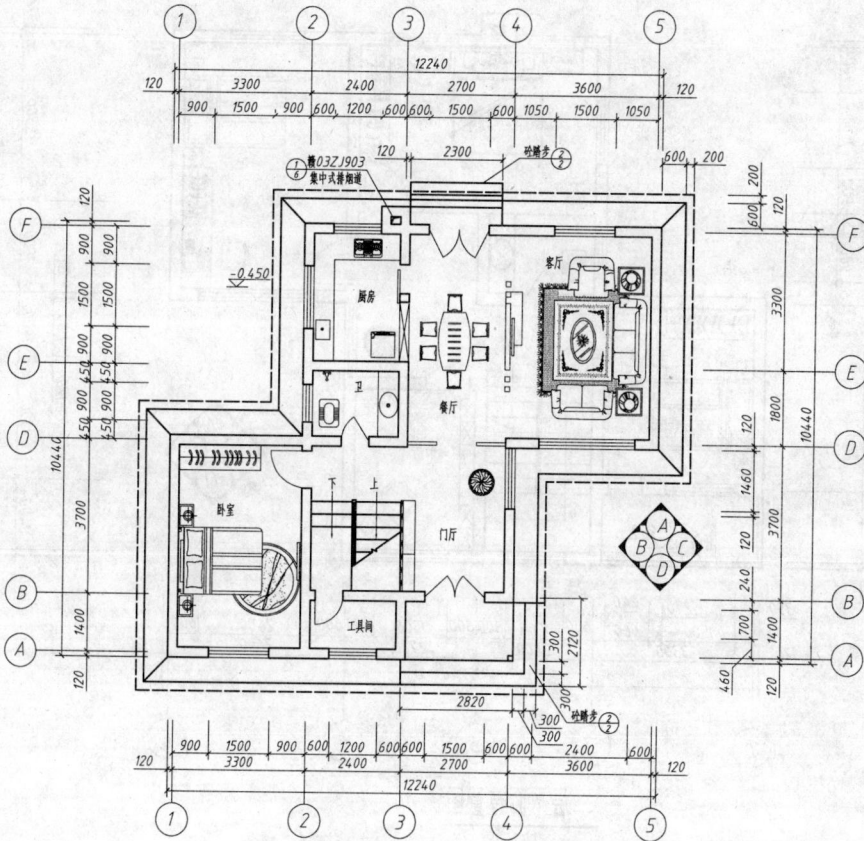

一层平面布置图 1:100

图 30103 一层平面布置图

（1）通过阅读图名、比例以及各房间的功能布局，直接了解图中的基本内容。图中一层室内空间布局的主要功能是图的上面设有厨房、餐厅、客厅和卫生间，下面有门厅、卧室、过道和楼梯。此图在 A3 纸面中比例是 1：100。

（2）根据图中的轴线编号和承重构件的布局，了解装饰空间在整个建筑物中的位置及建筑结构类型。图中门厅设在轴线Ⓑ—Ⓓ和③—④之间。

（3）注意阅读各功能区域的平面形状、尺寸、位置以及各装饰件（家具、设备、陈设品等）的平面定形尺寸和定位尺寸。

（4）理解各内视符号、剖面剖切符号、详图索引符号等相关符号的意义。

（5）阅读并理解对装饰材料和施工工艺的文字说明。

图 30104 所示为××花园 3 号别墅的二层平面布置图，识读方法如上。

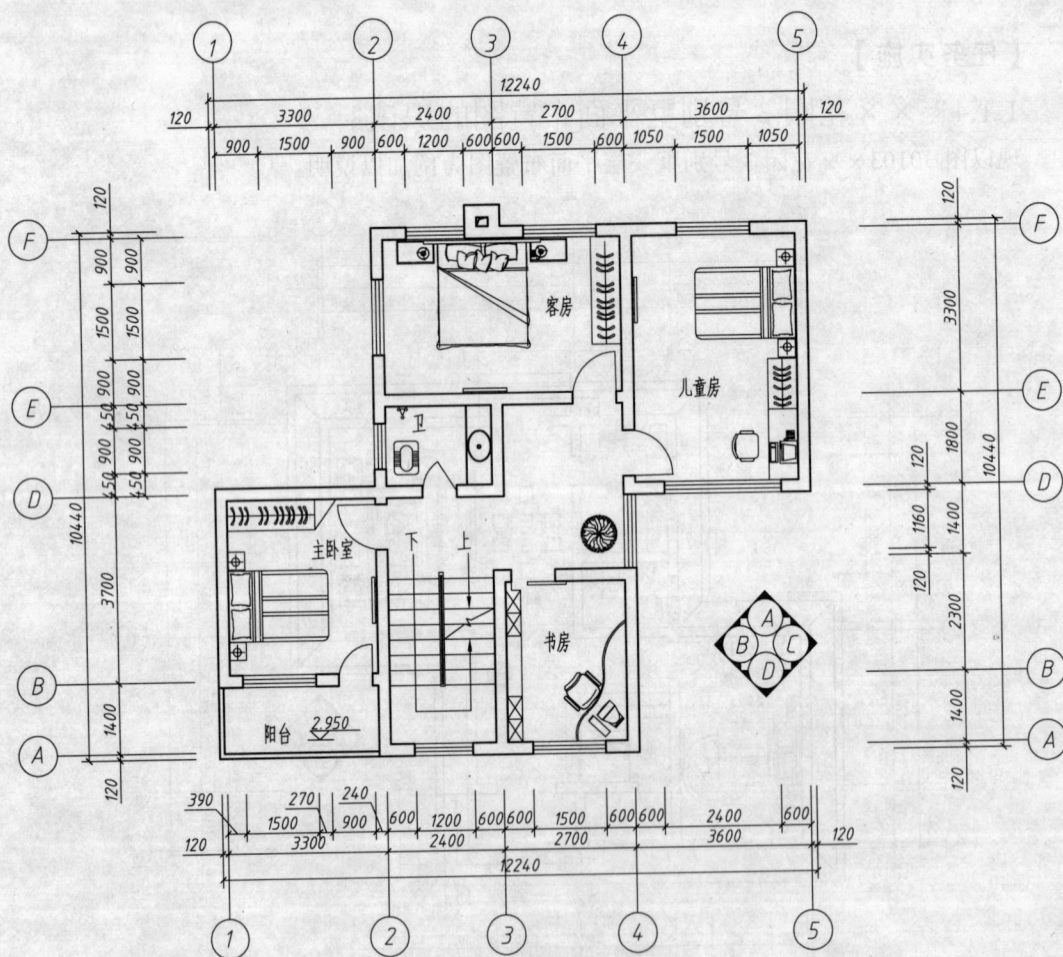

二层平面布置图 1:100

图 30104 二层平面布置图

1.1.5　××花园3号别墅平面布置图的绘制

1．绘制内容

建筑平面图与平面布置图的形成方法是一致的，前者用于反映建筑基本结构；后者在反映建筑基本结构的同时，着重反映室内环境要素，如家具与陈设等。

平面布置图的主要绘制内容如下：

（1）图名、比例。

（2）建筑平面图的基本内容。

（3）装饰空间的结构形式、平面形状和长宽尺寸等。

（4）室内家具、陈设、卫生洁具及所有固定的设备等。

（5）水池、喷泉、假山、绿化等景物。

（6）剖面符号及编号、内视投影符号（又称立面指向符号）等。

（7）不同地坪的高程、详图索引符号、各个房间的名称、必要的文字说明等。

2．绘制要求

（1）平面布置图可根据装饰空间的大小，采用较大的比例绘制，如1∶50等。

（2）绘图的基本要求与建筑平面图相同，平面布置图一般采用简化的建筑结构，突出装饰布局的画图方法，对剖切到的墙、柱用粗实线或涂黑表示；未剖切到但能看到的内容用细实线表示，如家具、地面分格、楼梯台阶、门扇的开启线等。

（3）家具等物品应根据实际尺寸按与平面图相同的比例绘制，但尺寸不必标明。

图 30105　内视投影符号

（4）内视投影符号的绘制要求如图30105所示。图中细线圆直径8~10 mm，内视编号的文字高度比尺寸数字大一号。

※在线动画链接：内视投影符号的绘制（http：//218.65.5.218/jz/JZ17/xm7/JZ1-1.html）。

3．绘制方法

（1）选择比例，确定图纸幅面。

（2）绘制定位轴线。

（3）绘制建筑主体结构，并标注其开间、进深、门窗洞口等尺寸和楼地面高程等。

（4）绘制各功能空间的家具、陈设、隔断、绿化等。

（5）标注固定家具、装饰造型等的定形尺寸和定位尺寸。

（6）内视投影符号、索引符号及必要的文字说明等。

4．绘制过程

下面以图30103所示的××花园3号别墅住宅的一层平面布置图为例介绍平面布置图的具体绘制步骤。

（1）建筑主体结构的绘制。在平面布置图中，建筑主体结构的绘制与建筑平面图相同。在实际操作时，可直接调用绘制好的建筑平面图，并删除与本次室内空间设计无关的图线。

（2）绘制家具。在室内设计中，家具占有重要的地位。一般应根据房间的功能进行家具的布置，有时还应点缀植物等装饰品。平面布置图中的家具只是为了表示家具的摆放位置和房间的功能，而不是表达家具的真正造型，所以家具单体的绘制力求简单，表达正确的尺度即可。

① 家具的绘制。单件家具的绘制并没有什么特殊之处，所用的命令已作过讲解，具体的绘制过程不再叙述。室内设计用到的家具最好在另一个文件中分类，根据家具的尺度绘制，然后做成块。

图 30106 所示为部分绘制好的家具平面图。

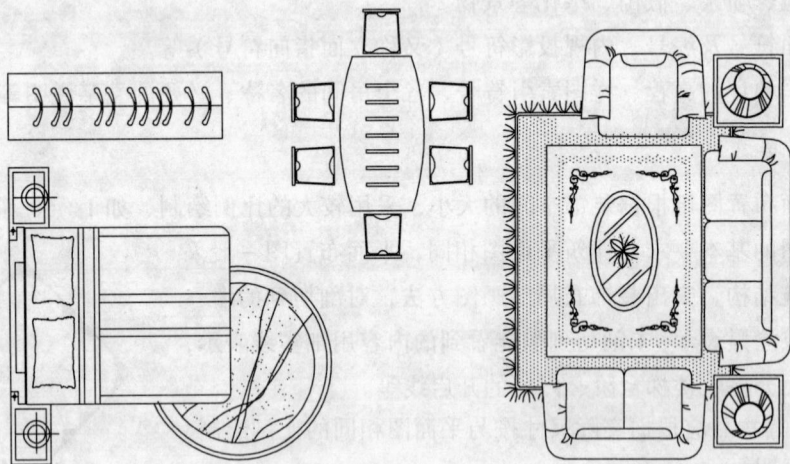

图 30106　部分家具平面图

② 插入家具。执行"Insert"命令，将制作好的家具图块或室内家具图库集中的家具图块插入到平面布置图中。插入时应选择好插入位置、旋转角度和缩放比例。

（3）标注装饰尺寸，如隔断、固定家具和装饰造型的定形、定位尺寸。

（4）绘制内视投影符号、详图索引符号等。

（5）注写必要的文字说明、图名和比例。

※在线动画链接：平面布置图（卧室）的绘制（http：//218.65.5.218/jz/JZ17/xm7/JZ1-2.html）。

【巩固训练】

绘制图 30107 所示的××花园小高层住宅平面布置图，文件保存为"SX30107.dwg"。

训练要求：

（1）按图示的内容在模型空间绘制图样，A4 幅面、出图比例 1∶100。

（2）使用图纸空间打印出图。

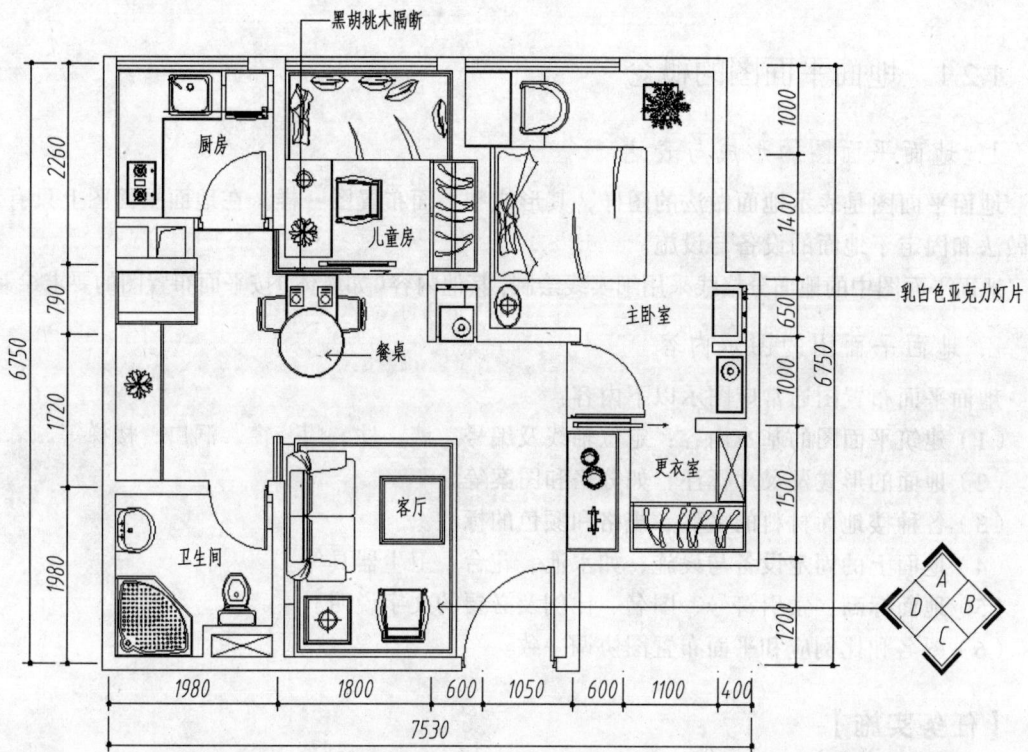

平面布置图 1:100

图 30107 ××花园小高层住宅平面布置图

【思考与练习】

1. 简述住宅装饰施工图的分类。

2. 住宅装饰施工图的常用比例有哪些?

3. 住宅装饰施工图的图纸目录和设计说明在内容上与建筑施工图有何区别?

4. 简述住宅空间平面布置图的图示内容。

5. 住宅空间平面布置图的识读需注意哪些问题?

6. 住宅空间平面布置图的绘制内容与建筑平面图有何区别?

任务 1.2 地面平面图的绘制和识读

【任务载体】

××花园 3 号别墅地面平面图的绘制和识读,室内空间效果图见任务 7.1 的插图 30101

【知识导入】

1.2.1　地面平面图的概念

1. 地面平面图的形成与表达

地面平面图是表示地面做法的图样，其形成和平面布置图一样。在地面平面图上只有地面做法和固定于地面的设备与设施。

地面平面图中的地面分格线采用细实线绘制，其他内容（如墙体）按平面布置图的要求绘制。

2. 地面平面图的图示内容

地面平面布置图通常应图示以下内容：

（1）建筑平面图的基本内容：定位轴线及编号、墙、柱、门、窗、洞口、楼梯等。

（2）地面的形式及尺寸标注，如分格和图案等。

（3）各种楼地面材料的名称、规格和颜色的标注。

（4）地面上的固定设备与设施，如水池、花台、卫生器具等。

（5）地面标高、索引符号、图名、比例及必要的文字说明。

（6）图名和比例应和平面布置图协调一致。

【任务实施】

1.2.2　××花园 3 号别墅地面平面图的识读

现以图 30108、图 30109 的××花园 3 号别墅一层、二层地面平面图为例加以说明。

1. 阅读图名、比例（略）

2. 阅读图中的基本内容

从图中可以看到，一楼、二楼大厅（门厅、客厅、餐厅等）的地面是 800×800 mm 金花米黄玻化砖，厨房、卫生间的地面是 300×300 mm 防滑砖，其他房间的地面是实木地板。一楼台阶的平台使用青石板铺贴、室内楼梯采用实木铺设、门槛使用英国的大理石棕铺设。

1.2.3　××花园 3 号别墅地面平面图的绘制

1. 绘制内容

楼地面平面图与平面布置图的形成方法是一致的，前者着重表达地面的装饰分格，地面材质、颜色、尺寸及高程。

楼地面平面图的主要绘制内容如下：

（1）图名、比例。

（2）建筑平面图的基本内容。

（3）楼地面的装饰材料、颜色、分格尺寸及高程。

（4）楼地面的拼花造型。

（5）必要的文字说明、索引符号等。

2．绘制要求

（1）楼地面平面图的图名和比例应与平面布置图协调一致。

（2）楼地面分格线用细实线绘制，其他内容和平面布置图相同。

3．绘制方法

（1）选择比例，确定图纸幅面。

（2）绘制建筑主体结构。

（3）绘制楼地面面层的分格线、拼花造型等。

（4）标注楼地面面层的分格线尺寸和拼花造型尺寸。

（5）索引符号和必要的文字说明。

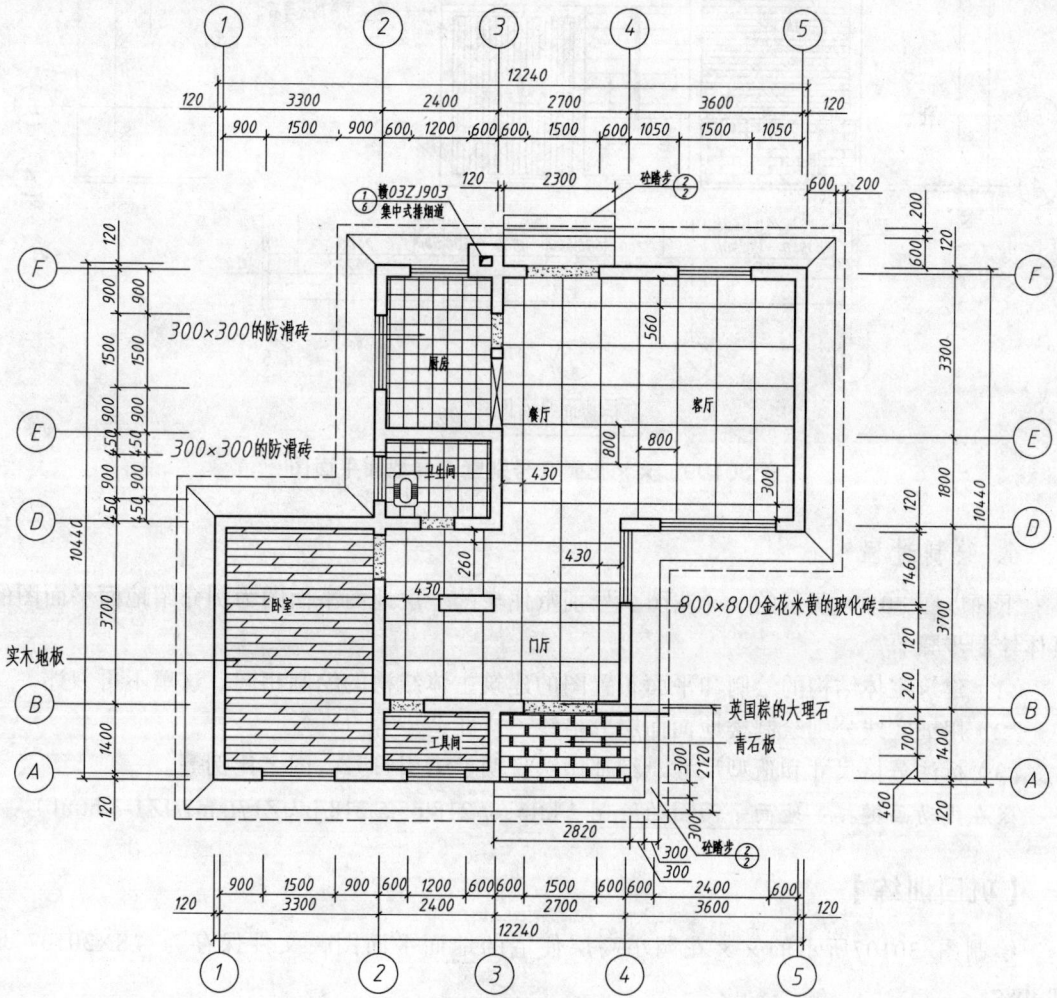

一层地面平面图 1:100

图 30108　××花园 3 号别墅一层地面平面图

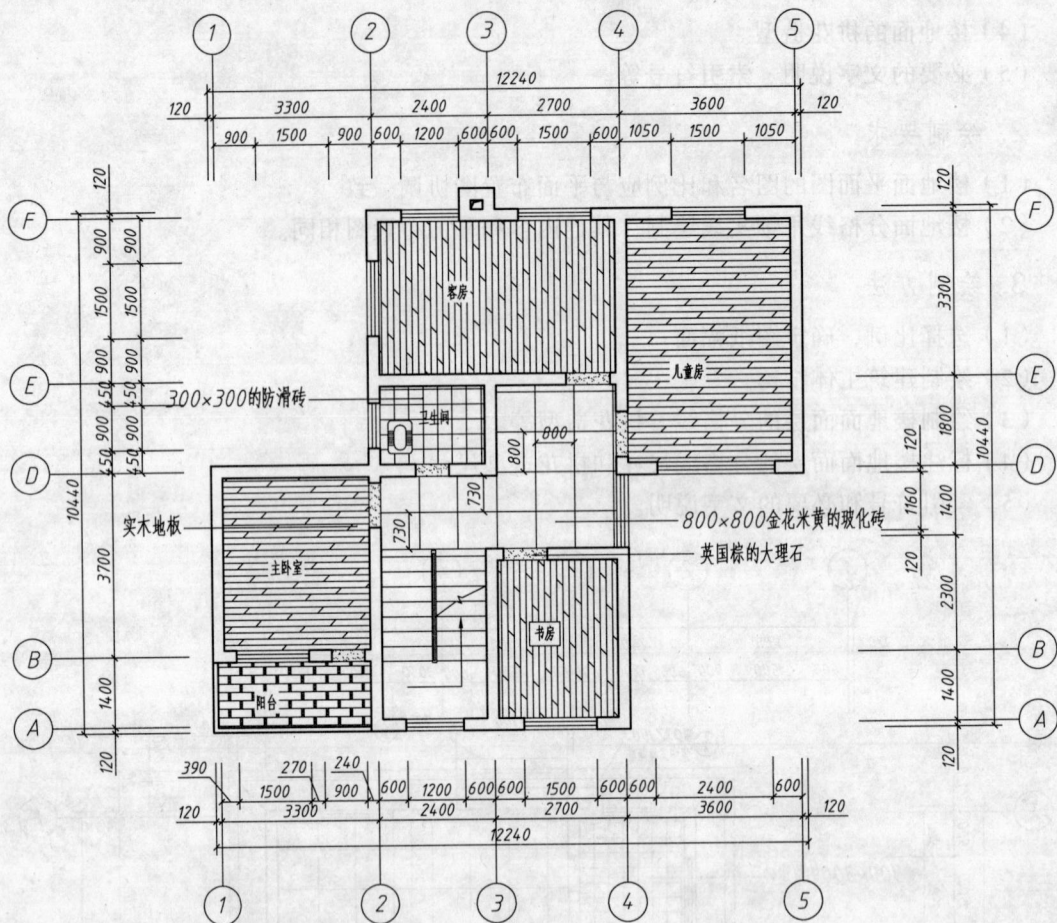

二层地面平面图 1:100

图 30109 ××花园 3 号别墅二层地面平面图

4. 绘制过程

下面以图 30108 所示的××花园 3 号别墅住宅的一层地面平面图为例介绍地面平面图的具体绘制步骤。

（1）建筑主体结构的绘制和平面布置图的建筑主体结构的绘制相同，这里不再叙述。

（2）用细实线分别绘制楼地面面层分格线、拼花造型等。

（3）标注分格尺寸和造型尺寸、细部做法说明、索引符号、图名比例等。

※在线动画链接：地面平面图的绘制（http：//218.65.5.218/jz/JZ17/xm7/JZ1-3.html）。

【巩固训练】

绘制图 30107 所示的××花园小高层住宅的地面平面图，文件保存为"SX30107 地面.dwg"。

训练要求：

（1）调用上一任务所完成的训练作业的"SX30107.dwg"，删除与地面平面图无关的图线。

（2）查找相关资料，选择与空间相适应的地面图案或自行设计，继续在模型空间绘制图样、全局比例1：100（注意地面材料的尺寸以及与平面布置图中空间划分的谐调）。

（3）使用图纸空间打印出图。

【思考与练习】

1. 简述地面平面图的图示内容。
2. 简述地面平面图的识读内容。
3. 地面平面图的绘制内容有哪些？

【知识拓展】

1.2.2　常用的瓷砖的规格

（1）釉面砖常用规格：正方形釉面砖 152×152 mm、200×200 mm、长方形釉面砖有 152×200 mm、200×300 mm 等，常用的釉面砖厚度 5 mm 及 6 mm。

（2）通体砖常用规格：300×300 mm、400×400 mm、500×500 mm、600×600 mm、800×800 mm 等。

（3）抛光砖常用规格：400×400 mm、500×500 mm、600×600 mm、800×800 mm、900×900 mm、1 000×1 000 mm。

（4）玻化砖常用规格：400×400 mm、500×500 mm、600×600 mm、800×800 mm、900×900 mm、1 000×1 000 mm。

（5）马赛克常用规格：20×20 mm、25×25 mm、30×30 mm，厚度依次在 4~4.3 mm 之间。

（6）仿古砖的规格：300×300 mm、400×400 mm、500×500 mm、600×600 mm、300×600 mm、800×800 mm 等。

任务 1.3　顶棚平面图的绘制和识读

【任务载体】

××花园 3 号别墅顶棚平面图的绘制和识读，室内空间效果图见本情境任务 1.1 的插图 30101

【知识导入】

1.3.1　顶棚平面图的概念

1. 顶棚平面图的形成与表达

顶棚平面图是假想用一剖切平面，在顶棚下方通过门、窗洞的位置将房屋剖开后，对剖切平面上方的部分所作的镜像投影图,用以表达顶棚造型、材料及灯具、消防和空调系统的位置等。

在顶棚平面图中剖切到的墙柱用粗实线、未剖切到但能看到的顶棚、灯具、风口等用细实线绘制。

2. 顶棚平面图的图示内容

顶棚平面布置图通常应图示以下内容:

(1)建筑平面图的基本内容。

此项内容和建筑平面图基本相同,但门只画出门洞边线,不画门扇和开启线。

(2)顶棚的形式与造型。

包括顶棚的造型样式及其定形定位尺寸、各级标高、装饰所用的材料及规格、各级标高。

(3)灯具的符号及具体位置(灯具的型号、规格和安装方法由电气施工图反映)。

(4)有关附属设施的外露件的规格、定位尺寸、窗帘的图示等。附属设施主要有空调系统的送风口、消防系统的烟感报警器和喷淋头、电视音响系统的有关设施。

(5)索引符号、说明文字、图名及比例等。

(6)图名和比例应和平面布置图协调一致。

【任务实施】

1.3.2 ××花园 3 号别墅顶棚平面布置图的识读

现以图 30110、图 30111 的××花园 3 号别墅一层、二层顶棚平面图为例加以说明。

在识读顶棚平面图前,应先阅读对应的平面布置图,了解顶棚所在房间的平面布置情况。房间的功能划分、交通流线等与顶棚的形式、底面标高、选材有着紧密的联系。

1. 识读图名、比例

2. 识读顶棚造型、材料、尺寸做法及底面标高

顶棚的造型与空间的功能布局有紧密的联系,通过高度差异及材质的变化来实现。图 30109 中的顶棚底面标高表示出顶棚高度变化的具体尺寸(建筑中的标高以 m 为单位,这里以 mm 为单位),材质的变化通过引线引出文字加以说明。具体尺寸在尺寸标注上可以看到。

3. 识读灯具布置及其他有关的附属设备

灯具和附属设备的位置可以在图 30110 的顶棚图中找到,各种灯具和附属设图案样式在图例说明中了解到,通过这两个部分共同来完成灯具和附属设备识读。

4. 其他相关内容的识读

注意识读图中各窗口有无窗帘及窗帘盒、有无与顶棚相接的吊柜及壁柜家具等、有无顶角线做法等。

354

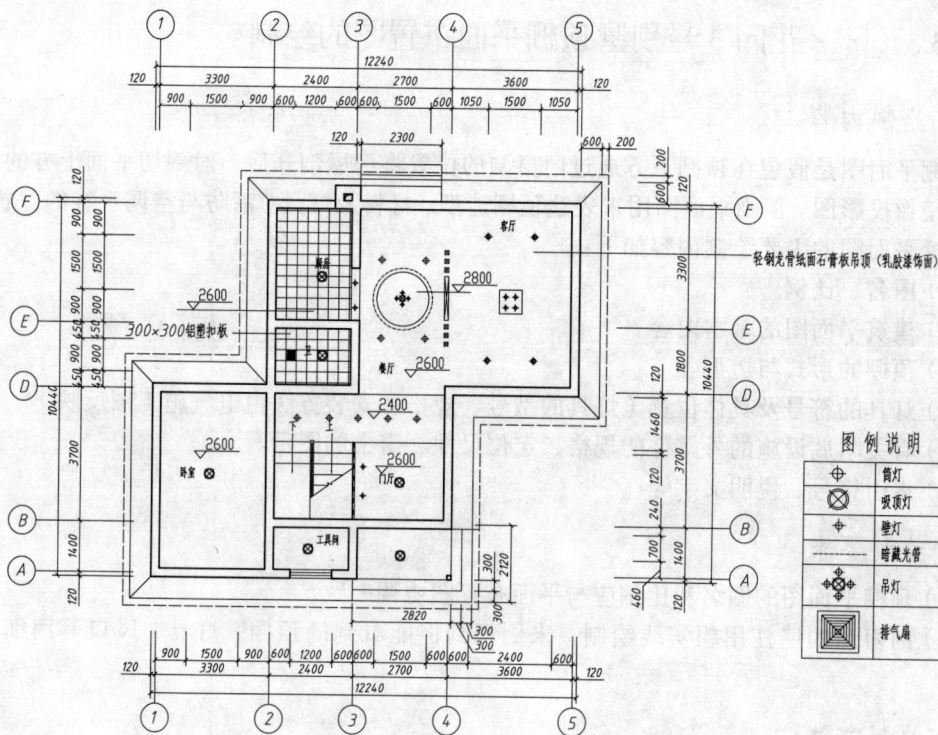

一层顶棚图 1:100

图 30110 ××花园 3 号别墅一层顶棚平面图

图例说明

⊕	筒灯
⊗	吸顶灯
⊹	壁灯
------	暗藏光管
⊗	吊灯
▨	排气扇

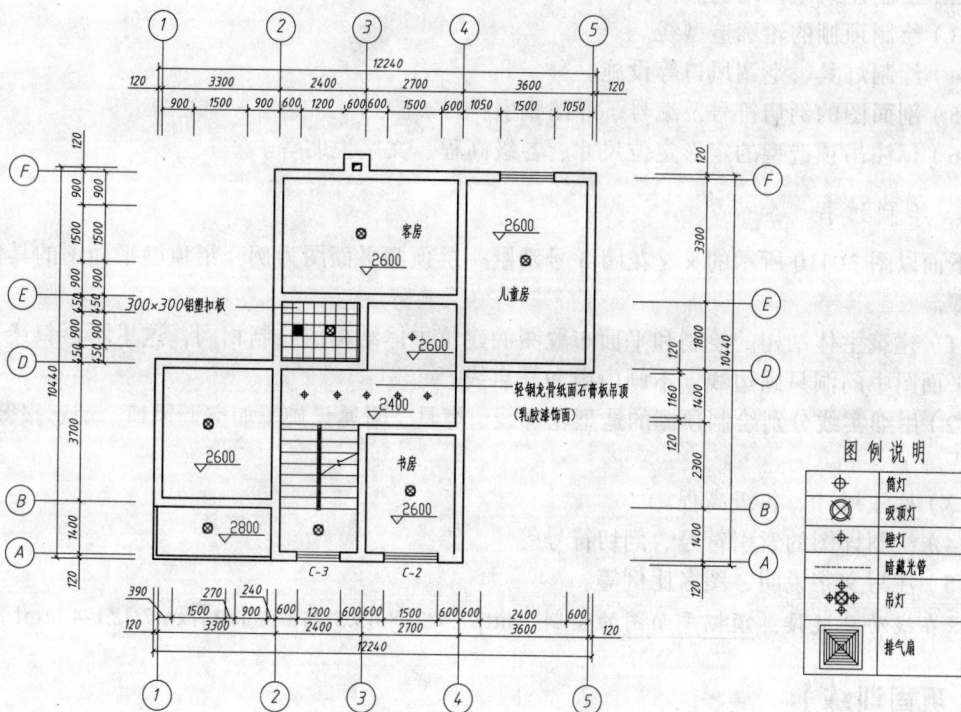

二层顶棚图 1:100

图 30111 ××花园 3 号别墅二层顶棚平面图

图例说明

⊕	筒灯
⊗	吸顶灯
⊹	壁灯
------	暗藏光管
⊗	吊灯
▨	排气扇

1.3.3　××花园 3 号别墅顶棚平面布置图的绘制

1. 绘制内容

顶棚平面图是假想在顶棚下方通过门窗洞的位置将房屋剖开后,对剖切平面上方的部分所作的镜像投影图。顶棚平面图用来表达顶棚造型、材料及灯具、消防与空调系统的位置等。

顶棚平面图的主要绘制内容如下:

(1)图名、比例。

(2)建筑平面图的基本内容。

(3)顶棚的形式与造型。

(4)灯具的符号及具体位置(灯具的型号、规格和安装方法由电气施工图反映)。

(5)有关附属设施的外露件的规格、定位尺寸、窗帘的图示等。

(6)索引符号、说明文字等。

2. 绘制要求

(1)顶棚平面图的图名和比例应与平面布置图协调一致。

(2)剖切到的墙柱用粗实线绘制,未剖切到但能看到的顶棚、灯具、风口等用细实线绘制。

3. 绘制方法

(1)选择比例,确定图纸幅面。

(2)绘制建筑主体结构。

(3)绘制顶棚的轮廓造型线。

(4)绘制灯具、空调风口等设施。

(5)剖面图的剖切符号及编号、详图索引符号。

(6)标注吊顶造型的定形定位尺寸、各级高程、文字说明等。

4. 绘制过程

下面以图 30110 所示的××花园 3 号别墅一层顶棚平面图为例介绍顶棚平面图的具体绘制步骤。

(1)建筑主体结构的绘制和平面布置图的建筑主体结构的绘制相同,这里不再叙述。在顶棚平面图中门洞只画边线,不画门扇和开启线。

(2)用细实线分别绘制顶棚的造型轮廓线、灯具、附属设施(如空调风口、烟感报警器、喷淋头等)。

(3)标注尺寸、各级高程。

(4)绘制详图的索引符号、剖切符号等。

(5)注写文字说明、图名比例等。

※在线动画链接:*顶棚平面图的绘制*(http://218.65.5.218/jz/JZ17/xm7/JZ1-4.html)。

【巩固训练】

绘制图 30107 所示的××花园小高层住宅的顶棚平面图,文件保存为"SX30107 顶棚.dwg"。

训练要求：

（1）调用上一任务所完成的训练作业的"SX30107.dwg"，删除与顶棚平面图无关的图线。

（2）参照本任务对顶棚平面图的介绍或查找相关资料，自行设计××花园小高层住宅的顶棚平面图，继续在模型空间绘制图样，全局比例 1：100（注意灯具的尺寸以及与平面布置图中空间划分的谐调）。

（3）使用图纸空间打印出图。

【思考与练习】

1. 简述顶棚平面图的图示内容。
2. 简述顶棚平面图的识读内容。
3. 顶棚平面图的绘制内容有哪些？

【知识拓展】

1.3.4 顶棚设计应满足的几项主要要求

顶棚是室内设计中的重要部分，顶棚对室内空间的塑造和空间内涵的提升具有至关重要的作用。优秀的顶棚设计应通过对形态构成要素的分析、色彩的搭配、光的布置、灯具的选择、材质的应用以及设计风格的研究来解析室内空间的设计艺术。顶棚设计时应从设计原则的角度重新审视，充分考虑以下几点要求：

（1）构造形式、用料和颜色必须同整个空间的情调与风格相协调，起到相辅相成、相互烘托的作用。

（2）要解决好与室内平面布置、墙面设计的协调问题。

（3）解决好顶棚上方的管线、风口、电器等设备的配合与隐蔽问题

（4）充分考虑、安全、防火等要求，在构造上采取相应的措施。

【实训指导】

实训 20 绘制建筑装饰平面图

1. 实训目的与要求

（1）熟悉并掌握建筑主体结构的绘制。

（2）熟练并掌握家具的绘制、家具图块的制作及插入。

（3）熟练并掌握顶棚设施的图块的插入。

（4）熟悉平面布置图、楼地面平面图、顶棚平面图的绘制内容、绘制要求。

（5）熟练并掌握平面布置图、楼地面平面图、顶棚平面图的绘制方法和步骤。

2. 实训指导

本实训是本情境任务 1.1、任务 1.2 和任务 1.3 的延续，在绘制装饰平面图前请仔细阅读

在各任务中所叙述的平面布置图、楼地面平面图、顶棚平面图的绘制内容、绘制要求、绘制方法和过程。本实训的任务是绘制别墅的二层平面布置图、楼地面平面图和顶棚平面图。

3. 实训内容

训练 1 绘制××花园 3 号别墅二层平面布置图。

要求：从课程网站调用文件 AutoCAD 图形文件"20114.dwg"，删除与平面布置图无关的图线，然后按图示的内容继续在模型空间绘制图样，全局比例 1：100，使用图纸空间打印出图。文件另存为"SX20114 平面布置.dwg"，达到图 30104 所示的效果。

训练 2 绘制××花园 3 号别墅二层地面平面图。

要求：从课程网站调用文件 AutoCAD 图形文件"20114.dwg"，删除与地面平面图无关的图线，然后按图示的内容继续在模型空间绘制图样，全局比例 1：100，使用图纸空间打印出图，文件另存为"SX20114 地面.dwg"，达到图 30109 所示的效果。

训练 3 绘制××花园 3 号别墅二层顶棚平面图。

要求：从课程网站调用文件 AutoCAD 图形文件"20114.dwg"，删除与顶棚平面图无关的图线，然后按图示的内容继续在模型空间绘制图样，全局比例 1：100，使用图纸空间打印出图。文件另存为"SX20114 顶棚.dwg"，达到图 30111 所示的效果。

任务 1.4　室内立面图的绘制和识读

【任务载体】

××花园 3 号别墅室内立面图的绘制和识读，室内空间效果图见本情境任务 1.1 的插图 30101

【知识导入】

1.4.1　室内立面图的概念

1. 室内立面图的形成与表达

室内立面图通常是指内部墙面的正立投影图，主要用来表达内墙立面的形状、装修做法和其上的陈设等，为装饰工程施工图中的主要图样之一，是确定内墙面做法的主要依据。

室内立面图的名称应与平面布置图中的内视投影符号一致，如"A 立面图"、"B 立面图"等。各向立面图应尽可能画在同一图纸上，甚至可把相邻的立面图连接起来，便于展示室内空间的整体布局。图中用粗实线表示外轮廓线，用中实线表示墙面上的门窗、装饰件的轮廓线等，用细实线表示其他图示内容和尺寸线、引出线等。

2. 室内立面图的图示内容

室内立面图通常应图示的主要内容如下：

（1）墙面装饰造型的构造方式、装饰材料（一般用文字说明）、陈设、门窗造型等。

（2）墙面所用设备（灯具、暖气罩等）和附墙固定家具的规格尺寸、定位尺寸等。

（3）顶棚的高度尺寸及其迭级造型的构造关系和尺寸，墙面与吊顶的衔接收口方式等。

（4）尺寸标注、相对标高等。

（5）说明文字、索引符号、图名和比例等。

【任务实施】

1.4.2　××花园3号别墅室内立面图的识读

现以图 30112~图 30114 所示××花园3号别墅部分室内立面图为例加以说明。

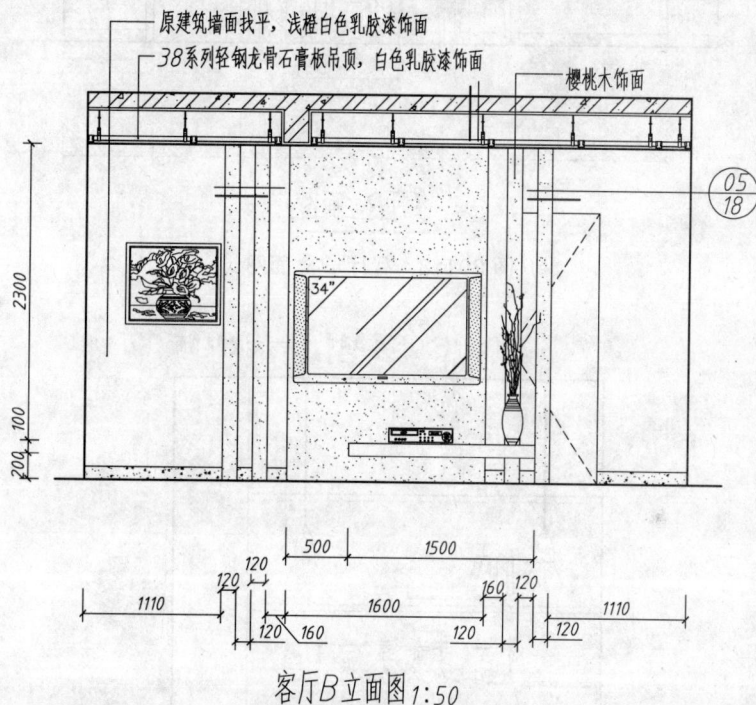

客厅B立面图 1:50

图 30112　客厅 B 立面图

（1）识读图名、比例，通过内视符号建立与平面布置图之间的联系，找到对应的墙面。

（2）与平面布置图配合，识读室内建筑主体的立面形状和基本尺寸。

根据平面图中内视符号的指向识读室内的立面图，如图 30112 所示为客厅立面，指向为 B 方向，因此图为客厅 B 立面图。

（3）依据图示的墙面装饰造型样式及文字说明，分析各装饰面、装饰件及装饰件所用的材料和施工工艺等。

图 30113 所示为餐厅 B 立面图，在墙里面龛着两棵竹，为餐厅塑造一种清新自然的环境，表面采用 10mm 的钢化玻璃，保护里面的景物不受损；同时视线通透，左边空的墙面采用了浅橙色的乳胶漆，还挂有同样意境的画面作为点缀，共同完成整个的就餐环境。具体的构造用剖面图和节点详图描述，立面图中引出了它的图名和具体的图纸位置。

原建筑墙面找平, 浅橙色乳胶漆饰面

38系列轻钢龙骨石膏板吊顶, 白色乳胶漆饰面

461

2039

100

09
—

1800   1433   200 700   727

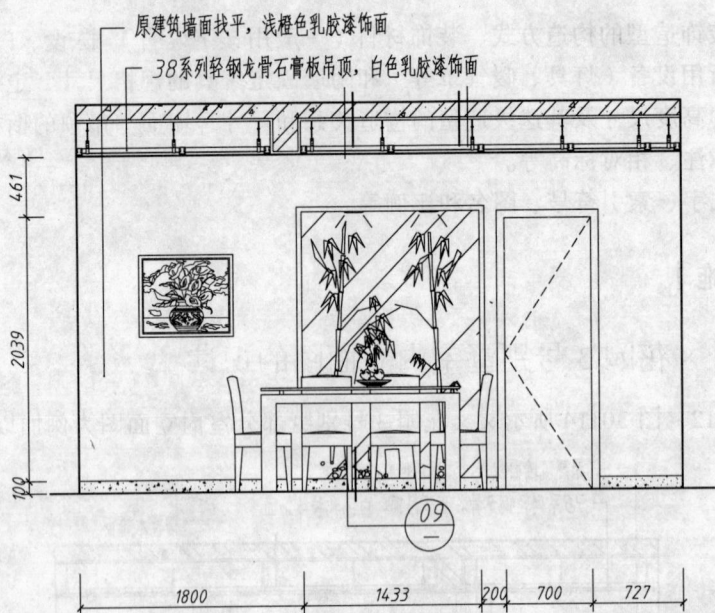

餐厅B立面图 1:50

图 30113　餐厅 B 立面图

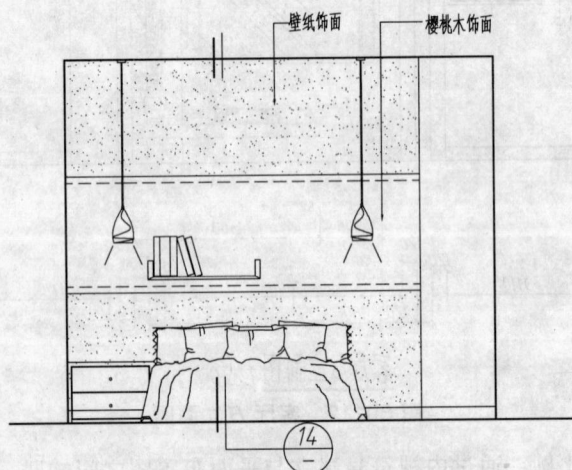

壁纸饰面　　　　　樱桃木饰面

14
—

主卧室B立面图 1:50

图 30114　主卧室 B 立面图

（4）依据尺寸标注, 了解各装饰件的定形尺寸和定位尺寸等。

图 30112 中客厅 B 立面的定形尺寸为 1 600 mm × 2 600 mm, 两边有 120 mm × 120 mm 的方柱, 电视机的下面是悬挑出 600 mm 的电视柜（长为 1 500 mm, 厚为 100 mm）。

（5）通过索引符号、剖切符号查阅对应的详图, 进一步了解细部构造做法。

在识读顶棚平面图前, 应先阅读对应的平面布置图, 了解顶棚所在房间的平面布置情况。房间的功能划分、交通流线等与顶棚的形式、底面标高、选材有着紧密的联系。

360

1.4.3　××花园3号别墅室内立面图的绘制

1．绘制内容

室内立面图主要用来表达建筑内墙的立面形式、尺寸及室内配套布置等内容。室内立面图是装饰工程施工图的主要图样之一，是确定内墙面做法的主要依据。

室内立面图的主要绘制内容如下：

（1）图名、比例及两端的定位轴线及其编号。

（2）墙面装饰造型的构造方式、装饰材料、陈设、门窗造型等。

（3）墙面所用设备（灯具、暖气罩等）和附墙固定家具的规格尺寸、定位尺寸等。

（4）顶棚的高度尺寸及其迭级造型的构造关系和尺寸，墙面与吊顶的衔接收口方式等。

（5）尺寸标注、相对高程等。

（6）说明文字、索引符号等。

2．绘制要求

（1）室内立面图的名称应与平面布置图中的内视投影符号一致，如"A立面图"、"B立面图"等。各向立面图应尽可能画在同一图纸上，甚至可把相邻的立面图连接起来，便于展示室内空间的整体布局。

室内立面图的常用比例为1∶50，可用比例为1∶30、1∶40。

（2）图中的外轮廓线用粗实线表示，墙面上的门窗、装饰件的轮廓线等用中实线表示，其他图示内容和尺寸线、引出线等用细实线表示。

室内立面图一般不用虚线。

3．绘制方法

（1）选择比例，确定图纸幅面。

（2）绘制楼地面、墙柱面的轮廓线和必要的定位轴线。

（3）绘制墙柱面的主要造型轮廓。

（4）绘制上方顶棚的剖面线及可见轮廓。

（5）标注各造型相对于本层楼地面的尺寸，标注顶棚底面高程。

（6）注写文字、详图索引符号、剖切符号等。

4．绘制过程

下面以图30114所示的××花园3号别墅主卧室B立面图为例介绍室内立面图的具体绘制步骤。

（1）绘图环境的设置。

（2）用粗实线绘制墙柱等结构的轮廓及剖切到的结构体。

（3）用中实线绘制各装饰构造。

（4）用细实线绘制图例及其他的可见结构。

（5）索引符号、说明文字等。

（6）尺寸标注和高程等。

※在线动画链接：<u>室内立面图的绘制</u>（http：//218.65.5.218/jz/JZ17/xm7/JZ1-5.html）。

××花园小高层住宅的餐厅立面图，见图 30115。

训练要求：

（1）调用"A3.dwt"样板文件，将图框标题栏移至布局 1，将文件保存为"SX30115.dwg"。

（2）然后按图示的内容在模型空间 1∶1 绘制图样。

（3）标注尺寸时应针对所示的图样，创建标注样式、设置全局比例，然后使用图纸空间布局出图。

（4）绘制时注意该立面与上两个任务中自行设计完成的地面平面图和顶棚平面图之间的联系，同时注意块插入的尺寸比例。

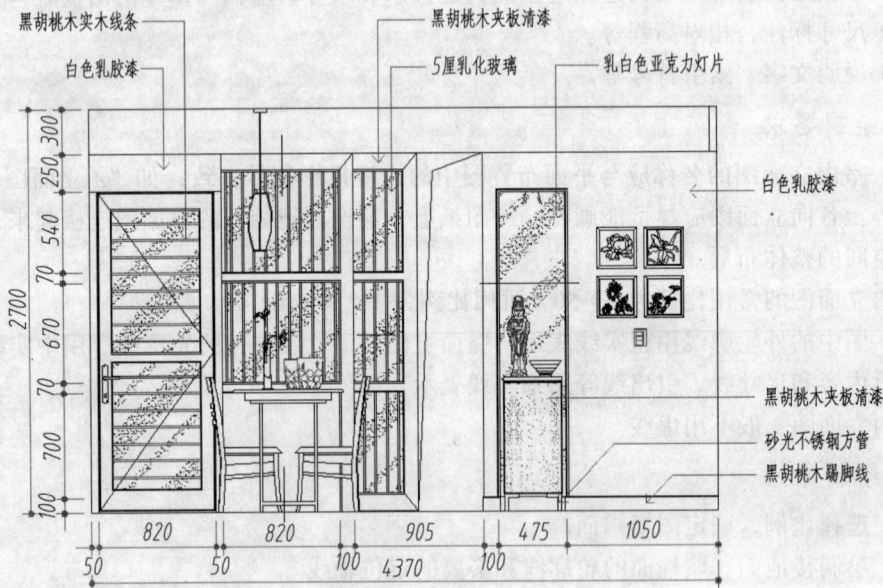

图 30115 ××花园小高层住宅餐厅 A 立面图

【思考与练习】

1. 室内立面图的图示内容有哪些？

2. 室内立面图的绘制内容有哪些？

3. 室内立面图的识读需要注意哪些问题？

4. 室内立面图与平面布置图之间有何对应关系？

【知识拓展】

1.4.3 室内常用尺寸

1. 墙面尺寸

（1）踢脚板高：80～200 mm。

（2）墙裙高：800 ~ 1 500 mm。

（3）挂镜线高：1 600 ~ 1 800 mm（画中心距地面高度）。

2. 餐　厅

（1）餐桌高：750 ~ 790 mm。

（2）餐椅高：450 ~ 500 mm。

（3）圆桌直径：二人 500 mm、三人 800 mm、四人 900 mm、五人 1 100 mm、六人 1 100 ~ 1 250 mm、八人 1 300 mm、十人 1 500 mm、十二人 1 800 mm。

（4）方餐桌尺寸：二人 700 × 850 mm、四人 1 350 × 850 mm、八人 2 250 × 850 mm。

（5）餐桌转盘直径：700 ~ 800 mm。

（6）餐桌间距：（其中座椅占 500 mm）应大于 500 mm。

（7）主通道宽：1 200 ~ 1 300 mm。

（8）内部工作道宽：600 ~ 900 mm。

（9）酒吧台高：900 ~ 1 050 mm、宽 500 mm。

（10）酒吧凳高：600 ~ 750 mm。

3. 书　房

（1）书桌。

固定式：深度 450 ~ 700 mm（600 mm 最佳）、高度 750 mm。

活动式：深度 650 ~ 800 mm、高度 750 ~ 780 mm。

书桌下缘离地至少 580 mm、长度最少 900 mm（1 500 ~ 1 800 mm 为宜）。

（2）书架：深度 250 ~ 400 mm/每格、长度 600 ~ 1 200 mm。下大上小型下方深度 350 ~ 450 mm，高度 800 ~ 900 mm。

4. 卧　室

（1）衣橱。

深度：一般 600 ~ 650 mm、推拉门 700 mm、衣橱门宽度 400 ~ 650 mm。

（2）矮柜：深度 350 ~ 450 mm、柜门宽度 300 ~ 600 mm。

（3）单人床：宽度 900、1 050、1 200 mm；长度 1 800、1 860、2 000、2 100 mm。

（4）双人床：宽度 1 350、1 500、1 800 mm；长度 1 800、1 860、2 000、2 100 mm。

（5）圆床：直径 1 860、2 125、2 424 mm（常用）。

5. 客　厅

（1）沙发。

单人式：长度 800 ~ 950 mm、深度 850 ~ 900 mm；坐垫高 350 ~ 420 mm、背高 700 ~ 900 mm。

双人式：长度 1 260 ~ 1 500 mm、深度 800 ~ 900 mm。

三人式：长度 1 750 ~ 1 960 mm、深度 800 ~ 900 mm。

四人式：长度 2 320 ~ 2 520 mm、深度 800 ~ 900 mm。

（2）电视柜。

深度 450 ~ 600 mm、高度 600 ~ 700 mm。

（3）茶几。

小型：长方形：长度 600 ~ 750 mm、宽度 450 ~ 600 mm、高度 380 ~ 500 mm（380 mm 最佳）。

中型：长方形：长度 1 200 ~ 1 350 mm、宽度 380 ~ 500 mm 或者 600 ~ 750 mm；正方形：长度 750 ~ 900 mm，高度 430 ~ 500 mm。

大型：长方形：长度 1 500 ~ 1 800 mm、宽度 600 ~ 800 mm、高度 330 ~ 420 mm（330 mm 最佳）；圆形：直径 750、900、1 050、1 200 mm，高度 330 ~ 420 mm；方形：宽度 900、1 050、1 200、1 350、1 500 mm，高度 330 ~ 420 mm。

【实训指导】

实训 21　绘制室内立面图

1. 实训目的与要求

（1）熟悉室内立面图的绘制内容、绘制要求。
（2）熟练掌握室内立面图的绘制方法和步骤。
（3）熟练掌握立面的造型绘制和标准。

2. 实训指导

本实训是情境三任务 1.4 的延续，在绘图前请仔细阅读任务 1.4 中所叙述的绘制内容、绘制要求、绘制方法和过程。本实训的任务是绘制别墅的餐厅 B 立面图、客厅 B 立面图和主卧室 B 立面图。

3. 实训内容

训练 1　绘制图 30112 所示的绘制 × × 花园 3 号别墅餐厅 B 立面图。

要求：调用 "A3.dwt" 样板文件，将图框和标题栏移至布局 1，然后按图示的内容在模型空间 1：1 绘制图样。标注尺寸时应针对图样创建标注样式、设置全局比例，然后使用图纸空间打印出图。文件另存为 "SX 30112.dwg"。

训练 2　绘制图 30113 所示的绘制 × × 花园 3 号别墅客厅 B 立面图。

要求：同训练 1。文件另存为 "SX 30113.dwg"。

训练 3　绘制图 30114 所示的绘制 × × 花园 3 号别墅主卧室 B 立面图。

要求：同训练 1。文件另存为 "SX 30114.dwg"。

任务 1.5　装饰详图的绘制和识读

【任务载体】

× × 花园 3 号别墅室内立面图的绘制和识读，室内空间效果图见本情境任务 1.1 的插图 30101。

【知识导入】

1.5.1 装饰详图的概念

1. 装饰详图的形成与表达

装饰详图是对平面布置图等图样未表达清楚部位需进一步放大比例所绘出的详细图样，以进一步表达细部的构造、尺寸及工艺。

装饰详图一般采用1：20～1：1的比例绘制，用粗实线表示剖切到的装饰体轮廓线，用细实线表示未剖切到的但能看到的内容。

2. 装饰详图的图示内容及分类

装饰详图的图示内容与表达的部位有直接关系，其主要图示内容如下：

（1）装饰面或装饰造型的结构形式、饰面材料与支撑构件的相互关系、装饰结构与建筑主体结构之间的连接方式以及衔接尺寸等。

（2）重要部位的装饰构件及配件的详细尺寸、工艺做法和施工要求等。

（3）装饰面之间的拼接方式及封边、收口、嵌条等处理的详细尺寸和做法、要求等。

（4）装饰面上的有关设施的安装方式以及设施与装饰面的收口收边方式等。

装饰详图一般按其表达的部位可分为：墙（柱）面装饰剖面图、顶棚详图、装饰造型详图、家具详图、装饰门窗及门窗套详图。其中墙（柱）面装饰剖面图主要用来表示在内墙立面图中无法表现的个各造型的厚度、定形、定位尺寸以及分层做法、选材、色彩上的要求等；顶棚详图主要用来表达吊顶的造型构造、各层次的标高、外形尺寸、定位尺寸等。

【任务实施】

1.5.2 ××花园3号别墅装饰详图的识读

现以图30116～图30118所示××花园3号别墅的部分装饰造型详图和节点详图为例加以说明。

1. 客厅电视背景墙的装饰造型剖面图与节点详图的识读

图30116所示为客厅电视背景墙的剖面和节点详图。它是承接电视的墙面也起到了划分空间的作用，故必须具备一定的强度。墙的中间采用了木龙骨作为骨架，面层的基层采用了相对比较厚的18 mm的木工板，面层粘贴了3 mm的樱桃木的饰面板，表面做透明漆保护木质并增加光泽度。

2. 餐厅的装饰造型剖面图与节点详图的识读

图30117所示为餐厅的装饰造型的剖面图和节点详图。该剖面图表现出了造型的整体的厚度为263 mm，把景物用10 mm的钢化玻璃龛在里面，餐厅这面墙玻璃边缘用实木线条收边，厨房这面墙要考虑防水，因此采用的是大理石的线条收边。在内部的上方用嵌入式的灯具进行局部的照明，进一步烘托出气愤。嵌入式的灯具需要嵌在空的结构中，让外面成为一个整体，因此在节点详图中有一个清晰的描述，空的部分用18mm的木工板围合而成。

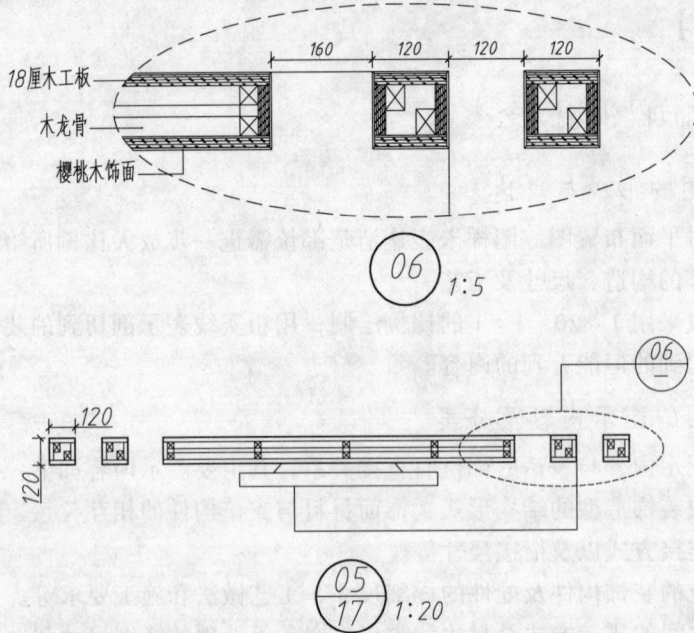

图 30116　客厅 *B* 立面图的装饰造型剖面图与节点详图

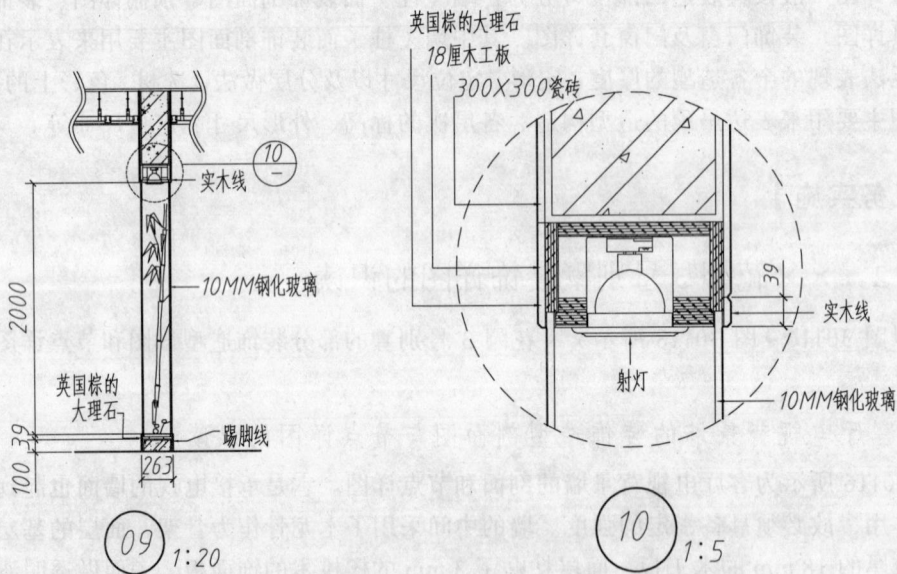

图 30117　餐厅 *B* 立面图的装饰造型剖面图与节点详图

3. 主卧室的装饰造型剖面图与节点详图的识读

图 30118 所示为主卧室的装饰造型的剖面图和节点详图。通过该剖面图可以看出造型是通过墙面的凸凹和发光灯槽来共同完成。发光灯槽结构比较小，因此采用节点详图来描述，尺寸为 100 mm（其中遮光板为 50 mm，挡住光源直接射入人眼），突起部分用截面为 30 mm×40 mm 的木龙骨，面层的基层采用 18 mm 木工板，饰面为樱桃木。原墙贴壁纸。

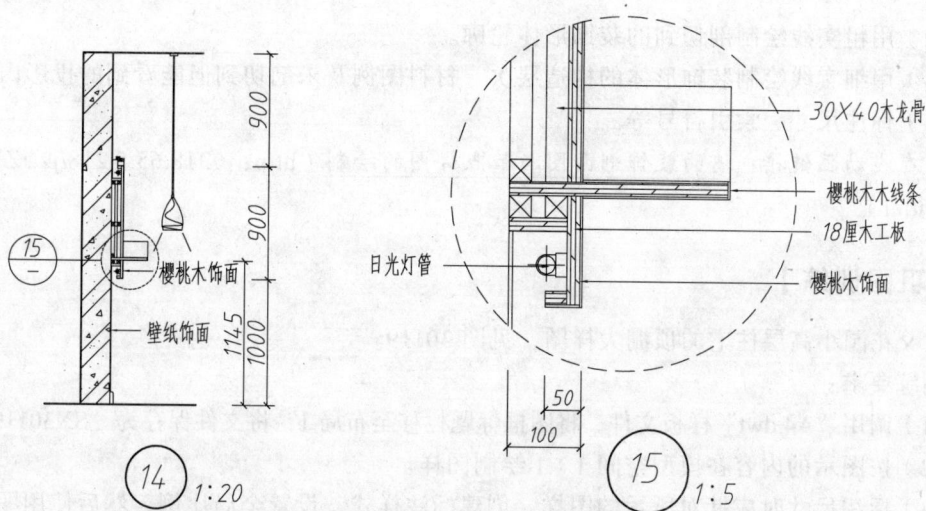

图 30118　主卧 *B* 立面图的墙面装饰剖面图与节点详图

1.5.3　××花园 3 号别墅装饰详图的绘制

1. 绘制内容

装饰详图是对平面布置图、楼地面平面图、顶棚平面图和室内立面图的细化和补充，是装饰工程施工及细部施工的依据。

装饰详图主要包括装饰剖面详图和构造节点详图，绘制内容如下：

（1）重要部位的装饰构配件的详细尺寸、工艺做法和施工要求等。

（2）装饰面或装饰造型的结构形式，饰面材料和支撑构件的相互关系等。

（3）装饰结构与建筑主体结构之间的连接方式及衔接尺寸等。

（4）装饰面之间的拼接方式及封边、收口、嵌条等处理的详细尺寸和做法要求等。

（5）装饰面上的有关设施的安装方式及设施与装饰面的收口收边方式等。

装饰详图一般按其表达的部位可分为：墙（柱）面装饰剖面图、顶棚详图、装饰造型详图、家具详图、装饰门窗及门窗套详图。

2. 绘制要求

（1）装饰详图的图名应与索引符号协调一致。

装饰详图一般采用较大的比例，常用的有 1∶1、1∶2、1∶5、1∶10、1∶15、1∶20、1∶25、1∶30、1∶50 等。

（2）在装饰详图中剖切到的装饰体轮廓用粗实线绘制，未剖切到但能看到的投影内容用细实线绘制。

3. 绘制过程

现以图 30114 所示 ××花园 3 号别墅装饰造型剖面图与节点详图（http://218.65.5.218/jianzhu/6/chapter12/01/images/1209.jpg）为例介绍装饰详图的一般绘制步骤。

（1）选择比例，确定图纸幅面。

（2）用粗实线绘制剖切到的装饰形体轮廓。

（3）用细实线绘制装饰形体的构造层次、材料图例及未剖切到但能看到的投影内容。

（4）标注尺寸、索引符号等。

※在线动画链接：墙面装饰剖面图与节点详图的绘制（http：//218.65.5.218/jz/JZ17/xm7/JZ1-6.html）。

【巩固训练】

××花园小高层住宅的顶棚大样图，见图30119。

训练要求：

（1）调用"A4.dwt"样板文件，将图框标题栏移至布局1，将文件保存为"SX30119.dwg"。

（2）按图示的内容在模型空间1：1绘制图样。

（3）标注尺寸时应针对所示的图样，创建标注样式、设置全局比例，然后使用图纸空间布局出图。

（4）绘制时注意该详图的工艺构造与尺寸。

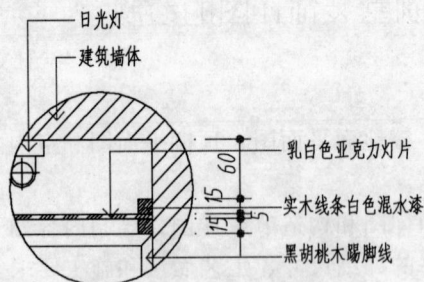

顶棚大样图 1:20

图 30119　××花园小高层住宅顶棚大样图

【思考与练习】

1. 简述装饰详图的分类。

2. 简述装饰详图的绘制内容。

3. 装饰详图通过什么符号与平面布置图、顶棚平面图、室内立面图联系？

【知识拓展】

1.5.4　木结构的材料简介

1. 木龙骨

木龙骨俗称为木方，主要由松木、椴木、杉木等树木加工成截面长方形或正方形的木条。木龙骨是装修中常用的一种材料，有多种型号，用于撑起外面的装饰板，起支架作用。天花吊顶的木龙骨一般以松木龙骨使用较多。

一般规格都是 4 m 长，有 20 mm × 30 mm、30 mm × 40 mm、40 mm × 40 mm 等规格。

2. 细木工板

细木工板俗称大芯板，是由两片单板中间胶压拼接木板而成。细木工板的两面胶黏单板的总厚度不得小于 3 mm。各类细木工板的边角缺损，在公称幅面以内的宽度不得超过 5 mm，长度不得大于 20 mm。中间木板是由优质天然的木板方经热处理（即烘干室烘干）以后，加工成一定规格的木条，由拼板机拼接而成。拼接后的木板两面各覆盖两层优质单板，再经冷、热压机胶压后制成。

细木工板有两种规格，它们大小一样，只是厚度有分别，规格是分别为 2 440 mm × 1 220 mm × 17 mm 和 2 440 mm × 220 mm × 15 mm。

3. 饰面板

饰面板，全称装饰单板贴面胶合板，是将天然木材或科技木刨切成一定厚度的薄片，黏附于胶合板表面，然后热压而成的一种用于室内装修或家具制造的表面材料。饰面板采用的材料有石材、瓷板、金属、木材等。

饰面板一般规格 2 440 mm × 1 220 mm × 3 mm。

【实训指导】

实训 22　绘制室内装饰剖面图和节点详图

1. 实训目的与要求

（1）初步熟悉施工图的绘制规范。
（2）熟悉装饰剖面图和节点详图的绘制内容、绘制要求。
（3）熟练掌握装饰剖面图和节点详图的绘制方法和步骤。

2. 实训指导

本实训是情境 3 任务 1.5 的延续，在绘图前请仔细阅读任务 1.5 中所叙述的绘制内容、绘制要求、绘制方法和过程。本实训的任务是绘制客厅 B 立面图的装饰造型剖面图与节点详图、餐厅 B 立面图的装饰造型剖面图与节点详图、主卧 B 立面图的墙面装饰剖面图与节点详图。

3. 实训内容

训练 1　绘制图 30116 所示的××花园 3 号别客厅 B 立面图的装饰造型剖面图与节点详图。

要求：调用"A4.dwt"样板文件，将图框和标题栏移至布局 1，然后按图示的内容在模型空间 1∶1 绘制图样。标注尺寸时应针对图样创建标注样式、设置全局比例，然后使用图纸空间打印出图。文件另存为"SX30116.dwg"。

训练 2　绘制图 30116 所示的××花园 3 号别墅餐厅 B 立面图的装饰造型剖面图与节点详图。

要求：同训练 1。文件另存为"SX30117.dwg"。

训练 3　绘制图 30118 所示的××花园 3 号别墅主卧 B 立面图的墙面装饰剖面图与节点详图。

要求：同训练 1。文件另存为"SX30118.dwg"。

附　录

附录1　AutoCAD 常用命令

命令	快捷形式	中文名称	主 要 功 能
ADCENTER	ADC	设计中心	打开设计中心资源管理器
ALIGN	AL	对齐	在二维和三维空间中将对象与其他对象对齐
ARC	A	圆弧	绘制圆弧
AREA	AA	面积	计算对象或指定区域的面积和周长
ARRAY	AR	阵列	将对象进行矩形阵列或环形阵列
ATTDEF	ATT	定义属性	创建属性定义
ATTEDIT	ATE	编辑属性	编辑特定块的属性值
BATTMAN		块属性管理器	编辑块定义的属性特性
BHATCH	H、BH	图案填充	用填充图案或渐变填充来填充封闭区域或选定对象
BLOCK	B	创建块	根据选定对象创建内部块
BOX		长方体	创建三维实体长方体
BREAK	BR	打断	在两点之间打断选定对象
CHAMFER	CHA	倒角	给对象进行倒角处理
CIRCLE	C	圆	创建圆
COLOR	COL	颜色	设置新对象的颜色
CONE		圆锥体	创建三维实体圆锥体
COPY	CO	复制	在指定方向上按指定距离复制对象
CYLINDER		圆柱体	创建三维实体圆柱体
DDEDIT	ED	编辑文字	编辑单行文字、多行文字、标注文字和属性定义
DDPTYPE		点样式	指定点对象的显示样式及大小
DDVPOINT	VP	视点预置	设置三维观察方向
DIMALIGNED	DAL	对齐标注	创建对齐线性标注
DIMANGULAR	DAN	角度标注	创建角度标注
DIMBASELINE	DBA	基线标注	从上一个标注或选定标注的基线处创建线性标注、角度标注或坐标标注
DIMCONTINUE	DCO	连续标注	从上一个标注或选定标注的第二条尺寸界线处创建线性标注、角度标注或坐标标注
DIMDIAMETER	DDI	直径标注	创建圆和圆弧的直径标注
DIMEDIT	DED	编辑标注	编辑标注对象上的标注文字和尺寸界线
DIMLINEAR	DLI	线性标注	创建线性标注
DIMRADIUS	DRA	半径标注	创建圆和圆弧的半径标注
DIMSTYLE	D、DST	标注样式	创建和修改标注样式
DIMTEDIT	DIMTED	编辑标注文字	移动和旋转标注文字
DIST	DI	距离	测量两点之间的距离和角度

命令	快捷形式	中文名称	主要功能
DIVIDE	DIV	定数等分	将点对象或块沿对象的长度或周长等间隔排列
DONUT	DO	圆环	绘制填充的圆和环
DSETTINGS	DS	草图设置	设置或修改状态栏上辅助绘图功能
DSVIEWER	AV	鸟瞰视图	打开"鸟瞰视图"窗口
ELLIPSE	EL	椭圆	创建椭圆或椭圆弧
ERASE	E	删除	从图形中删除对象
EXPLODE	X	分解	将合成对象分解为其部件对象
EXPORT	EXP	输出	以其他文件格式保存对象
EXTEND	EX	延伸	将对象延伸到另一对象
EXTRUDE	EXT	拉伸	将现有二维对象拉伸为三维对象
FILLET	F	倒圆角	给对象加圆角
GRID		栅格	设置和控制栅格的显示
HATCHEDIT	HE	编辑图案填充	修改现有的图案填充或填充
HIDE	HI	消隐	重生成不显示隐藏线的三维线框模型
IMPORT	IMP	导入	向 AutoCAD 输入不同格式的文件
INSERT	I	插入	将图形或命名块插入到当前图形中
ID		点坐标	显示指定位置的坐标
INTERSECT	IN	交集	创建两个对象或多个对象的公共部分
LAYER	LA	图层	设置图层、管理图层及图层特性
LEADER	LEAD	引线注释	创建连接注释与几何特征的引线
LENGTHEN	LEN	拉长	修改对象的长度和圆弧的包含角
LIMITS		图形界限	控制图形边界和栅格的显示范围
LINE	L	直线	绘制直线
LINETYPE	LT	线型	加载、设置和修改线型
LIST	LI、LS	列表	显示选定对象的数据库信息
LTSCALE	LTS	线型比例	设置全局线型比例因子
LWEIGHT	LW	线宽	设置当前线宽、线宽显示选项和线宽单位
MATCHPROP	MA	特性匹配	将选定对象的特性应用到其他对象
MEASURE	ME	定距等分	将点对象或块在对象上指定间隔处放置
MIRROR	MI	镜像	创建对象的镜像图像副本
MLEDIT		多线编辑	编辑多线交点、打断和顶点
MLINE	ML	多线	绘制多线
MLSTYLE		多线样式	创建、修改、保存和加载多线样式。
MOVE	M	移动	在指定方向上按指定距离移动对象
MTEXT	MT、T	多行文字	将文字段落创建为多行文字文字对象。
NEW		新建	创建新的图形文件
OFFSET	O	偏移	创建同心圆、平行线和平行曲线
OOPS		恢复	恢复删除的对象
OPEN		打开	打开现有的图形文件
OPTIONS	OP	选项	自定义 AutoCAD 设置
ORTHO		正交	开启或关闭正交模式
OSNAP	OS	对象捕捉	设置执行对象捕捉模式

命 令	快捷形式	中文名称	主 要 功 能
PAN	P	实时平移	实时调整图形在当前视口中的位置
PEDIT	PE	编辑多段线	编辑多段线和三维多边形网络
PLINE	PL	多段线	创建二维多段线
PLOT、PRINT		打印	将图形打印到绘图仪、打印机或文件
POINT	PO	点	创建点对象
POLYGON	POL	正多边形	创建正多边形对象
PROPERTIES	CH、PR、MO	对象特性	控制现有对象的特性
QUIT		退出	退出 AutoCAD
QLEADER	LE	快速引线	快速创建引线和引线注释
RECTANG	REC	矩形	绘制矩形
REDO		恢复	恢复上一个用 UNDO 或 U 命令放弃的效果
REDRAW	R	重画	刷新当前视口中的显示
REDRAWALL	RA	全部重画	刷新显示全部视口
REGEN	RE	重生成	从当前视口重生成整个图形
REGENALL	REA	全部重生成	重生成图形并刷新所有视口
REGION	REG	面域	将包含封闭区域的对象转换为面域对象
RENDER		渲染	创建三维线框或实体模型的照片级真实感着色图像
REVOLVE	REV	旋转	通过绕轴旋转二维对象来创建三维实体或曲面
ROTATE	RO	旋转	围绕基点旋转对象
SCALE	SC	缩放	在 X、Y 和 Z 方向按比例放大或缩小对象
SECTION	SEC	切割	用平面和实体的交集创建面域
SLICE	SL	剖切	用平面或曲面剖切实体
SNAP	SN	捕捉	设置捕捉模式
SAVE		保存	用当前或指定的文件名保存图形
SAVEAS		另存为	用新文件名保存当前图形的副本
SKETCH		徒手线	创建一系列徒手画线段
SPHERE		球体	创建三维实心球体
SPLINE	SPL	样条曲线	在指定的公差范围内把光滑曲线拟合成一系列的点
SPLINEDIT	SPE	编辑样条曲线	编辑样条曲线或样条曲线拟合多段线
STRETCH	S	拉伸	移动或拉伸对象
STYLE	ST	文字样式	创建、修改或设置命名文字样式
SUBTRACT	SU	差集	通过减操作合并选定的面域或实体
TEXT、DTEXT	DT	单行文字	创建单行文字对象
TOLERANCE	TOL	形位公差	创建形位公差
TORUS	TOR	圆环体	创建三维圆环形实体
TRIM	TR	修剪	按其他对象定义的剪切边修剪对象
UCS			管理用户坐系系
UNDO	U	放弃	放弃前一命令
UNION	UNI	并集	通过添加操作合并选定面域或实体
UNITS	UN	单位	控制坐标和角度的显示格式和精度

命令	快捷形式	中文名称	主 要 功 能
VPOINT	-VP	视点	设置图形的三维直观观察方向
WBLOCK	W	写块	将对象或块写入新图形文件
WEDGE	WE	楔体	创建五面三维实体，并使其倾斜面沿 X 轴方向
ZOOM	Z	缩放	放大或缩小显示当前视口中对象的外观尺寸

附录 2   AutoCAD 命令功能键和常用组合键

功能键或组合键	功 能 含 义
F1	AutoCAD 帮助
F2	打开文本窗口
F3	对象捕捉开关
F4	数字化仪开关
F5	等轴测平面转换
F6	坐标开关
F7	栅格开关
F8	正交开关
F9	捕捉开关
F10	极轴开关
F11	对象捕捉追踪开关
Ctrl + A	选择当前图形中的所有文件
Ctrl + N	新建文件
Ctrl + O	打开文件
Ctrl + S	保存文件
Ctrl + Shift + S	将图形文件换名保存
Ctrl + P	打印文件
Ctrl + Q	退出 AutoCAD 软件
Ctrl + Z	撤销上一次操作
Ctrl + Y	重复撤销的操作
Ctrl + X	剪切对象
Ctrl + C	复制对象
Ctrl + Shift + C	带基点复制
Ctrl + V	粘贴
Ctrl + Shift + V	粘贴为块
Ctrl + K	超级链接
Ctrl + 1	控制现有对象的特性
Ctrl + 2	打开设计中心窗口
Ctrl + 3	打开工具选项板窗口
Ctrl + 4	打开图纸集管理器
Ctrl + 5	打开信息选项板中的"快速帮助",从而提供上下文相关信息
Ctrl + 6	提供到外部数据库表的接口
Ctrl + 7	显示标记的详细信息并允许用户更改其状态
Ctrl + 8	显示或隐藏计算器
Ctrl + 9	显示或隐藏命令行窗口
Ctrl + 0	打开或关闭清除屏幕模式

参 考 文 献

[1]　高远. 建筑装饰制图与识读[M]. 北京：机械工业出版社，2007.

[2]　王强，张小平. 建筑工程制图与识图[M]. 北京：机械工业出版社，2006.

[3]　潘展，潘琳. AutoCAD 建筑绘图与实训[M]. 成都：西南交通大学出版社，2008.

[4]　张帆，耿晓杰. 室内与家具设计 CAD 教程[M]. 北京：中国建筑工业出版社，2007.

[5]　莫章金，周跃生. AutoCAD 2002 工程绘图与训练[M]. 北京：高等教育出版社，2003.

[6]　崔洪斌，王爱民. AutoCAD 2007 实用教程[M]. 北京：人民邮电出版社，2006.

[7]　杨月英，施国盘. 建筑制图与识图[M]. 北京：中国建材工业出版社，2007.

[8]　王强，张小平. 建筑工程制图与识图[M]. 北京：机械工业出版社，2006.

[9]　寇方洲，等. 建筑制图与识图[M]. 北京：化学工业出版社，2007.

[10]　郭启全. 计算机绘图 AutoCAD[M]. 西安：西安交通大学出版社，2004.